高等学校"十三五"规划教材

简明无机化学

倪哲明　陈爱民　郑　立　主编

化学工业出版社
·北京·

《简明无机化学》主要包括三部分内容：化学原理以突出化学反应为主题，探索化学反应的方向、速率、限度、类型，关注化学反应的质量关系和能量关系；物质结构以突出静电作用为考量，介绍原子、分子、固体、配合物结构等内容；元素化学以元素周期表为主线，阐述元素周期表中各族主要元素的性质及其化合物的构成、性质、制备、特点和用途等内容。

本书简明、实用，可作为理工类院校应用化学、化工、材料、生物、环境、食品、轻工等专业本科生的教材。

图书在版编目（CIP）数据

简明无机化学/倪哲明，陈爱民，郑立主编. —北京：化学工业出版社，2016.8（2023.8 重印）

高等学校“十三五”规划教材

ISBN 978-7-122-27335-2

Ⅰ. ①简… Ⅱ. ①倪…②陈…③郑… Ⅲ. ①无机化学-高等学校-教材 Ⅳ. ①O61

中国版本图书馆 CIP 数据核字（2016）第 131947 号

责任编辑：宋林青　　文字编辑：刘志茹

责任校对：王　静　　装帧设计：关　飞

出版发行：化学工业出版社（北京市东城区青年湖南街 13 号　邮政编码 100011）

印　　装：三河市双峰印刷装订有限公司

787mm×1092mm　1/16　印张 14　彩插 1　字数 351 千字　2023 年 8 月北京第 1 版第 7 次印刷

购书咨询：010-64518888　　售后服务：010-64518899

网　　址：http：//www.cip.com.cn

凡购买本书，如有缺损质量问题，本社销售中心负责调换。

定　　价：28.00 元

前言

化学是在分子、原子层次上研究物质的组成、性质、结构与变化规律的科学。无机化学是化学领域的一个重要分支，《简明无机化学》教材一方面系统地介绍无机化学的基础知识、基本原理和实验方法，另一方面跟踪无机化学发展前沿，介绍无机化学的新进展、新发现、新方法。因此，本教材既关注传统经典无机化学知识的传授，又重视现代无机化学的新成果和新应用；既有别于中学化学的教学内容和方法，也不同于大学化学或基础化学，更具专业性；既保持了无机化学知识体系的系统性，也可有重点、有选择性地介绍相关知识和内容。本书也能为理工科大学生了解无机化学的相关内容提供参考和帮助。

《简明无机化学》教材力图做到深入浅出、言简意赅、主线突出，强调教授的基础性、科学性和实用性，吸收国内外教学改革的新成果、新方法，以探索无机化学问题为导向，以激发学生化学兴趣为考量，以提升化学素养为宗旨，以培养学生创新能力为目标，使《简明无机化学》教材更具时代感和现实意义。本教材主要包括三部分内容：化学原理以突出化学反应为主题，探索化学反应的方向、速率、限度、类型，关注化学反应的质量关系和能量关系；物质结构以突出静电作用为考量，介绍原子、分子、固体、配合物结构等内容；元素化学以元素周期表为主线，阐述元素周期表中各族主要元素性质及其化合物的构成、性质、制备、特点和用途等内容。

本书由教育部大学化学课程教学指导委员会专家、浙江省化学省级重点学科带头人、浙江工业大学化学工程学院博士生导师倪哲明，陈爱民、郑立任主编，编写分工为郑立（第 1 章）、陈爱民（第 2 章）、曹晓霞（第 3 章）、夏盛杰（第 4 章）、薛继龙（第 5 章）、黄荣斌（第 6 章）、倪哲明（第 7 章）、赵少芬（第 8 章）、汪晶（第 9 章）、庄桂林（第 10 章）。

由于无机化学的内容非常丰富，对化学知识的表述和取舍会因参加编写教师的知识结构和化学素养的影响，编写风格和内容编排会有稍许差异，敬请包涵。限于我们的知识修养和学术水平，本教材难免存在不足之处，恳请读者批评指正。

编　者

2016 年春，于江南水乡杭州

目 录

第 5 章　氧化还原平衡（Redox Equilibrium）　71

第 6 章　原子结构（Atomic Structure）　94

第1章

气体、溶液和胶体

(Gas, Solution and Colloid)

学习要求

1. 了解理想气体状态方程。
2. 掌握气体分压定律和分容定律。
3. 了解分散体系的分类及主要特征。
4. 掌握溶液浓度的表示方法。
5. 掌握稀溶液的依数性及其应用。
6. 熟悉并掌握胶体的基本概念、结构及其性质。

1.1 气　体

1.1.1 理想气体状态方程及其应用

理想气体（ideal gas）是指分子本身不占体积，分子间没有相互作用力的气体。理想气体实际上是不存在的，它是一种科学的抽象。通常遇到的实际气体都是非理想气体，因为它的分子本身既有体积，而且分子间又有作用力存在。但是当实际气体处于低压、高温条件下，分子间距离很大，气体的体积已远远超过分子本身所占的体积，因而可忽略后者，而且分子间作用力也因分子间距离拉大而迅速减小，故可把它近似地看作理想气体，所以理想气体是实际气体的一种极限情况。研究理想气体是为了先把研究对象简单化，在此基础上再进行一些必要的修正，推广应用于实际气体。这是科学上处理比较复杂问题时常用的一种方法。

理想气体状态方程（ideal gas equation of state）为：

$$pV=nRT \tag{1-1}$$

该方程表明了气体的压力（p）、体积（V）、温度（T）和物质的量（n）之间的关系。R 为摩尔气体常数，其数值及单位可用下面的方法来确定：已知在 $p=101.325\text{kPa}$，$T=273.15\text{K}$ 下，1mol 气体的标准摩尔体积为 22.414L，则

$$R=\frac{pV}{nT}=\frac{101.325\text{kPa}\times22.414\times10^{-3}\,\text{m}^3}{1\text{mol}\times273.15\text{K}}=8.314\text{Pa}\cdot\text{m}^3\cdot\text{mol}^{-1}\cdot\text{K}^{-1}$$

R 也可取 $8.314kPa \cdot L \cdot mol^{-1} \cdot K^{-1}$ 或 $8.314J \cdot mol^{-1} \cdot K^{-1}$[1]等。

气体状态方程还可以表示为另一些形式：

$$pV=\frac{m}{M}RT \tag{1-2}$$

$$pM=\rho RT \tag{1-3}$$

式中，m 为气体的质量；M 为摩尔质量；ρ 为密度。利用式(1-1)、式(1-2) 或式(1-3)，可进行一些有关气体的计算。注意，计算时要保持 ρ、V 与 R 单位的统一。

例 1-1 一学生在实验室，在 73.3kPa 和 25℃下收集得 250mL 某气体。在分析天平上称量，得气体净质量为 0.1188g。求这种气体的相对分子质量。

解：将上述数据代入式(1-2)，得

$$M=\frac{mRT}{pV}=\frac{0.1188g\times 8.314kPa\cdot L\cdot mol^{-1}\cdot K^{-1}\times 298.15K}{73.3kPa\times 250\times 10^{-3}L}=16.07g\cdot mol^{-1}$$

所以该气体的相对分子质量为 16。

1.1.2 气体分压定律与分容定律

(1) 分压定律

气体常以混合物的形式存在。如果将几种彼此不发生化学反应的气体放在同一容器中，则各种气体如同单独存在时一样充满整个容器。当几种气体混合后，各种气体的压力将发生什么变化呢？1801 年，道尔顿（Dalton）通过实验发现：混合气体的总压力等于各组分气体分压力之和。所谓某组分的分压力是指该组分在同一温度下单独占有混合气体的容积时所产生的压力。以上关系就称作道尔顿分压定律（Dalton's law of partial pressure）。

若用 p_1、p_2、…表示气体 1、2、…的分压，p 代表总压力，则道尔顿分压定律可表示为：

$$p=p_1+p_2+\cdots$$

或

$$p=\sum p_i \tag{1-4}$$

设有一混合气体，有 i 个组分，p_i 和 n_i 分别表示各组分的分压和物质的量，V 为混合气体的体积，则

$$p_i=\frac{n_i}{V}RT \tag{1-5}$$

由道尔顿分压定律可知

$$p=\sum p_i=(\sum n_i)\frac{RT}{V}=n\frac{RT}{V} \tag{1-6}$$

式中，n 为混合气体的总的物质的量。由此可见，气体状态方程不仅适用于某一纯净气体，也适用于气体混合物。

将式(1-5) 除以式(1-6)，可得

$$\frac{p_i}{p}=\frac{n_i}{n}$$

或

$$p_i=\frac{n_i}{n}p \tag{1-7}$$

---

[1] $1Pa\cdot m^3=1N\cdot m^{-2}\cdot m^3=1N\cdot m=1J$。

若令 $$x_i=\frac{n_i}{n}$$

则 $$p_i=x_i p \tag{1-8}$$

上式中的 x_i 称为摩尔分数（mole fraction），可用来表示混合物中某一物质的含量。混合物中某组分的摩尔分数即为该组分的物质的量占混合物中总物质的量的分数。例如，某混合物由 A、B 两组分组成，它们的物质的量分别为 n_A、n_B，则 A 组分的摩尔分数 x_A 和 B 组分的摩尔分数 x_B 分别为：

$$x_A=\frac{n_A}{n_A+n_B}=\frac{n_A}{n} \qquad x_B=\frac{n_B}{n_A+n_B}=\frac{n_B}{n}$$

由于 $$n=n_A+n_B$$

显然 $$x_A+x_B=1$$

即混合物中各组分摩尔分数之和必等于 1。由此可见，式(1-8) 表示混合气体某组分的分压力等于该组分的摩尔分数与混合气体总压力的乘积。这是道尔顿分压定律的另一种表达形式。应当指出，只有理想气体才严格遵守道尔顿分压定律，实际气体只有在低压和高温下，才近似地遵守此定律。

道尔顿分压定律对于研究气体混合物非常重要。在实验室中常用排水取气法收集气体。用这种方法收集的气体中总是含有饱和的水蒸气。在这种情况下所测出的压力应是混合气体的总压力，即：

$$p(\text{总压})=p(\text{气体})+p(\text{水蒸气})$$

水的饱和蒸气压仅与水的温度有关，可从表 1-1 中查出。因此气体的分压力应该是总压力减去该温度下的饱和水蒸气压。

表 1-1　水在不同温度下的饱和蒸气压

温度/℃	压力/kPa	温度/℃	压力/kPa	温度/℃	压力/kPa
0	0.61	18	2.07	40	7.37
1	0.65	19	2.20	45	9.59
2	0.71	20	2.33	50	12.33
3	0.76	21	2.49	55	15.73
4	0.81	22	2.64	60	19.92
5	0.87	23	2.81	65	25.00
6	0.93	24	2.97	70	31.16
7	1.00	25	3.17	75	38.54
8	1.07	26	3.36	80	47.34
9	1.15	27	3.56	85	57.81
10	1.23	28	3.77	90	70.10
11	1.31	29	4.00	95	84.54
12	1.40	30	4.24	96	87.67
13	1.49	31	4.49	97	90.94
14	1.60	32	4.76	98	94.30
15	1.71	33	5.03	99	97.75
16	1.81	34	5.32	100	101.32
17	1.93	35	5.63	101	105.00

例 1-2　在 17℃、99.3kPa 的气压下，用排水集气法收集氮气 150mL。求在标准状况

下，0℃时该气体经干燥后的体积。

解：查表 1-1，17℃时的饱和水蒸气压为 1.93kPa。

所以 $$p(N_2)=(99.3-1.93)\text{kPa}=97.4\text{kPa}$$

对 N_2 而言

$$\frac{p_1V_1}{T_1}=\frac{p_2V_2}{T_2}$$

$$V_2=\frac{p_1V_1T_2}{p_2T_1}=\frac{97.4\text{kPa}\times150\text{mL}\times273\text{K}}{100\text{kPa}\times290\text{K}}=138\text{mL}$$

(2) 分容定律

法国物理学家阿马伽（Amagat）于 1880 年提出分容定律，即混合气体的总体积等于各组分气体的分体积之和。所谓某组分的分体积是指该组分在同一温度下单独存在且具有总压时，其所占有的体积。

若用 V_1、V_2、…表示气体 1、2、…的分体积，V 代表总体积，则分容定律可表示为：

$$V=V_1+V_2+\cdots$$

或 $$V=\sum V_i \tag{1-9}$$

设有一混合气体，有 i 个组分，V_i 和 n_i 分别表示各组分的分体积和物质的量，p 为总压力，则

$$V_i=\frac{n_i}{p}RT \tag{1-10}$$

由分容定理可知

$$V=\sum V_i=(\sum n_i)\frac{RT}{p}=n\frac{RT}{p} \tag{1-11}$$

式中，n 为混合气体的总的物质的量。

将式(1-10) 除以式(1-11)，可得

$$\frac{V_i}{V}=\frac{n_i}{n}$$

或

$$V_i=\frac{n_i}{n}V \tag{1-12}$$

若令 $$x_i=\frac{n_i}{n}$$

则 $$V_i=x_iV \tag{1-13}$$

上式中的 x_i 为摩尔分数。

由此可见，式(1-13) 表示混合气体某组分的分体积等于该组分的摩尔分数与混合气体总体积的乘积。这是分容定律的另一种表达形式。只有理想气体才严格遵守分压定律与分容定律，实际气体只有在低压和高温下，才近似地遵守此定律。

1.2 溶液和分散系

在自然界和生产实践中，经常遇到的并不是纯的气体、液体或固体，而多数为一种或几种物质分散在另一种物质之中所构成的体系，如奶油或蛋白质分散在水中形成的牛奶，染料

分散在油中形成的油漆和油墨，各种矿物分散在岩石中形成的矿石等。我们把一种或几种物质分散到另一种物质中所形成的体系，称为分散系（dispersion system），其中被分散了的物质称为分散质（dispersate），起分散作用的物质称为分散剂（dispersant）。例如，把一些糖和泥土分别撒入水中，搅拌后形成的糖水和泥水都是分散系。其中糖和泥土是分散质，水是分散剂。

溶胶分散系和粗分散系为多相体系。按分散质在分散剂中颗粒大小或分散程度的不同，常把分散体系分为三大类：分子分散系、胶体分散系和粗分系，见表 1-2。

表 1-2　分散系按分散质粒子大小分类

分散质粒子直径 d/m	分散系类型		分散相粒子	性质	举例
$<10^{-9}$	低分子或离子分散系		小分子、离子或原子	均相、稳定体系;分散相离子扩散快,能通过滤纸和半透膜	食盐水溶液、酒精水溶液等
$10^{-9}\sim10^{-7}$	胶体分散系	溶胶	胶粒（分子、离子、原子聚集体）	非均相体系;分散相离子扩散慢,能通过滤纸,不能通过半透膜	氢氧化铁、硫化砷溶胶及金、硫等单质溶胶等
		高分子溶液	高分子	均相、稳定体系;分散相离子扩散慢,能通过滤纸,不能通过半透膜	蛋白质、核酸水溶液、橡胶苯溶液等
$>10^{-7}$	粗分散系		粗粒子	非均相不稳定体系;分散相离子扩散慢,不能通过滤纸和半透膜	泥浆、乳汁等

分子分散系又称溶液，因此溶液（solution）是指分散质以分子或者比分子更小的质点（如原子或离子）均匀地分散在分散剂中所得的分散系。在形成溶液时，物态不改变的组分称为溶剂。如果溶液由几种相同物态的组分形成时，往往把其中数量最多的一种组分称为溶剂。溶液可分为固态溶液（如某些合金）、气态溶液（如空气）和液态溶液（如糖水和食盐水）。最常见最重要的是液态溶液，特别是以水为溶剂的水溶液，下面主要讨论这一类溶液。

1.2.1　溶液浓度的表示方法

溶液的性质与溶质和溶剂的相对含量有关，为了研究和生产的需要，溶液的浓度有很多方法表示，最常见的有物质的量浓度、质量摩尔浓度、摩尔分数和质量分数等。现简要介绍如下。

1.2.1.1　物质的量浓度

物质的量浓度是指物质 B 的物质的量除以混合物（溶液）的体积。在不可能混淆时，可简称为浓度。用符号 c_B 表示，即

$$c_B=\frac{n_B}{V} \tag{1-14}$$

式中，n_B 为物质 B 的物质的量，SI 单位为摩尔（mol）；V 为混合物的体积，SI 单位为 m^3。体积常用的非 SI 单位为升（L），故浓度的常用单位为 $mol \cdot L^{-1}$。

根据 SI 规定，使用物质的量单位“mol”时，需指明物质的基本单元。由于物质的量浓度的单位是由基本单位 mol 推导得到的，所以在使用物质的量浓度时也必须注明物质的基本单元。基本单元是指分子、原子、离子、电子等粒子的特定组合，常根据需要进行确定。氧化还原反应常根据电子转移数确定基本单元。如 $KMnO_4$ 在酸性介质下还原为 Mn^{2+}，采用 $1/5KMnO_4$ 作为基本单元计算更为方便。同一 $KMnO_4$ 溶液以 $KMnO_4$ 为基

本单元时浓度为 0.10mol·L^{-1}时，以 1/5$KMnO_4$ 为基本单元时浓度为 0.50mol·L^{-1}。而 $c(KMnO_4)=0.10mol\cdot L^{-1}$与 $c(1/5KMnO_4)=0.10mol\cdot L^{-1}$的两个溶液，它们浓度数值虽然相同，但是，它们所表示 1L 溶液中所含 $KMnO_4$ 的质量是不同的，分别为 15.8g 与 3.16g。

1.2.1.2　质量摩尔浓度

溶液中溶质 B 的物质的量除以溶剂的质量，称为溶质 B 的质量摩尔浓度。其数学表达式为：

$$b_B=\frac{n_B}{m_A} \tag{1-15}$$

式中，b_B 为溶质 B 的质量摩尔浓度，其 SI 单位为 mol·kg^{-1}；n_B 是溶质 B 的物质的量，SI 单位为 mol；m_A 是溶剂的质量，SI 单位为 kg。

由于物质的质量不受温度的影响，所以溶液的质量摩尔浓度是一个与温度无关的物理量。

1.2.1.3　物质的量分数

B 的物质的量与混合物的物质的量之比，称为 B 的物质的量分数，又称摩尔分数（mole fraction），其数学表达式为：

$$x_B=\frac{n_B}{n} \tag{1-16}$$

式中，n_B 为 B 的物质的量，SI 单位为 mol；n 为混合物总的物质的量，SI 单位为 mol；所以 x_B的 SI 单位为 1❶。B 的物质的量分数的量纲为“1”。

对于一个两组分的溶液系统来说，溶质的物质的量分数与溶剂的量分数分别为：

$$x_B=\frac{n_B}{n_A+n_B};\quad x_A=\frac{n_A}{n_A+n_B}$$

所以

$$x_A+x_B=1$$

若将这个关系推广到任何一个多组分系统中，则$\sum x_i=1$。

1.2.1.4　质量分数

组分 B 的质量分数 w_B❷ 定义是：组分 B 的质量与混合物的质量之比，其数学表达为：

$$w_B=\frac{m_B}{m_S} \tag{1-17}$$

式中，m_B 为 B 的质量；m_S 为化合物的质量；w_B 为 B 的质量分数，质量分数的量纲为“1”。

例 1-3　求 $w(NaCl)=5\%$的 NaCl 水溶液中溶质和溶剂的摩尔分数。

解：根据题意，100g 溶液中含有 NaCl 5g，水 95g

即 $m(NaCl)=5g$，而 $m(H_2O)=95g$，因此

$$n(NaCl)=\frac{m(NaCl)}{M(NaCl)}=\frac{5g}{58g\cdot mol^{-1}}=0.086mol$$

$$n(H_2O)=\frac{m(H_2O)}{M(H_2O)}=\frac{95g}{18.0g\cdot mol^{-1}}=5.28mol$$

---

❶ 以前称为无量纲，现在把它们的 SI 单位规定为“1”。

❷ 根据法定计量单位的有关规定，质量分数的单位为 1，也可以百分数给出，但不再用百分含量一词。

故 $$x(\mathrm{NaCl})=\frac{n(\mathrm{NaCl})}{n(\mathrm{NaCl})+n(\mathrm{H_2O})}=\frac{0.086\mathrm{mol}}{(0.086+5.28)\mathrm{mol}}=0.016$$

$$x(\mathrm{H_2O})=\frac{n(\mathrm{H_2O})}{n(\mathrm{NaCl})+n(\mathrm{H_2O})}=\frac{5.28\mathrm{mol}}{(0.086+5.28)\mathrm{mol}}=0.984$$

1.2.1.5 几种溶液浓度之间的关系

(1) 物质的量浓度与质量分数

如果已知溶液的密度 ρ，同时已知溶液中溶质 B 的质量分数 w_B，则该溶液的浓度可表示为：

$$c_B=\frac{n_B}{V}=\frac{m_B}{M_BV}=\frac{m_B}{M_Bm/\rho}=\frac{\rho m_B}{M_Bm}=\frac{w_B\rho}{M_B} \tag{1-18}$$

式中，M_B 为溶质 B 的摩尔质量。

(2) 物质的量浓度与质量摩尔浓度

如果已知溶液的密度 ρ 和溶液的质量 m，则有

$$c_B=\frac{n_B}{V}=\frac{n_B}{\frac{m}{\rho}}=\frac{n_B\rho}{m}$$

若该系统是一个两组分系统，且 B 组分的含量较少，则 m 近似等于溶剂的质量 m_A，上式可近似成：

$$c_B=\frac{n_B\rho}{m}=\frac{n_B\rho}{m_A}=b_B\rho \tag{1-19}$$

若该溶液是稀的水溶液，则： $$c_B\approx b_B \tag{1-20}$$

例 1-4 已知浓硝酸的密度 $\rho=1.42\mathrm{g\cdot mL^{-1}}$，含硝酸为 70%，求其浓度。如何配制 $c(\mathrm{HNO_3})=0.20\mathrm{mol\cdot L^{-1}}$ 的硝酸溶液 500mL?

解：根据式(1-18)，则有：

$$c(\mathrm{HNO_3})=\frac{w(\mathrm{HNO_3})\rho}{M(\mathrm{HNO_3})}=\frac{1.42\mathrm{g\cdot mL^{-1}}\times0.70\times1000\mathrm{mL\cdot L^{-1}}}{63.01\mathrm{g\cdot mol^{-1}}}=15.8\mathrm{mol\cdot L^{-1}}$$

根据 $$c(\mathrm{A})V(\mathrm{B})=c'(\mathrm{A})V'(\mathrm{B})$$

则有 $$V(\mathrm{HNO_3})=\frac{0.20\mathrm{mol\cdot L^{-1}}\times0.500\mathrm{L}}{15.8\mathrm{mol\cdot L^{-1}}}=0.0063\mathrm{L}=6.3\mathrm{mL}$$

所以需量取 6.3mL 浓硝酸，然后稀释至 500mL。

浓硝酸以及蒸馏水均用量筒量取。

1.2.2 稀溶液的依数性

不同的溶液具有不同的性质，如颜色、密度、导电性、酸碱性等，这些性质主要由溶质的本性所决定，溶质不同，性质各异。但难挥发非电解质的稀溶液与纯溶剂相比都具有一类相同的性质：蒸气压下降、沸点升高、凝固点下降和渗透压。这些性质都只和溶液中溶质的粒子数（浓度）有关，而与溶质本身的性质没有关系，我们把这类性质称为稀溶液的依数性(colligative properties)。

1.2.2.1 溶液的蒸气压下降

(1) 蒸气压

在一定的温度下，将纯溶剂放入一密闭容器中，该液体中一部分动能较高的分子从液体

表面逸出到液面上方的空间而成为气态分子，这一过程称为蒸发。在蒸发过程进行的同时，有一部分气态分子在运动中碰到液体表面又成为液态分子，这一过程称为凝聚。随着蒸发的进行，气态分子数目增多，浓度增大，凝聚速度逐渐加快，最后当蒸发速度与凝聚速度相等时，达到动态平衡。这时液面上方的气态分子浓度不再改变，达到饱和，这时的蒸气压称为饱和蒸气压，简称蒸气压［见图 1-1(a)］。

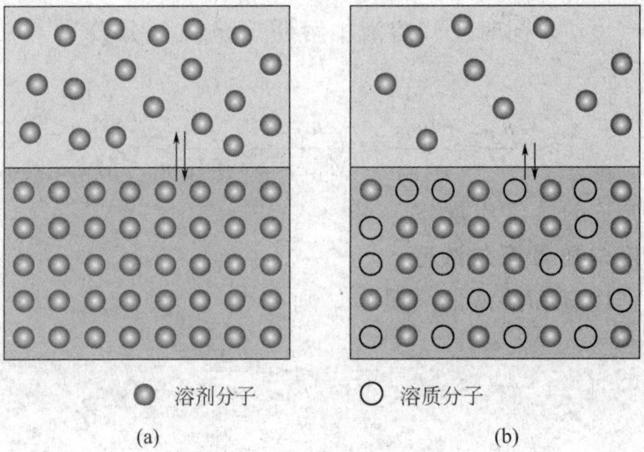

图 1-1　稀溶液的蒸发示意图

(2) 溶液蒸气压下降的原因

液体的饱和蒸气压与物质的本性有关，某一温度时不同的液体在相同的条件下，饱和蒸气压不同。如 20℃时，水和乙醇的蒸气压分别是 2.33×10^3 Pa、5.93×10^3 Pa。很明显，温度越高，分子的动能增加，所以同一液体的饱和蒸气压随着温度的升高而增大（见图 1-2）。

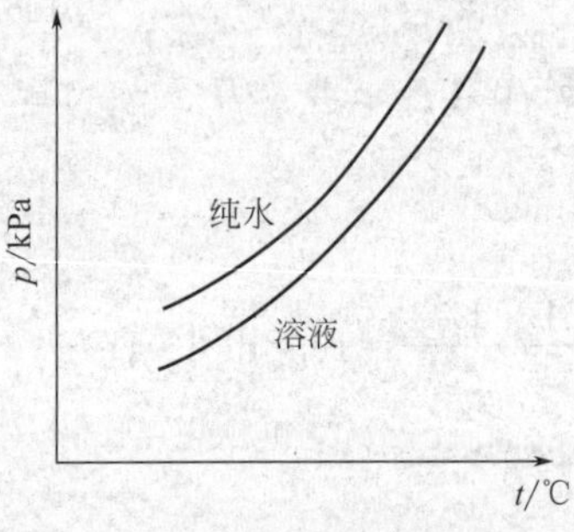

图 1-2　蒸气压随温度变化的曲线

若往水中加入少量的葡萄糖形成溶液，当蒸发和凝聚达到平衡时，溶液上方的蒸气压下降［见图 1-1(b)］，这是因为部分液体表面被溶质分子所占据，从而使得单位时间内逸出液面的水分子数目减少所致。推广开来，难挥发非电解质稀溶液的蒸气压与纯溶剂相比，蒸气压下降（见图 1-2）。

$$\Delta p = p^* - p \tag{1-21}$$

式中，Δp 为溶液的蒸气压下降值；p^* 为纯溶剂的蒸气压；p 为溶液的蒸气压。

(3) 拉乌尔定律

法国物理学家拉乌尔（F. M. Raoult）根据大量实验结果，于 1887 年得出如下结论：在一定的温度下，难挥发非电解质稀溶液的蒸气压等于纯溶剂的蒸气压与溶液中溶剂的摩尔分数的乘积。这一定量关系称为拉乌尔定律。即：

$$p = p^* x_A \tag{1-22}$$

式中，p 和 p^* 分别是溶液和溶剂的饱和蒸气压，Pa；x_A 是溶剂的摩尔分数。

对于双组分体系，由于
$$x_A + x_B = 1$$
所以
$$p = p^* x_A = p^*(1 - x_B) = p^* - p^* x_B$$
移项
$$p^* - p = p^* x_B$$
$$\Delta p = p^* x_B \tag{1-23}$$

因此拉乌尔的结论又可表示为：在一定温度下，难挥发非电解质稀溶液的蒸气压下降与溶质B的摩尔分数呈正比。当溶质是电解质时，溶液的蒸气压也下降，但不遵循拉乌尔定律的定量关系。

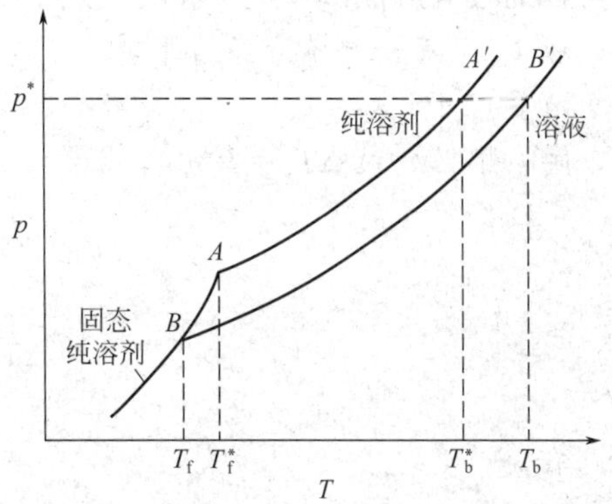

图 1-3　溶液的沸点升高和凝固点降低示意图

AA′—纯溶剂；BB′—溶液；AB—纯固体

1.2.2.2　溶液的沸点升高和凝固点下降

(1) 沸点和凝固点

当液体的蒸气压等于外界大气压时，液体就会沸腾，此时的温度称为该液体的沸点（见图 1-3）。由图可知，T_b^* 为纯溶剂的沸点。而在此温度时溶液由于蒸气压下降并不会沸腾，欲使其沸腾，必须继续升高温度，直到溶液的蒸气压达到外界压力，因此溶液的沸点与纯溶剂相比升高。固体与液体相似，在一定的温度下也有一定的蒸气压，冰在不同温度下的饱和蒸气压见表 1-3。

表 1-3　冰在不同温度下的蒸气压

温度/℃	－20	－15	－10	－5	0
蒸气压/kPa	0.11	0.16	0.25	0.40	0.61

凝固点是指在一定压力下（通常是指 100kPa），液态的蒸气压与固态纯溶剂的蒸气压相等且两相共存时的温度。图 1-3 中 AB 与 AA' 的交点就是纯溶剂的凝固点，而 AB 与 BB' 的交点是溶液的凝固点。

(2) 沸点升高和凝固点下降的原因

不难看出，造成溶液沸点升高和凝固点下降的根本原因是溶液的蒸气压下降所致。难挥发非电解质稀溶液的沸点升高和凝固点下降与溶液的质量摩尔浓度呈正比，即

$$\Delta T_b = K_b b_B \qquad (1\text{-}24)$$

$$\Delta T_f = K_f b_B \qquad (1\text{-}25)$$

式中，b_B 为溶液的质量摩尔浓度，mol·kg^{-1}；ΔT_b 和 ΔT_f 分别为溶液沸点升高值和凝固点下降值，$\Delta T_b = T_b - T_b^*$，$\Delta T_f = T_f^* - T_f$，K_b 和 K_f 分别为溶剂的摩尔沸点升高常数和摩尔凝固点下降常数，K·kg·mol^{-1}或℃·kg·mol^{-1}；K_b 和 K_f 的大小只取决于溶剂的本性，而与溶质的本性无关，它们可以从理论推算出来，也可以由实验测得（见表 1-4）。

表 1-4　几种溶剂的 K_b 和 K_f

溶　剂	沸点 T_b/K	K_b/K·kg·mol^{-1}	凝固点 T_f/K	K_f/K·kg·mol^{-1}
水	373.15	0.512	273	1.86
苯	353.15	2.53	278.5	5.12
乙酸	390.9	3.07	289.6	3.90
四氯化碳	349.7	5.03	250.2	29.8

(3) 沸点升高和凝固点下降的应用

在生产和生活中，沸点升高和凝固点下降都得到了广泛的应用。如冰和盐的混合物常用作实验室的制冷剂；在冬天，往汽车的水箱中加入甘油或乙二醇可以防止水的冻结。另外，

还可以通过对溶液沸点上升和凝固点下降的测定来估算溶质的相对分子质量。

例 1-5 有一质量分数为 1.0% 的水溶液，测得其凝固点为 273.05K。计算溶质的相对分子质量。

解： 根据公式 $\Delta T_f = K_f b_B$，而

$$b_B = \frac{n_B}{m_A} \qquad n_B = \frac{m_B}{M_B}$$

故

$$\Delta T_f = K_f \frac{m_B}{m_A M_B}$$

所以有

$$M_B = \frac{K_f m_B}{m_A \Delta T_f}$$

由于该溶液的浓度较小，所以 $m_A + m_B \approx m_A$，即 $m_B/m_A \approx 1.0\%$。

$$M_B = \frac{1.86\text{K} \cdot \text{kg} \cdot \text{mol}^{-1} \times 1.0\%}{(273.15 - 273.05)\text{K}} = 0.186\text{kg} \cdot \text{mol}^{-1}$$

所以溶质的相对分子质量为 186。

1.2.2.3 溶液的渗透压

(1) 渗透现象与渗透平衡

与溶液中溶质分子浓度有着直接联系的另一现象是渗透现象。在一个 U 形管的中间固定一个半透膜［见图 1-4(a)］，在膜的左、右双侧分别加入相同体积的 5% 葡萄糖水溶液和纯水，静置一段时间后纯水这一侧的液面降低而葡萄糖水溶液这一侧的液面升高［见图 1-4(b)］，我们把这种溶剂分子透过半透膜自动扩散的过程称为渗透。

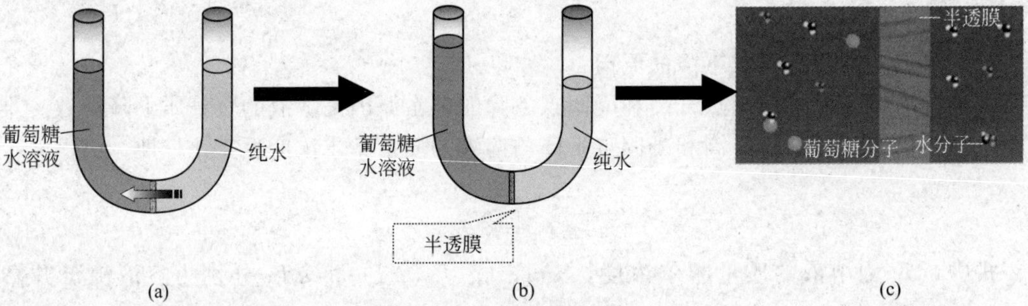

图 1-4 渗透装置示意图

(a) 渗透发生前；(b) 渗透达平衡；(c) 渗透现象的微观示意图

半透膜（semipermeable membrane）是一种只允许某些物质透过而不允许另一些物质透过的多孔性薄膜，如细胞膜、膀胱膜、鸡蛋膜、毛细血管壁等生物膜，以及人工制成的火棉胶膜、羊皮膜、玻璃纸等都具有一定的半透膜性质。若将溶质相同而浓度不同的两种溶液用半透膜隔开，由于渗透，水从稀溶液一侧透入浓溶液一侧，会看到浓溶液的液面上升。随着溶液液面的升高，静水压增大，从而使溶液中的水分子透入纯水中的速率增加。当膜两侧透过水分子的速率相等时，达到渗透平衡，液面不再上升。

(2) 渗透压

为了阻止纯溶剂中的水分子透过半透膜进入溶液，需在溶液一侧施加一外压，这种恰能阻止渗透现象发生而施加的额外压力称为该溶液的渗透压（osmotic pressure）。不难理解，溶液的浓度越大，维持渗透平衡需要的外力就越大，即渗透压就越大。

(3) 产生渗透现象的条件

产生渗透的原因是半透膜两侧单位体积内溶剂分子数不同。当纯水与葡萄糖水溶液被半透膜隔开时，由于半透膜只允许水分子自由透过，而单位体积内纯水比葡萄糖溶液中的水分子数目多，因此在单位时间内透入溶液中的水分子数目要比离开溶液的水分子数目多，所以葡萄糖溶液的液面升高。由此可见，渗透现象的发生必须具备两个条件：第一，有半透膜存在；第二，膜两侧单位体积内溶剂的分子数目不同。

(4) 范特霍夫定律

1885 年，范特霍夫（Van't Hoff）根据实验结果指出，难挥发、非电解质、稀溶液的渗透压正比于溶液的物质的量浓度 c 和热力学温度 T，其比例常数就是气体常数 R。即：

$$\pi V=nRT \quad \text{或} \quad \pi=\frac{nRT}{V}=cRT \tag{1-26}$$

式中，π 是溶液的渗透压，kPa；c 是溶液的物质的量浓度，$mol\cdot L^{-1}$；R 为气体常数，$8.314kPa\cdot L\cdot mol^{-1}\cdot K^{-1}$；$T$ 是体系的温度，K。

从上式可以看出，在一定温度下，溶液的渗透压与溶液中所含溶质的物质的数目呈正比，而与溶质的本性无关。实验证明，即使是蛋白质这样的大分子，其溶液的渗透压与其他小分子一样，是由它们的质点数决定的，而与溶质的性质没有关系。对于稀的水溶液，由于 $c_B\approx b_B$，所以上式也可以写为：

$$\pi\approx b_BRT$$

利用范特霍夫公式，通过测定溶液渗透压的办法可求算溶质的分子量。

例 1-6 有一蛋白质的饱和水溶液，每升含有蛋白质 5.18g，已知在 293.15K 时，溶液的渗透压为 413Pa，求此蛋白质的相对分子质量。

解：根据公式

$$\pi=\frac{nRT}{V}=cRT$$

得 $$M_B=\frac{m_BRT}{\pi V}=\frac{5.18g\times 8.314\times 10^3Pa\cdot L\cdot mol^{-1}\cdot K^{-1}\times 293.15K}{413Pa\times 1L}=30569g\cdot mol^{-1}$$

即该蛋白质的相对分子质量为 30569。

(5) 渗透压的应用

渗透现象对于生物的生理活动具有十分重要的意义。在盐碱地中由于溶质粒子浓度过高，使植物根部吸水困难，甚至使植物体内水分外渗而干枯。同样，施肥不当也会造成土壤溶液局部浓度过大，致使植物枯萎。当人体需要输液补充水分时，应使用质量分数为 0.9% 的生理盐水或 5% 的葡萄糖溶液（等渗液），浓度过高或过低都会导致红细胞失水或破裂。

渗透作用在工业上的应用也很广泛，“反渗透技术”就是一个例子。所谓反渗透（reverse osmosis）就是在渗透压较大的溶液一边加上比其渗透压还要大的压力，迫使溶剂从高浓度溶液处向低浓度溶液处扩散，从而达到浓缩溶液的目的。例如电镀业中重金属离子的浓缩回收等。同时反渗透技术还可以用于海水的淡化（见图 1-5）。

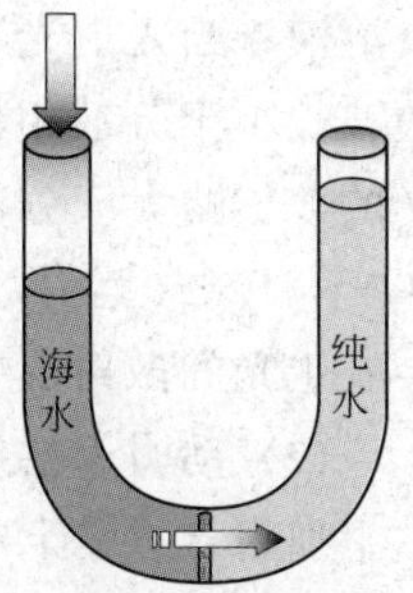

图 1-5 海水反渗透示意图

通过以上有关稀溶液的一些性质的讨论，可以总结出一条关于稀溶液的定理：难挥发非电解质稀溶液的某些性质（蒸气压下降、沸点上升、凝固点下降和渗透压）与一定量的溶剂中所含溶质的物质的量呈正比，而与溶质的本性无关，这就是稀溶液的依数性定律。

表 1-5　NaCl 和 HAc 溶液的凝固点下降

$b_B/mol \cdot kg^{-1}$	NaCl			HAc		
	实验值	计算值	$\frac{实验值}{计算值}$	实验值	计算值	$\frac{实验值}{计算值}$
0.1000	0.348	0.186	1.87	0.188	0.186	1.01
0.0500	0.176	0.0930	1.89	0.0949	0.0930	1.02
0.0100	0.0359	0.0186	1.93	0.0195	0.0186	1.05
0.00500	0.0180	0.0093	1.94	0.0098	0.0093	1.06

应该指出，稀溶液的依数性定律不适用于浓溶液和电解质。因为在浓溶液中情况比较复杂，溶质浓度大，溶质粒子之间的相互影响大为增加，简单的依数性的定量关系不再适用。电解质溶液的蒸气压、凝固点、沸点和渗透压的变化要比相同浓度的非电解质都大。这是因为相同浓度的电解质在溶液中会电离产生正、负离子，因此它所具有的总粒子数就要多。此时稀溶液的依数性取决于溶质分子、离子的总粒子数，稀溶液通性所指定的定量关系不再存在，必须加以校正。表 1-5 列出了不同浓度的 NaCl 和 HAc 溶液的凝固点下降的实验值和计算值。

1.3 胶体溶液

胶体分散系是由分散质直径在 10^{-9}～10^{-7}m 的分散体系，通常包含两类：胶体（colloid）溶液和高分子（polymer）溶液。胶体溶液又称为溶胶，它是由一些小分子化合物聚集成一个单独的大颗粒多相集合体系，如 $Fe(OH)_3$ 胶体和 As_2S_3 胶体等。而高分子溶液是由高分子化合物组成的，高分子化合物由于其分子结构较大，其整个分子大小属于胶体分散系，因此它表现出许多与胶体相同的性质。

1.3.1 溶胶的基本性质

(1) 光学性质

在暗室中让一束经聚集的强光通过溶胶时，从垂直于入射光前进的方向观察，可以看到胶体中出现一个浑浊发亮的光锥，这种现象称为丁达尔效应（见图 1-6）。丁达尔现象的实质是溶胶粒子强烈散射光的结果。当光束投射到一个分散体系上时，可以发生光的吸收、反射、散射和透射等，究竟产生哪种现象，则与入射光的波长（或频率）、分散粒子的大小密切相关，当入射光的频率与分散相粒子的振动频率相同时，主要发生光的吸收，如有颜色的真溶液；当入射光与体系不发生任何相互作用时，则发生透射，如清晰透明溶液；当入射光的波长小于分散相粒子的直径时，则发生光反射现象，使体系呈现浑浊，如悬浊液；当入射光的波长略大于分散相粒子的直径时，则发生光散射现象，如溶胶体系。可见光的波长在 400～740nm 范围，胶粒的大小在 1～100nm 范围，因此，当可见光束投射于溶胶体系时，会发生光的散射现象，可以通过此效应来鉴别溶液与胶体。

(2) 动力学性质

在超显微镜下看到溶胶的散射现象的同时，还可以看到溶胶中的发光点并非是静止不动的，它们是在做无休止、无规则的运动。这一现象与花粉在液体表面的运动情况很相似，由于该现象是由植物学家布朗（Brown）首先发现的，所以称为溶胶的布朗运动（见图 1-7）。

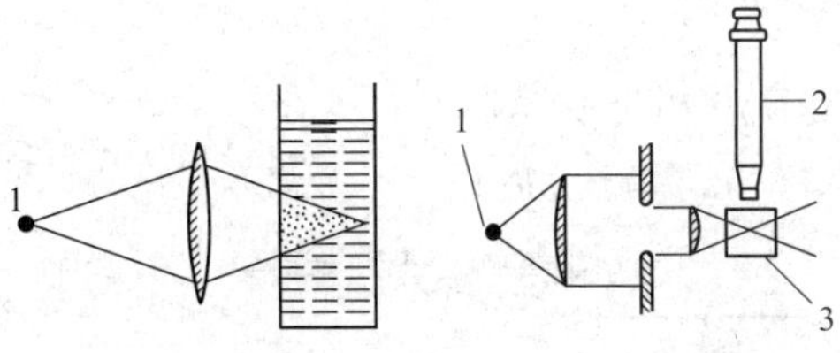

(a) 丁达尔效应　　(b) 超显微镜

图 1-6　丁达尔效应（a）和超显微镜（b）

1—光源；2—显微镜；3—样品池

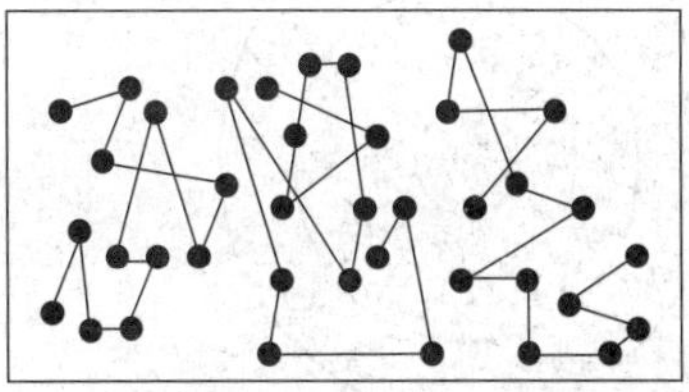

图 1-7　溶胶粒子的布朗运动

产生布朗运动的原因是：在分散体系中分散介质分子均处于无规则的热运动状态，它们可以从四面八方不断地撞击悬浮在介质中的分散相粒子。对于粗分散体系的粒子来说，在某一瞬间可能受到的撞击达千百次，从统计的观点来看，各个方向上所受撞击的概率相等、合力为零，所以不会发生位移，即使在某一方向上遭受撞击的次数较多，但由于粒子的质量较大，发生的位移并不明显，故无布朗运动。对于胶体分散相粒子来说，由于它的大小比粗分散系的粒子要小得多，因而介质分子从各个方向对它的撞击次数相对地也要少得多，在各个方向上所受到的撞击力不易完全抵消，它们在某一瞬间从某一方向受到较大冲量，而在另一瞬间又从另一方向受到较大的冲量，这样就使得溶胶粒子不断改变运动方向和速度，即产生布朗运动。

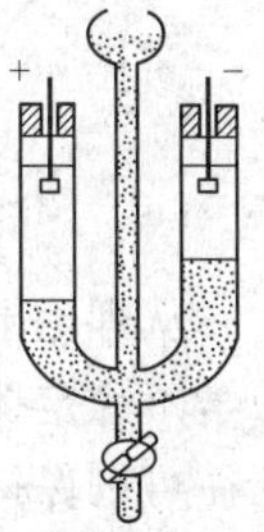

图 1-8　电泳实验装置

(3) 电学性质

在电解质溶液中插入两根电极，接通直流电就会发生离子的定向迁移，即阳离子移向负极、阴离子移向正极，这种在电场中溶胶粒子在分散剂中发生定向迁移的现象称为溶胶的电泳（electrophoresis）（见图 1-8），可以通过溶胶粒子在电场中的迁移方向来判断溶胶粒子的带电性。如：在 U 形管中装入棕红色的氢氧化铁溶胶，并在溶胶的表面小心滴入少量蒸馏水，使溶胶表面与水之间有一明显的界面。然后在两边管子的蒸馏水中插入铂电极，并给电极加上电压。经过一段时间的通电，可以观察到 U 形管中溶胶的液面不再相同，负极一端溶胶界面比正极端高。说明该溶胶在电场中往负极一端迁移，溶胶粒子带正电荷。

1.3.2　胶团结构

溶胶是一个具较高表面能的体系。溶胶粒子为了减小其表面能，就会吸附体系中的其他离子，使自己能在体系中稳定存在。一旦溶胶粒子吸附了其他离子，它的表面就会带电。而带电的表面又会通过静电引力去与体系中其他带相反电荷的离子发生作用，从而形成一个双电层结构。

以碘化银溶胶为例对溶胶的结构作一解释：首先 Ag^+ 与 I^- 反应后生成 AgI 分子，大量的 AgI 分子聚集成大小为 1～100nm 的颗粒，该颗粒称为胶核。由于胶核颗粒很小，分散度很高，因此具有较高的表面能。如果此时体系中存在过剩的离子，胶核就会有选择性地吸附这些离子。若体系中 KI 过量，根据“相似相吸”原则，胶核优先吸附 I^-，因此在胶核表面就会因吸附 I^- 而带负电。在此被胶核吸附的离子称为电位离子。此时由于胶核表面带有较为集中的负电荷，它会通过静电吸引力而吸引带有正电的 K^+。通常将这些带相反电荷的离子称为反离子（counterion）。而把胶核与被其吸附的电位离子，以及部分被较强吸附的反离子统称为胶粒，胶粒与反离子形成的不带电的物质则称为胶团。所以，AgI 胶团的结构如

图 1-9 所示。其结构式如下：

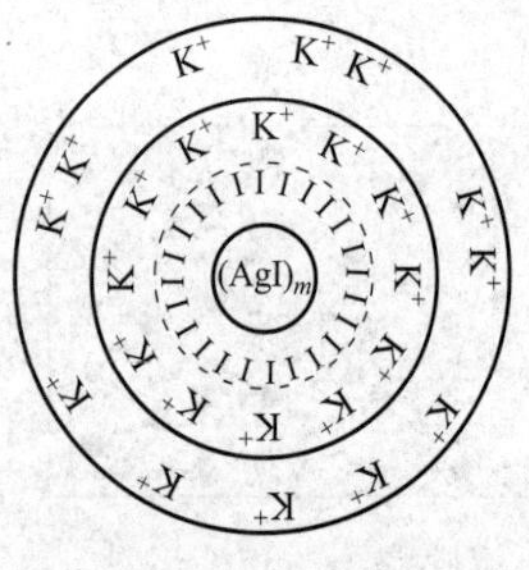

图 1-9　KI 过量时 AgI 胶团的结构

$$[(AgI)_m \cdot nI^- \cdot (n-x)K^+]^{x-} \cdot xK^+$$

胶核　电位离子　反离子　反离子

吸附层（电位离子、反离子）　扩散层（xK^+）

胶粒（$[(AgI)_m \cdot nI^- \cdot (n-x)K^+]^{x-}$）

胶团（整个结构式）

从胶团结构可以看出：整个胶团是电中性的，但胶粒是带电的。在外电场的作用下，胶粒作为运动单元，向某一电极运动，而扩散层及离子则向另一极运动。因此，胶团在电场作用下的行为与电解质很相似。

当 $AgNO_3$ 过量时，AgI 胶团的结构式为：

$$[(AgI)_m \cdot nAg^+ \cdot (n-x)NO_3^-]^{x+} \cdot xNO_3^-$$

同理，氢氧化铁、三硫化二砷和硅酸的胶团结构式可分别表示如下：

$$[(Fe(OH)_3)_m \cdot nFeO^+ \cdot (n-x)Cl^-]^{x+} \cdot xCl^-$$

$$[(As_2S_3)_m \cdot nHS^- \cdot (n-x)H^+]^{x-} \cdot xH^+$$

$$[(H_2SiO_3)_m \cdot nHSiO_3^- \cdot (n-x)H^+]^{x-} \cdot xH^+$$

1.3.3　溶胶的稳定性

从理论上讲，溶胶是高度分散的多相体系，拥有巨大的表面积和较高的表面能，属于势力学不稳定体系，胶粒有相互聚集成大颗粒而沉降析出的趋势。然而事实上经过纯化的溶胶往往可以保持数月甚至更长时间也不会沉降析出。溶胶为什么能相对稳定地存在呢？主要有以下三个方面的原因：①胶粒存在布朗运动。由它产生的扩散作用能克服重力场的影响而不下沉。一般来说，分散相与分散介质的密度差越小，分散介质黏度越大及分散相颗粒越小，布朗运动越强烈，溶胶就越稳定。②胶粒的静电排斥作用。由于同一体系内的胶粒带有相同电性的电荷，同性电荷间的相互排斥作用阻止了胶粒间的靠近、聚集。胶粒电荷量越多，胶粒间斥力越大，溶胶越稳定。③水化膜的保护作用。胶粒中的吸附离子和反离子都是水化的（即离子外围包裹着水分子），所以胶粒是带有水化膜的粒子。水化膜犹如一层弹性隔膜，起到了防止运动中的胶粒碰撞时互相合并聚集变大的作用。

溶胶的稳定性是相对的、有条件的，只要减弱或消除使溶胶稳定的因素，就能使胶粒聚结成较大的颗粒而沉降，这种使胶粒聚集成较大颗粒而沉降的现象称为溶胶的聚沉。在生产和科学实验中，有时需要制备稳定的溶胶，有时却需要破坏胶体的稳定性，使胶体物质聚沉下来，以达到分离提纯的目的。例如净化水时就需要破坏泥沙形成的胶体；在蔗糖的生产中，蔗糖澄清需要除去硅酸溶胶、果胶及蛋白质等。

要使溶胶聚沉，必须破坏其稳定因素，增加溶胶的浓度、辐射、强烈振荡、加入电解质或另一种溶胶都能导致溶胶的聚沉。而最常用的方法是加入电解质。

在溶胶体系中加入适量的强电解质，就会使溶胶发生明显的聚沉现象。其主要原因是电解质的加入会使分散介质中反电荷离子的浓度增加，由于浓度和电性的影响，将有较多的反离子被“挤入”吸附层，从而减少甚至完全中和了胶粒所带的电荷，使胶粒之间的相互斥力减少，甚至丧失，导致胶粒聚集合并变大，最终从溶胶中聚沉下来。其次加入强电解质后，由于电解质离子的水化作用，夺取了胶粒水化膜中的水分子，使胶粒水化膜变薄，因而有利于胶体的聚沉。

不同电解质对溶胶的聚沉能力是不同的。通常用聚沉值来比较各种电解质的聚沉能力。所谓聚沉值是使一定量溶胶在一定时间内完全聚沉所需电解质溶液的最低浓度（$mol \cdot L^{-1}$）。显然聚沉值越小的电解质，其聚沉能力就越强。表 1-6 列出几种电解质对不同类型溶胶的聚沉值。值得注意的是聚沉值与实验条件有关。

表 1-6 不同电解质几种溶胶的聚沉值

As_2S_3（负溶胶）	聚沉值	AgI（负溶胶）	聚沉值	Al_2O_3（正溶胶）	聚沉值
LiCl	58	$LiNO_3$	165	NaCl	43.5
NaCl	51	$NaNO_3$	140	KCl	46
KNO_3	50	KNO_3	136	KNO_3	60
$CaCl_2$	0.65	$Ca(NO_3)_2$	2.40	K_2SO_4	0.30
$MgCl_2$	0.72	$Mg(NO_3)_2$	2.60	$K_2Cr_2O_7$	0.63
$AlCl_3$	0.093	$Al(NO_3)_3$	0.067	$K_3[Fe(CN)_6]$	0.08
$Al(NO_3)_3$	0.095	$La(NO_3)_3$	0.069		

研究结果表明：起聚沉作用的主要是与胶粒带电符号相反的离子，即反离子。对带正电的溶胶起聚沉作用的是阴离子，对带负电的溶胶起聚沉作用的是阳离子。其次反离子的价数越高，其聚沉能力越强，聚沉能力随反离子价数的增高而迅速增大。一般来说，一价反离子的聚沉值为 25～150，二价反离子的聚沉值为 0.5～2，三价的为 0.01～0.1。这些规律称为叔采-哈迪规则。

习 题

1. 某气体在 293K 和 9.97×10^4 Pa 时占有体积 $0.19dm^3$，质量为 0.132g。试求该气体的相对分子质量，并指出它可能是何种气体。

2. 在 300K、1.013×10^5 Pa 时加热一敞口细颈瓶到 500K，然后封闭细颈口并冷却到原来的温度，求此时瓶内的压强。

3. 在 291K 和 1.013×10^5 Pa 条件下将 $2.70dm^3$ 含饱和水蒸气的空气通过 $CaCl_2$ 干燥管。完全吸水后，干燥空气为 3.21g。求 291K 时水的饱和蒸气压。

4. 在 273K 时，将相同初压的 $4.0dm^3$ N_2 和 $1.0dm^3$ O_2 压缩到一个容积为 $2.0dm^3$ 的真空容器中，混合气体的总压为 3.26×10^5 Pa。求：

（1）两种气体的初压。

（2）混合气体中各组分气体的分压。

（3）各气体的物质的量。

5. 在体积为 $0.50dm^3$ 的烧瓶中充满 NO 和 O_2 混合气体，温度为 298K，压力为 1.23×10^5 Pa。反应一段时间后，瓶内总压变为 8.3×10^4 Pa。求生成 NO_2 的质量。

6. 将氮气和水蒸气的混合物通入盛有足量固体干燥剂的瓶中。刚通入时，瓶中压力为 101.3kPa。放置数小时后，压强降到 99.3kPa 的恒定值。

（1）求原气体混合物各组分的摩尔分数；

（2）若温度为 293K，实验后干燥剂增重 0.150×10^{-3} kg，求瓶的体积。（假设干燥剂的体积可忽略且不吸附氮气）

7. 惰性气体氙能与氟生成多种氟化氙（XeF_x）。实验测得在 353K、1.56×10^4Pa 时，某气态氟化氙的密度为 0.899g · dm^{-3}。试确定这种氟化氙的分子式。

8. 10.00cm^3 NaCl 饱和溶液的质量为 12.003g，将其蒸干后得 NaCl 3.173g，计算：

（1）NaCl 的溶解度；

（2）溶液的质量分数；

（3）溶液的物质的量浓度；

（4）溶液的质量摩尔浓度；

（5）溶液中盐的摩尔分数和水的摩尔分数。

9. 在 303K 时，丙酮（C_3H_6O）的蒸气压是 37330Pa，当 6g 某非挥发性有机物溶于 120g 丙酮中时，其蒸气压下降至 35570Pa。试求此有机物的相对分子质量。

10. 在 293K 时，蔗糖（$C_{12}H_{22}O_{11}$）水溶液的蒸气压是 2329Pa，纯水的蒸气压是 2333Pa。试计算 1000g 水中含蔗糖的质量。已知蔗糖的摩尔质量为 342g · mol^{-1}。

11. 常压下将 2.0g 尿素（CON_2H_4）溶入 75g 水中，求该溶液的凝固点。已知水的 K_f = 1.86K · mol^{-1} · kg。

12. 与人体血液具有相等渗透压的葡萄糖溶液，其凝固点降低值为 0.543K。求此葡萄糖溶液的质量分数和血液的渗透压？（葡萄糖的相对分子质量为 180）

13. 将 24cm^3 0.02mol · dm^{-3} 的 KCl 溶液和 100cm^3 0.005mol · dm^{-3} 的 $AgNO_3$ 溶液混合以制备 AgCl 溶胶，试指出胶体颗粒的电荷符号。

14. What is the freezing point of a 10%（by mass）solution of CH_3OH in water?

15. Calulate the osmotic pressure of an aqueous solution which contains 4.00g of glucose，$C_6H_{12}O_6$，in 250mL of solution at 25℃.

第 2 章

化学反应基本理论

(Basic Principle of Chemical Reactions)

学习要求

1. 理解体系与环境、相、状态与状态函数的概念。

2. 理解内能、热及功的概念，掌握热力学第一定律及相关计算。

3. 掌握焓、熵及吉布斯自由能等基本概念及有关标准状态下的相关计算，掌握化学反应自发性的判断依据。

4. 理解活化分子、活化能、催化剂的概念；了解基元反应、反应速率、反应级数的概念；了解影响反应速率的因素。

5. 掌握标准平衡常数的概念及表达式的书写；通过反应商与标准平衡常数的关系判断反应的自发性；了解影响平衡移动的因素。

在化学反应的研究过程中，化学家们十分关注化学反应进行的方向、程度以及反应过程中的能量变化关系和化学反应的速率等一类基本问题。本章将通过介绍热化学和动力学基本原理和方法，来回答一个化学反应自发性（即化学反应能否发生）、反应进行的限度、化学反应过程的热效应以及化学反应的速率等问题。

2.1 基本概念

2.1.1 体系与环境

自然界中各事物总是相互联系的。为了研究方便，人们常常把要研究的那部分物质和空间与其他物质和空间人为地分开。把作为研究对象的那部分物质和空间称为体系或系统(system)。体系之外并与体系密切联系的其他物质和空间称为环境（surroundings)。例如，研究 298.15K、100kPa 压力时 NaCl 在水溶液中的溶解度，则 NaCl 水溶液是体系；而 NaCl 水溶液以外的部分，如盛溶液的容器，溶液上方空气等都属于环境。

体系与环境之间主要是通过物质交换和能量交换来关联的，因此，根据体系与环境之间能量与物质的交换情况，可以把体系分为下列三种模型，见图 2-1。

实际上，孤立体系是不存在的，但为了研究方便，人们常常把一个体系在某些条件下近

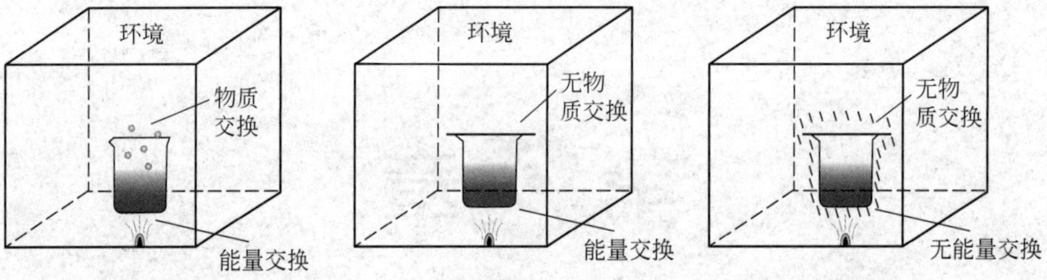

(a) 敞开体系　　(b) 封闭体系　　(c) 孤立体系(1)

图 2-1　三种不同体系示意图

似为孤立体系。因此，孤立体系是处理一些极端问题而建立的一种理想模型，类似于理想气体模型。

2.1.2　相

一个体系中，任何具有相同物理、化学性质的均匀部分叫做体系的相（phase）。只有一个相的体系，称单相系或均匀系（homogenous system）；具有两个或两个以上相的体系，叫多相系或不均匀系（heterogenous system）。区分一个体系属于单相系还是多相系的关键是判断体系有无明显界面，而与体系是否为纯物质无关。例如，一般认为气态物质可以无限混合，因此气体物质及其混合物均视为单相系；液体物质，如能相互溶解，则形成单相系，如酒精与水；如不互溶，混合时形成明显界面，为多相系，如四氯化碳和水。固态物质较为复杂，如果体系中不同物质达到分子程度的混合形成固溶体，则视为单相系。除此之外，很难实现不同固态物质的分子、离子级混合，因此体系中有多少固体物质，就有多少相。如碳的三种同素异形体石墨、金刚石和 C_{60} 共存时，则视为三个相。

2.1.3　状态和状态函数

研究体系的变化，就是研究它的状态的变化。体系的状态（state）是指体系化学性质、物理性质的总和。描述体系状态的宏观性质，称为状态函数（state function）。例如，理想气体的状态，通常可用温度（T）、压力（p）、体积（V）和物质的量（n）四个物理量来描述。当这些性质确定时，体系就处在一定的状态；当体系状态一定时，体系的所有性质也都有确定值。当体系的一个或若干个状态函数发生变化时，则体系的状态也随之发生变化。变化前的状态称为始态；变化后的状态则称为终态。

需要注意的是，热力学状态与通常说的物质的存在状态（气、液、固）不是一个概念。状态函数具有以下特征：

① 体系的状态一定，状态函数的数值就有一个相应的确定值。但体系状态变化时，状态函数的变化只与始态和终态有关，与具体途径无关。

例如，将 1L 水由 25℃升温至 80℃，可以直接加热到 80℃；也可以先冷却到 0℃，再加热到 80℃；无论变化的具体过程如何，温度的变化值 $\Delta T = T_2 - T_1 = 55℃$。

② 体系的各个状态函数之间存在一定的制约关系。

例如，理想气体的四个变量 p、V、n、T 之间由理想气体状态方程 $pV = nRT$ 约束，当其中的三个变量固定时，第四个变量也必然是固定值，而其中的任意一个变量变化时，则至少有另外一个变量随之而变。

③ 状态函数的集合（和、差、积、商）也是状态函数。

状态函数按其性质又可分为两类。

① 强度性质（intensive properties） 其量值与体系中物质的量多少无关，仅取决于体系本身的性质，即不具有加和性。例如：温度、密度、压力、黏度等。

② 容量性质（extensive propterties） 这种性质与体系中物质的量呈正比，具有加和性。当将体系分成若干份时，体系的这些性质等于各部分的性质之和。例如：体积、内能、焓、熵等。

2.1.4 过程与途径

(1) 过程（process）

当体系状态发生任意的变化时，这种变化称为“过程”。例如，气体的液化、固体的溶解、化学反应等，体系的状态都发生了变化。

热力学上常见的过程有下列几种：

① 恒温过程（isothermal process）体系在等温条件下发生的状态变化过程，$\Delta T=0$；

② 恒压过程（isobar process）体系在等压条件下发生的状态变化过程，$\Delta p=0$；

③ 恒容过程（isovolume process）体系在等容条件下发生的状态变化过程，$\Delta V=0$；

④ 绝热过程（isothermal process）体系与环境之间没有热量交换的过程，$Q=0$。

(2) 途径（path）

体系由一种状态变到另一状态可以经过不同的方式，这种始态变到终态的具体步骤称为途径。

2.1.5 热和功

对于每一个变化过程，其途径可以有多种。但无论采用何种途径，状态函数的增量仅取决于体系的始态和终态，而与状态变化的途径无关。

在状态变化过程中，体系与环境之间可能发生能量交换，使体系和环境的热力学能发生改变。这种能量交换的方式有两种：热和功。

(1) 热（heat）

体系与环境之间因存在温度差异而发生的能量交换形式，用符号 Q 表示，具有能量单位（J 或 kJ）。对一个体系而言，不能说它具有多少热，只能讲它从环境吸收了多少热或释放给环境多少热。热力学中规定：

体系向环境吸热，Q 取正值（$Q>0$，体系能量升高）；

体系向环境放热，Q 取负值（$Q<0$，体系能量下降）。

(2) 功（work）

热以外传递或交换能量的另一方式，用符号 W 表示，具有能量单位（J 或 kJ）。常见的功有体积功、表面功、电功、机械功等。

国家标准 GB 3102—93 规定：

环境对体系做功，功取正值（$W>0$，体系能量升高）；

体系对环境做功，功取负值（$W<0$，体系能量降低）。

功有多种形式，通常把功分为两大类：由于体系体积变化而与环境产生的功称为体积功（volume work）或膨胀功（expension work）；除体积功以外的所有其他功都称为非体积功 W'（也叫有用功）。在化学过程中，由于大多数化学反应是在敞开容器中进行的，反应时体系由于体积变化而对抗外界压力做功，因此体积功具有特殊意义。如果体系只膨胀，则体系向环境做的功为：

$$W=-p_{外}(V_2-V_1)=-p_{外}\Delta V \tag{2-1}$$

式中，W 是功，$p_{外}$ 是外压，ΔV 是反应过程中体系体积的变化。通常规定：

体系体积膨胀时，$\Delta V>0$，$p\Delta V>0$，W 为负值。

体系体积收缩时，$\Delta V<0$，$p\Delta V<0$，W 为正值。

因此，体系对外做的总功为：

$$W=-p_{外}\ \Delta V+W' \tag{2-2}$$

必须指出，热和功都不是体系的状态函数，除了与体系的始态、终态有关以外，还与体系状态变化的具体途径有关。

2.2 化学反应中的能量守恒和质量守恒

化学反应和状态变化过程中总是伴随热量的吸收或放出。例如化学反应中甲烷气的燃烧，氢气和氯气反应生成氯化氢等反应是放热的；$CaCO_3$ 分解为 CaO 与 CO_2，NH_4Cl 分解为 NH_3 与 HCl 等反应是吸热的。此外一些物理变化如液态水的蒸发是吸热的，而液态水结冰则是放热的。浓硫酸溶于水是放热，硝酸铵溶于水是吸热等。热化学就是把热力学理论与方法应用于化学反应中，计算与研究化学反应的热量及变化规律的学科。

2.2.1 热力学能和热力学第一定律

(1) 热力学能

体系处于一定状态时，具有一定的热力学能。热力学能（thermodynamic energy），又称内能（internal energy），它是体系内部各种形式能量的总和，用符号 U 表示，具有能量单位（J 或 kJ）。在一定条件下，体系的热力学能与体系中物质的量呈正比，即热力学能具有加和性。热力学能 U 是体系的状态函数，体系状态变化时热力学能变 ΔU 仅与始、终状态有关而与过程的具体途径无关。$\Delta U>0$，表明体系在状态变化过程中热力学能增加；$\Delta U<0$，表明体系在状态变化过程中热力学能减少。

由于体系内部质点的运动及相互作用很复杂，目前还无法确定体系某状态下热力学能 U 的绝对值。在实际化学过程中，人们关心的是体系在状态变化过程中的热力学能变 ΔU，而不是体系的热力学能 U 的绝对值。

(2) 热力学第一定律

人们经过长期实践认识到，在孤立体系中能量是不会自生自灭的，它可以相互转化，但总量是不变的。这就是热力学第一定律（first law of thermodynamics），又称能量守恒与转化定律（law of energy conservation and transformation）。

若一个封闭体系，环境对其做功（W），并从环境吸热（Q），使其热力学能由 U_1 变化到 U_2，根据能量守恒定律，体系热力学能变化（ΔU）为：

$$\Delta U=U_2-U_1=Q+W$$

此式为热力学第一定律的数学表达式。它的定义是指封闭体系热力学能的变化等于体系吸收的热与体系从环境所得功之和。当体系只对环境做体积功时：

$$\Delta U=Q+(-p\Delta V) \tag{2-3}$$

例 2-1 某理想气体在恒定外压（100kPa）下吸热膨胀，其体积从 80L 变到 160L，同时吸收 25kJ 的热量，试计算体系内能的变化。

解： $\Delta U=Q+(-p\Delta V)=[25-100\times(160-80)\times10^{-3}]\text{kJ}=17\text{kJ}$

2.2.2 反应进度

对任一化学反应：

$$aA+bB \longrightarrow gG+dD$$

移项后写成

$$0=-aA-bB+gG+dD$$

令 $-a=\nu_A$；$-b=\nu_B$；$g=\nu_G$；$d=\nu_D$

简化为化学计量通式：

$$0=\sum_B \nu_B B \tag{2-4}$$

式中，B 为化学反应方程式中任一反应物或产物的化学式；ν_B 为物质 B 的化学计量数（stoichiometric number）。

由通式(2-4) 可以看出，反应物的化学计量数为负值，而产物的化学计量数为正值。这与反应物减少和产物增加相一致。

例如反应：

$$1/2N_2+3/2H_2 \longrightarrow NH_3$$

可写成：

$$0=-1/2N_2-3/2H_2+NH_3$$

化学计量数 ν_B 分别为：$\nu(N_2)=-1/2$，$\nu(H_2)=-3/2$，$\nu(NH_3)=1$。

由于反应物与产物的化学计量数不相同，随着反应的进行，各组分的变化量是不同的，为了从量化角度进行描述，引入新的物理量——反应进度（ξ，读作 ksai）。

反应进度（extent of reaction）是一个衡量化学反应进行程度的物理量，单位为 mol。化学反应过程中，参与反应的物质 B 的物质的量由始态 n_1 变到 n_2，则该反应的反应进度为：

$$\xi=\frac{n_2-n_1}{\nu_B}=\frac{\Delta n}{\nu_B}$$

随着反应的进行，反应进度逐渐增大，当反应进行到 Δn_B 的数值恰好等于 ν_B 数值时，反应进度 $\xi=1mol$。对于发生了 1mol 反应进度的反应，即通常说的单位反应进度。在后面的各热力学函数变的计算中，都是以单位反应进度 $\xi=1mol$ 为计量基础的。

例如，对任一符合 $0=\sum_B \nu_B B$ 的化学反应，如果按化学反应计量方程式定量完成，其反应式如果为：

$$aA+bB \longrightarrow gG+dD$$

此时 $\xi=1mol$ 可以理解成：在消耗掉 $a$mol 物质 A 的同时，也消耗掉 $b$mol 物质 B，并生成 $g$mol 物质 G 和 $d$mol 物质 D。

反应进度的定义式表明，反应进度与化学反应计量方程式的写法有关。因此，在应用反应进度这一物理量时，必须指明具体的化学反应方程式。例如以下反应：

$$N_2+3H_2 \longrightarrow 2NH_3$$

当 $\Delta n(NH_3)=1mol$ 时，其反应进度

$$\xi=\frac{\Delta n(NH_3)}{\nu(NH_3)}=0.5mol$$

如果化学反应计量方程式写成

$$1/2N_2+3/2H_2 \longrightarrow NH_3$$

此时反应进度

$$\xi=\frac{\Delta n(NH_3)}{\nu(NH_3)}=1mol$$

注意：对于指定的化学反应计量方程式，反应进度与物质 B 的选择无关，反应物和产物诸物质的 Δn_B 可能各不相同，但根据不同物质计算的反应进度却总是相同的。

2.2.3 化学反应的反应热

化学反应热效应是指体系发生化学反应时，在只做体积功而不做非体积功的等温过程中吸收或放出的热量。化学反应常在等容或等压条件下进行，因此化学反应热效应常分为等容热效应与等压热效应，即等容反应热与等压反应热。

(1) 等容反应热 Q_V 和内能 ΔU

化学反应在密闭容器中进行，体积保持不变，称为等容（constant volume）过程，该过程体系与环境之间交换的热就是等容反应热，用符号 Q_V 表示，下标“V”表示等容过程。

因为等容过程 $\Delta V=0$，体积功 $p\Delta V$ 必为零，反应过程没有非体积功，所以过程的总功 W 为零。根据热力学第一定律可得：

$$Q_V=\Delta U=U_2-U_1 \tag{2-5}$$

上式说明，在等容条件下进行的化学反应，其反应热等于该体系的热力学能的改变量。

(2) 等压反应热 Q_p 和焓变 ΔH

大多数化学反应是在等压条件下进行的。若体系发生化学反应是等压且只做体积功的过程，则该过程中与环境之间交换的热就是等压反应热，用符号 Q_p 表示，下标“p”表示等压过程。

等压过程 $p_{环}=p_2=p_1=p$，由热力学第一定律得：

$$\Delta U=Q_p-p\Delta V \tag{2-6}$$

所以

$$Q_p=\Delta U+p\Delta V=\Delta U+(p_2V_2-p_1V_1)=(U_2+p_2V_2)-(U_1+p_1V_1) \tag{2-7}$$

上式说明，在等压条件下进行的化学反应，其反应热等于终态和始态的（$U+pV$）值之差。其中 U、p、V 都是取决于体系状态的状态函数，其组合（$U+pV$）的值也应是取决于体系状态的状态函数。热力学中将（$U+pV$）定义为焓（enthalpy），即

$$H=U+pV \tag{2-8}$$

焓可用符号 H 表示，其单位为 $J\cdot mol^{-1}$ 或 $kJ\cdot mol^{-1}$，但没有明确的物理意义。由于热力学能 U 的绝对值无法确定，所以新组合的状态函数焓 H 的绝对值也无法确定。在一定条件下，体系的焓值与体系中物质的量呈正比。可通过式(2-8) 求得 H 在体系状态变化过程中的变化值——焓变 ΔH，即

$$Q_p=H_2-H_1=\Delta H \tag{2-9}$$

上式有较明确的物理意义，即在恒温等压只做体积功的过程中，体系吸收的热量全部用于增加体系的焓。物质的焓值越低，稳定性越高。

(3) 反应焓变与热化学方程式

对于一个化学反应而言，等压条件下反应吸收或放出的热量通常用反应焓变（enthalpy of reaction）来表示，符号为 $\Delta_r H$。左下标“r”意为 reaction，代表一般化学反应。反应焓变等于反应终态产物的总焓与始态物质的总焓之差。

$$\Delta H=\sum H(终态物)-\sum H(始态物) \tag{2-10}$$

化学反应与反应热的关系又可以用热化学反应方程式来表达。如：在 298.15K、100kPa

下，1mol $H_2(g)$ 和 0.5mol $O_2(g)$ 反应生成 $H_2O(g)$，热效应 $Q_p=-241.82\text{kJ}\cdot\text{mol}^{-1}$。其热化学方程式为：

$$H_2(g)+1/2O_2(g)\longrightarrow H_2O(g)\quad \Delta_r H_m=-241.82\text{kJ}\cdot\text{mol}^{-1}$$

式中，$\Delta_r H_m$ 称为摩尔反应焓变（molar enthalpy of reaction）；右下标 m 表示反应进度为 1mol 时的反应焓变。$\Delta_r H_m$ 常用单位为 $\text{J}\cdot\text{mol}^{-1}$ 或 $\text{kJ}\cdot\text{mol}^{-1}$。

书写热化学方程式应注意以下几点。

① 应注明反应的温度和压力。如果反应条件为 298.15K、100kPa，可忽略不写。

② 应注明参与反应的诸物质的聚集状态，以 g、l、s 分别表示气、液、固态。物质的聚集状态不同，其反应热亦不同。

注意：计算一个化学反应的 $\Delta_r H_m$ 必须明确写出其化学反应计量方程式。不给出反应方程式的 $\Delta_r H_m$ 是没有意义的。

(4) 标准摩尔反应焓

如果反应是在标准状态下反应的，则可用标准摩尔反应焓（standard molar enthalpy of reaction，$\Delta_r H_m^{\ominus}$）来表示。其右上标“$\ominus$”表示为标准态。物质的标准状态是在标准压力 $p^{\ominus}$（100kPa）下和某一指定温度下物质的物理状态。$\Delta_r H_m^{\ominus}(T)$，括号内“$T$”表示指定温度。

对具体的物质而言，相应的标准态如下。

① 纯理想气体物质的标准态是该气体处于标准压力 $p^{\ominus}$ 下的状态；混合理想气体中任一组分的标准态是该气体组分的分压[1]为 $p^{\ominus}$ 时的状态。

② 纯液体（或纯固体）物质的标准态就是标准压力 $p^{\ominus}$ 下的纯液体（或纯固体）。

③ 溶液中溶质的标准态是指标准压力 $p^{\ominus}$ 下溶质的浓度为 $1\text{mol}\cdot\text{L}^{-1}$ 时的理想溶液。

必须注意，在标准态的规定中只规定了压力 $p^{\ominus}$，并没有规定温度。处于标准状态和不同温度下的体系的热力学函数有不同的值。一般的热力学函数值均为 298.15K（即 25℃）时的数值，若非 298.15K，需特别指明。

2.2.4 化学反应热的计算

(1) 盖斯定律

1840 年，俄籍瑞士化学家盖斯（Hess）从大量热化学实验数据中总结出一条规律：任一化学反应，不论是一步完成的，还是分几步完成的，其化学反应的热效应总是相同的。这一定律就叫盖斯定律。

盖斯定律有着广泛的应用。利用一些反应热的数据，就可以计算出另一些反应的反应热。尤其是不易直接准确测定或根本不能直接测定的反应热，常可利用盖斯定律来计算。例如，C 和 O_2 反应生成 CO 的反应热是很难准确测定的，因为在实际反应过程中 CO 不可避免会被进一步氧化生成 CO_2。但是以下两个反应热是可以在指定条件下定量准确测定的。

(1) $C(s)+O_2(g)\longrightarrow CO_2(g)\qquad \Delta H_1$

(2) $CO(g)+1/2O_2(g)\longrightarrow CO_2(g)\qquad \Delta H_2$

在恒温、等压条件下 C 燃烧生成 CO_2 的反应可以通过两种不同途径来完成：一种途径是 C 直接燃烧生成 CO_2；另外一种途径是 C 先氧化生成 CO，CO 再氧化成 CO_2。

(3) $C(g)+1/2O_2(g)\longrightarrow CO(g)\qquad \Delta H_3$

其中　反应式(3)＝反应式(1)－反应式(2)

---

[1] 有关分压的描述见第 3 章。

所以根据盖斯定律有 $$\Delta H_3=\Delta H_1-\Delta H_2$$

该结果表明，难测定的 ΔH_3 可以通过 ΔH_1 和 ΔH_2 计算得出。

(2) 标准摩尔生成焓与标准摩尔反应焓的计算

标准态和指定温度 T 下，由稳定态单质生成 1mol 物质 B 的标准摩尔反应焓即为物质 B 在 T 温度下的标准摩尔生成焓（standard molar enthalpy of formation），用 $\Delta_f H_m^{\ominus}$ 表示，单位为 $kJ\cdot mol^{-1}$。符号中的左下标“f”表示生成反应（formation），T 在 298.15K 时，通常可不注明。

根据标准摩尔生成焓的定义，可知单质的标准摩尔生成焓等于零。当一种元素有两种或两种以上单质时，通常规定最稳定的单质为参考状态，其标准摩尔生成焓为零。例如石墨和金刚石是碳的两种同素异形体，石墨是碳的最稳定单质，是 C 的参考状态，它的标准摩尔生成焓等于零。由最稳定单质转变为其他形式的单质时，要吸收热量。例如石墨转变成金刚石：

$$\text{C(石墨)} \longrightarrow \text{C(金刚石)} \qquad \Delta_f H_m^{\ominus}=1.895\text{kJ}\cdot\text{mol}^{-1}$$

即

$$\Delta_f H_m^{\ominus}(\text{C,金刚石})=1.895\text{kJ}\cdot\text{mol}^{-1}$$

本书附录Ⅲ中给出了在 298.15K、100kPa 下常见化合物与水合离子的标准摩尔生成焓 $\Delta_f H_m^{\ominus}$ 数据。这个表非常有用，因为任何反应的标准摩尔焓变都可以通过反应物和产物的标准摩尔生成焓来计算。

(3) 标准摩尔反应焓变的计算

在温度 T 及标准状态下同一个化学反应的反应物和产物存在如图 2-2 所示的关系，它们均可由等物质量的、同种类的参考状态单质生成。

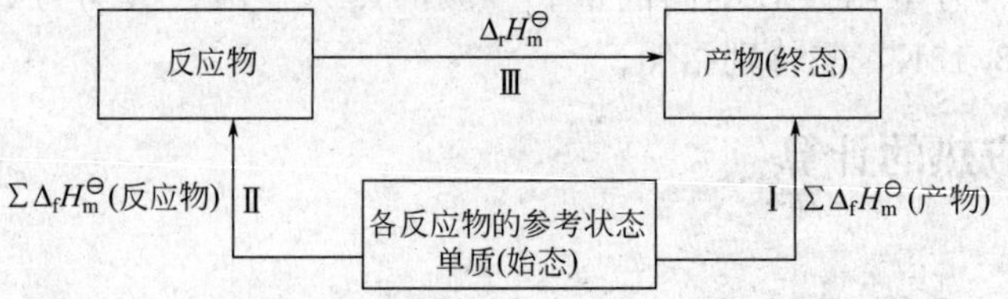

图 2-2 标准摩尔生成焓与标准摩尔反应焓之间的关系

由盖斯定律可以导出：

$$\text{反应Ⅲ} = \text{反应Ⅰ} - \text{反应Ⅱ}$$

化学中任何反应的标准摩尔反应焓等于产物的标准摩尔生成焓的总和减去反应物的标准摩尔生成焓的总和。

对于一般的化学反应： $$a\text{A}+b\text{B} = g\text{G}+d\text{D}$$

$$\Delta_r H_m^{\ominus}=[g\Delta_f H_m^{\ominus}(\text{G})+d\Delta_f H_m^{\ominus}(\text{D})]-[a\Delta_f H_m^{\ominus}(\text{A})+b\Delta_f H_m^{\ominus}(\text{B})] \tag{2-11}$$

或表示为

$$\Delta_r H_m^{\ominus}=\sum\nu_B\Delta_f H_m^{\ominus}(\text{B}) \tag{2-12}$$

式中，ν_B 表示反应式中物质 B 的化学计量数。在大多数情况下，对一给定反应，当温度 T 变化时，产物随温度变化所引起的焓变与反应物随温度变化所引起的焓变相差不多，因此温度改变时，反应焓变的变化不明显，在无机及分析化学计算中，可不考虑温度的影响。

例 2-2 1mol $C_2H_5OH(l)$ 于恒定 298.15K、100kPa 条件下与理论量的 $O_2(g)$ 进行下列反应

$$C_2H_5OH(l)+3O_2(g)\longrightarrow 2CO_2(g)+3H_2O(g)$$

求这一过程的标准摩尔反应焓 $\Delta_r H_m^\ominus$。

解：

$$\Delta_r H_m^\ominus=[2\Delta_f H_m^\ominus(CO_2,g)+3\Delta_f H_m^\ominus(H_2O,g)]-[3\Delta_f H_m^\ominus(O_2,g)+\Delta_f H_m^\ominus(C_2H_5OH,l)]$$
$$=[2\times(-393.51)+3\times(-241.82)]\text{kJ}\cdot\text{mol}^{-1}-[3\times 0+(-277.69)]\text{kJ}\cdot\text{mol}^{-1}$$
$$=-1234.79\text{kJ}\cdot\text{mol}^{-1}$$

2.3 化学反应的方向和吉布斯自由能

自然界发生的过程都有一定的方向性。例如水总是自动地从高处向低处流，铁在潮湿的空气中容易生锈。这种在一定条件下不需外界做功，一经引发就能自动进行的过程，称为自发过程。而要使水从低处输送到高处，需借助水泵做机械功来实现；要使水常温下分解成氢气和氧气，则需要通过电解过程来实现。类似于这种需要通过外界作用力才能实现的过程称为非自发过程。化学反应在给定条件下能否自发进行、进行到什么程度是科研和生产实践中的一个重要问题。

2.3.1 影响化学反应方向的因素

(1) 化学反应焓变——反应自发性的一种判据

在研究各种体系的变化过程时，人们发现自然界的自发过程，一般都朝着能量降低的方向进行。能量越低，体系的状态就越稳定。人们自然想到把焓变与化学反应的方向性联系起来。由于化学反应的焓变可作为产物与反应物能量差值的量度，因此人们起初认为如果一个化学反应的 $\Delta_r H_m^\ominus<0$，即放热反应，体系的能量降低，反应可自发进行。例如：

$$3Fe(s)+2O_2(g)\longrightarrow Fe_3O_4(s);\quad \Delta_r H_m^\ominus=-1118.4\text{kJ}\cdot\text{mol}^{-1}$$
$$CH_4(g)+2O_2(g)\longrightarrow 2H_2O(l)+CO_2(g);\quad \Delta_r H_m^\ominus=-890.4\text{kJ}\cdot\text{mol}^{-1}$$
$$HCl(g)+NH_3(g)\longrightarrow NH_4Cl(s);\quad \Delta_r H_m^\ominus=-176.0\text{kJ}\cdot\text{mol}^{-1}$$

但是，实践表明，有些化学反应的 $\Delta_r H_m^\ominus>0$，即吸热反应，在高温下亦能自发进行。例如：

$$NH_4Cl(s)\longrightarrow HCl(g)+NH_3(g);\quad \Delta_r H_m^\ominus=176.0\text{kJ}\cdot\text{mol}^{-1}$$
$$CaCO_3(s)\longrightarrow CaO(s)+CO_2(g);\quad \Delta_r H_m^\ominus=178.5\text{kJ}\cdot\text{mol}^{-1}$$

上述反应在 298.15K、标准态下，反应是非自发的，但是当温度分别升高到 621K 和 1110K 时，$NH_4Cl(s)$ 和 $CaCO_3(s)$ 分别开始自发分解。因此仅把反应焓变作为化学反应的普遍判据是不准确、不全面的。显然，还有其他影响因素的存在。

(2) 化学反应熵变——反应自发性的另一种判据

自然界的自发过程，无论是化学变化还是物理变化，体系不仅有趋于最低能量状态的倾向，还有趋于最大混乱度的趋势。例如，两种原先隔开的气体，抽取隔板，两种气体就能自发地混合，直至混合均匀；但无论等多少年，两气体也不能自动分离。又如 NaCl 晶体中的 Na^+ 和 Cl^-，在晶体中的排列是整齐有序的。NaCl 晶体投入水中后，晶体表面的 Na^+ 和 Cl^- 受到极性水分子的吸引从晶体表面脱落，形成水合离子并在水中扩散。在 NaCl 溶液中，无论是 Na^+、Cl^-，还是水分子，它们的分布情况都比 NaCl 溶解前要混乱得多。又如 $CaCO_3(s)$ 的分解，反应式表明：1mol 的 $CaCO_3(s)$ 分解产生 1mol 的 CaO(s) 和 1mol 的

$CO_2(g)$，反应前后对比，不但物质的种类和“物质的量”增多，而且产生了大量的气体，使整个体系的混乱程度明显增大。这些例子说明任何体系有向混乱度增加的方向进行的趋势。

混乱度的大小在热力学中是用一个新的热力学状态函数熵（entropy）来量度的，用符号 S 表示，单位为 $J \cdot mol^{-1} \cdot K^{-1}$。所以高度无序的体系具有较大的熵值，而低熵值总是和井然有序的体系相联系。很显然，对同一种物质的熵值有 $S^{\ominus}(g, T) > S^{\ominus}(l, T) > S^{\ominus}(s, T)$；同类物质，相对分子质量愈大，熵值愈大；物质的分子量相近时，复杂分子的熵值大于简单分子。物质的熵值与体系的温度、压力有关。一般温度升高，体系中微粒的无序性增加，熵值增大；压力增大，微粒被限制在较小空间内运动，熵值减小。

2.3.2 标准摩尔熵及标准摩尔反应熵计算

在热力学温度零度（0K）时，纯物质的完美晶体空间排列是整齐有序的。此时体系的熵值 $S^*(0K)=0$，其中“*”表示完美晶体。在这个基准上，就可以确定其他温度下物质的熵值。即以 $S^*(0K)=0$ 为始态，以温度为 T 时的指定状态 $S(B, T)$ 为终态，所算出的 1mol 物质 B 的反应熵 $\Delta_r S_m(B)$ 即为物质 B 在该指定状态下的摩尔规定熵 $S_m(B, T)$，即

$$\Delta_r S_m(B) = S_m(B,T) - S_m^*(B,0K) = S_m(B,T)$$

在标准状态下的摩尔规定熵称标准摩尔熵，用 $S_m^{\ominus}(B, T)$ 表示，在 298.15K 时，简写为 $S_m^{\ominus}(B)$。标准摩尔熵的单位为 $J \cdot mol^{-1} \cdot K^{-1}$。注意，在标准状态下，最稳定单质的标准摩尔熵 $S_m^{\ominus}(B)$ 并不等于零。这与标准状态稳定单质的标准摩尔生成焓 $\Delta_f H_m^{\ominus}(B)=0$ 不同。

不同水合离子的标准摩尔熵是以 $S_m^{\ominus}(H^+, aq)=0$ 为基准而求得的相对值。一些物质在 298.15K 下的标准摩尔熵和一些常用水合离子的标准摩尔熵见附录Ⅲ。

由于熵是状态函数，由标准摩尔熵 $S_m^{\ominus}$ 求标准摩尔反应熵 $\Delta_r S_m^{\ominus}$ 的计算，类似于求标准摩尔反应焓变 $\Delta_r H_m^{\ominus}$。

对于一般的化学反应： $aA + bB \longrightarrow gG + dD$

$$\Delta_r S_m^{\ominus} = [gS_m^{\ominus}(G) + dS_m^{\ominus}(D)] - [aS_m^{\ominus}(A) + bS_m^{\ominus}(B)] \tag{2-13}$$

或表示为

$$\Delta_r S_m^{\ominus} = \sum \nu_B S_m^{\ominus}(B) \tag{2-14}$$

例 2-3 求下列反应在 298.15K 时的标准摩尔反应熵。

$$NH_4Cl(s) \longrightarrow NH_3(g) + HCl(g)$$

解： 查表并将数据代入下式

$$\begin{aligned}\Delta_r S_m^{\ominus} &= [S_m^{\ominus}(NH_3,g) + S_m^{\ominus}(HCl,g)] - S_m^{\ominus}(NH_4Cl,s) \\ &= [192.45 + 186.9] J \cdot mol^{-1} \cdot K^{-1} - 94.6 J \cdot mol^{-1} \cdot K^{-1} \\ &= 284.75 J \cdot mol^{-1} \cdot K^{-1}\end{aligned}$$

温度升高，粒子的热运动加快，因而粒子处于较大的混乱状态，所以物质的熵随温度的升高而增加。但在大多数情况下，当反应确定后，产物所增加的熵与反应物所增加的熵相差不多，因此温度改变时，化学反应的反应熵变化不明显。在无机及分析化学中，计算化学反应的反应熵时可不考虑温度的影响。

2.3.3 吉布斯自由能——化学反应方向的最终判据

前面遇到体系发生自发变化的两种驱动力：趋向于最低能量和最大混乱度状态。这两种

因素事实上决定了宏观化学反应方向。为了确定一个过程（反应）自发性的判断，1878 年，美国著名物理化学家吉布斯（Gibbs）由热力学定律证明，对于一个恒温等压下、非体积功等于零的过程，该过程如果是自发的，则过程的焓、熵和温度三者的关系为：

$$\Delta H - T\Delta S < 0$$

热力学定义：

$$G = H - TS \tag{2-15}$$

式中，G 为状态函数 H、T 和 S 的集合，亦必为状态函数，称为吉布斯函数（Gibbs function），又称吉布斯自由能，其单位为 $J \cdot mol^{-1}$ 或 $kJ \cdot mol^{-1}$。

对一个恒温等压不做非体积功的过程，体系从始态 G_1 变化到终态 G_2，有

$$\Delta G = G_2 - G_1 = \Delta H - T\Delta S \tag{2-16}$$

ΔG 可以作为判断过程能否自发进行的判据。即

$\Delta G < 0$　自发进行

$\Delta G = 0$　平衡状态

$\Delta G > 0$　不能自发进行（其逆过程是自发的）

从式(2-16) 可以看出，ΔG 的值取决于 ΔH、ΔS 和 T，按 ΔH、ΔS 的符号及温度 T 对化学反应 ΔG 的影响，可归纳为 4 种情况，见表 2-1。

表 2-1　等压下 ΔH、ΔS 及 T 对 ΔG 及反应自发性的影响

各种情况	ΔH 符号	ΔS 符号	ΔG 符号	反应的情况
1	(－)	(＋)	(－)	在任何温度都自发进行
2	(＋)	(－)	(＋)	在任何温度都非自发进行
3	(＋)	(＋)	低温(＋) 高温(－)	低温非自发 高温自发
4	(－)	(－)	低温(－) 高温(＋)	低温自发 高温非自发

2.3.4 标准摩尔生成吉布斯函数 $\Delta_f G_m^{\ominus}$ 与标准摩尔反应吉布斯函数变 $\Delta_r G_m^{\ominus}$

与标准摩尔生成焓定义类似，温度 T 时，在标准状态下，由最稳定态单质 B 的反应，其反应进度为 1mol 时的标准摩尔反应吉布斯函数变 $\Delta_r G_m^{\ominus}$，称为该物质 B 在温度 T 时的标准摩尔生成吉布斯函数，其符号为 $\Delta_f G_m^{\ominus}$（B，T）。热力学规定，在标准状态下所有最稳定态单质的标准摩尔生成吉布斯函数 $\Delta_f G_m^{\ominus}(B) = 0 kJ \cdot mol^{-1}$。

附录Ⅲ中列出了常见物质的标准摩尔生成吉布斯函数 $\Delta_f G_m^{\ominus}$（298.15K）和一些常见水合离子的标准摩尔生成吉布斯函数。

对于一般的化学反应：　　$aA + bB \longrightarrow gG + dD$

$$\Delta_r G_m^{\ominus} = [gG_m^{\ominus}(G) + dG_m^{\ominus}(D)] - [aG_m^{\ominus}(A) + bG_m^{\ominus}(B)] \tag{2-17}$$

或表示为

$$\Delta_r G_m^{\ominus} = \sum \nu_B \Delta_f G_m^{\ominus}(B) \tag{2-18}$$

也可从吉布斯函数定义得到：

$$\Delta_r G_m^{\ominus} = \Delta_r H_m^{\ominus} - T\Delta_r S_m^{\ominus} \tag{2-19}$$

由于 $\Delta_r H_m^{\ominus}$ 和 $\Delta_r S_m^{\ominus}$ 随温度的变化不大，可以近似认为与温度无关，所以可用 298.15K 时的 $\Delta_r H_m^{\ominus}$ 和 $\Delta_r S_m^{\ominus}$ 替代其他任意温度下的 $\Delta_r H_m^{\ominus}(T)$ 和 $\Delta_r S_m^{\ominus}(T)$，来计算任

意温度下的 $\Delta_r G_m^{\ominus}(T)$。因此，式(2-19) 可变为

$$\Delta_r G_m^{\ominus}(T) \approx \Delta_r H_m^{\ominus}(298.15\text{K}) - T\Delta_r S_m^{\ominus}(298.15\text{K})$$

例 2-4 计算反应 $Na_2O_2(s)+H_2O(l)=2NaOH(s)+1/2O_2(g)$ 在 298.15K 时的标准摩尔反应吉布斯函数变 $\Delta_r G_m^{\ominus}$，并判断此时反应的方向。

解：

$$\begin{aligned}\Delta_r G_m^{\ominus} &= [2\Delta_f G_m^{\ominus}(\text{NaOH,s})+1/2\Delta_f G_m^{\ominus}(\text{O}_2\text{,g})]-[\Delta_f G_m^{\ominus}(\text{Na}_2\text{O}_2\text{,s})+\Delta_f G_m^{\ominus}(\text{H}_2\text{O,l})]\\ &= [2\times(-379.5)+0]-[(-447.7)+(-237.2)]\text{kJ}\cdot\text{mol}^{-1}\\ &= -74.1\text{kJ}\cdot\text{mol}^{-1}<0\end{aligned}$$

所以此时反应正向进行。

例 2-5 估算反应

$$CaCO_3(s) \longrightarrow CaO(s)+CO_2(g)$$

在标准状态下的最低分解温度。

解： 要使 $CaCO_3(s)$ 分解反应进行，须 $\Delta_r G_m^{\ominus}<0$，即

$$\Delta_r H_m^{\ominus} - T\Delta_r S_m^{\ominus} < 0$$

$$\begin{aligned}\Delta_r H_m^{\ominus} &= \Delta_f H_m^{\ominus}(\text{CaO,s})+\Delta_f H_m^{\ominus}(\text{CO}_2\text{,g})-\Delta_f H_m^{\ominus}(\text{CaCO}_3\text{,s})\\ &= [(-653.09)+(-393.51)-(-1206.92)]\text{kJ}\cdot\text{mol}^{-1}\\ &= 160.33\text{kJ}\cdot\text{mol}^{-1}\end{aligned}$$

$$\begin{aligned}\Delta_r S_m^{\ominus} &= S_m^{\ominus}(\text{CaO,s})+S_m^{\ominus}(\text{CO}_2\text{,g})-S_m^{\ominus}(\text{CaCO}_3\text{,s})\\ &= (39.75+213.74-92.9)\text{J}\cdot\text{mol}^{-1}\cdot\text{K}^{-1}\\ &= 160.59\text{J}\cdot\text{mol}^{-1}\cdot\text{K}^{-1}\end{aligned}$$

$$160.32\times10^3\text{J}\cdot\text{mol}^{-1} - T\times160.59\text{J}\cdot\text{mol}^{-1}\cdot\text{K}^{-1}<0$$

$$T_{\text{分解}} > \frac{160.32\times10^3\text{J}\cdot\text{mol}^{-1}}{160.59\text{J}\cdot\text{mol}^{-1}\cdot\text{K}^{-1}} = 998\text{K}$$

所以 $CaCO_3(s)$ 的最低分解温度为 998K。

必须指出的是，$\Delta_r G_m^{\ominus}$ 只能判断某一反应在标准状态时能否自发进行。若反应处于非标准态时，不能直接用 $\Delta_r G_m^{\ominus}$ 来判断，必须计算 $\Delta_r G_m$ 才能判断反应方向。

2.4 化学平衡及其移动

如果一个化学反应可以自发进行，那么进行的程度如何？最大转化率是多少？这将涉及化学反应的限度问题，即化学平衡问题。研究化学平衡及其规律，可以帮助人们找到合适的反应条件，最大限度地提高产品转化率。本节利用热力学基本原理，讨论化学平衡建立的条件以及化学平衡移动的方向与化学反应的限度等问题。

2.4.1 化学平衡及其特征

在恒温等压且非体积功为零的条件下，可用化学反应的吉布斯函数变 $\Delta_r G_m$ 来判断化学反应进行的方向。其实随着反应的进行，体系吉布斯函数在不断变化，直至最终体系的吉布斯函数 G 值不再改变，此时反应的 $\Delta_r G_m=0$。这时化学反应达到最大限度，体系内的物质 B 的组成不再改变，我们称体系此时为化学平衡状态。例如，在密闭容器中，当压力为 100kPa，温度为 773K 时，SO_2 转化为 SO_3 的反应：

$$2SO_2(g)+O_2(g)\xrightarrow{V_2O_5}2SO_3(g)$$

当 $SO_2(g)$ 与 $O_2(g)$ 以 2∶1 的体积比反应时，实验证明在反应“结束”时，转化为 $SO_3(g)$ 的最大转化率为 90%，而不是 100%。因为 $SO_2(g)$ 与 $O_2(g)$ 在生成 $SO_3(g)$ 的同时，部分 $SO_3(g)$ 在同一条件下又分解为 $SO_2(g)$ 与 $O_2(g)$，致使 $SO_2(g)$ 与 $O_2(g)$ 的反应不能进行完全。

这种在同一条件下，同时可向正、逆两个方向进行的化学反应称为可逆反应（reversible reaction）。在化学反应方程式中用双向半箭头号表示该反应为可逆的。即上述正逆两个反应可写成：

$$2SO_2(g)+O_2(g)\rightleftharpoons 2SO_3(g)$$

并把从左向右进行的反应称作正反应；从右向左进行的反应则称作逆反应。

原则上所有的化学反应都具有可逆性，只是不同的反应其可逆程度不同而已。反应的可逆性和不彻底性是一般化学反应的普遍特征。

化学平衡具有以下特征：

① 化学平衡是一个动态平衡（dynamic equilibrium）。一定条件下，平衡状态将体现出该反应条件下化学反应可以完成的最大限度。当达到平衡状态时，反应物和产物的浓度均不再发生变化，但反应却没有停止。实际上，正、逆反应仍然在进行，并且两者的反应速率相等。

② 化学平衡是相对的，同时也是有条件的。一旦维持平衡的条件发生了变化（例如温度、压力的变化），体系的宏观性质和物质的组成都将发生变化。原有的平衡将被破坏，代之以新的平衡。

③ 在一定温度下化学平衡一旦建立，以化学反应方程式中化学计量数为幂指数的反应方程式中各物种的浓度（或分压）的乘积为一常数，叫平衡常数。在同一温度下，同一反应的化学平衡常数相同。

2.4.2 标准平衡常数

(1) 标准平衡常数的表达式

标准平衡常数（standard equilibrium constant）$K^{\ominus}$可以用来定量表达化学反应的平衡状态。它表达化学反应进行的程度：$K^{\ominus}$越大，平衡体系中产物越多而反应物越少，反之亦然。

对于一般化学反应　　　　$aA+bB \longrightarrow gG+dD$

如果反应体系中物质都是气体，$K^{\ominus}$表示为

$$K^{\ominus}=\frac{[p(G)/p^{\ominus}]^{g}[p(D)/p^{\ominus}]^{d}}{[p(A)/p^{\ominus}]^{a}[p(B)/p^{\ominus}]^{b}} \tag{2-20}$$

式中，$p/p^{\ominus}$表示体系的物质相对分压；p 表示平衡体系中物质各自的分压，$p^{\ominus}$表示气态物质的标准态压力。

如果是溶液中的化学反应，$K^{\ominus}$表示为

$$K^{\ominus}=\frac{[c(G)/c^{\ominus}]^{g}[c(D)/c^{\ominus}]^{d}}{[c(A)/c^{\ominus}]^{a}[c(B)/c^{\ominus}]^{b}} \tag{2-21}$$

式中，$c/c^{\ominus}$表示体系的物质相对浓度；c 表示平衡体系中物质各自的浓度，$c^{\ominus}$表示溶质的标准态浓度。由于 $c^{\ominus}=1\text{mol}\cdot\text{L}^{-1}$，为简单起见，式(2-21) 中 $c^{\ominus}$在与 $K^{\ominus}$有关的数值计算中常予以省略。

对于多相反应的标准平衡常数表达式，反应组分中的气体用相对分压（$p_B/p^\ominus$）表示；溶液中的溶质用相对浓度（$c_B/c^\ominus$）表示；固体和纯液体为“1”，可省略。

例如，在298.15K下，实验室中制取$CO_2(g)$的反应

$$CaCO_3(s)+2H^+(aq) \rightleftharpoons Ca^{2+}(aq)+CO_2(g)+H_2O(l)$$

其标准平衡常数为 $$K^\ominus=\frac{[c(Ca^{2+})/c^\ominus][p(CO_2)/p^\ominus]}{[c(H^+)/c^\ominus]^2}$$

(2) 应用平衡常数注意事项

① 标准平衡常数只与反应温度有关，而与平衡组成无关。在使用平衡常数时，必须注明温度。

② 平衡常数$K^\ominus$与化学反应计量方程式有关；同一化学反应，化学反应计量方程式不同，其$K^\ominus$值也不同。

例如合成氨反应：

$$N_2+3H_2 \rightleftharpoons 2NH_3 \qquad K_1^\ominus=[p(NH_3)/p^\ominus]^2[p(H_2)/p^\ominus]^{-3}[p(N_2)/p^\ominus]^{-1}$$

$$1/2N_2+3/2H_2 \rightleftharpoons NH_3 \qquad K_2^\ominus=[p(NH_3)/p^\ominus][p(H_2)/p^\ominus]^{-3/2}[p(N_2)/p^\ominus]^{-1/2}$$

$$1/3N_2+H_2 \rightleftharpoons 2/3NH_3 \qquad K_3^\ominus=[p(NH_3)/p^\ominus]^{2/3}[p(H_2)/p^\ominus]^{-1}[p(N_2)/p^\ominus]^{-1/3}$$

显然$K_1^\ominus=(K_2^\ominus)^2=(K_3^\ominus)^3$。因此使用和查阅平衡常数时，必须注意它们所对应的化学反应计量方程式。

③ 平衡常数表达式中各组分的浓度（或分压）都是平衡状态时的浓度（或分压）；纯固体或纯液体参加反应，其“浓度”不需表达出来。

(3) 多重平衡规则

化学反应的平衡常数也可以利用多重规则来计算。如果某反应为若干个分步反应之和（或之差）时，则总反应的平衡常数为这若干个分步反应平衡常数的乘积（或商），这就是多重平衡规则。

例 2-6 *已知下列反应（1）和反应（2）的平衡常数分别为$K_1^\ominus$、$K_2^\ominus$，试求反应（3）的平衡常数$K_3^\ominus$。*

反应（1） $SO_2(g)+1/2O_2(g) \rightleftharpoons SO_3(g)$ $K_1^\ominus$

反应（2） $NO_2(g) \rightleftharpoons NO(g)+1/2O_2(g)$ $K_2^\ominus$

反应（3） $SO_2(g)+NO_2(g) \rightleftharpoons NO(g)+SO_3(g)$ $K_3^\ominus$

解： *反应（1）+反应（2）得反应（3），根据多重规则*

$$K_3^\ominus=K_1^\ominus K_2^\ominus$$

根据多重规则，人们可以应用若干已知反应的平衡常数，求得某个或某些其他反应的平衡常数，而无需一一通过实验测定。

2.4.3 化学反应等温方程式

由前面的讨论可知，用$\Delta_r G_m$和$\Delta_r G_m^\ominus$都可以判断化学反应进行的程度，那么这两者之间必然存在某种内在联系。热力学研究证明，在恒温等压、任意状态下的$\Delta_r G_m$与标准态$\Delta_r G_m^\ominus$有如下关系：

$$\Delta_r G_m=\Delta_r G_m^\ominus+RT\ln Q \tag{2-22}$$

式中，Q为反应商。

对一般化学反应 $aA(aq)+bB(g) \rightleftharpoons gG(aq)+dD(g)$

$$Q=\frac{[c(\mathrm{G})/c^{\ominus}]^{g}[p(\mathrm{D})/p^{\ominus}]^{d}}{[c(\mathrm{A})/c^{\ominus}]^{a}[p(\mathrm{B})/p^{\ominus}]^{b}} \tag{2-23}$$

由上式可看出，反应商 Q 的表达式与标准平衡常数 $K^{\ominus}$ 的表达式形式相同，不同之处在于 Q 表达式中的浓度和分压为任意态（包括平衡态）的浓度和分压，而表达式 $K^{\ominus}$ 中的浓度和分压为平衡态时的浓度和分压。

由式(2-22) 和式(2-23) 可知，非标准态条件下自发性判据 $\Delta_r G_m$ 不仅与 $\Delta_r G_m^{\ominus}$ 有关，还与反应物和产物的压力（或浓度）有关。

当反应达到平衡时，$\Delta_r G_m=0$，此时反应商 Q 即为 $K^{\ominus}$，$Q=K^{\ominus}$，因此：

$$\Delta_r G_m^{\ominus}+RT\ln K^{\ominus}=0$$

或

$$\Delta_r G_m^{\ominus}=-RT\ln K^{\ominus} \tag{2-24}$$

上式表示出化学反应的标准平衡常数与标准摩尔吉布斯函数变之间的关系。因此，只要知道温度 T 时的 $\Delta_r G_m^{\ominus}$，就可求得该反应此时的平衡常数。$\Delta_r G_m^{\ominus}$ 值可查热力学函数表计算，所以，任一反应的标准平衡常数均可通过式(2-24) 计算。显然，在一定温度下，若某可逆反应的 $\Delta_r G_m^{\ominus}$ 值愈负，则 $K^{\ominus}$ 值愈大，反应就进行得愈完全；反之，$\Delta_r G_m^{\ominus}$ 值愈正，则 $K^{\ominus}$ 值愈小，反应进行的程度亦愈小。将式(2-24) 代入式(2-22) 可得

$$\Delta_r G_m=-RT\ln K^{\ominus}+RT\ln Q=RT\ln\frac{Q}{K^{\ominus}} \tag{2-25}$$

上式称为化学反应等温式，也可简称为反应等温式（reaction isotherm）。它表明恒温等压下，化学反应的摩尔吉布斯函数变 $\Delta_r G_m$ 与反应的平衡常数 $K^{\ominus}$ 及化学反应的反应商 Q 之间的关系。利用等温方程式(2-25)，将 $K^{\ominus}$ 与 Q 进行比较，可以得出判断化学反应移动方向：

$Q<K^{\ominus}$　　平衡正向移动

$Q>K^{\ominus}$　　平衡逆向移动

$Q=K^{\ominus}$　　处于平衡状态

例 2-7　已知可逆反应

$$CO_2(g)+H_2(g) \rightleftharpoons CO(g)+H_2O(g)$$

在 820℃时，$K^{\ominus}=1$，若有一混合低压气体其总压为 100kPa，内含 $H_2(g)$ 20%，$CO_2(g)$ 20%，CO(g) 50%，$H_2O(g)$ 10%（体积分数），问此时反应朝什么方向进行？

解：低压混合气体可近似看作理想气体

$$Q=\frac{[p(CO)/p^{\ominus}][p(H_2O)/p^{\ominus}]}{[p(H_2)/p^{\ominus}][p(CO_2)/p^{\ominus}]}=\frac{50\%\times10\%}{20\%\times20\%}=1.25$$

$$Q>K^{\ominus}$$

所以，该反应逆向进行。

2.4.4 平衡移动

外界条件改变时从一种平衡状态向另一种平衡状态转变的过程称为平衡的移动。所有的平衡移动都服从勒夏特列原理（Le Chatelier's principle）：如果对平衡体系施加外力，则平衡将沿着减小外力影响的方向移动。对化学平衡体系而言，外力主要是指浓度、压力以及温度。必须注意，勒夏特列原理只适用于已经处于平衡状态的体系，而对于未达平衡状态的体系，则不适用。

(1) 浓度对化学平衡的影响

浓度作为化学平衡移动的外力时，增大反应物浓度（或减少产物浓度）时平衡将沿着正反应方向移动；减少反应物浓度（或增大产物浓度）时平衡将沿着逆反应方向移动。

在一定温度下，反应体系达到化学平衡时，$Q=K^{\ominus}$，任何反应物或产物的浓度改变，都会使 $Q\neq K^{\ominus}$，平衡将发生移动。增加反应物的浓度或降低产物的浓度都使 Q 值变小，则 $Q<K^{\ominus}$。此时体系不再处于平衡状态，反应将向正反应方向移动，直到 Q 重新等于 $K^{\ominus}$，体系又建立起新的平衡。不过在新的平衡体系中各组分的平衡浓度已发生了变化。反之，若在已达平衡的体系中降低反应物浓度或增加产物浓度，则 $Q>K^{\ominus}$，此时平衡将向逆反应方向移动。

通过浓度（或分压）对化学平衡的影响，人们可以充分利用某些不易得的、高价值的反应原料，使这些反应物有高的转化率。如反应

$$CO(g)+H_2O(g)\rightleftharpoons CO_2(g)+H_2(g)$$

为充分利用 $CO(g)$，可增加 $H_2O(g)$ 的分压，使其过量，从而提高 $CO(g)$ 的转化。又如反应

$$CaCO_3(s)\rightleftharpoons CaO(s)+CO_2(g)$$

若不断移去 $CO_2(g)$，降低 $CO_2(g)$ 分压，有利于 $CaCO_3(s)$ 的分解，使其全部转化为 $CaO(s)$。

(2) 压力对化学平衡的影响

压力变化对化学平衡的影响应视化学反应的具体情况而定。对只有液体或固体参与的反应而言，改变压力对平衡影响很小，可以不予考虑。但对于有气态物质参与的平衡体系，体系压力的改变则可能会对平衡产生影响。现举例说明压力对平衡的影响，如合成氨反应

$$N_2(g)+3H_2(g)\rightleftharpoons 2NH_3(g)$$

在一定温度、压力（$p_{1总}$）下达平衡，平衡常数为 $K^{\ominus}$。

$$K^{\ominus}=\frac{[p_1(NH_3)/p^{\ominus}]^2}{[p(N_2)/p^{\ominus}][p(H_2)/p^{\ominus}]^3}$$

如果改变总压，使新的总压

$$p_{2总}-2p_{1总}$$

此时

$$p_2(N_2)=2p_1(N_2) \qquad p_2(H_2)=2p_1(H_2) \qquad p_2(NH_3)=2p_1(NH_3)$$

则

$$Q=\frac{[p_2(NH_3)/p^{\ominus}]^2}{[p_2(N_2)/p^{\ominus}][p(H_2)/p^{\ominus}]^3}=\frac{[2p_1(NH_3)/p^{\ominus}]^2}{[2p_1(N_2)/p^{\ominus}][2p_1(H_2)/p^{\ominus}]^3}$$

$$=\frac{1}{4}K^{\ominus}$$

$$Q<K^{\ominus}$$

因此增加总压后，反应向正反应方向进行，平衡向右移动。

如果改变总压使新的总压 $p_{2总}=1/2p_{1总}$，则 $Q=4K^{\ominus}>K^{\ominus}$，因此降低总压后，反应向逆反应方向进行，平衡向左移动。

通过上例讨论，可以看出压力对化学平衡影响的原因在于反应前后气态物质的化学计量数之和 $\sum\nu_B(g)\neq 0$。增加压力，平衡向气体分子数较少的一方移动；降低压力，平衡向气体分子数较多的一方移动。显然，如果反应前后气体分子数没有变化，$\sum\nu_B(g)=0$，则改变总压对化学平衡没有影响。

对有固体或液体参与的多相反应，压力的改变一般也不会影响溶液中各组分的浓度。通常只要考虑反应前后气态物质分子数的变化即可。例如反应：

$$C(s)+H_2O(g) \rightleftharpoons CO(g)+H_2(g)$$

如果增加压力，平衡向左移动；降低压力，则平衡向右移动。

(3) 温度对化学平衡的影响

每个化学平衡都涉及正、逆一对反应。如果正反应是吸热反应，逆反应一定是放热反应；反之亦然。温度作为化学平衡移动的外力时，可以简单归纳为：升高温度，平衡沿吸热反应的方向移动；降低温度，平衡沿放热的方向移动。

前面已经提到，平衡常数的数值与温度有关，改变温度使得 $K^{\ominus} \neq Q$，从而引起平衡的移动。

根据式(2-19) 和式(2-24)：

$$\Delta_r G_m^{\ominus} = \Delta_r H_m^{\ominus} - T\Delta_r S_m^{\ominus} = -RT\ln K^{\ominus}$$

可以推导出温度与平衡常数之间的关系为

$$-RT\ln K^{\ominus} = \Delta_r H_m^{\ominus} - T\Delta_r S_m^{\ominus}$$

$$\ln K^{\ominus} = \frac{-\Delta_r H_m^{\ominus}}{RT} + \frac{T\Delta_r S_m^{\ominus}}{RT} \tag{2-26}$$

在温度变化不大时，$\Delta_r H_m^{\ominus}$ 和 $\Delta_r S_m^{\ominus}$ 可看作常数。若反应在 T_1 和 T_2 时的平衡常数分别为 $K_1^{\ominus}$ 和 $K_2^{\ominus}$，并认为在 $T_1 \sim T_2$ 范围内 $\Delta_r H_m^{\ominus}$ 和 $\Delta_r S_m^{\ominus}$ 的数值不变，则近似地有

$$\ln K_1^{\ominus} = \frac{-\Delta_r H_m^{\ominus}}{RT_1} + \frac{\Delta_r S_m^{\ominus}}{R}$$

$$\ln K_2^{\ominus} = \frac{-\Delta_r H_m^{\ominus}}{RT_2} + \frac{\Delta_r S_m^{\ominus}}{R}$$

两式相减有

$$\ln \frac{K_1^{\ominus}}{K_2^{\ominus}} = \frac{-\Delta_r H_m^{\ominus}}{R}\left(\frac{1}{T_1} - \frac{1}{T_2}\right) \tag{2-27}$$

上式表示在实验温度变化范围内，如果 $\Delta_r H_m^{\ominus}$ 为常数时，不同温度下的标准平衡常数之间的关系。

例 2-8 反应 $BeSO_4(s) \rightleftharpoons BeO(s)+SO_3(g)$ 在 400K 时，平衡常数 $K^{\ominus}=3.87\times 10^{-16}$，反应的标准摩尔焓变 $\Delta_r H_m^{\ominus}=175\text{kJ}\cdot\text{mol}^{-1}$，求反应在 600K 时的平衡常数？

解：

$$\ln \frac{K_1^{\ominus}}{K_2^{\ominus}} = \frac{-\Delta_r H_m^{\ominus}}{R}\left(\frac{1}{T_1} - \frac{1}{T_2}\right)$$

$$\ln \frac{3.87\times 10^{-16}}{K_2^{\ominus}} = -\frac{175\times 10^3}{8.314}\left(\frac{1}{400} - \frac{1}{600}\right)$$

$$K_2^{\ominus} = 1.61\times 10^{-8}$$

2.5 化学反应速率

化学反应有些进行得很快，例如炸药的爆炸、照相胶片的感光、酸碱中和反应等几乎是瞬间完成的；有些化学反应进行得很慢，如塑料和橡胶的老化、煤和石油在地壳内的形成

等，在宏观上几乎观察不到反应的进行。即使是同一反应，在不同条件下，反应速率也不相同，例如 H_2 与 O_2 在室温时反应非常慢，其混合气体放置 1 万年仍看不出生成 H_2O 的迹象。但是，只要遇到火花，H_2 与 O_2 就会快速反应。在生产实践中常常需要采取措施来加快反应速率，以便缩短生产时间，而有些反应（如金属腐蚀）则设法降低其反应速率，甚至抑制其发生。所以必须掌握化学反应速率的变化规律。

2.5.1 反应速率理论

2.5.1.1 碰撞理论

1918 年，路易斯在气体分子运动论基础上提出了碰撞理论（collision theory），该理论有两条重要假定：

① 原子、分子或离子等微粒只有相互碰撞才能发生反应；

② 只有少部分微粒碰撞能导致化学反应，大多数反应物微粒在碰撞后发生反弹，而不发生任何作用。

能导致化学反应的碰撞叫有效碰撞（effective collision），反之为无效碰撞。单位时间内有效碰撞的频率越高，反应速率越大。有效碰撞至少应满足以下两个条件。

(1) 碰撞微粒有足够的动能

碰撞理论把那些具有足够高的能量、能够发生有效碰撞的分子称为活化分子（activated molecular）。气体分子的平均能量用 E_k 表示，分子发生有效碰撞必须具备的最低能量用 E_0 表示，则能量超过 E_0 的分子为活化分子，能量低于 E_0 的分子称非活化分子或普通分子。使普通分子成为活化分子所需的最小能量称为活化能（E_a，activation energy）。统计热力学把活化分子的最低能量与反应物分子的平均能量的差值称为活化能，即 $E_a = E_0 - E_k$。活化能可以理解为要使 1mol 具有平均能量的分子转化成活化分子所需吸收的最低能量。一般化学反应的活化能为 40～400kJ。图 2-3 是气体分子的能量分布示意图，横坐标为能量，纵坐标 $\Delta N/(N\Delta E)$ 表示具有能量在 $E \sim (E+\Delta E)$ 范围内单位能量区间的分子所占的百分数。由图可以看出，在一定温度下，反应的活化能越大，其活化分子百分数越小，反应速率就越小；反之，反应的活化能越小，其活化分子百分数就越大，反应则越快。

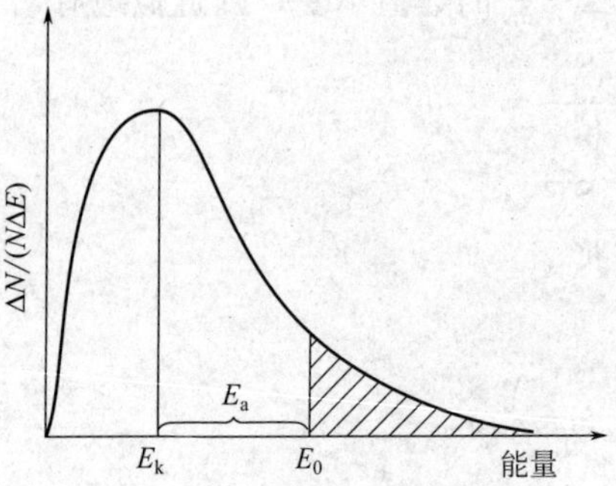

图 2-3 气体分子的能量分布曲线

(2) 发生有效的碰撞还应当采取有利的取向

分子通过碰撞发生化学反应，不仅要求分子有足够的能量，而且要求这些分子要有适当的取向（或方位）。如图 2-4 中 BrNO 与 BrNO 的反应，只有 BrNO 中的 Br 与 BrNO 中的 Br 相碰才有可能发生反应，见图 2-4(a)、(b)；如果 BrNO 中的 O 与 BrNO 中的 O 相撞，则不会发生反应，见图 2-4(c)。因此，反应物分子必须具有足够的能量和适当的碰撞方向，才能发生反应。对于复杂的分子，方位的影响因素更大。

在气体分子运动论基础上建立起来的碰撞理论，较成功地解释了某些实验事实，如反应物浓度、反应温度对反应速率的影响等，但也存在一些局限性。碰撞理论把反应分子看成没有内部结构的刚性球体的模型过于简单，因而对一些分子结构比较复杂的反应，如某些有机反应、配位反应等，常常不能很好解释。

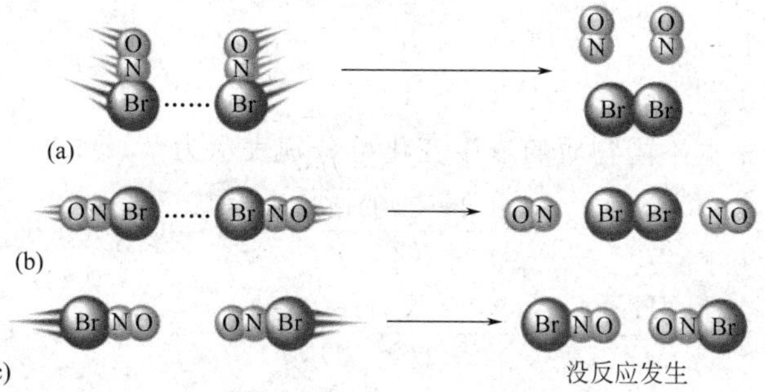

图 2-4 化学反应的方位因素

2.5.1.2 过渡状态理论

20 世纪 30 年代中，在量子力学和统计力学的发展基础上，埃林（Eyring H）等人提出了过渡状态理论（又称活化配合物理论）。该理论认为，化学反应并不是通过反应物分子之间的简单碰撞就完成的，而是必须经过一个中间过渡状态，即反应物分子间首先形成活化配合物（activated complex），然后再转化为产物。例如反应

$$2BrNO \longrightarrow Br_2 + 2NO$$

当两个 BrNO 活化分子按适当的取向碰撞后，由于分子间的相互作用，形成了活化配合物 ON…Br…Br…NO。活化配合物通常是一种短暂的高能态的"过渡区物种（transition state）"，其特点是能量高、不稳定、寿命短，它一经形成，就很快分解。它既可分解成为产物，也可以分解成为原来的反应物。

$$2BrNO \rightleftharpoons ON\cdots Br\cdots Br\cdots NO \longrightarrow Br_2 + 2NO$$

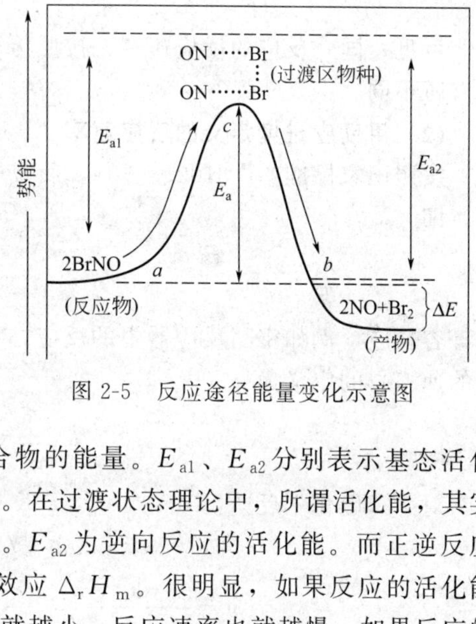

图 2-5 反应途径能量变化示意图

图 2-5 表示上述反应途径的能量变化。纵坐标表示反应体系的能量，横坐标表示反应途径。图中 a 和 b 点分别代表基态反应物（BrNO）和基态产物（Br_2 + 2NO）的能量，c 点为基态活化配合物的能量。E_{a1}、E_{a2} 分别表示基态活化配合物与基态反应物分子和基态产物分子的能量差。在过渡状态理论中，所谓活化能，其实质就是反应物分子翻越活化配合物的能垒，即 E_{a1}。E_{a2} 为逆向反应的活化能。而正逆反应的活化能差 $\Delta E = E_{a1} - E_{a2}$，一般认为是反应的热效应 $\Delta_r H_m$。很明显，如果反应的活化能越大，能峰就越高，能越过能峰的反应物分子比例就越小，反应速率也就越慢；如果反应的活化能越小，则能峰越低，反应速率越快。

2.5.2 化学反应速率的定义

(1) 传统定义

为了定量地比较反应进行的快慢，必须介绍反应速率的概念。传统的说法，反应速率是指在一定条件下单位时间内某化学反应的反应物转变为产物的速率。对于均匀体系的等容反应，习惯上用单位时间内反应物浓度的减少或产物的浓度增加来表示，而且习惯取正值。浓度单位通常用 $mol \cdot L^{-1}$，时间单位可用 s、min、h 等表示。这样，化学反应速率的单位可为 $mol \cdot L^{-1} \cdot s^{-1}$、$mol \cdot L^{-1} \cdot min^{-1}$、$mol \cdot L^{-1} \cdot h^{-1}$等。例如，给定条件下，合成氨反应：

$$N_2 + 3H_2 \rightleftharpoons 2NH_3$$

	N_2	H_2	NH_3
起始浓度/mol·L^{-1}	2.0	3.0	0
2s 末浓度/mol·L^{-1}	1.8	2.4	0.4

该反应的平均速率若根据不同物质的浓度变化可分别表示为

$$\overline{v}(N_2) = -\frac{\Delta c(N_2)}{\Delta t} = -\frac{(1.8-2.0)\text{mol}\cdot\text{L}^{-1}}{(2-0)\text{s}} = 0.1\text{mol}\cdot\text{L}^{-1}\cdot\text{s}^{-1}$$

$$\overline{v}(H_2) = -\frac{\Delta c(H_2)}{\Delta t} = -\frac{(2.4-3.0)\text{mol}\cdot\text{L}^{-1}}{(2-0)\text{s}} = 0.3\text{mol}\cdot\text{L}^{-1}\cdot\text{s}^{-1}$$

$$\overline{v}(NH_3) = \frac{\Delta c(NH_3)}{\Delta t} = \frac{(0.4-0)\text{mol}\cdot\text{L}^{-1}}{(2-0)\text{s}} = 0.2\text{mol}\cdot\text{L}^{-1}\cdot\text{s}^{-1}$$

式中，Δt 表示反应时间；$\Delta c(N_2)$、$\Delta c(H_2)$、$\Delta c(NH_3)$ 分别表示 Δt 时间内反应物和产物浓度变化。以上介绍的是在 Δt 时间内的平均速率。对大多数化学反应来说，反应过程中反应物和产物的浓度时时刻刻都在变化着，故反应速率也是随时间变化的，平均反应速率不能真实反映这种变化，只有瞬时反应速率才能表示化学反应中的真实反应速率。某瞬间（即 $\Delta t \to 0$）的反应速率，称为瞬时反应速率，例如：

$$v(NH_3) = \lim_{\Delta t \to 0}\frac{\Delta c(NH_3)}{\Delta t} = \frac{dc(NH_3)}{dt}$$

可见，同一反应的反应速率，按照传统的定义，当以体系中不同物质表示时，其数值可能有所不同。

(2) 用反应进度定义的反应速率

按照国家标准 GB 3102.8—93，反应速率的定义为：单位体积内反应进度随时间的变化率，即

$$v = \frac{1}{V}\frac{d\xi}{dt} \tag{2-28}$$

对等容反应，例如密闭反应器中的反应，或液相反应，体积值不变，所以反应速率（基于浓度的速率）的定义为：

$$v - \frac{1}{\nu_B}\times\frac{dn_B}{Vdt} = \frac{1}{\nu_B}\times\frac{dc_B}{dt} \tag{2-29}$$

对于一般化学反应：

$$aA + bB = gG + dD$$

$$v = \frac{1}{-a}\frac{dc(A)}{dt} = \frac{1}{-b}\frac{dc(B)}{dt} = \frac{1}{g}\frac{dc(G)}{dt} = \frac{1}{d}\frac{dc(D)}{dt}$$

例如反应

$$N_2 + 3H_2 \rightleftharpoons 2NH_3$$

$$v = \frac{1}{-1}\frac{dc(N_2)}{dt} = \frac{1}{-3}\frac{dc(H_2)}{dt} = \frac{1}{2}\frac{dc(NH_3)}{dt}$$

很明显，对于给定的反应，反应物的消耗速率或产物的生成速率均随物质 B 的选择而异，而反应速率与物质 B 的选择无关。反应速率是对特定的化学反应式而言的。因此在讨论反应速率时必须指明化学反应计量方程式，否则就没有意义了。

实际上，随着反应的进行，化学反应速率在不断地发生变化，反应物的浓度不断减少，产物的浓度不断增加。若测出不同时刻 t 时某反应物 A 的浓度 c_A 或某产物 D 的浓度 c_D，

则可绘出如图 2-6 所示的 c-t 曲线。某时刻 t 曲线的斜率 $-dc_A/dt$ 或 dc_D/dt 即为 t 时反应物 A 的消耗速率或产物 D 的生成速率。所以，实验测定反应速率，实际上就是测定各不同时刻 t 时某组分 A 或 D 的浓度 c_A 或 c_D 后，从 c-t 曲线上求得 t 时刻的斜率而得到的。

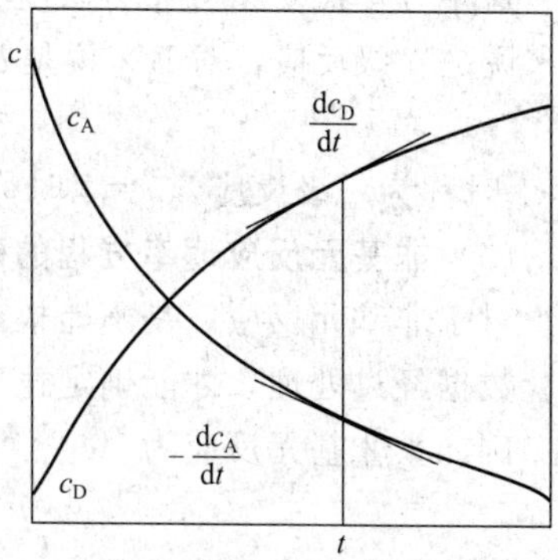

图 2-6　反应物或产物浓度随时间的变化曲线

2.5.3　基元反应和质量作用定律

(1) 基元反应

化学反应的计量式，只表明了热力学中的反应物与产物及其计量关系，并没有说明反应物是经过怎样的途径、步骤转变为产物的。例如反应：

$$H_2(g)+Cl_2(g) \longrightarrow 2HCl(g)$$

经研究，发现它实际反应是经历下列 4 步反应完成的：

① $Cl_2(g)+M \longrightarrow 2Cl\cdot(g)+M$

② $Cl\cdot(g)+H_2(g) \longrightarrow HCl(g)+H\cdot(g)$

③ $H\cdot(g)+Cl_2(g) \longrightarrow HCl(g)+Cl\cdot(g)$

④ $Cl\cdot(g)+Cl\cdot(g)+M \longrightarrow Cl_2(g)+M$

式中，M 是惰性物质（反应器壁或其他不参与反应的物质），只起传递能量的作用。上述 4 步反应的每一步都是由反应物分子直接相互作用，一步转化为产物分子的。这种由反应物分子只经过一步就直接转变成产物的反应称为基元反应（elementary reaction）。基元反应为组成一切化学反应的基本单元。大多数化学反应往往要经过若干个基元反应步骤，使反应物最终转化为产物。这些基元反应代表了反应所经过的历程。

研究表明，只有少数化学反应是由反应物一步直接转化为产物的基元反应。如：

① $SO_2Cl_2 \longrightarrow SO_2+Cl_2$

② $2NO_2 \longrightarrow 2NO+O_2$

③ $NO_2+CO \longrightarrow NO+CO_2$

反应①参加反应的分子数为 1，这类基元反应称为单分子反应；而反应②和反应③中，参加反应的分子数为 2，称为双分子反应。

(2) 质量作用定律

基元反应的反应速率与反应物浓度之间有简单的定量关系：在一定温度下，化学反应速率与各反应物浓度幂的乘积呈正比，浓度的幂次为基元反应方程式中相应组分的化学计量数。基元反应的这一规律称为质量作用定律（law of mass action）。“质量”在此处实际上意味着浓度。

例如某基元反应为

$$aA+bB \longrightarrow gG+dD$$

则该基元反应的速率方程式为

$$v=kc_A^a c_B^b \tag{2-30}$$

上式就是质量作用定律的数学表达式，也称基元反应的速率方程式（rate equation）。其中 c_A、c_B 分别表示反应物 A 和 B 的浓度，单位为 $mol\cdot L^{-1}$；k 称为速率常数（rate constant）。速率常数 k 表示反应速率方程中各有关浓度项均为单位浓度时的反应速率。k 值与反应物的浓度无关，而与温度的关系较大，温度一定，速率常数为一定值。同一温度下，比较几个反应的 k，可以大略知道它们反应速率的相对大小，k 值越大，则反应越快。

速率方程式(2-30) 中各浓度项的幂次 a、b 分别称为反应组分 A、B 的级数，即该反应对 A 来说是 a 级反应，对 B 来说是 b 级反应。该反应总反应级数（reaction order）用 n 表示：

$$n=a+b$$

$n=1$ 时称为一级反应，$n=2$ 时称为二级反应，至今尚无发现 $n>3$ 的反应。

(3) 非基元反应速率方程的确定

对于非基元反应，是不能根据反应方程式直接得出速率方程式的。它必须通过实验，由实验数据经过处理，才能确定速率方程。

例如某非基元反应为

$$aA+bB \longrightarrow gG+dD$$

非基元反应速率方程式假设为：

$$v=kc_A^x c_B^y \tag{2-31}$$

然后，通过实验确定 x、y 的数值。x、y 的值可以是整数、分数，也可以为零。非基元反应中的级数一般不等于（$a+b$）。例如，在 800℃时，一氧化氮和氢气的反应

$$2NO+2H_2 \longrightarrow N_2+2H_2O$$

根据实验结果 $v=kc^2(NO)c(H_2)$，而不是 $v=kc^2(NO)c^2(H_2)$。

(4) 书写速率方程注意事项

① 由于气体反应物的分压与其浓度呈正比（$p=cRT$），因而对气相反应和有气相参与的反应而言，速率方程中的浓度项可用分压代替。

② 速率常数 k 的单位随 n 的变化而变化。因为反应速率的单位是 $mol \cdot L^{-1} \cdot s^{-1}$，当为一级反应时速率常数的单位为 s^{-1}，二级反应时为 $mol^{-1} \cdot L \cdot s^{-1}$，以此类推。

③ 稀溶液中溶剂、固体或纯液体参加的化学反应，其速率方程式的数学表达式中可不必列出它们的浓度项。

如蔗糖的水解反应

$$C_{12}H_{22}O_{11}(\text{蔗糖})+H_2O \longrightarrow C_6H_{12}O_6(\text{葡萄糖})+C_6H_{12}O_6(\text{果糖})$$

是一个双分子反应，根据质量作用定律，其速率方程式为：

$$v=kc(H_2O)c(C_{12}H_{22}O_{11})$$

由于 H_2O 作为溶剂是大量的，蔗糖的量相对于 H_2O 来说非常小，在反应过程中 H_2O 的量基本上可认为没有变化，其浓度可作为常量并入 k 中，得到：

$$v=k'c(C_{12}H_{22}O_{11})$$

其中，$k'=kc(H_2O)$。所以蔗糖的水解反应不是双分子反应，却是一级反应（也称假一级反应）。

例 2-9 在 1073K 时，测得反应 $2NO(g)+2H_2(g) \longrightarrow N_2(g)+2H_2O(g)$ 的反应速率及有关实验数据如下：

实验编号	初始浓度/$mol \cdot L^{-1}$		初始速率/$mol \cdot L^{-1} \cdot s^{-1}$
	$c(NO)$	$c(H_2)$	
1	1.00×10^{-3}	6.00×10^{-2}	4.80×10^{-4}
2	2.00×10^{-3}	6.00×10^{-2}	1.92×10^{-3}
3	2.00×10^{-3}	3.00×10^{-2}	9.60×10^{-4}

求：(1) 上述反应的速率方程式和反应级数；

(2) 求 1073K 时该反应的速率常数。

(3) 计算 1073K，$c(NO)=c(H_2)=4.00\times10^{-3}\,mol\cdot L^{-1}$时的反应速率。

解：(1) 该反应的速率方程式可写为

$$v=kc^x(NO)c^y(H_2)$$

将 1 号、2 号实验数据代入上式

$$4.80\times10^{-4}=k(1.00\times10^{-3})^x\times(6.00\times10^{-2})^y \tag{a}$$

$$1.92\times10^{-4}=k(2.00\times10^{-3})^x\times(6.00\times10^{-2})^y \tag{b}$$

式(a) 除以式(b) 得

$$\frac{4.80\times10^{-4}}{1.92\times10^{-3}}=\left(\frac{1.00\times10^{-3}}{2.00\times10^{-3}}\right)^x$$

解得：$x=2$。

同样将 2 号、3 号实验数据代入速率方程式，然后两式相除得

$$\frac{1.92\times10^{-3}}{9.60\times10^{-4}}=\left(\frac{6.00\times10^{-2}}{3.00\times10^{-2}}\right)^y$$

解得：$y=1$。

因此，该反应的速率方程式为：

$$v=kc^2(NO)c(H_2)$$

该反应的级数为 $n=x+y=2+1=3$

(2) 将表中任一实验数据代入速率方程式，即可求得速率常数：

$$4.80\times10^{-4}=k\times(1.00\times10^{-3})^2\times(6.00\times10^{-2})$$

$$k=8.00\times10^3\,mol^{-2}\cdot L^2\cdot s^{-1}$$

(3) $v=kc^2(NO)c(H_2)=8.00\times10^3\times(4.00\times10^{-3})^2\times(4.00\times10^{-3})^1$

$=5.12\times10^{-4}\,mol\cdot L^{-1}\cdot s^{-1}$

2.5.4 影响化学反应速率的因素

(1) 温度对反应速率的影响

温度对反应速率的影响，随具体的反应不同而不同。一般来说，温度升高，反应速率加快。温度升高时，一方面分子的运动速度加快，单位时间内的碰撞频率增加，使反应速率加快；另一方面更主要的是温度升高使体系的平均能量增加，分子的能量分布曲线明显右移，从而有较多的分子获得能量成为活化分子，增加了活化分子百分数。结果，单位时间内有效碰撞次数显著增加，因而反应速率大大加快。

速率常数 k 与温度 T 有一定的关系。1889 年，在大量实验事实的基础上，阿仑尼乌斯建立了速率常数与温度关系的经验式，称之为阿仑尼乌斯（Arrhenius）方程：

$$k=Ae^{-\frac{E_a}{RT}} \tag{2-32}$$

式中，A 为常数，称指前因子（以前称频率因子），A 与温度、浓度无关，不同反应的 A 值不同，其单位与 k 值相同；R 为摩尔气体常数；T 为热力学温度；E_a 为活化能，单位为 $J\cdot mol^{-1}$。对某一给定反应，E_a 为定值，在反应温度区间变化不大时，E_a 和 A 不随温度而改变。

阿仑尼乌斯方程也可表示为

$$\ln k=-\frac{E_a}{RT}+\ln A \tag{2-33}$$

若已知反应的活化能，在温度 T_1 时有：

$$\ln k_1=-E_a/(RT_1)+\ln A$$

在温度 T_2 时：

$$\ln k_2 = -E_a/(RT_2) + \ln A$$

两式相减得：

$$\ln\frac{k_1}{k_2} = -\frac{E_a}{R}\left(\frac{1}{T_1}-\frac{1}{T_2}\right) \tag{2-34}$$

例 2-10 已知反应 $N_2O_5(g) \longrightarrow N_2O_4(g) + \frac{1}{2}O_2(g)$ 在 298K 和 338K 时的反应速率常数分别为 $k_1 = 3.46\times10^5\,s^{-1}$ 和 $k_2 = 4.87\times10^7\,s^{-1}$，求该反应的活化能 E_a 和 318K 时的速率常数 k_3。

解： 由
$$\ln\frac{k_1}{k_2} = -\frac{E_a}{R}\left(\frac{1}{T_1}-\frac{1}{T_2}\right)$$

得
$$\ln\frac{4.87\times10^7}{3.46\times10^5} = -\frac{E_a}{8.314}\times\left(\frac{1}{338}-\frac{1}{298}\right)$$

$$E_a = 1.04\times10^5\,J\cdot mol^{-1}$$

设 318K 时的速率常数为 k_3：

$$\ln\frac{4.87\times10^7}{k_3} = -\frac{1.04\times10^5}{8.314}\times\left(\frac{1}{338}-\frac{1}{318}\right)$$

$$k_3 = 4.8\times10^6\,s^{-1}$$

(2) 浓度对反应速率的影响

化学反应速率随着反应物浓度的变化而改变。从化学反应的速率方程式看，反应物浓度对反应速率有明显影响，一般反应速率随反应物的浓度增大而增大。根据反应速率理论，对于一确定的化学反应，一定温度下，反应物分子中活化分子所占的百分数是一定的，因此单位体积内的活化分子的数目与反应物的浓度呈正比。当反应物浓度增大时，单位体积内分子总数增加，活化分子的数目相应也增多，单位体积、单位时间内的分子有效碰撞的总数也就增多，因而反应速率加快。

反应速率与反应物浓度之间的定量关系，不能简单地从反应的计量方程式获得，它与反应进行的具体过程即反应机理有关。反应速率与浓度的定量关系是通过速率方程式体现的，而速率方程的具体形式除了基元反应外，必须通过实验确定。

(3) 催化剂对反应速率的影响

催化剂（catalyst）是一种只要少量存在就能显著改变反应速率，但不改变化学反应的平衡位置，而且在反应结束时，其自身的质量、组成和化学性质基本不变的物质。通常，把能加快反应速率的催化剂简称为催化剂，而把减慢反应速率的催化剂称为负催化剂（negative catalyst）。催化剂对化学反应的作用称为催化作用（catalysis）。例如，合成氨生产中使用的铁，硫酸生产中使用的 V_2O_5，以及促进生物体化学反应的各种酶（如淀粉酶、蛋白酶、脂肪酶等）均为正催化剂；减慢金属腐蚀速率的缓蚀剂，防止橡胶、塑料老化的防老剂等均为负催化剂。

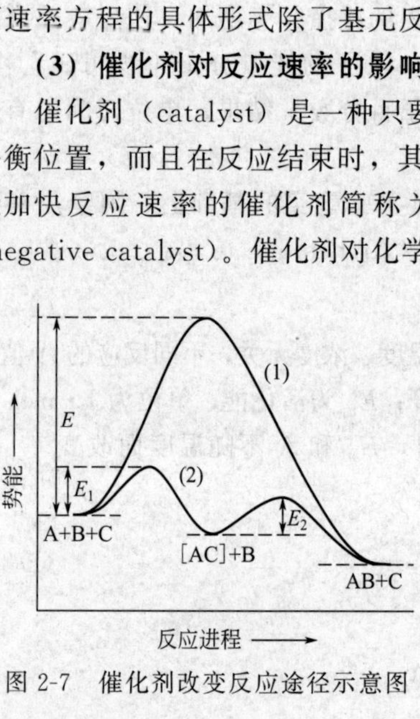

图 2-7 催化剂改变反应途径示意图

催化剂能显著地加快化学反应速率，是由于在反应过程中催化剂与反应物之间形成一种能量较低的活化配合物，改变了反应的途径，与无催化反应的途径相比较，所需的活化能显著地降低（见图 2-7），从而使活化分子百分数和有效碰撞次数增多，导致反应速率加快。

例如反应

$$2H_2O_2(aq) \rightleftharpoons 2H_2O(l) + O_2(g)$$

在无催化剂时，反应的活化能为 75.3kJ·mol^{-1}；当用 I^- 做催化剂时，反应的活化能为 56.5kJ·mol^{-1}，相比于无催化剂时活化能降低了 18.8kJ·mol^{-1}，因而使反应速率大大加快。

对可逆反应，催化剂既能加快正反应速率，也能加快逆反应速率，因此催化剂能缩短平衡到达的时间。但在一定温度下，催化剂不能改变平衡时混合物的浓度（反应限度），即不能改变平衡状态，因此，反应的平衡常数不受影响。

当反应过程中催化剂与反应物同处于一个相时，这类反应属均相催化反应（homogeneous catalysis）。例如，I^- 催化 H_2O_2 分解的催化反应，I^- 叫均相催化剂，相应的催化作用叫均相催化。当反应过程中催化剂与反应物处于不同相时，这类催化反应叫多相催化反应（heterogeneous catalysis），相应的催化剂叫多相催化剂。其中固体催化剂在化工生产中用得较多（气相反应和液-固相反应等）。多相催化反应发生在催化剂表面（或相界面），催化剂表面积愈大，催化效率愈高，反应速率愈快。在化工生产中，为了增大反应物与催化剂之间的接触表面，往往将催化剂的活性组分附着在一些多孔性的物质（载体）上，如硅藻土、高岭土、活性炭、硅胶等，或一些特殊的金属氧化物，如 Al_2O_3、ZnO、MgO、RuO_2 等上面。由此制得的催化剂叫负载型催化剂，比普通催化剂往往有更高的催化活性和选择性。

催化剂加快反应速率是一种相当普遍的现象，它不仅出现在化工生产中，而且在有生命的动植物体内（包括人体）也广泛存在。生物体内几乎所有的化学反应都是由酶（enzyme）催化的。酶的化学本质是蛋白质或复合蛋白质，它在生物体内所起的催化作用称为酶催化（enzyme catalysis）。例如，食物中的蛋白质的水解（即消化），在体外需在强酸（或强碱）条件下煮沸相当长的时间，而在人体内正常体温下，在胃蛋白酶的作用下短时间内即可完成。

酶催化的特点是高效、专一。酶的催化效率比普通催化剂高 10^6～10^{10} 倍。如 H^+ 可催化蔗糖水解，若用蔗糖转化酶催化，在 37℃时其速率常数 k 约为同温度下 H^+ 催化反应的 10^{10} 倍。催化剂都有选择性，但作为生物催化剂的酶其专一性更强。如淀粉酶催化淀粉水解，磷酸酶催化磷酸酯的水解。同时，酶对反应的条件要求是很高的，酶催化反应一般在体温 37℃和血液 pH7.35～7.45 的条件下进行。若遇到高温、强酸、强碱、重金属离子或紫外线照射等因素，都会使酶失去活性。

综上所述，催化剂具有如下特点：

① 与反应物生成活化配合物中间体，改变反应历程，降低活化能，加快反应速率；

② 只缩短反应到达平衡的时间，同时加快正、逆向反应速率，不改变平衡位置；

③ 反应前后催化剂的化学性质不变；

④ 催化剂有选择性。

无生命和有生命体系的催化剂及催化作用的研究，已引起化学家、工程技术专家、生物学家和医学家的极大兴趣，它是现代化学和现代生物学、医学的重要研究课题之一。

习 题

1. 一体系由 A 态到 B 态，沿途径Ⅰ放热 120J，环境对体系做功 50J。试计算：

(1) 体系由 A 态沿途经Ⅱ到 B 态，吸热 40J，其 W 值为多少？

(2) 体系由 A 态沿途经Ⅲ到 B 态，对环境做功 80J，其 Q 值为多少？

2. 在水的正常沸点温度，$\Delta_r H_m^\ominus$ 蒸发为 40.58kJ·mol^{-1}，假定 1mol·L^{-1}液体的体积可忽略，并假定水蒸气为理想气体，计算在恒压 101325Pa 和 373K 下，1mol 水汽化的 Q、W、ΔU。

3. 在 298.15K、100kPa 下合成氨反应 $N_2(g)+3H_2(g) \rightleftharpoons 2NH_3(g)$ 放出热量 92.22kJ·mol^{-1}，求反应的 $\Delta_r H_m^\ominus$ 和 ΔU。

4. 蔗糖（$C_{12}H_{22}O_{11}$）在人体内的代谢反应为：

$$C_{12}H_{22}O_{11}(s)+12O_2(g) \longrightarrow 12CO_2(g)+11H_2O(l)$$

假设其反应热有 30%可转化为有用功，试计算体重为 70kg 的人登上 3000m 高的山（按有效功计算），若其能量完全由蔗糖转换，需消耗多少蔗糖？[已知 $\Delta_f H_m^\ominus(C_{12}H_{22}O_{11})=-2222$kJ·mol^{-1}]

5. 利用附录Ⅲ的数据，计算 298.15K 时下列反应的 $\Delta_r H_m^\ominus$

(1) $Ca(OH)_2(s)+CO_2(g) \longrightarrow CaCO_3(s)+H_2O(l)$

(2) $CuO(s)+CO(g) \longrightarrow Cu(s)+CO_2(g)$

(3) $2SO_2(g)+O_2(g) \longrightarrow 2SO_3(g)$

(4) $CH_3COOH(l)+2O_2(g) \longrightarrow 2CO_2(g)+2H_2O(l)$

6. 已知下列化学反应的反应热：

(1) $C_2H_2(g)+5/2O_2(g) \longrightarrow 2CO_2(g)+H_2O(g)$；　$\Delta_r H_m^\ominus=-1246.2$kJ·mol^{-1}

(2) $C(s)+2H_2O(g) \longrightarrow CO_2(g)+2H_2(g)$；　$\Delta_r H_m^\ominus=+90.9$kJ·mol^{-1}

(3) $2H_2O(g) \longrightarrow 2H_2(g)+O_2(g)$；　$\Delta_r H_m^\ominus=+483.6$kJ·mol^{-1}

求乙炔（C_2H_2，g）的生成热 $\Delta_f H_m^\ominus$。

7. 高炉炼铁中的主要反应有：　$C(s)+O_2(g) \longrightarrow CO_2(g)$

$$1/2CO_2(g)+1/2C(s) \longrightarrow CO(g)$$

$$CO(g)+1/3Fe_2O_3(s) \longrightarrow 2/3Fe(s)+CO_2(g)$$

(1) 分别计算 298.15K 时各反应的 $\Delta_r H_m^\ominus$ 和各反应 $\Delta_r H_m^\ominus$ 值之和；

(2) 将上列三个反应式合并成一个总反应方程式，应用各物质 298.15K 时的 $\Delta_f H_m^\ominus$ 数据计算总反应的反应热，与 (1) 的计算结果比较，并作出结论。

8. 定性判断下列反应的 $\Delta_r S_m^\ominus$ 是大于零还是小于零：

(1) $Zn(s)+2HCl(aq) \longrightarrow ZnCl_2(aq)+H_2(g)$

(2) $CaCO_3(s) \longrightarrow CaO(s)+CO_2(g)$

(3) $NH_3(g)+HCl(g) \longrightarrow NH_4Cl(s)$

(4) $CuO(s)+H_2(g) \longrightarrow Cu(s)+H_2O(l)$

9. 利用附录Ⅲ，判断下列反应 298.15K 能否自发向右进行。

(1) $2Cu^+(aq) \longrightarrow Cu^{2+}(aq)+Cu(s)$

(2) $AgCl(s)+Br^-(aq) \longrightarrow AgBr(s)+Cl^-(aq)$

(3) $4NH_3(g)+5O_2(g) \longrightarrow 4NO(g)+6H_2O(g)$

(4) $4NO(g)+6H_2O(g) \longrightarrow 4NH_3(g)+5O_2(g)$

10. 由软锰矿二氧化锰制备金属锰可采取下列两种方法：

(1) $MnO_2(s)+2H_2(g) \longrightarrow Mn(s)+2H_2O(g)$；

(2) $MnO_2(s)+2C(s) \longrightarrow Mn(s)+2CO(g)$；

上述两个反应在25℃、100kPa下是否能自发进行？如果考虑工作温度愈低愈好的话，则制备锰采用哪一种方法比较好？

11. 计算 $MgCO_3(s) \longrightarrow MgO(s) + CO_2(g)$ 的 $\Delta_r H_m^\ominus(298K)$、$\Delta_r S_m^\ominus(298K)$ 和 850K 时的 $\Delta_r G_m^\ominus(850K)$。

已知：	$\Delta_f H_m^\ominus/kJ \cdot mol^{-1}$	$S_m^\ominus/J \cdot mol^{-1} \cdot K^{-1}$
$MgCO_3(s)$	−1096	65.7
$MgO(s)$	−601.7	26.9
$CO_2(g)$	−393	214

12. 已知下列物质

	$CO_2(g)$	$NH_3(g)$	$H_2O(g)$	$CO(NH_2)_2(s)$
$\Delta_f H_m^\ominus(298K)/kJ \cdot mol^{-1}$	−390	−45	−242	−330
$S_m^\ominus(298K)/J \cdot mol^{-1} \cdot K^{-1}$	210	190	190	100

通过计算说明，反应 $CO_2(g) + 2NH_3(g) \longrightarrow H_2O(g) + CO(NH_2)_2(s)$

(1) 在298K时，反应能否正向自发进行？

(2) 在1000K时，反应能否正向自发进行？

13. NO是汽车尾气的主要污染源，有人设想以加热分解的方法来消除之

$$2NO \longrightarrow N_2 + O_2$$

试从热力学角度判断该方法能否实现？

14. 写出下列各化学反应的平衡常数 $K^\ominus$ 表达式：

1) $HAc(aq) \rightleftharpoons H^+(aq) + Ac^-(aq)$

2) $C(s) + H_2O(g) \rightleftharpoons CO(g) + H_2(g)$

3) $AgCl(s) \rightleftharpoons Ag^+(aq) + Cl^-(aq)$

4) $CaCO_3(s) \rightleftharpoons CaO(s) + CO_2(g)$

5) $2MnO_4^-(aq) + 5SO_3^{2-}(aq) + 6H^+(aq) \rightleftharpoons 2Mn^{2+}(aq) + 5SO_4^{2-}(aq) + 3H_2O(l)$

15. 已知下列化学反应在298.15K时的平衡常数：

(1) $2N_2(g) + O_2(g) \rightleftharpoons 2N_2O(g)$；$K_1^\ominus = 4.8 \times 10^{-37}$

(2) $N_2(g) + 2O_2(g) \rightleftharpoons 2NO_2(g)$；$K_2^\ominus = 8.8 \times 10^{-19}$

计算反应 $2N_2O(g) + 3O_2(g) \rightleftharpoons 4NO_2(g)$ 的平衡常数 $K^\ominus$。

16. 已知下列反应在298.15K的平衡常数：

(1) $SnO_2(s) + 2H_2(g) \rightleftharpoons 2H_2O(g) + Sn(s)$；$K_1^\ominus = 21$

(2) $H_2O(g) + CO(g) \rightleftharpoons H_2(g) + CO_2(g)$；　$K_2^\ominus = 0.034$

计算反应 $2CO(g) + SnO_2(s) \rightleftharpoons Sn(s) + 2CO_2(g)$ 在298.15K时的平衡常数 $K^\ominus$。

17. 密闭容器中反应 $2NO(g) + O_2(g) \rightleftharpoons 2NO_2(g)$ 在1500K条件下达到平衡。若始态 $p(NO) = 150kPa$，$p(O_2) = 450kPa$，$p(NO_2) = 0$；平衡时 $p(NO_2) = 25kPa$。试计算平衡时 $p(NO)$、$p(O_2)$ 的分压及平衡常数 $K^\ominus$。

18. 设汽车内燃机内温度因燃料燃烧反应达到1573K，试计算此温度时下列反应

$$1/2N_2(g) + 1/2O_2(g) \longrightarrow NO(g)$$

的 $\Delta_r G_m^\ominus$ 和 $K^\ominus$。

19. 密闭容器中的反应 $CO(g) + H_2O(g) \rightleftharpoons CO_2(g) + H_2(g)$ 在750K时其 $K^\ominus = 2.6$，求：

(1) 当原料气中 $H_2O(g)$ 和 $CO(g)$ 的物质的量之比为1∶1时，$CO(g)$ 的转化率为

多少？

(2) 当原料气中 $H_2O(g)$: $CO(g)$ 为 4 : 1 时，$CO(g)$ 的转化率为多少？说明什么问题？

在 317K，反应 $N_2O_4(g) \rightleftharpoons 2NO_2(g)$ 的平衡常数 $K^{\ominus}=1.00$。分别计算当体系总压为 400kPa 和 800kPa 时 $N_2O_4(g)$ 的平衡转化率，并解释计算结果。

20. 某反应 $3A(g)+B(g) \rightleftharpoons 2C(g)$，按 $V(A):V(B)=3:1$ 配制原料气。在某种催化剂作用下，于温度为 T、压力为 20.0kPa 时达到平衡。这时 C(g) 的体积分数为 6.00%。试计算在此温度下该反应的标准平衡常数 $K^{\ominus}$。

21. 已知尿素 $CO(NH_2)_2$ 的 $\Delta_f G_m^{\ominus}=-197.15kJ \cdot mol^{-1}$，求尿素的合成反应

$$2NH_3(g)+CO_2(g) \rightleftharpoons H_2O(g)+CO(NH_2)_2(s)$$

在 298.15K 时的 $\Delta_r G_m^{\ominus}$ 和 $K^{\ominus}$。

22. 25℃时，反应 $2H_2O_2(g) \rightleftharpoons 2H_2O(g)+O_2(g)$ 的 $\Delta_r H_m^{\ominus}$ 为 $-210.9kJ \cdot mol^{-1}$，$\Delta_r S_m^{\ominus}$ 为 $131.8J \cdot mol^{-1} \cdot K^{-1}$。试计算该反应在 25℃和 100℃时的 $K^{\ominus}$，计算结果说明了什么问题？

23. 在一定温度下 Ag_2O 的分解反应为 $Ag_2O(s) \rightleftharpoons 2Ag(s)+1/2O_2(g)$

假定反应的 $\Delta_r H_m^{\ominus}$、$\Delta_r S_m^{\ominus}$ 不随温度的变化而改变，估算 Ag_2O 的最低分解温度和在该温度下的 $p(O_2)$ 分压是多少？

24. 乙苯（$C_6H_5C_2H_5$）脱氢制苯乙烯有两个反应：

(1) 氧化脱氢 $C_6H_5C_2H_5(g)+1/2O_2(g) \rightleftharpoons C_6H_5CH=CH_2(g)+H_2O(g)$

(2) 直接脱氢 $C_6H_5C_2H_5(g) \rightleftharpoons C_6H_5CH=CH_2(g)+H_2(g)$

若反应在 298.15K 进行，计算两反应的平衡常数，试问哪一种方法可行？[已知：$\Delta_f G_m^{\ominus}$（乙苯）$=130.6kJ \cdot mol^{-1}$；$\Delta_f G_m^{\ominus}$（苯乙烯）$=213.8kJ \cdot mol^{-1}$；$\Delta_f G_m^{\ominus}(H_2O, g)=-228.6kJ \cdot mol^{-1}$]。

25. 已知反应 $2SO_2(g)+O_2(g) \longrightarrow 2SO_3(g)$ 在 427℃和 527℃时的 $K^{\ominus}$ 值分别为 1.0×10^5 和 1.1×10^2，求该温度范围内反应的 $\Delta_r H_m^{\ominus}$。

26. 计算密闭容器中反应 $CO(g)+H_2O(g) \rightleftharpoons CO_2+H_2(g)$ 在 800K 时的平衡常数 $K^{\ominus}$；若欲使此时 CO 的转化率为 90%，则原料气的摩尔比 $n(CO):n(H_2O)$ 应为多少？

27. NH_3 的分解反应为 $2NH_3(g) \rightleftharpoons N_2(g)+3H_2(g)$，在 673K 和 100kPa 总压下的解离度为 98%，求该温度下反应的平衡常数 $K^{\ominus}$ 和 $\Delta_r G_m^{\ominus}$。

28. 已知反应 $2H_2(g)+2NO(g) \longrightarrow 2H_2O(g)+N_2(g)$ 的速率方程 $v=kc(H_2)c^2(NO)$，在一定温度下，若使容器体积缩小到原来的 1/2，问反应速率如何变化？

29. 某基元反应 $A+B \longrightarrow C$，在 1.20L 溶液中，$c(A)=4.0mol \cdot L^{-1}$，$c(B)=3.0mol \cdot L^{-1}$ 时，$v=4.20\times10^{-3}mol \cdot L^{-1} \cdot s^{-1}$，写出该反应的速率方程式，并计算其速率常数。

30. 反应 $S_2O_8^{2-}+3I^- \longrightarrow 2SO_4^{2-}+I_3^-$，当反应速率 $v=3.0\times10^{-3}mol \cdot L^{-1} \cdot s^{-1}$ 时，求 $S_2O_8^{2-}$ 和 I^- 消耗速率及 SO_4^{2-} 和 I_3^- 生成速率各为多少？

31. 已知反应 $HI(g)+CH_3(g) \rightleftharpoons CH_4+\frac{1}{2}I_2(g)$ 在 157℃时的反应速率常数 $k=1.7\times10^{-5}L \cdot mol^{-1} \cdot s^{-1}$，在 227℃时的速率常数 $k=4.0\times10^{-5}L \cdot mol^{-1} \cdot s^{-1}$，求该反应的活化能。

32. 某人发烧至 40℃时，体内某一酶催化反应的速率常数为正常体温（37℃）的 1.25

倍，求该酶催化反应的活化能。

33. 某二级反应，其在不同温度下的反应速率常数如下：

T/K	645	675	715	750
$k\times10^3/\text{mol}^{-1}\cdot\text{L}\cdot\text{min}^{-1}$	6.15	22.0	77.5	250

（1）作 $\ln k$-$1/T$ 图，计算反应活化能 E_a；

（2）计算 700K 时的反应速率常数 k。

34. Write equations for the two reactions corresponding to the following $\Delta_f H_m^\ominus$ values. Combine these equations to give that for the reaction. $2NO_2(g) \rightleftharpoons N_2O_4(g)$

Caculate the$\Delta_r H_m^\ominus$ value for this reaction, and state whether the reaction is endothemic or exothermic.

$$\Delta_f H_m^\ominus(NO_2,g)=33.84\text{kJ}\cdot\text{mol}^{-1}\ \Delta_f H_m^\ominus(N_2O_4,g)=9.66\text{kJ}\cdot\text{mol}^{-1}$$

35. The enthalpy change for which of the following process represents the enthalpy of formation of AgCl? Explain.

(a) $Ag^+(aq)+Cl^- \longrightarrow AgCl(s)$ (b) $Ag(s)+\frac{1}{2}Cl_2 \longrightarrow AgCl(s)$

(c) $AgCl(s) \longrightarrow Ag(s)+\frac{1}{2}Cl_2$ (d) $Ag(s)+AuCl(s) \longrightarrow AgCl(s)+Au(s)$

36. Under standard state, caculate the enthalpy of decompsition of $NaHCO_3(s)$ into $Na_2CO_3(s)$, $CO_2(g)$ and $H_2O(g)$ at 298.15 K.

$$2NaHCO_3(s) \rightleftharpoons Na_2CO_3(s)+CO_2(g)+H_2O(g)$$

37. Without consulting entropy tables, predict the sign of ΔS for each the following process.

(a) $O_2(g) \longrightarrow 2O(g)$ (b) $N_2(g)+3H_2(g) \longrightarrow 2NH_3(g)$

(c) $C(s)+H_2O(g) \longrightarrow CO(g)+H_2(g)$ (d) $Br_2(l) \longrightarrow Br_2(g)$

(e) Desaltination of seawater (f) Hard boiling of an egg.

38. $\Delta_f G_m^\ominus$ for the formation of HI(g) from its gaseous elements is $-10.10\text{kJ}\cdot\text{mol}^{-1}$ at 500 K. When the partial pressure of HI is 10.0 atm, and of I_2 0.001 atm, what must the partial pressure of hydrogen be at this temperature to reduce the magnitude of ΔG for the reaction to 0.

39. Calculate the enthalpy change for the reactions

$$SiO_2(s)+4HF(g) \longrightarrow SiF_4(g)+2H_2O(g)$$

$$SiO_2(s)+4HCl(g) \longrightarrow SiCl_4(g)+2H_2O(g)$$

Explain why hydrofluoric acid attacks glass, whereas hydrochloric acid does dot.

40. In a catalytic experiment involving the Haber process, $N_2+3H_2 \longrightarrow 2NH_3$, the rate of reaction was measured as

$$v(NH_3)=\frac{\Delta[NH_3]}{\Delta t}=2.0\times10^{-4}\text{mol}\cdot\text{L}^{-1}\cdot\text{s}^{-1}$$

If there were no side reactions, what was the rate of reaction expressed in terms of (a) N_2 or (b) H_2?

41. In terms of reaction kinetics, explain why each of the following speeds up a chemical reaction: (a) catalyst (b) increase in temperature (c) increase in concentration.

42. What is the rate law for the single-step reaction $A+B \longrightarrow 2C$?

43. A possible mechanism for the reaction $2H_2+2NO \longrightarrow N_2+2H_2O$ is

$$2NO \rightleftharpoons N_2O_2$$
$$H_2+N_2O_2 \longrightarrow N_2O+H_2O$$
$$H_2+N_2O \longrightarrow N_2+H_2O$$

If the second step is rate determining, what is the rate law for this reaction?

44. Calculate the value of the thermodynamic decomposition temperature (T_d) for the reaction $NH_4Cl(s) \rightleftharpoons NH_3(g)+HCl(g)$ at the standard state.

45. the reaction $2NO+Br_2 \longrightarrow 2NOBr$, the following mechanisim has been suggested:

For $NO+Br_2 \longrightarrow NOBr_2$ (fast)

$NOBr_2+NO \longrightarrow 2NOBr$ (slow)

Determine a rate law consistent with this mechanism.

46. A sample of D-ribose ($C_5H_{10}O_5$) with mass 0.727g was weighed in a calorimeter and then ignited in the presence of excess Oxygen. The temperature rose by 0.910K when the sample was combusted. In another separated experiment in the same calorimeter, the combustion of 0.825g of benzoic acid, for which the $\Delta_r H_m^{\ominus}$ is 3251kJ·mol^{-1}, gave a temperature rise of 1.904 K. Calculate the $\Delta_r U_m^{\ominus}$ and $\Delta_r H_m^{\ominus}$ of D-ribose was combusted.

47. The rate constant for the reaction of oxygen atoms with aromatic hydrocarbons was 3.03×10^7 L·mol^{-1}·s^{-1} at 341.2K, and 6.91×10^7 L·mol^{-1}·s^{-1} at 392.2K. Calculate the activation energy of this reaction.

第3章

酸碱平衡

(Acid-Base Equilibrium)

学习要求

1. 掌握离子氛和活度的概念；
2. 熟悉并掌握酸碱质子理论的基本概念；
3. 掌握各种酸碱平衡的计算原理与方法；
4. 掌握缓冲作用的原理和缓冲溶液的配制原则。

3.1 电解质的电离

酸、碱与人们日常生活及工业生产息息相关，从食品中的果蔬、食醋到重要的工业原料硫酸、氨水等，它们在人类的生活和生产实际中占有非常重要的地位。从化学反应的角度来看，在生产实际和自然界中许多化学反应和生物化学反应都是酸碱反应，特别是在有机合成反应中，酸或碱常常可以作为提高反应速率的催化剂，因此掌握酸碱平衡的有关规律对于进一步学习化学是十分必要的。

3.1.1 离子氛

根据电解质在熔融状态下或在水溶液中解离成离子程度的不同，电解质分为强电解质和弱电解质。强酸（如 HCl）、强碱（如 NaOH）以及绝大部分的盐（如 NaCl）在水中是完全解离的，把这种在水溶液中能全部解离成离子的物质称为强电解质（strong electrolyte）。如：

$$NaOH \longrightarrow Na^{+} + OH^{-}$$

而弱酸（如 HAc）、弱碱（如 $NH_3 \cdot H_2O$）等在水溶液中只有小部分发生解离，大部分仍以分子形式存在，把它们叫作弱电解质（weak electrolyte）。如：

$$HAc \rightleftharpoons H^{+} + Ac^{-}$$

电解质在水中解离程度的大小通常以解离度（α）来表示，解离度（degree of dissociation）是指电解质达到解离平衡时，已解离的分子数在原分子总数中所占的百分数，解离度也称为电离度。即：

$$\alpha = \frac{已解离的分子数}{溶液中原有该电解质分子总数} \times 100\% \tag{3-1}$$

实验测得，室温下 0.10mol·L^{-1} HAc 的解离度是 1.32%，可见只有 1.32% 的醋酸分子发生了解离，大部分醋酸仍以分子的形式存在。

从理论上而言，强电解质的解离度应该等于 1，但实验测得强电解质的解离度值却都小于 1（见表 3-1）。

表 3-1 部分强电解质的实测解离度（0.1mol·L^{-1}）

电解质	HCl	HNO_3	H_2SO_4	KOH	NaOH	KCl	NH_4Cl	$CuSO_4$
解离度/%	92	92	58	89	84	86	88	40

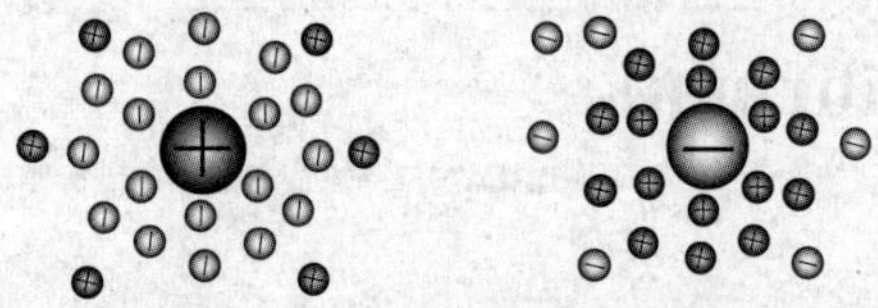

图 3-1 溶液中的离子氛示意图

为了解释以上实验现象，1923 年德拜（Debye）和休克尔（Hückel）提出了强电解质溶液理论。该理论认为，强电解质在水溶液中是完全解离的，但当溶液中离子浓度较大时，由于静电作用，正离子周围会吸引较多负离子，同样负离子周围也会吸引较多正离子，这样每一个离子都被相反电荷的离子所包围，形象地称之为“离子氛（ion atmosphere）”（见图 3-1），正是由于离子氛的存在，离子的运动受到了牵制，从而表现出来的离子浓度小于强电解质全部解离时应有的浓度。

3.1.2 活度与活度系数

在强电解质的水溶液中，由于离子氛的存在，离子间的相互牵制作用使离子的一些与浓度有关的性质（如导电性）受到影响，其结果相当于溶液中离子浓度减少。为了准确地描述强电解质溶液中离子间的相互作用，引入了离子的活度和活度系数的概念。所谓活度（activity）就是离子的有效浓度，它等于溶液中离子的实际浓度乘上一个校正系数，这个校正系数叫做活度系数（activity coefficient）[见式(3-2)]。即：

$$a=\gamma c \tag{3-2}$$

式中，a 是活度；γ 是活度系数；c 是浓度

活度系数直接反映电解质溶液中离子活动的自由程度，一般来说，$\gamma \leqslant 1$。由德拜和休克尔提出的强电解质溶液理论可知，当溶液中离子浓度越大和离子所带的电荷越高时，离子间的相互牵制作用就越强，所以活度系数 γ 值也就越小，从而使得活度与浓度之间的差距越大。实验测得不同浓度的 NaCl 溶液的活度和活度系数列于表 3-2 中。

表 3-2 不同浓度 NaCl 溶液的活度和活度系数（298.15K）

浓度 c/mol·L^{-1}	0.1	0.01	0.001	0.0001
活度系数 γ	0.792	0.906	0.963	0.985
活度 a	0.0792	0.00906	0.000963	0.0000985

由表可知，当溶液无限稀释时离子间的牵制作用降低到极弱的程度，即 $\gamma \to 1$，活度与浓度趋于相等。而当溶液浓度较大时，离子间的相互牵制作用不能忽略，必须采用活度来进行计算，这时需计算出活度系数 γ 的大小，德拜和休克尔指出 γ 的大小由溶液中的离子强度所决定，关于这部分内容在此不作详细讨论。严格地讲，电解质溶液中的离子浓度应该用活度来表示，但由于通常所指的都是稀溶液，所以为了简便起见在本教材中直接用浓度代替活度来进行相关计算。

3.2 酸碱理论

酸和碱是两类重要的化学物质，长期以来科学家们对酸碱进行了大量的研究，对酸碱的认识也经历了一个由浅入深、由低级到高级的过程，先后形成了多种酸碱理论：酸碱电离理论、酸碱质子理论、酸碱电子理论和软硬酸碱理论等。

1884 年，瑞典科学家阿伦尼乌斯提出了酸碱电离理论，他指出：酸是在水中电离出的阳离子全部是氢离子的物质；碱是在水中电离出的阴离子全部是氢氧根的物质。他首次赋予了酸碱以科学的定义，是人们对酸碱的认识从现象到本质的一次飞跃。这种认识对科学发展起了积极的作用，直到现在仍普遍地应用着。然而，它也有局限性，它把酸和碱只限于水溶液，又把碱限制为氢氧化物。此外，氢离子在水中无法独立存在，氨水的碱性并不是由 NH_4OH 的存在而引起的，以及许多物质在非水溶液中不能电离出氢离子和氢氧根，却也表现出酸和碱的性质。这些都是酸碱电离理论所说明不了的。丹麦化学家布朗斯特（Bronsted）和英国化学家路易（Lowry）各自独立地于 1923 年提出了酸碱质子理论。酸碱质子理论是本章节的主要讲述内容。

3.2.1 酸碱质子理论

酸碱质子论（proton theory of acids and bases）是丹麦化学家布朗斯特（Bronsted）和英国化学家路易（Lowry）各自独立地于 1923 年提出的。酸碱质子理论认为：能给出质子（H^+）(proton)的物质是酸（acid），能接受质子的物质是碱（base）。酸和碱不是孤立的，而是统一在对质子的关系上，这种关系如下：

$$酸 \rightleftharpoons 碱 + 质子$$

	共轭酸					共轭碱
	HCl	$\rightleftharpoons$	Cl^-	+	H^+	
共轭酸	NH_4^+	$\rightleftharpoons$	NH_3	+	H^+	共轭碱
	HSO_4^-	$\rightleftharpoons$	SO_4^{2-}	+	H^+	
	H_3PO_4	$\rightleftharpoons$	$H_2PO_4^-$	+	H^+	

某酸失去一个质子后成为碱，该碱得到一个质子后又转变为原来的酸，满足这样关系的一对酸碱对称为共轭酸碱对（conjugate acid-base pairs）。由上述可知，HCl、NH_4^+ 和 H_2SO_4 均为酸，而 Cl^-、NH_3 和 HSO_4^- 是对应共轭碱。可见酸和碱可以是正离子、负离子或中性分子。

在酸碱中有一类物质既可以得质子，又可以失质子，这类物质就称为两性物质（amphoteric compound）。在上式中的 HSO_4^- 可以得到质子成为 H_2SO_4，也可以失去质子成为 SO_4^{2-}，所以 HSO_4^- 是两性物质。同理，$H_2PO_4^-$、HPO_4^{2-} 和 HCO_3^- 均为两性物质。

显而易见，在一个平衡中酸越容易失去质子，其酸性就强，则其共轭碱则越不容易得到质子，其碱性越弱，反之，共轭酸酸性越弱，则其共轭碱碱性就越强（见图 3-2）。

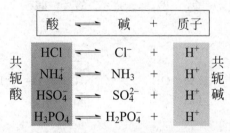

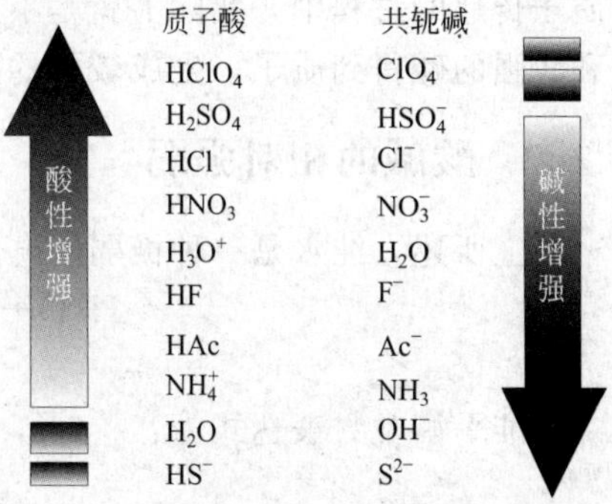

图 3-2 常见的共轭酸碱对的相对强弱

必须指出，H^+的半径只有氢原子的十万分之一，体积小，电荷密度高，这样的游离质子在水溶液中只能瞬间存在，它必然要转移到另一种能接受质子的物质上去，故上面所举的共轭酸碱平衡式，只是从概念出发来说明什么是酸什么是碱，其实溶液中不可能真正存在那样的平衡。实际存在的酸碱平衡必然是两个共轭酸碱对之间进行质子传递的结果。即酸$_1$把质子传给碱$_2$，各自转变为相应的共轭物质。

$$\overset{H^+}{\text{酸}_1 + \text{碱}_2 \rightleftharpoons \text{酸}_2 + \text{碱}_1}$$

如 HAc 在水中的解离：

$$\underset{\text{酸}_1}{HAc} + \underset{\text{碱}_2}{H_2O} \rightleftharpoons \underset{\text{酸}_2}{H_3O^+} + \underset{\text{碱}_1}{Ac^-}$$

在此平衡中，HAc 把质子传递给 H_2O，各自分别生成了共轭碱 Ac^- 和共轭酸 H_3O^+，在溶液中并不存在游离的氢离子。同样可以把这一理论推广到水溶液中的水解反应、中和反应和水的质子自递过程。

中和反应：

$$\underset{\text{酸}_1}{HAc} + \underset{\text{碱}_2}{NH_3} \rightleftharpoons \underset{\text{酸}_2}{NH_4^+} + \underset{\text{碱}_1}{Ac^-} \qquad \underset{\text{酸}_1}{H_3O^+} + \underset{\text{碱}_2}{OH^-} \rightleftharpoons \underset{\text{酸}_2}{H_2O} + \underset{\text{碱}_1}{H_2O}$$

水解反应：

$$\underset{\text{酸}_1}{H_2O} + \underset{\text{碱}_2}{Ac^-} \rightleftharpoons \underset{\text{酸}_2}{HAc} + \underset{\text{碱}_1}{OH^-} \qquad \underset{\text{酸}_1}{NH_4^+} + \underset{\text{碱}_2}{H_2O} \rightleftharpoons \underset{\text{酸}_2}{H_3O^+} + \underset{\text{碱}_1}{NH_3}$$

水的质子自递过程：

$$\underset{\text{酸}_1}{H_2O} + \underset{\text{碱}_2}{H_2O} \rightleftharpoons \underset{\text{酸}_2}{H_3O^+} + \underset{\text{碱}_1}{OH^-}$$

在质子传递的过程中，实际上就是不同酸碱争夺质子的竞争，其结果必然是较强的酸给出质子和较强的碱得到质子，生成较弱的酸和较弱的碱。

3.2.2 酸碱的相对强弱

如上所述，纯水是一种极弱的电解质，在水分子之间也存在着质子自递：

$$H_2O + H_2O \rightleftharpoons H_3O^+ + OH^-$$

$$H_2O \rightleftharpoons H^+ + OH^-$$

标准平衡常数表达式为：

$$K^{\ominus} = \frac{[H^+]}{c^{\ominus}} \times \frac{[OH^-]}{c^{\ominus}}$$

$c^{\ominus}=1\text{mol}\cdot\text{L}^{-1}$，上式可以简写为：$K^{\ominus}=[H^+][OH^-]$ (3-3)

这个平衡常数称为水的离子积（ion product of water），用 $K_w^{\ominus}$ 表示，25℃时，$K^{\ominus}=[H^+][OH^-]=1.0\times10^{-14}$。

根据酸碱质子理论可知，酸或碱的强弱取决于其给出质子或接受质子能力的大小。在水中酸给出质子和碱接受质子能力的大小可以用酸的解离常数 $K_a^{\ominus}$（dissociation constant）或碱的解离常数 $K_b^{\ominus}$ 来衡量。下面以 HAc 和 NH_3 在水中的解离来加以说明。HAc 在水中的解离平衡为：

$$HAc+H_2O \rightleftharpoons H_3O^+ + Ac^-$$

解离的平衡常数为：

$$K_a^{\ominus}(HAc)=\frac{[H_3O^+][Ac^-]}{[HAc]}=1.8\times10^{-5}$$

一般可简写为：

$$K_a^{\ominus}(HAc)=\frac{[H^+][Ac^-]}{[HAc]}=1.8\times10^{-5}$$

$K_a^{\ominus}$ 越大，此平衡正向进行的趋势就越大，给出质子的能力就越强，则酸性越强。NH_3 在水中的解离平衡为：

$$NH_3+H_2O \rightleftharpoons NH_4^+ + OH^-$$

其平衡常数为：

$$K_b^{\ominus}(NH_3)=\frac{[NH_4^+][OH^-]}{[NH_3]}=1.8\times10^{-5}$$

同样，$K_b^{\ominus}$ 越大，则碱性越强。不同的酸和碱有不同的解离常数，其数据见附录Ⅳ。对于多元弱酸碱而言，其在水中是逐级解离的，且平衡常数逐级减小 $K_{a_1}^{\ominus}>K_{a_2}^{\ominus}>K_{a_3}^{\ominus}$，所以其酸性也逐级减弱，多元弱碱的情况也类似。

如 H_3PO_4：$H_3PO_4+H_2O \rightleftharpoons H_3O^+ + H_2PO_4^-$ $\quad K_{a_1}^{\ominus}=\frac{[H^+][H_2PO_4^-]}{[H_3PO_4]}=7.6\times10^{-3}$

$$H_2PO_4^- + H_2O \rightleftharpoons H_3O^+ + HPO_4^{2-} \qquad K_{a_2}^{\ominus}=\frac{[H^+][HPO_4^{2-}]}{[H_2PO_4^-]}=6.3\times10^{-8}$$

$$HPO_4^{2-} + H_2O \rightleftharpoons H_3O^+ + PO_4^{3-} \qquad K_{a_3}^{\ominus}=\frac{[H^+][PO_4^{3-}]}{[HPO_4^{2-}]}=4.4\times10^{-13}$$

共轭酸碱对 HAc-Ac^- 在水溶液中的解离平衡分别为：

$$HAc+H_2O \rightleftharpoons H_3O^+ + Ac^- \qquad Ac^- + H_2O \rightleftharpoons OH^- + HAc$$

其解离常数分别为：

$$K_a^{\ominus}=\frac{[H_3O^+][Ac^-]}{[HAc]} \qquad K_b^{\ominus}=\frac{[HAc][OH^-]}{[Ac^-]}$$

两式相乘，得

$$K_a^{\ominus}\times K_b^{\ominus}=\frac{[H_3O^+][Ac^-]}{[HAc]}\times\frac{[HAc][OH^-]}{[Ac^-]}=[H_3O^+][OH^-]=K_w^{\ominus}$$

可见，在水溶液中共轭酸碱对的 $K_a^{\ominus}$ 和 $K_b^{\ominus}$ 满足如下关系式：

$$K_a^{\ominus}\times K_b^{\ominus}=K_w^{\ominus} \tag{3-4}$$

因此在计算过程中，只要知道了酸或碱的解离常数，就可以通过计算求得其共轭碱或共轭酸的解离常数。

又如磷酸在水中的解离平衡为：

$$H_3PO_4 + H_2O \rightleftharpoons H_3O^+ + H_2PO_4^- \qquad K_{a_1}^{\ominus} = \frac{[H^+][H_2PO_4^-]}{[H_3PO_4]} = 7.6 \times 10^{-3}$$

而磷酸的共轭碱 $H_2PO_4^-$ 在水中的解离平衡为：

$$H_2PO_4^- + H_2O \rightleftharpoons OH^- + H_3PO_4 \qquad K_{b_3}^{\ominus} = \frac{[OH^-][H_3PO_4]}{[H_2PO_4^-]} = 1.3 \times 10^{-12}$$

两解离常数相乘，得

$$K_{a_1}^{\ominus} \times K_{b_3}^{\ominus} = \frac{[H^+][H_2PO_4^-]}{[H_3PO_4]} \times \frac{[OH^-][H_3PO_4]}{[H_2PO_4^-]} = K_w^{\ominus}$$

同样推导可得　$K_{a_2}^{\ominus} \times K_{b_2}^{\ominus} = K_w^{\ominus}$，$K_{a_3}^{\ominus} \times K_{b_1}^{\ominus} = K_w^{\ominus}$

即对于三元弱酸（碱）和其共轭碱（酸）的各级解离常数满足下式：

$$K_{a_1}^{\ominus} \times K_{b_3}^{\ominus} = K_{a_2}^{\ominus} \times K_{b_2}^{\ominus} = K_{a_3}^{\ominus} \times K_{b_1}^{\ominus} = K_w^{\ominus} \tag{3-5}$$

以此类推，二元弱酸（碱）和其共轭碱（酸）的各级解离常数满足：$K_{a_1}^{\ominus} \times K_{b_2}^{\ominus} = K_{a_2}^{\ominus} \times K_{b_1}^{\ominus} = K_w^{\ominus}$。

3.3 酸碱平衡

3.3.1 同离子效应和盐效应

在 HAc 溶液中滴加少量甲基橙溶液使其呈红色后，再加入少量 NaAc 固体，不断振荡使其溶解后发现溶液由红色逐渐转变为黄色。之所以出现这样的现象，是由于加入 NaAc 后 HAc 解离平衡向左移动，从而导致溶液的酸度降低了，所以甲基橙由红色（酸色）转变为黄色（碱色）。这种在弱电解质溶液中加入含有相同离子的强电解质，导致弱电解质解离度降低的现象称为**同离子效应**（common ion effect），其平衡式如下：

$$HAc + H_2O \rightleftharpoons H_3O^+ + Ac^-$$
$$\xleftarrow{\text{平衡逆向进行}}$$

如果加入的强电解质不具有相同离子，同样会破坏原有的平衡，但平衡移动的方向与同离子效应相反，弱酸、弱碱的解离度增大，这种现象叫作**盐效应**（salt effect）。如往 HAc 溶液中加入少量 NaCl 固体。由于 NaCl 的加入大大增加了溶液中离子的总浓度，使得离子间的相互牵制作用增强，降低了离子重新结合成弱电解质分子的概率。显然存在同离子效应的同时也一定伴随有盐效应，但二者相比同离子效应强得多，所以一般计算通常忽略盐效应。

3.3.2 多元酸碱的电离平衡

在水溶液中一个分子能电离出一个以上 H^+ 的弱酸叫做多元酸。如 H_2CO_3 和 H_2S 等是二元弱酸，H_3PO_4 和 $H_3A_SO_4$ 等是三元弱酸。

多级电离的电离常数是逐级显著减小的，这是多级电离的一个规律。因为从带负电荷的离子，如 HS^- 中，再电离出一个正离子 H^+，要比从中性分子 H_2S 中电离出一个正离子 H^+ 难得多。在平衡体系中，由第一步电离出的 H^+ 对第二步电离产生同离子效应，故实际上第二步电离出的 H^+ 是远远小于第一步的。也就是说 HS^- 只有极少一部分发生第二步电离，故可以认为体系中的 $[HS^-]$ 和 $[H^+]$ 近似相等。在常温常压下，H_2S 气体在水中的饱和浓度为 $0.10mol \cdot L^{-1}$，据此可以计算出 H_2S 饱和溶液中的 $[H^+]$、$[HS^-]$ 和 $[S^{2-}]$。

设 $[H^+]$ 为 x，$[HS^-]$ 近似等于 x，$[H_2S]=0.10mol \cdot L^{-1}$，则

$$H_2S \rightleftharpoons H^+ + HS^-$$

平衡浓度：　　$0.10 \quad x \quad x$

$$K_{a_1}^{\ominus}=\frac{[H^+][HS^-]}{[H_2S]}=\frac{x^2}{0.10}=1.3\times10^{-7}$$

$$x=1.14\times10^{-4} \qquad 即[H^+]=[HS^-]=1.14\times10^{-4}mol \cdot L^{-1}$$

在一种溶液中各离子间的平衡是同时建立的，涉及多种平衡的离子，其浓度必须同时满足该溶液中的所有平衡，这是求解多种平衡共存问题的一条重要原则。

对第二步　　$HS^- \rightleftharpoons H^+ + S^{2-}$

有

$$K_{a_2}^{\ominus}=\frac{[H^+][S^{2-}]}{[HS^-]}=\frac{1.14\times10^{-4}[S^{2-}]}{1.14\times10^{-4}}=[S^{2-}]$$

故

$$[S^{2-}]=K_{a_2}^{\ominus}=7.1\times10^{-15}\ (mol \cdot L^{-1})$$

对二元弱酸 H_2A 来说，溶液的 $[H^+]$ 由第一级电离决定，可以认为 $[HA^-]=[H^+]$，即 HA^- 的第二步电离极小，被忽略；而 $[A^{2-}]$ 的数值近似等于 $K_{a_2}^{\ominus}$。比较二元弱酸的强弱，只需比较其第一级电离常数 $K_{a_1}^{\ominus}$ 即可。

如果将 $K_{a_1}^{\ominus}$ 和 $K_{a_2}^{\ominus}$ 的表达式相乘，即可得到 $H_2S \rightleftharpoons 2H^+ + S^{2-}$ 的平衡常数 $K^{\ominus}$ 的表达式：

$$K_a^{\ominus}=\frac{[H^+]^2[S^{2-}]}{[H_2S]}=9.23\times10^{-22}$$

它体现了平衡体系中 $[H^+]$、$[S^{2-}]$ 和 $[H_2S]$ 之间的关系，只要知道了三者的平衡浓度，则它们之间一定满足上述平衡常数表达式所代表的关系。

例 3-1　在 $0.10mol \cdot L^{-1}$ 的盐酸中通入 H_2S 至饱和，求溶液中 S^{2-} 的浓度。

解：盐酸完全电离，使体系中 $[H^+]=0.1mol \cdot L^{-1}$，在这样的酸度下，$H_2S$ 电离出的 $[H^+]$ 几乎为零。设 x 为 $[S^{2-}]$，则

$$H_2S \rightleftharpoons 2H^+ + S^{2-}$$

平衡相对浓度　　$0.1 \quad 0.1 \quad x$

$$K_a^{\ominus}=K_{a_1}^{\ominus}K_{a_2}^{\ominus}=\frac{[H^+]^2[S^{2-}]}{[H_2S]}=\frac{0.1^2x}{0.1}=9.23\times10^{-22}$$

$$x=9.23\times10^{-21}$$

即

$$[S^{2-}]=9.23\times10^{-21}mol \cdot L^{-1}$$

计算结果表明，由于 $0.1mol \cdot L^{-1}$ 的盐酸存在，使 $[S^{2-}]$ 降低至原来的 7.7×10^5 分之一。

3.3.3 缓冲溶液

一般的水溶液容易受到外加酸、碱或稀释的影响而改变其原有的 pH 值。溶液的酸度对许多化学反应和生物化学反应有着重要的影响，只有将溶液的 pH 值严格控制在一定范围内，这些反应才能顺利地进行。例如，健康人体血液的 pH 值是 7.35～7.45，稍有偏差就会生病；EDTA 配位滴定法测定 Ca^{2+} 时 pH 值需保持在 10 左右；水稻正常生长要求的适宜 pH 值为 6～7 等。要将溶液的 pH 值保持在一定范围内，就必须依靠缓冲溶液来控制。

一定条件下，如果在 50mL pH＝7.00 的纯水中加入 0.05mL 1.0mol・L^{-1} HCl 溶液或同浓度、同体积的 NaOH 溶液，则溶液的 pH 值分别由 7.00 降低到 3.00 或增加到 11.00，即 pH 值改变了 4 个单位。

而在相同条件下，如果在 50mL 0.10mol・L^{-1} HAc 和 0.10mol・L^{-1} NaAc 的混合溶液中，加入同浓度、同体积（0.05mL，1.0mol・L^{-1}）的 HCl 或 NaOH 溶液，则溶液的 pH 值分别从 4.76 降低到 4.75 或增加到 4.77，即 pH 值都只改变了 0.01 个单位。

从上述实验可以看出，在含有 $HAc\text{-}Ac^-$ 这样的共轭酸碱对的混合溶液中加入少量强酸或强碱之后，溶液的 pH 值基本上无变化，这种溶液具有保持 pH 值相对稳定的性能，称为缓冲溶液（buffer solution）。

(1) 缓冲作用原理

缓冲溶液为什么具有对抗外来少量酸或碱而保持其 pH 值基本不变的性能呢？根据酸碱质子理论，缓冲溶液是由浓度较大的一对共轭酸碱对组成，它们在水溶液中存在以下质子转移平衡：

$$\underset{\text{大量}}{HA}+H_2O \rightleftharpoons \underset{\text{很少}}{H_3O^+}+\underset{\text{大量（来自共轭碱）}}{A^-}$$

当加入少量强酸时，H_3O^+ 浓度暂时增加，平衡被破坏向左移动，这时 A^- 的浓度略有减少，而 HA 的浓度略有增加，当新的平衡重新建立时，可仍旧保持 H_3O^+ 浓度基本不变；相反，当加入少量强碱时，H_3O^+ 浓度暂时略有减少，平衡向右移动，产生 H_3O^+ 以补充其减少的 H_3O^+，而 pH 值基本保持不变。由此可知，共轭酸碱对之所以具有缓冲能力是因为质子在共轭酸碱之间发生转移以维持质子浓度基本不变。

(2) 缓冲溶液 pH 值的计算

以弱酸 HA 及其共轭碱 NaA 组成的缓冲溶液为例来推导缓冲溶液的计算公式，设其初始浓度分别为 c_a 和 c_b。在水溶液中的质子转移平衡为：

$$HA+H_2O \rightleftharpoons H_3O^+ + A^-$$

根据平衡，得

$$[H^+]=K_a^{\ominus}\times\frac{[HA]}{[A^-]}$$

上式两边取负对数，得

$$pH=pK_a^{\ominus}(HA)-\lg\frac{[HA]}{[A^-]} \tag{3-6}$$

由于缓冲剂浓度较大以及同离子效应的存在，可以认为 $c(HA)\approx c_a$，$c(A^-)\approx c_b$，故

$$pH=pK_a^{\ominus}+\lg\frac{c_b}{c_a} \tag{3-7}$$

若用弱碱与其共轭酸组成缓冲溶液，则其 pOH 值可用下式计算：

$$pOH=pK_b^{\ominus}-\lg\frac{c_b}{c_a} \tag{3-8}$$

式(3-7) 和式(3-8) 是计算缓冲溶液 pH 值的公式。由公式可见缓冲溶液的 pH 值或 pOH 值首先取决于弱酸或弱碱的解离常数的大小，其次与共轭酸碱对浓度的比值有关。

例 3-2 计算 100.00mL 含有 0.040mol・L^{-1} HAc 和 0.060mol・L^{-1} NaAc 溶液的 pH 值，并计算分别向该溶液中加入 10.00mL 0.050mol・L^{-1} HCl、10.00mL 0.050mol・L^{-1} NaOH 及 10.00mL 水后溶液的 pH 值。

解：

$$pK_a^{\ominus}=4.76 \qquad pH=pK_a^{\ominus}+\lg\frac{c_b}{c_a}=4.76+\lg\frac{0.06}{0.04}=4.94$$

加入 10.00mL 0.050mol·L^{-1} HCl　$pH=pK_a^{\ominus}+\lg\frac{c_b}{c_a}=4.76+\lg\frac{0.06\times0.1-0.01\times0.05}{0.04\times0.1+0.01\times0.05}=4.85$

加入 10.00mL 0.050mol·L^{-1} NaOH　$pH=pK_a^{\ominus}+\lg\frac{c_b}{c_a}=4.76+\lg\frac{0.06\times0.1+0.01\times0.05}{0.04\times0.1-0.01\times0.05}=5.03$

加入 10.00mL H_2O　$pH=pK_a^{\ominus}+\lg\frac{c_b}{c_a}=4.76+\lg\frac{0.06\times0.1/0.11\times1.0}{0.04\times0.1/0.11\times1.0}=4.94$

(3) 缓冲溶液的配制

任何缓冲溶液的缓冲能力都是有一定限度的，缓冲溶液只有在加入的强酸或强碱的量不大，或将溶液稍加稀释时，才能保持溶液的 pH 值基本不变。实验证明，缓冲溶液的缓冲能力取决于缓冲组分的浓度的大小及缓冲组分浓度的比值。当缓冲组分即共轭酸碱对的浓度较大时，缓冲能力较大；当共轭酸碱对的总浓度一定时，二者的浓度比值为 1∶1 时缓冲能力最大。因此实际在配制缓冲溶液时，应使缓冲组分的浓度较大（但也不宜太大，否则易造成对化学反应或生物化学反应的不良影响），实际应用中常使缓冲溶液各组分的浓度处于 0.1～1.0mol·L^{-1}之间，另外还应使共轭酸碱对浓度比值尽量接近于 1∶1，一般控制在 1/10～10 之间，即利用确定的一对缓冲对配制缓冲溶液时，pH 值或 pOH 值应控制在 $pH=pK_a^{\ominus}\pm1$ 或 $pOH=pK_b^{\ominus}\pm1$ 范围内，超出此范围则缓冲溶液的缓冲能力很小，甚至丧失了缓冲作用，这一范围称为**缓冲范围**（buffer range）。

在实际配制一定 pH 值的缓冲溶液时，为使共轭酸碱对浓度比接近于1，则要选用 $K_a^{\ominus}$（或 $K_b^{\ominus}$）等于或接近于该 pH 值（或 pOH 值）的共轭酸碱对。例如要配制 pH=5 左右的缓冲溶液，可选用 $pK_a^{\ominus}=4.76$ 的 HAc-Ac^- 缓冲对；配制 pH=9 左右的缓冲溶液，则可选用 $pK_a^{\ominus}=9.25$ 的 NH_4^+-NH_3 缓冲对。表 3-3 列出最常用的几种标准缓冲溶液。下面通过具体例子来说明如何配制缓冲溶液。

表 3-3　pH 标准缓冲溶液

pH 标准溶液	pH 标准值(常温)
饱和酒石酸氢钾(0.034mol·L^{-1})	3.56
0.05mol·L^{-1}邻苯二甲酸氢钾	4.01
0.025mol·L^{-1} KH_2PO_4 0.025mol·L^{-1} Na_2HPO_4	6.86
0.01mol·L^{-1}硼砂	9.18

例 3-3　配制 1.0L pH=9.80，$c(NH_3)=0.10$mol·L^{-1}的缓冲溶液，需用 6.0mol·L^{-1} $NH_3\cdot H_2O$ 多少毫升和固体 $(NH_4)_2SO_4$ 多少克？已知 $(NH_4)_2SO_4$ 摩尔质量为 132g·mol^{-1}。

解：$pH=pK_a^{\ominus}+\lg\frac{c_b}{c_a}$，$9.80=14-4.76+\lg\frac{0.1}{c_a}$，$c_a=0.028$mol·L^{-1}

加入固体 $(NH_4)_2SO_4$　$0.028\times132\times1/2\times1.0=1.8$ (g)

$NH_3\cdot H_2O$ 用量：　$1.0\times0.1/6.0=0.017$ (L)

配制方法：称取 1.8g 固体 $(NH_4)_2SO_4$ 溶于少量水中，加入 0.017L 6.0mol·L^{-1} $NH_3\cdot H_2O$，然后加水稀释到 1L，摇匀即可。

习 题

1. 下列说法是否正确？并说明理由。

(1) 氨水稀释一倍，溶液中 [OH^-] 就减为原来的二分之一；

(2) 弱电解质的解离度随弱电解质浓度的降低而增大；

(3) 在一定温度下，改变溶液的 pH 值，水的离子积不变。

2. 浓度和活度有什么不同？在什么情况下可以用浓度代替活度？在什么情况下不能？

3. 用酸碱质子理论判断下列物质哪些是酸（写出其共轭碱）？哪些是碱（写出其共轭酸）？哪些是两性物质（写出其共轭酸和共轭碱）？

HS^-　NH_3　OH^-　Ac^-　$H_2PO_3^-$　H_2O　HCl　HSO_4^-　[$Al(H_2O)_3$]$^{3+}$　S^{2-}

4. 已知下列各弱酸的 $pK_a^{\ominus}$ 和弱碱的 $pK_b^{\ominus}$ 值，求它们的共轭碱和共轭酸的 $pK_b^{\ominus}$ 和 $pK_a^{\ominus}$。

(1) HCN　$pK_a^{\ominus}=9.31$　　(2) NH_4^+　$pK_a^{\ominus}=9.25$

(3) HCOOH　$pK_a^{\ominus}=3.75$　　(4) 苯胺　$pK_b^{\ominus}=9.34$

5. 求 0.10mol·L^{-1}盐酸和 0.10mol·L^{-1} $H_2C_2O_4$ 混合溶液中的 $C_2O_4^{2-}$ 和 $HC_2O_4^-$ 的浓度。

6. 计算 0.010mol·L^{-1} H_2SO_4 溶液中 [H^+]、[HSO_4^-]、[SO_4^{2-}]。已知 H_2SO_4 的 $K_{a_2}^{\ominus}$为 1.2×10^{-2}。

7. 将 0.2mol NaOH 和 0.2mol NH_4NO_3 配成 1.0L 溶液，求此混合溶液的 pH 值。

8. 欲配制 250mL pH 值为 5.00 的缓冲溶液，问在 125mL1.0mol·L^{-1} NaAc 溶液中应加入多少 6.0mol·L^{-1} HAc 和多少水？

9. 100mL 0.20mol·L^{-1} HCl 溶液和 100mL 0.50mol·L^{-1} NaAc 溶液混合后，计算：

(1) 溶液的 pH 值；(2) 在混合溶液中加入 10mL 0.50mol·L^{-1} NaOH 后溶液的 pH 值；(3) 在混合溶液中加入 10mL 0.50mol·L^{-1} HCl 后溶液的 pH 值。

10. 欲将 100mL 0.10mol·L^{-1} HCl 溶液的 pH 值从 1.00 增加至 4.44，需加入固体醋酸钠多少克？(不考试溶液的体积变化)

11. 已知 25℃时，$K_a^{\ominus}(HOCl)=3.5\times10^{-8}$，$K_a^{\ominus}(H_3BO_3)=5.8\times10^{-10}$，$K_a^{\ominus}(HAc)=1.8\times10^{-5}$，欲配制 pH=4.00 的缓冲溶液应该选哪种酸最好？需要多少克这种酸和多少克氢氧化钠配 1.0L 的缓冲溶液（其中这种酸和它的共轭碱的总浓度等于 1.0mol·L^{-1}）。

12. 在 1.0L 0.20mol·L^{-1} HAc 溶液中应加入多少克醋酸钠，才能维持氢离子的浓度为 6.5×10^{-5} mol·L^{-1}？

13. 分别以 HAc+NaAc 和苯甲酸+苯甲酸钠（HB+NaB）配制 pH=4.1 的缓冲溶液。试求 [NaAc]/[HAc] 和 [NaB]/[HB]。若两种缓冲溶液的酸的浓度都为 0.1mol·L^{-1}，哪种缓冲溶液更好？解释之。

14. HCl 的酸性比 HAc 强得多，在同浓度 HCl 和 HAc 溶液中，哪一个的 [H_3O^+] 较高？中和等体积同浓度的 HCl 和 HAc 溶液，所需相同浓度的 NaOH 溶液的体积如何？

15. A buffer solution was prepared by dissolving 0.050mol formic acid and 0.060mol sodium formate in enough water to make 1.0L of solution. $K_a^{\ominus}$ for formic acid is $1.80\times$

10^{-4}，(a) Calculate the pH of the solution. (b) If this solution were diluted to 10 times its volume，what would be the pH? (c) If the solution in (b) were diluted to 10 times its volume，what would be the pH?

16. How much NaOH must be added to 1.0L of 0.010mol・L^{-1} H_3BO_3 to make a buffer solution of pH 10.10?

17. The pH of blood is 7.4. Assuming that the buffer in blood is carbon dioxide，hydrogen carbonate ion，calculate the ratio of conjugate base to acid necessary to maintain blood at its proper pH. What would be the effect of rapid，force breathing (panting) on the pH of blood?

18. The concentration of H_2S in a saturated aqueous solution at room temperature is approximately 0.1mol・L^{-1}. Calculate $c(H^+)$，$c(HS^-)$，and $c(S^{2-})$ in the solution.

第4章

沉淀溶解平衡

(Precipitation-Dissolution Equilibrium)

学习要求

1. 熟悉难溶电解质的沉淀溶解平衡，掌握标准溶度积常数及其与溶解度的关系和有关计算。

2. 掌握溶度积规则，能用溶度积规则判断沉淀的生成和溶解。

3. 熟悉 pH 值对难溶金属氢氧化物和金属硫化物沉淀溶解平衡的影响及有关计算；熟悉沉淀的配位溶解平衡的简单计算。

4. 了解分步沉淀和两种沉淀间的转化及有关计算。

4.1 溶度积和溶度积原理

按照溶解度的大小，电解质可以分为易溶电解质和难溶电解质两大类。前面研究了易溶的弱酸、弱碱电离平衡和盐类的水解平衡两类涉及离子的平衡，本章研究的对象是难溶电解质的固体与其溶解的水合离子间的平衡和平衡移动。它在离子的分离、杂质的去除和重量分析等中有广泛的应用。

中学阶段，溶解度的定义为物质在 100g 水中溶解的质量。严格来说，物质的溶解度只有大小之分，没有在水中绝对不溶解的物质。习惯上把在 100g 水中溶解度小于 0.001g 的物质称为“不溶物”，确切地说应称为“难溶物”。这个界限不是绝对的，如 $PbCl_2$ 的溶解度为 0.675g，$CaSO_4$ 为 0.176g，Hg_2SO_4 为 0.055g，这些物质的溶解度超过上述标准，不属于难溶物质，但因它们相对分子质量比较大，它们的饱和溶液的物质的量浓度极小，这样的物质也是本章的研究对象。

4.1.1 溶度积常数

以 MA 型（M_mA_n，$m=n=1$）难溶性强电解质 $BaSO_4$ 为例，将固体 $BaSO_4$ 放到水中，它将与水分子发生作用。水是一种极性分子，一些水分子的正极与 $BaSO_4$ 固体表面上负离子 SO_4^{2-} 相互吸引，而另一些水分子的负极 $BaSO_4$ 固体表面上的正离子 Ba^{2+} 相互吸引。这种相互作用使得部分 Ba^{2+} 和 SO_4^{2-} 成为水合离子，脱离固体表面进入溶液，从而完成溶解过程。另外，随着溶液中 Ba^{2+} 和 SO_4^{2-} 不断增多，其中一些水合 Ba^{2+} 和 SO_4^{2-} 在运动中受固体表面的吸引，重新析出到固体表面上来，这一过程称为沉淀，如图 4-1 所示。

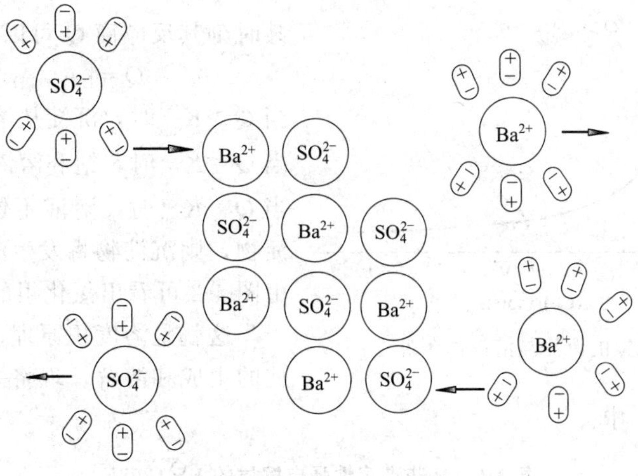

图 4-1 $BaSO_4$ 的溶解和沉淀过程

温度一定时，当溶解过程产生的 Ba^{2+} 和 SO_4^{2-} 的数目和沉淀过程消耗的 Ba^{2+} 和 SO_4^{2-} 的数目相同，即两个过程进行的速率相等时，便达到沉淀溶解平衡。平衡建立后，溶液中离子的浓度不再改变，但两个过程仍在各自独立、不断地进行，所以沉淀溶解平衡像所有化学平衡一样，属于动态平衡。在溶液中存在的沉淀溶解平衡可以用如下方程式表示：

$$BaSO_4(s) \rightleftharpoons Ba^{2+}(aq) + SO_4^{2-}(aq)$$

其平衡常数关系式为

$$K^{\ominus} = a(Ba^{2+})a(SO_4^{2-}) \tag{4-1}$$

因反应方程式的左侧是 $BaSO_4$ 固体，所以平衡常数表达式是离子活度乘积的形式。这种能够反映出物质溶解性质的乘积形式的平衡常数，称为活度积常数。本章讨论的难溶性强电解质的溶液，都是极稀的溶液，可以近似地认为活度系数 f 为 1，均用浓度代替活度，称为溶度积常数——$K_{sp}^{\ominus}$。故上述沉淀溶解平衡常数可以表示为

$$K_{sp}^{\ominus} = [Ba^{2+}][SO_4^{2-}] \tag{4-2}$$

式中，$K_{sp}^{\ominus}$表示温度一定时，难溶电解质的饱和溶液中，以系数为幂（推广到非 1∶1 型的难溶电解质）的离子浓度的乘积为一常数，其大小与浓度无关。只要体系实现沉淀溶解平衡，有关物质的浓度就必然满足类似于式(4-2) 所示关系。

例如，反应 $CuS \rightleftharpoons Cu^{2+} + S^{2-}$ 达到平衡时，必然有

$$K_{sp}^{\ominus}(CuS) = [Cu^{2+}][S^{2-}]$$

若反应 $PbCl_2 \rightleftharpoons Pb^{2+} + 2Cl^-$ 达到平衡时，则有

$$K_{sp}^{\ominus}(PbCl_2) = [Pb^{2+}][Cl^-]^2$$

$K_{sp}^{\ominus}$实际上是一个变相的平衡常数，可由实验测定。和其他平衡常数一样，$K_{sp}^{\ominus}$也随温度而改变。例如，298K 时，$K_{sp}^{\ominus}(BaSO_4) = 1.08 \times 10^{-10}$；323K 时，$K_{sp}^{\ominus}(BaSO_4) = 1.98 \times 10^{-10}$，即温度升高时，$K_{sp}^{\ominus}$略有增大。

4.1.2 溶度积原理

根据 $K_{sp}^{\ominus}$，可以利用第 2 章中讲到的通过比较反应商 Q 和 $K_{sp}^{\ominus}$大小的方法判断难溶性强

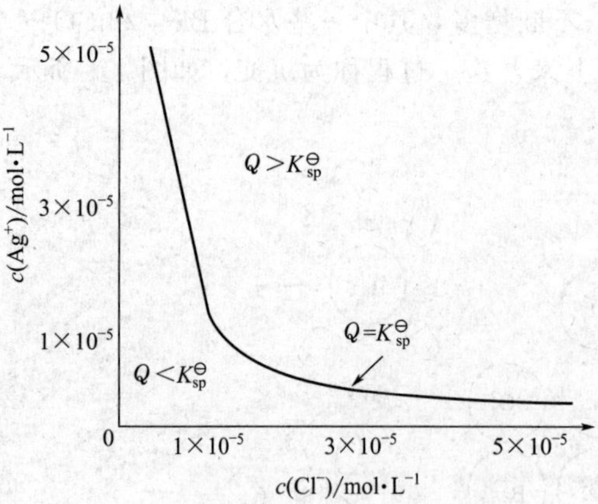

图 4-2 氯化银的沉淀与溶解的条件

电解质溶液中反应进行的方向。以 A_mB_n 表示难溶电解质，在溶液中有如下反应：

$$A_mB_n(s) \rightleftharpoons mA^{n+}(aq)+nB^{m-}(aq)$$

某时刻其反应商 Q 可以表示为

$$Q=[A^{n+}]^m[B^{m-}]^n \qquad (4\text{-}3)$$

当 $Q>K_{sp}^{\ominus}$ 时，沉淀从溶液中析出；

当 $Q=K_{sp}^{\ominus}$ 时，饱和溶液与沉淀物平衡；

当 $Q<K_{sp}^{\ominus}$ 时，溶液不饱和，若体系中有沉淀物，则沉淀物将发生溶解。

由图 4-2 可看出氯化银的沉淀与溶解情况。

这就是溶度积原理，经常用它来判断沉淀的生成和溶解。现将一些难溶性强电解质的 $K_{sp}^{\ominus}$ 值列于表 4-1 中。

表 4-1 某些难溶性强电解质的 $K_{sp}^{\ominus}$(298K)

化合物	$K_{sp}^{\ominus}$	化合物	$K_{sp}^{\ominus}$
AgCl	1.8×10^{-10}	$Fe(OH)_3$	4×10^{-38}
AgBr	5.0×10^{-13}	Hg_2Cl_2	1.3×10^{-18}
AgI	9.3×10^{-17}	Hg_2Br_2	5.8×10^{-25}
$Ag_2C_2O_4$	5.4×10^{-12}	HgI_2	4.5×10^{-29}
Ag_2S	1.6×10^{-50}	HgS	4×10^{-53}
$BaCO_3$	5.1×10^{-9}	$Mg(OH)_2$	1.8×10^{-11}
$BaSO_4$	1.1×10^{-10}	MnS	1.4×10^{-15}
$BaCrO_4$	1.6×10^{-10}	$PbCO_3$	3.3×10^{-14}
$CaCO_3$	8.7×10^{-9}	$PbCrO_4$	1.77×10^{-14}
CaC_2O_4	2.57×10^{-9}	$PbSO_4$	1.6×10^{-8}
CaF_2	3.4×10^{-11}	PbS	3.4×10^{-28}
CuS	8.5×10^{-45}	PbI_2	1.39×10^{-8}
CuBr	4.15×10^{-8}	ZnS	1.2×10^{-23}
CuI	5.06×10^{-12}	$Zn(OH)_2$	1.8×10^{-14}
$Fe(OH)_2$	8.0×10^{-16}		

4.1.3 同离子效应和盐效应

和弱酸、弱碱中加入具有共同离子的强电解质时其电离度 α 降低相似，在难溶电解质的饱和溶液中加入具有共同离子的强电解质时，其溶解度降低的现象称为“同离子效应”。现以例 4-1 说明。

例 4-1 比较 AgCl 在纯水中和在 $1.0mol\cdot L^{-1}$ 盐酸溶液中的溶解度（AgCl 的 $K_{sp}^{\ominus}$ 为 1.8×10^{-10}）。

解：在水溶液中

$$AgCl \rightleftharpoons Ag^+ + Cl^-$$

起始浓度 0 0

平衡浓度 x x

$$K_{sp}^{\ominus}=[Ag^+][Cl^-]=x^2=1.8\times10^{-10}$$

$$x=1.3\times10^{-5}$$

在 1.0mol·L^{-1} 盐酸溶液中

$$AgCl \rightleftharpoons Ag^+ + Cl^-$$

起始浓度	0	1.0
平衡浓度	y	$1.0+y$

到达饱和时 Ag^+ 的浓度与溶解在盐酸溶液中 AgCl 的浓度是一样的，即 $[Ag^+]$ 是 AgCl 的溶解度。

$$K_{sp}^{\ominus}=[Ag^+][Cl^-]=y(y+1.0)$$

因 $y \ll 1.0mol \cdot L^{-1}$，故 $[Cl^-]=y+1.0\approx1.0mol \cdot L^{-1}$。

$$y=[Ag^+]=K_{sp}^{\ominus}/1.0=1.8\times10^{-10}$$

由于 $1.3\times10^{-5}/1.8\times10^{-10}=7.2\times10^4$，即 AgCl 在 1.0mol·$L^{-1}$盐酸中的溶解度是其水中的溶解度的 $1/(7.2\times10^4)$，在难溶性强电解质的溶液中，加入与其具有相同离子的易溶强电解质可使难溶性强电解质的溶解度显著降低，这就是同离子的作用。

由例 4-1 知，在重量分析中使某种离子生成沉淀以准备称量时，可加过量的沉淀剂，利用同离子效应以保证沉淀完全。所谓沉淀完全的标志是使被沉淀的离子所剩无几，即残余离子的浓度≤10^{-5} mol·L^{-1}。但沉淀剂也不宜过量太多，否则会由于生成配合物离子，如 $[AgCl_2]^-$，或出现盐效应，反而使沉淀的溶解度增大，沉淀不能完全。

与同离子效应相反，在 $BaSO_4$、AgCl、$CaCO_3$ 等难溶电解质的饱和溶液中，加入不含同离子的易溶电解质（如 KNO_3）时，使沉淀的溶解度增大的现象，称为盐效应（有时也称为异离子效应）。这也是由于溶液中的电场强度增大，离子间的引力增强，Ba^{2+} 和 SO_4^{2-} 被更多的异号离子所包围，使势能降低而促进了溶解过程。

有同离子效应时，盐效应引起的溶解度变化很小，一般可以忽略。

4.1.4 溶度积与溶解度的关系

本章中，用难溶性强电解质在水中溶解部分所生成的离子的浓度表示该物质的溶解度，溶解度用 s 表示，其意义是实现沉淀溶解平衡时，某物质的物质的量浓度。它的单位是 mol·L^{-1}。s 和 $K_{sp}^{\ominus}$ 从不同侧面描述了物质的同一性质——溶解性，尽管二者之间有根本的区别，但其间会有必然的数量关系。

以通式 A_mB_n 表示难溶电解质在溶液中的反应：

$$A_mB_n(s) \rightleftharpoons mA^{n+}(aq)+nB^{m-}(aq)$$

根据质量作用定律，$K_{sp}^{\ominus}$式中的离子浓度要以化学计量系数为方次。例如，$K_{sp}^{\ominus}[Mg(OH)_2]=[Mg^{2+}][OH^-]^2$，此时 $m=1$，$n=2$；$K_{sp}^{\ominus}[Ca_3(PO_4)_2]=[Ca^{2+}]^3[PO_4^{3-}]^2$，此时 $m=3$，$n=2$。

设 A_mB_n 的溶解度为 s（mol·L^{-1}），则

$$[A^{n+}]=ms，[B^{m-}]=ns$$

$$K_{sp}^{\ominus}=(A^{n+})^m(B^{m-})^n=(ms)^m(ns)^n=m^m\times n^n\times s^{m+n}$$

$$s=\sqrt[m+n]{\frac{K_{sp}^{\ominus}}{m^mn^n}} \tag{4-4}$$

式(4-4) 即为溶解度 s（mol·L^{-1}）与 $K_{sp}^{\ominus}$间的换算公式。显然，如果为 1∶1 型难溶电解质，则因 $m+n=2$，故

$$s=\sqrt{K_{sp}^{\ominus}}$$

根据式(4-4)，应该指出下列事实。

① 从溶解度 s 求算离子浓度时，方括号中既要乘计量系数，括号外还要以系数为幂的原因是：前者是用 s 间接表示离子浓度，后者是按质量作用定律的要求。

② 式(4-4) 仅是从沉淀溶解平衡所得的换算式，忽略了水解、分级电离及 A^{n+} 和 B^{m-}，与溶液中其他组分间的作用，这些附加影响会使沉淀溶解平衡向溶解方向移动，从而使溶解度 s 增大。例如，难溶硫化物、碳酸盐等会因为阴离子水解（如 S^{2-} 水解生成 HS^- 及 H_2S）而使溶解度 s 比单从溶解平衡计算者大为增加，当然如果 $[H_3O^+]$ 增大，因其与阴离子的结合力比 H_2O 更大，其影响比水解还要大些。又如，AgCl 会因沉淀剂 Cl^- 过量太多，以致形成 $[AgCl_2]$ 而使 s 增大，此外，多价金属阳离子的水解也会使含有这些金属沉淀的 s 增大。

③ 相同类型（如同为 AB 或 AB_3 型及其他类型）的难溶电解质的 $K_{sp}^{\ominus}$ 越大，则 s 越大。如果类型不同，则不能用 $K_{sp}^{\ominus}$ 的大小比较 s 的大小。这是由于类型不同时，$K_{sp}^{\ominus}$ 表达式中阳离子或阴离子浓度的方次不同。这可用例 4-2 验证。

例 4-2 已知室温条件下，$BaSO_4$ 和 Ag_2CrO_4 的溶度积分别是 1.1×10^{-10} 和 5.4×10^{-12}，求它们的溶解度。

解：

$$BaSO_4 \rightleftharpoons Ba^{2+} + SO_4^{2-}$$

按溶解度的定义，$BaSO_4$ 的溶解度 $s=[Ba^{2+}]=[SO_4^{2-}]$，则

$$K_{sp}^{\ominus}(BaSO_4)=[Ba^{2+}]\times[SO_4^{2-}]=s^2$$

所以 $BaSO_4$ 的溶解度为

$$s=\sqrt{K_{sp}(BaSO_4)}=\sqrt{1.1\times10^{-10}}=1.0\times10^{-5}\ (mol\cdot L^{-1})$$

$$Ag_2CrO_4 \rightleftharpoons 2Ag^+ + CrO_4^{2-}$$

按溶解度的定义：

$$[Ag^+]=2s,\ [CrO_4^{2-}]=s$$

则

$$K_{sp}^{\ominus}(Ag_2CrO_4)=[Ag^+]^2\times[CrO_4^{2-}]=(2s)^2\times s=4s^3$$

所以 Ag_2CrO_4 的溶解度为

$$s=\sqrt[3]{\frac{K_{sp}^{\ominus}(Ag_2CrO_4)}{4}}=\sqrt[3]{\frac{5.4\times10^{-12}}{4}}=1.1\times10^{-4}\ (mol\cdot L^{-1})$$

计算表明，$BaSO_4$ 的溶度积 $K_{sp}^{\ominus}$ 虽然比 Ag_2CrO_4 的 $K_{sp}^{\ominus}$ 大，但 $BaSO_4$ 的溶解度却比 Ag_2CrO_4 的溶解度要小。这是因为 $BaSO_4$ 属 MA 型物质，Ag_2CrO_4 属 M_2A 型物质。对于不同类型的难溶电解质，不能根据溶度积的大小来判断其溶解度的大小，必须通过计算才能得出结论。

4.2 沉淀溶解平衡的移动

4.2.1 沉淀的生成

根据溶度积原理，当 $Q>K_{sp}^{\ominus}$，将有沉淀生成。但是配制溶液和进行化学反应的过程中，有时 $Q>K_{sp}^{\ominus}$，却没有观察到沉淀物生成。其原因有以下三个方面：

① 盐效应的影响　例如，$AgCl \rightleftharpoons Ag^+ + Cl^-$，当 $[Ag^+][Cl^-]$ 略大于 $K_{sp}^{\ominus}$，即 Q 略大于 $K_{sp}^{\ominus}$时，其活度积 $a(Ag^+)a(Cl^-)$ 可以还小于 $K_{sp}^{\ominus}$，故不能生成沉淀，当然观察不到。这是由离子氛的存在造成的，可以认为盐效应使溶解度增大。

② 过饱和现象　例如，使 $[Ag^+][Cl^-]$ 再增大，使得 $a(Ag^+)a(Cl^-)$ 略大于 $K_{sp}^{\ominus}$。此时，若体系内无结晶中心，即无晶核的存在，沉淀也不能生成，而将形成过饱和溶液，故观察不到沉淀物。若向过饱和溶液中加入晶体（非常微小的晶体，甚至于灰尘微粒），或用玻璃棒摩擦容器壁，立刻析晶。

③ 沉淀的量　前两种情况中，并没有生成沉淀。实际上即使有沉淀生成，若其量过小，也可能观察不到。当沉淀的量达到 $10^{-5}g \cdot mL^{-1}$时，正常视力的人可以看出溶液浑浊。

例 4-3　为使 $0.001mol \cdot L^{-1}$ 的 CrO_4^{2-} 开始生成 Ag_2CrO_4 沉淀：

(1) 需使溶液中 $[Ag^+]$ 为多大？

(2) $[Ag^+]$ 为多少时，可以使溶液中的 CrO_4^{2-} 沉淀完全？

已知：Ag_2CrO_4 的 $K_{sp}^{\ominus} = 2.0 \times 10^{-12}$。

解：(1) 在水溶液中

$$Ag_2CrO_4 \rightleftharpoons 2Ag^+ + CrO_4^{2-}$$

故

$$K_{sp}^{\ominus} = [Ag^+]^2 \times [CrO_4^{2-}] = [Ag^+]^2 \times 1.0 \times 10^{-3} = 2.0 \times 10^{-12}$$

$$[Ag^+] = \sqrt{\frac{2.0 \times 10^{-12}}{1.0 \times 10^{-3}}} = 4.5 \times 10^{-5} \ (mol \cdot L^{-1})$$

(2) 一般情况下，离子与沉淀剂生成沉淀物后在溶液中的残留浓度低于 $1.0 \times 10^{-5} mol \cdot L^{-1}$ 时，认为该离子已被沉淀完全。

依题意，$[CrO_4^{2-}] = 1.0 \times 10^{-5} mol \cdot L^{-1}$时的 $[Ag^+]$ 为所求。

$$AgCrO_4 \rightleftharpoons 2Ag^+ + CrO_4^{2-}$$

$$K_{sp}^{\ominus} = [Ag^+]^2[CrO_4^{2-}]$$

故

$$[Ag^+] = \sqrt{\frac{2.0 \times 10^{-12}}{1.0 \times 10^{-5}}} = 4.5 \times 10^{-4} \ (mol \cdot L^{-1})$$

即当 $[Ag^+] = 4.5 \times 10^{-4} mol \cdot L^{-1}$时，$CrO_4^{2-}$ 已被沉淀完全。

4.2.2 沉淀的溶解

沉淀物与溶液共存，根据溶度积原理，当 $Q < K_{sp}^{\ominus}$时，将有沉淀溶解。使 Q 减小的具体方法很多，但不外乎三种情况：生成配合物、氧化还原和生成弱电解质。

有些难溶盐可以用生成配合物的方法使其溶解。例如

$$AgCl(s) + 2NH_3 \cdot H_2O \longrightarrow [Ag(NH_3)_2]^+ + Cl^- + 2H_2O$$

$$HgI_2(s) + 2I^- \longrightarrow [HgI_4]^{2-}$$

有些难溶盐可以用强氧化剂或强还原剂，使其中的某一种离子被氧化或还原，以达到溶解的目的。例如

$$3CuS(s) + 8H^+ + 2NO_3^- \longrightarrow 3Cu^{2+} + 2NO + 3S + 4H_2O$$

$$MnO(OH)_2(s) + NO_2^- + 2H^+ \longrightarrow Mn^{2+} + NO_3^- + 2H_2O$$

氧化还原和生成配合物的方法将在后面的有关章节中讲解，本章着重讨论酸碱电解平衡

对沉淀溶解平衡的影响。

对于难溶的酸，如 H_2WO_4、H_2MoO_4、H_2SiO_3 等，常加入强碱（OH^-）以生成弱电解质 H_2O：

$$H_2WO_4(s)+2OH^- \longrightarrow WO_4^{2-}+2H_2O$$

对于难溶的金属氢氧化物，如 $Mg(OH)_2$、$Fe(OH)_3$ 等，常加强酸（H^+）以生成 H_2O：

$$Mg(OH)_2(s)+2H^+ \longrightarrow Mg^{2+}+2H_2O$$

当然，对 $Mg(OH)_2$、$Fe(OH)_3$ 等 $K_{sp}^{\ominus}$ 较大、碱性较强的物质，甚至加入铵盐也能生成弱电解质 $NH_3 \cdot H_2O$ 而溶解：

$$Mg(OH)_2(s)+2NH_4^+ \longrightarrow Mg^{2+}+2NH_3 \cdot H_2O$$

对于两性氢氧化物，如 $Zn(OH)_2$、$Al(OH)_3$、$Cr(OH)_3$ 等，加酸或加碱均能使其溶解：

$$Al(OH)_3(s)+3H^+ \longrightarrow Al^{3+}+3H_2O$$

$$Al(OH)_3(s)+OH^- \longrightarrow [Al(OH)_4]^-$$

对于难溶的弱酸盐，如 $CaCO_3$、FeS、ZnS、$Ca_3(PO_4)_2$ 等，加入酸时能使其生成酸式盐或弱酸等弱电解质而溶解：

$$CaCO_3(s) \rightleftharpoons Ca^{2+}+CO_3^{2-}$$

$$+$$

$$H^+$$

$$K_{a_2} \Updownarrow$$

$$HCO_3^- + H^+ \overset{K_{a_1}}{\rightleftharpoons} H_2CO_3$$

$$FeS(s) \rightleftharpoons Fe^{2+}+S^{2-}$$

$$+$$

$$H^+$$

$$K_{a_2} \Updownarrow$$

$$HS^- + H^+ \overset{K_{a_1}}{\rightleftharpoons} H_2S$$

例 4-4 0.01mol ZnS 溶于 1L 盐酸中，求所需盐酸溶液的最低浓度。已知：$K_{sp}^{\ominus}(ZnS)=2.5\times10^{-22}$，$H_2S$ 的 $K_{a_1}=1.1\times10^{-7}$、$K_{a_2}=1.3\times10^{-13}$。

解：方法一 当 0.01mol ZnS 全部溶于 1L 盐酸时，生成的 $[Zn^{2+}]=0.01mol \cdot L^{-1}$，与 Zn^{2+} 相平衡的 $[S^{2-}]$ 可由沉淀溶解平衡求出。

$$ZnS \rightleftharpoons Zn^{2+}+S^{2-}$$

$$K_{sp}^{\ominus}=[Zn^{2+}][S^{2-}]$$

$$[S^{2-}]=\frac{K_{sp}^{\ominus}}{[Zn^{2+}]}=\frac{2.5\times10^{-22}}{0.01}=2.5\times10^{-20}$$

当 0.01mol ZnS 全部溶解时，放出的 S^{2-} 将与盐酸中的 H^+ 结合生成 H_2S，且 $[H_2S]=0.01mol \cdot L^{-1}$。

根据 H_2S 的电离平衡，由 $[S^{2-}]$ 和 $[H_2S]$ 可以求出与之平衡的 $[H^+]$。

$$H_2S \rightleftharpoons 2H^+ + S^{2-}$$

$$K^{\ominus}=K_{a_1}^{\ominus}\times K_{a_2}^{\ominus}=\frac{[H^+]^2[S^{2-}]}{[H_2S]}$$

故 $$[H^+]=\sqrt{\frac{K_{a_1}^{\ominus}K_{a_2}^{\ominus}[H_2S]}{[S^{2-}]}}=\sqrt{\frac{1.1\times10^{-7}\times1.3\times10^{-13}\times0.01}{2.5\times10^{-20}}}$$

$$[H^+]=0.076\text{mol}\cdot L^{-1}$$

这个浓度是平衡时溶液中的 $[H^+]$，原来盐酸中的 $[H^+]$ 与 0.01mol 的 S^{2-} 结合生成 H_2S 时消耗掉 0.02mol，故所需的盐酸的起始浓度为

$$0.076\text{mol}\cdot L^{-1}+0.02\text{mol}\cdot L^{-1}=0.096\text{mol}\cdot L^{-1}$$

方法二　根据总的反应方程式

$$ZnS+2H^+ \rightleftharpoons H_2S+Zn^{2+}$$

起始相对浓度	c_0	0	0
平衡相对浓度	$c_0-0.02$	0.01	0.01

先求出上述反应的平衡常数：

$$K^{\ominus}=\frac{[H_2S][Zn^{2+}]}{[H^+]^2}=\frac{[H_2S][Zn^{2+}]}{[H^+]^2}\frac{[S^{2-}]}{[S^{2-}]}$$

$$=\frac{[Zn^{2+}][S^{2-}]}{\dfrac{[H^+]^2[S^{2-}]}{[H_2S]}}=\frac{K_{sp}^{\ominus}}{K_{a_1}^{\ominus}K_{a_2}^{\ominus}}=\frac{2.5\times10^{-22}}{1.1\times10^{-7}\times1.3\times10^{-13}}=1.75\times10^{-2}$$

然后根据平衡常数表达式求盐酸的起始浓度：

$$K^{\ominus}=\frac{[H_2S][Zn^{2+}]}{[H^+]^2}=\frac{0.01\times0.01}{(c_0-0.02)^2}=1.75\times10^{-2}$$

$$c_0-0.02=\sqrt{\frac{0.01\times0.01}{1.75\times10^{-2}}}=0.076$$

解得

$$c_0=0.096\ (\text{mol}\cdot L^{-1})$$

在解题过程中，我们认为 ZnS 溶解产生的 S^{2-} 全部转变成 H_2S，这种做法是否合适？HS^- 和 S^{2-} 这两种离子在溶液中占多大比例？这些问题必须清楚说明。实际上，当体系中 $[H^+]$ 为 $0.096\text{mol}\cdot L^{-1}$，可以计算出在这样的酸度下，$HS^-$ 和 S^{2-} 的存在量只是 H_2S 的 $1/10^7$ 和 $1/10^{20}$。所以这种解法是完全合理的。

当 $K_{sp}^{\ominus}(ZnS)=2.5\times10^{-22}$ 时，用 $0.096\text{mol}\cdot L^{-1}$ 盐酸可使 S^{2-} 几乎全部转变成 H_2S，从而使 $Q<K_{sp}^{\ominus}(ZnS)$，达到 ZnS 溶解的目的。当 $K_{sp}^{\ominus}(CuS)=6.3\times10^{-36}$ 时，需多大浓度的盐酸才能溶解 CuS？使用上述方法计算结果是，盐酸的浓度约为 $5\times10^5\text{mol}\cdot L^{-1}$。这个结果只能说明盐酸不能溶解 CuS，因为这种浓度的盐酸实际上是达不到的。已经知道 CuS 可以溶于 HNO_3 中，这是因为 HNO_3 可以将 S^{2-} 氧化成单质 S，从而使平衡向溶解的方向移动。这些问题在本节不深入探讨。

4.2.3　分步沉淀

前面讨论的沉淀反应是只有一种沉淀的情况。实际上溶液中常会有多种离子。当一种试剂和溶液中的数种离子都会发生沉淀时，哪一种先沉淀，何时一起沉淀？这些与两种沉淀间的平衡有关，众所周知，AgCl 和 AgI 都是难溶电解质，如果在 Cl^-、I^- 浓度各为 $0.010\text{mol}\cdot L^{-1}$ 的溶液中逐滴加入 $AgNO_3$ 溶液，Cl^- 与 I^- 何者先沉淀？设 AgCl 和 AgI 开始沉淀所需的 Ag^+ 浓度分别为 $[Ag^+]_{Cl^-}$ 和 $[Ag^+]_{I^-}$，则由如下关系：

$$[Ag^+]_{Cl^-}=\frac{K_{sp}^{\ominus}(AgCl)}{[Cl^-]}=\frac{1.8\times10^{-10}}{0.010}=1.8\times10^{-8}\ (mol\cdot L^{-1})$$

$$[Ag^-]_{I^-}=\frac{K_{sp}^{\ominus}(AgI)}{[I^-]}=\frac{9.3\times10^{-17}}{0.010}=9.3\times10^{-15}\ (mol\cdot L^{-1})$$

显然，AgI 沉淀所需的 $[Ag^+]_{I^-}$更小些，AgI 先生成，在连续滴加 $AgNO_3$ 溶液的过程中，由于 AgI 的不断析出，I^- 的浓度逐渐降低，溶液中 Ag^+ 的浓度不断增加，当 Ag^+ 的浓度增加到 AgCl 开始沉淀所需的浓度时，则 AgI 与 AgCl 沉淀同时生成，此时溶液中存在着两个固相，Ag^+ 的浓度必须同时满足以下两个关系式：

$$[Ag^+][Cl^-]=K_{sp}^{\ominus}(AgCl)$$

$$[Ag^+][I^-]=K_{sp}^{\ominus}(AgI)$$

所以

$$[Ag^+]_{Cl^-}=\frac{K_{sp}^{\ominus}(AgCl)}{[Cl^-]}=\frac{K_{sp}^{\ominus}(AgI)}{[I^-]}$$

即

$$\frac{[Cl^-]}{[I^-]}=\frac{K_{sp}^{\ominus}(AgCl)}{K_{sp}^{\ominus}(AgI)}=\frac{1.8\times10^{-8}}{9.3\times10^{-15}}=1.9\times10^{6}$$

因此当 $[Cl^-]/[I^-]=1.9\times10^6$ 时，溶液中加入 Ag^+，此时两种离子会同时发生沉淀。

实际上，当 AgCl 沉淀开始生成时，$[Cl^-]=0.01mol\cdot L^{-1}$，则

$$[I^-]=0.01\div(1.9\times10^6)=5.3\times10^{-9}\ (mol\cdot L^{-1})$$

也就是说，当 Cl^- 开始沉淀时，I^- 已经沉淀完全（$5.3\times10^{-9}\ll10^{-5}mol\cdot L^{-1}$）。两种离子在这种情况下不会同时发生沉淀，$I^-$ 先沉淀，沉淀完全后，Cl^- 才开始沉淀。这种先后生成沉淀的现象称为分步沉淀或分级沉淀。

还应指出，沉淀的先后也与离子浓度有关。如果 $[Cl^-]>1.9\times10^6mol\cdot L^{-1}$（实际生产达不到），若加入 Ag^+ 则 AgCl 先到达 $K_{sp}^{\ominus}$而先行沉淀。

例 4-5 如果溶液中 Fe^{3+} 和 Mg^{2+} 的浓度都为 $0.10mol\cdot L^{-1}$，使 Fe^{3+} 定量沉淀而使 Mg^{2+} 不沉淀的条件是什么？已知：$K_{sp}^{\ominus}[Fe(OH)_3]=4.0\times10^{-38}$，$K_{sp}^{\ominus}[Mg(OH)_2]=1.8\times10^{-11}$。

解： 根据溶度积原理计算 Fe^{3+} 沉淀完全时的 $[OH^-]$，则必须 $[Fe^{3+}]\leqslant1.0\times10^{-5}mol\cdot L^{-1}$。

$$Fe(OH)_3 \rightleftharpoons Fe^{3+}+3OH^-$$

$$K_{sp}[Fe(OH)_3]=[Fe^{3+}][OH^-]^3$$

$$[OH^-]=\sqrt[3]{\frac{K_{sp}^{\ominus}[Fe(OH)_3]}{[Fe^{3+}]}}=\sqrt[3]{\frac{4.0\times10^{-38}}{1.0\times10^{-5}}}$$

$$[OH^-]=1.6\times10^{-11}\ (mol\cdot L^{-1})$$

所以

$$pOH=10.8 \qquad pH=3.2$$

计算 Mg^{2+} 开始沉淀时的 $[OH^-]$，则必须使其反应商小于或等于 $K_{sp}^{\ominus}[Mg(OH)_2]$。

根据

$$Mg(OH)_2 \rightleftharpoons Mg^{2+}+2OH^-$$

$$K_{sp}^{\ominus}[Mg(OH)_2]=[Mg^{2+}][OH^-]^2$$

$$[OH^-]=\sqrt{\frac{K_{sp}^{\ominus}[Mg(OH)_2]}{[Mg^{2+}]}}=\sqrt{\frac{1.8\times10^{-11}}{0.10}}$$

$$[OH^-]=1.3\times10^{-5}\ (mol\cdot L^{-1})$$

所以

$$pOH=4.9 \qquad pH=9.1$$

当 pH=9.1 时，Fe^{3+} 早已沉淀完全，因此只要控制 pH=3.2～9.1，即可将 Fe^{3+} 和 Mg^{2+} 分离开来。

例 4-6 某溶液中含有 Pb^{2+} 和 Mn^{2+}，二者的浓度都为 0.10mol·L⁻¹，若通入 H_2S 气体达到饱和，使 Pb^{2+} 生成 PbS 沉淀完全，而 Mn^{2+} 仍留在溶液中，溶液的 $[H^+]$ 应控制在什么范围？已知：$K_{sp}^{\ominus}(PbS)=1.0\times10^{-28}$，$K_{sp}^{\ominus}(MnS)=2.0\times10^{-13}$。

解：根据溶度积原理，当 Pb^{2+} 沉淀完全，即 $[Pb^{2+}]\leqslant1.0\times10^{-5}\,mol\cdot L^{-1}$，则溶液中 $[S^{2-}]$ 应满足下式：

$$[Pb^{2+}][S^{2-}]\geqslant K_{sp}^{\ominus}(PbS)$$

故 $$[S^{2-}]=\frac{K_{sp}^{\ominus}(PbS)}{[Pb^{2+}]}=\frac{1.0\times10^{-28}}{10^{-5}}=1.0\times10^{-23}(mol\cdot L^{-1})$$

要控制 MnS 沉淀不能够生成，应满足

$$[Mn^{2+}][S^{2-}]\leqslant K_{sp}^{\ominus}(MnS)$$

故 $$[S^{2-}]\leqslant\frac{K_{sp}^{\ominus}(MnS)}{[Mn^{2+}]}=\frac{2.0\times10^{-13}}{0.1}=2.0\times10^{-12}(mol\cdot L^{-1})$$

虽然 PbS 和 MnS 的 $K_{sp}^{\ominus}$ 都很小，但二者差别却很显著，控制 $[S^{2-}]$ 在 1.0×10^{-23}～$2.0\times10^{-12}\,mol\cdot L^{-1}$，可使 PbS 沉淀完全，而 Mn^{2+} 仍留在溶液中。

通过以上分析，可以总结出下面三点。

① 对于同一类型的难溶电解质，在离子浓度相同或相近的情况下，溶解度较小的难溶电解质首先达到溶度积而析出沉淀。

② 同一类型的难溶电解质的溶度积差别越大，利用分步沉淀的方法分离难溶电解质越好。

③ 分步沉淀的次序不仅与溶度积有关，还与溶液中对应离子的浓度有关。

4.2.4 沉淀的转化

ZnS 解离生成的 S^{2-} 与盐酸中的 H^+ 可以结合成弱电解质 H_2S，可以使沉淀溶解平衡右移，引起 ZnS 在酸中的溶解。这个过程涉及两个平衡——一个沉淀溶解平衡和一个解离平衡。若难溶性强电解质解离生成的离子，与溶液中存在的另一种沉淀剂结合而生成一种新的沉淀，称为沉淀的转化。这个过程也涉及两个平衡——两个沉淀溶解平衡。

白色 AgCl 沉淀与其饱和溶液共存，向其中加入 KI 溶液并搅拌，观察到的现象是白色的 AgCl 沉淀转化成黄色的 AgI 沉淀。这就是由一种沉淀转化为另一种沉淀的沉淀的转化过程。

AgCl 的 $K_{sp}^{\ominus}=1.8\times10^{-10}$，AgI 的 $K_{sp}^{\ominus}=9.3\times10^{-17}$，AgI 的溶度积更小，说明它比 AgCl 难溶。

在 AgI 的饱和溶液中，Ag^+ 和 Cl^- 以很低的浓度共存。由于 AgI 的溶度积更小，加入的沉淀剂 I^- 与溶液中很低浓度的 Ag^+ 已经不能共存，两种离子结合成 AgI 沉淀析出。于是

溶液中 [Ag^+] 降低，这时对 AgCl 来说溶液变成不饱和，AgCl 就发生溶解。但溶液对 AgI 来说却是饱和的，在 AgCl 不断溶解的同时，AgI 沉淀不断析出。只要加入的 KI 有足够的量，白色沉淀就不断转化成黄色沉淀，直到白色 AgCl 完全溶解。此过程可表示为

$$AgCl \rightleftharpoons Ag^+ + Cl^-$$
$$\longrightarrow$$
$$+$$
$$I^- \quad \text{平衡移动方向}$$
$$\Updownarrow \quad \downarrow$$
$$AgI$$

现在讨论它们转化的条件，倘若上述两种沉淀溶解平衡同时存在，则有

$$K_{sp}^{\ominus}[AgCl]=[Ag^+][Cl^-]=1.8\times10^{-10}$$
$$K_{sp}^{\ominus}[AgI]=[Ag^+][I^-]=9.3\times10^{-17}$$

两式相除得

$$\frac{[Cl^-]}{[I^-]}=1.94\times10^6$$

这相当于反应 $AgCl(s)+I^- \rightleftharpoons AgI(s)+Cl^-$ 的反应常数

$$K=\frac{[Cl^-]}{[I^-]}=1.94\times10^6$$

沉淀转化的平衡常数比较大，这说明加入新的沉淀剂 I^- 时，只要保持 $[I^-]>\frac{1}{1.94\times10^6}[Cl^-]$，则 AgCl 就会转变为 AgI。对于 [$I^-$] 的这种要求是非常容易达到的。

以上情况是由一种难溶物质转化为另一种更难溶物质，这个过程比较容易进行。反过来，由溶度积极小的 AgI 转化为溶度积较大的 AgCl 则比较困难。从上面的讨论可以看出，只有保持 [Cl^-] 大于 [I^-] 的 1.94×10^6 倍时，才能使 AgI 转化为 AgCl。这样的转化条件在实际操作中几乎是不可能的。

如果两种沉淀的溶度积常数比较接近，相差倍数不大，有一种溶解度较小的沉淀转化为溶解度较大的沉淀物是有可能实现的，也有一定的实际意义。

例如，将 $BaCrO_4$ 转化为 $BaCO_3$，其反应为

$$BaCrO_4(s)+CO_3^{2-} \rightleftharpoons BaCO_3(s)+CrO_4^{2-}$$

$$K^{\ominus}=\frac{[CrO_4^{2-}]}{[CO_3^{2-}]}=\frac{[Ba^{2+}][CrO_4^{2-}]}{[Ba^{2+}][CO_3^{2-}]}=\frac{K_{sp}^{\ominus}(BaCrO_4)}{K_{sp}^{\ominus}(BaCO_3)}=\frac{1.6\times10^{-10}}{8.1\times10^{-9}}=2.0\times10^{-2}$$

因 $K^{\ominus}$ 很小，显然此种转化不易进行。但若在 $BaCrO_4$ 沉淀上加入 Na_2CO_3 的饱和溶液，不断除去反应后的 Na_2CO_3 溶液（除去置换出的 CrO_4^{2-}）、更换新的 Na_2CO_3 溶液，并随时搅拌与 $BaCrO_4$ 固体充分接触，也能将 $BaCrO_4$ 大部分转化成 $BaCO_3$。

例 4-7 体积为 0.20L、浓度为 $1.0mol\cdot L^{-1}$ 的 Na_2CO_3 溶液可以溶解多少克 $BaCrO_4$？已知：$K_{sp}^{\ominus}(BaCrO_4)=1.6\times10^{-10}$，$K_{sp}^{\ominus}(BaCO_3)=8.1\times10^{-9}$。

解
$$BaCrO_4(s)+CO_3^{2-} \rightleftharpoons BaCO_3(s)+CrO_4^{2-}$$

起始浓度	1.0	0
平衡浓度	$1.0-x$	x

CrO_4^{2-} 的平衡浓度 x 是已经转化的 $BaCrO_4$ 的浓度。

$$K=\frac{[CrO_4^{2-}]}{[CO_3^{2-}]}=\frac{[Ba^{2+}][CrO_4^{2-}]}{[Ba^{2+}][CO_3^{2-}]}=\frac{K_{sp}^{\ominus}(BaCrO_4)}{K_{sp}^{\ominus}(BaCO_3)}=\frac{1.6\times10^{-10}}{8.1\times10^{-9}}=2.0\times10^{-2}$$

$$K=\frac{[CrO_4^{2-}]}{[CO_3^{2-}]}=\frac{x}{1.0-x}=2.0\times10^{-2}$$

解得

$$x=0.020$$

即

$$[CrO_4^{2-}]=0.020mol\cdot L^{-1}$$

于是在 0.2L 溶液中 CrO_4^{2-} 的物质的量为

$$0.020mol\cdot L^{-1}\times0.2L=4.0\times10^{-3}mol$$

相当于有 4.0×10^{-3}mol $BaCrO_4$ 被溶解掉。故溶解掉的 $BaCrO_4$ 的质量为

$$233g\cdot mol^{-1}\times4.0\times10^{-3}mol=0.93g$$

通过上面的分析，可以总结出下面两点：

① 溶解度大的沉淀可以转化成溶解度小的沉淀；

② 两种同类难溶强电解质的 $K_{sp}^{\ominus}$ 相差不大时，通过控制离子浓度，$K_{sp}^{\ominus}$ 小的沉淀也可以向 $K_{sp}^{\ominus}$ 大的沉淀转化。

总之，沉淀-溶解平衡是暂时的、有条件的，只要改变条件，沉淀和溶解这对矛盾可以相互转化。

习 题

1. 写出下列难溶电解质的溶度积常数表达式：

AgBr，Ag_2S，$Ca_3(PO_4)_2$，$MgNH_4AsO_4$

2. 根据难溶电解质在水中的溶解度，计算 $K_{sp}^{\ominus}$。

(1) AgI 的溶解度为 $1.08\mu g\cdot(500mL)^{-1}$

(2) $Mg(OH)_2$ 的溶解度为 $6.53mg\cdot(1000mL)^{-1}$

3. 比较 $Mg(OH)_2$ 在纯水、$0.1mol\cdot L^{-1}$ NH_4Cl 水溶液及 $0.1mol\cdot L^{-1}$ 氨水中的溶解度？

4. 25℃时，在饱和 $PbCl_2$ 溶液中 Pb^{2+} 的浓度为 $3.74\times10^{-5}mol\cdot L^{-1}$，试估算其溶度积。

5. 计算在 $0.010mol\cdot L^{-1}$ 的盐酸水溶液中 $CaCO_3$ 的溶解度。

6. $10mol\cdot L^{-1}$ $MgCl_2$ 10mL 和 $0.010mol\cdot L^{-1}$ 氨水 10mL 混合时，是否有 $Mg(OH)_2$ 沉淀产生？

7. 在 20mL $0.5mol\cdot L^{-1}$ $MgCl_2$ 溶液中加入等体积的 $0.10mol\cdot L^{-1}$ 的 $NH_3\cdot H_2O$ 溶液，问有无 $Mg(OH)_2$ 生成？为了不使 $Mg(OH)_2$ 沉淀析出，至少应加入多少克 NH_4Cl 固体（设加入 NH_4Cl 固体后，溶液的体积不变）。

8. 废水中含 Cr^{3+} 的浓度为 $0.01mol\cdot L^{-1}$，加 NaOH 溶液使其生成 $Cr(OH)_3$ 沉淀，计算刚开始生成沉淀时，溶液的最低 OH^- 浓度应为多少？若 Cr^{3+} 的浓度小于 $4mg\cdot L^{-1}$ 可以排放，此时溶液的最小 pH 值为多少？

9. 向一定酸度 $0.1mol\cdot L^{-1}$ 的 $NiCl_2$ 溶液中通入 H_2S 气体至饱和，溶液刚有沉淀产

生，该溶液的 pH 值为多少？若将 NiS 沉淀完全，应如何控制溶液的酸度？

10. 在含有 Pb^{2+} 杂质的 $1.0mol \cdot L^{-1}$ Mg^{2+} 溶液中，通过计算说明能否用逐滴加入 NaOH 溶液的方法分离杂质 Pb^{2+}。应如何控制？

11. 海水中几种阳离子浓度如下：

离子	Na^+	Mg^{2+}	Ca^{2+}	Al^{3+}	Fe^{2+}
浓度/$mol \cdot L^{-1}$	0.46	0.050	0.01	4×10^{-7}	2×10^{-7}

(1) OH^- 浓度多大时，$Mg(OH)_2$ 开始沉淀？

(2) 在该浓度时，会不会有其他离子沉淀？

(3) 如果加入足量的 OH^- 以沉淀 50% Mg^{2+}，其他离子沉淀的百分数将是多少？

(4) 在 (3) 的条件下，从 1L 海水中能得到多少沉淀？

12. 为了防止热带鱼池中水藻的生长，需使水中保持 $0.75mg \cdot L^{-1}$ 的 Cu^{2+}，为避免在每次换池水时溶液浓度的改变，可把一块适当的铜盐放在池底，它的饱和溶液提供了适当的 Cu^{2+} 浓度。假如使用的是蒸馏水，哪一种盐提供的饱和溶液最接近所要求的 Cu^{2+} 浓度？

(1) $CuSO_4$　(2) CuS　(3) $Cu(OH)_2$　(4) $CuCO_3$　(5) $Cu(NO_3)_2$

13. 现计划栽种某种常青树，但这种常青树不适宜含过量溶解性 Fe^{3+} 的土壤，下列哪种土壤添加剂能很好地降低土壤地下水中 Fe^{3+} 的浓度？

(1) $Ca(OH)_2(aq)$　(2) $KNO_3(s)$　(3) $FeCl_3(s)$　(4) $NH_4NO_3(s)$

14. The following three slightly soluble salts have the same solubilities: M_2X, QY_2, PZ_3. How are their $K_{sp}^{\ominus}$ values related?

15. Ag_2SO_4 and $SrSO_4$ are both shaken up with pure water. Evaluate $[Ag^+]$ and $[Sr^{2+}]$ in the resulting saturated solution. $K_{sp}^{\ominus}(Ag_2SO_4)=1.5\times10^{-5}$, $K_{sp}^{\ominus}(SrSO_4)=2.8\times10^{-7}$

16. Calculate the solubility at 25℃ of $CaCO_3$ in a closed vessel containing a solution of pH 8.60. $K_{sp}^{\ominus}(CaCO_3)=1.0\times10^{-8}$

17. Excess solid $Ag_2C_2O_4$ is shaken with (1) $0.0010mol \cdot L^{-1}$ $HClO_3$, (2) $0.00030mol \cdot L^{-1}$ $HClO_3$. What is the equilibrium value of $[Ag^+]$ in the resulting solution? The concentration of free oxalic acid is of no importance in this problem. $K_{sp}^{\ominus}(Ag_2C_2O_4)=6\times10^{-12}$

18. Tooth enamel is composed of the mineral hydroxyapatite, $Ca_5(PO_4)_3OH$ ($K_{sp}^{\ominus}=6.8\times10^{-37}$). Many water treatment plants now add fluoride to the drinking water, which reacts with $Ca_5(PO_4)_3OH$ to form the more decay-resistant fluorapatite, $Ca_5(PO_4)_3F$ ($K_{sp}^{\ominus}=1.0\times10^{-60}$). This treatment has resulted in a dramatic decrease in the number of cavities among children. Calculate the solubility of $Ca_5(PO_4)_3OH$ and $Ca_5(PO_4)_3F$ in water.

第5章 氧化还原平衡

(Redox Equilibrium)

学习要求

1. 掌握氧化还原反应的基本概念，能用离子-电子法配平氧化还原方程式。
2. 理解电极电势的概念，能用能斯特公式进行有关计算。
3. 掌握电极电势在有关方面的应用。
4. 了解原电池电动势与吉布斯函变的关系。
5. 掌握元素电势图及其应用。

氧化还原反应（redox reaction）是一类在反应过程中，反应物之间发生了电子转移（或电子偏移）的反应。此类反应对于制备新物质、获取化学能和电能都有重要的意义。本章首先讨论有关氧化还原反应的基本知识，在此基础上，应用电极电势及吉布斯自由能等概念，判断氧化还原反应进行的方向与程度。

5.1 基本概念

5.1.1 氧化数

为了便于讨论氧化还原反应，引入元素的氧化数（又称氧化值，oxidation number）的概念。1970年国际纯粹和应用化学联合会（IUPAC）较严格地定义了氧化数的概念：氧化数是指某元素一个原子的表观电荷数（apparent charge number），这个电荷数的确定，是假设把每一个化学键中的电子指定给电负性更大的原子而求得。

确定氧化数的一般规则如下：

① 在单质中（如Fe、O_3 等），元素的氧化数为零。

② 在中性分子中各元素的氧化数之和为零。在多原子离子中各元素的氧化数之和等于离子的电荷。

③ 在共价化合物中，共用电子对偏向于电负性大的元素的原子，原子的“形式电荷数”即为它们的氧化数，如HCl中H的氧化值为+1，Cl为−1。

④ 氧在化合物中的氧化数一般为−2；在过氧化物（如 H_2O_2、Na_2O_2）中为−1；在超

氧化合物（如 KO_2）中为 $-1/2$；在 OF_2 中为 $+2$。

⑤ 氢在化合物中的氧化数一般为 $+1$，仅在与活泼金属生成的离子型氢化物（如 NaH、CaH_2）中为 -1。

⑥ 所有卤化物中卤素的氧化数均为 -1。

⑦ 碱金属、碱土金属在化合物中的氧化数分别为 $+1$、$+2$。

例 5-1 求 MnO_4^{2-} 中 Mn 的氧化数。

解： 已知 O 的氧化值为 -2。设 Mn 的氧化数为 x，则

$$x+4\times(-2)=-2$$

$$x=+6$$

所以 Mn 的氧化数为 $+6$。

例 5-2 求 $Na_2S_4O_6$ 中 S 的氧化数。

解： 已知 Na 的氧化数为 $+1$，O 的氧化数为 -2。设 S 的氧化数为 x，则

$$4x+2\times(+1)+6\times(-2)=0$$

$$x=+2.5$$

所以 S 的氧化数为 $+2.5$。

由此可知，氧化数可以是整数，也可以是分数或小数。

必须指出，在共价化合物中，判断元素的氧化数时，不要与共价数（某元素原子形成的共价键的数目）相混淆。例如，在 CH_4、CH_3Cl、CH_2Cl_2、$CHCl_3$ 和 CCl_4 中，碳的共价数均为 4，但其氧化数则分别为 -4、-2、0、$+2$ 和 $+4$。

5.1.2 氧化还原反应方程式的配平

根据氧化数的概念，反应前后元素的氧化数发生变化的一类反应称为氧化还原反应。氧化数升高的过程称为氧化，氧化数降低的过程称为还原。反应中氧化数升高的物质是还原剂（reducing agent），氧化数降低的物质是氧化剂（oxidizing agent）。

氧化还原反应往往比较复杂，反应方程式也较难配平。配平这类反应方程式最常用的有氧化数法、半反应法（也叫离子-电子法）等，这里只介绍半反应法。

任何氧化还原反应都由氧化半反应和还原半反应组成。例如铁与稀盐酸化合生成 $FeCl_2$ 和 H_2 的反应的两个半反应为：

氧化半反应 $$Fe(s) \rightleftharpoons Fe^{2+}(aq)+2e^-$$

还原半反应 $$2H^+(aq)+2e^- \rightleftharpoons H_2(g)$$

半反应法是根据对应的氧化剂或还原剂的半反应方程式，再按以下配平原则进行配平。

① 反应过程中氧化剂得到的电子数必须等于还原剂失去的电子数。

② 根据质量守恒定律，反应前后各元素的原子总数相等。

现以铜和稀硝酸作用，生成硝酸铜和一氧化氮为例说明配平步骤。

第一步，找出氧化剂、还原剂及相应的还原产物与氧化产物并写成离子反应方程式：

$$Cu(s)+NO_3^-(aq) \rightleftharpoons Cu^{2+}(aq)+NO(g)$$

第二步，再将上述反应分解为两个半反应，并分别加以配平，使每一半反应的原子数和电荷数相等。

$$Cu(s) \rightleftharpoons Cu^{2+}(aq)+2e^- \qquad \text{氧化半反应}$$

$$NO_3^-(aq)+4H^+(aq)+3e^- \rightleftharpoons NO(g)+2H_2O(l) \qquad \text{还原半反应}$$

对于 NO_3^- 被还原为 NO 来说，需要去掉 2 个 O 原子，为此可在反应式的左边加上 4 个

H^+（因为反应在酸性介质中进行），使 2 个 H 与 1 个 O 结合生成 H_2O：

$$NO_3^-(aq)+4H^+(aq) \rightleftharpoons NO(g)+2H_2O(l)$$

然后再根据离子电荷数可确定所得到的电子数为 3，则得：

$$NO_3^-(aq)+4H^+(aq)+3e^- \rightleftharpoons NO(g)+2H_2O(l)$$

推而广之，在半反应方程式中，如果反应物和生成物内所含的氧原子数目不同，可以根据介质的酸碱性，分别在半反应方程式中加 H^+、加 OH^- 或加 H_2O，并利用水的解离平衡使反应式两边的氧原子数目相等。不同介质条件下配平氧原子的经验规则见表 5-1。

表 5-1　配平氧原子的经验规则

介质条件	比较方程式两边氧原子数	配平时左边应加入物质	生成物
酸性	左边 O 多	H^+	H_2O
	左边 O 少	H_2O	H^+
碱性	左边 O 多	H_2O	OH^-
	左边 O 少	OH^-	H_2O
中性（或弱碱性）	左边 O 多	H_2O	OH^-
	左边 O 少	H_2O（中性）	H^+
		OH^-（弱碱性）	H_2O

第三步，据氧化剂得到的电子数和还原剂失去的电子数必须相等的原则，以适当系数乘以氧化半反应和还原半反应。在此反应中要分别乘上 2 和 3，使得失电子数相同。然后将两个半反应相加，消去相同部分，就得到一个配平了的离子反应方程式。

$$2NO_3^-(aq)+8H^+(aq)+6e^- \rightleftharpoons 2NO(g)+4H_2O(l)$$

$$+)\qquad 3Cu(s) \rightleftharpoons 3Cu^{2+}(aq)+6e^-$$

$$3Cu(s)+2NO_3^-(aq)+8H^+(aq) \rightleftharpoons 3Cu^{2+}(aq)+2NO(g)+4H_2O(l)$$

5.1.3　原电池

如果把一块锌放入 $CuSO_4$ 溶液中，则锌开始溶解，而铜从溶液中析出。其离子反应方程式为：

$$Zn(s)+Cu^{2+}(aq) \rightleftharpoons Zn^{2+}(aq)+Cu(s)$$

这是一个可自发进行的氧化还原反应，由于氧化剂与还原剂直接接触，电子直接从还原剂转移到氧化剂，无法产生电流。要将氧化还原反应的化学能转化为电能，必须使氧化剂和还原剂之间的电子转移通过一定的外电路，做定向运动，这就要求反应过程中氧化剂和还原剂不能直接接触，因此需要一种特殊的装置来实现上述过程。

如果在两个烧杯中分别放入 $ZnSO_4$ 和 $CuSO_4$ 溶液，在盛有 $ZnSO_4$ 溶液的烧杯中放入 Zn 片，在盛有 $CuSO_4$ 溶液的烧杯中放入 Cu 片，将两个烧杯的溶液用一个充满电解质溶液（一般用饱和 KCl 溶液，为使溶液不致流出，常用琼脂与 KCl 饱和溶液制成胶冻。胶冻的组成大部分是水，离子可在其中自由移动）的倒置 U 形管作桥梁（称为盐桥，salt bridge），以连通两杯溶液，如图 5-1 所示。这时如果用一个灵敏电流计（A）将两金属片连接起来，可以观察到：

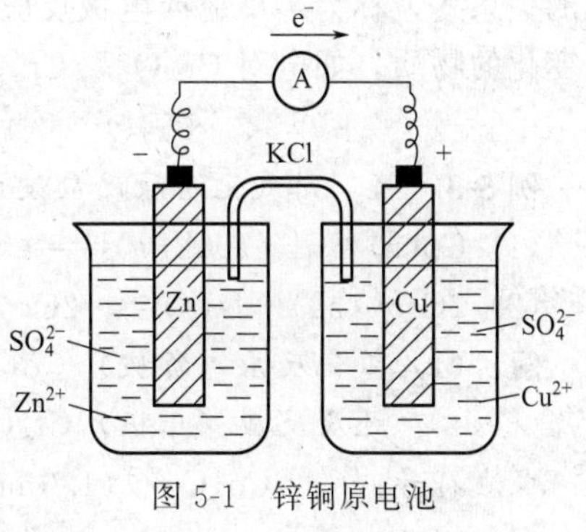

图 5-1　锌铜原电池

① 电流表指针发生偏移，说明有电流发生；

② 在铜片上有金属铜沉积上去，而锌片被溶解；

③ 取出盐桥，电流表指针回至零点；放入盐桥时，电流表指针又发生偏移，说明盐桥起着使整个装置构成通路的作用。这种借助于氧化还原反应使化学能转化为电能的装置，叫做原电池（primary cell）。

在原电池中，组成原电池的导体（如铜片和锌片）称为电极，同时规定电子流出的电极称为负极（negative electrode），负极上发生氧化反应；电子进入的电极称为正极（positive electrode），正极上发生还原反应。例如，在 Cu-Zn 原电池中：

负极（Zn）：　　$Zn(s) \rightleftharpoons Zn^{2+}(aq) + 2e^-$　发生氧化反应

正极（Cu）：　　$Cu^{2+}(aq) + 2e^- \rightleftharpoons Cu(s)$　发生还原反应

Cu-Zn 原电池的电池反应为

$$Zn(s) + Cu^{2+}(aq) \rightleftharpoons Zn^{2+}(aq) + Cu(s)$$

在 Cu-Zn 原电池中的电池反应和 Zn 置换 Cu^{2+} 的化学反应是一样的。只是在原电池装置中，氧化剂和还原剂不直接接触，氧化、还原反应同时分别在两个不同的区域内进行，电子不是直接从还原剂转移给氧化剂，而是经外电路传递，这正是原电池利用氧化还原反应能产生电流的原因所在。

上述原电池可以用下列电池符号表示：

$$(-)Zn|ZnSO_4(c_1) \parallel CuSO_4(c_2)|Cu(+)$$

习惯上把负极（－）写在左边，正极（＋）写在右边。其中“|”表示金属和溶液两相之间的相接触界面，“‖”表示盐桥，c 表示溶液的浓度，当溶液浓度为 $1mol \cdot L^{-1}$时，可省略。每一个“半电池”都是由同一种元素不同氧化值的两种物质所构成。一种是处于低氧化值的可作为还原剂的物质（称为还原型物质），例如锌半电池中的 Zn、铜半电池中的 Cu；另一种是处于高氧化值的可作氧化剂的物质（称为氧化型物质），例如锌半电池中的 Zn^{2+}、铜半电池中的 Cu^{2+}。

这种由同一种元素的氧化型物质和其对应的还原型物质的构成，称为氧化还原电对(oxidation-reduction couples)。氧化还原电对习惯上常用符号［氧化型］/［还原型］来表示，如氧化还原电对可写成 Cu^{2+}/Cu、Zn^{2+}/Zn 和 $Cr_2O_7^{2-}/Cr^{3+}$，非金属单质及其相应的离子，也可以构成氧化还原电对，例如 H^+/H_2 和 O_2/OH^-。在用 Fe^{3+}/Fe^{2+}、Cl_2/Cl^-、O_2/OH^- 等电对作为半电池时，可用金属铂或其他惰性导体作电极。以氢电极为例，可表示为 $H^+(c)|H_2|Pt$。

氧化型物质和还原型物质在一定条件下，可以互相转化；

$$氧化型(Ox) + ne^- \rightleftharpoons 还原型(Red)$$

式中，n 表示互相转化时的得失电子数。这种表示氧化型物质和还原型物质之间相互转化的关系式，称为半反应或电极反应。电极反应包括参加反应的所有物质，不仅仅是有氧化值变化的物质，如电对 $Cr_2O_7^{2-}/Cr^{3+}$，对应的电极反应为：

$$Cr_2O_7^{2-} + 14H^+ + 6e^- \rightleftharpoons 2Cr^{3+} + 7H_2O$$

例 5-3　将下列氧化还原反应设计成原电池，并写出它的原电池符号。

(1) $Co(s) + Cl_2(100kPa) \rightleftharpoons Co^{2+}(1.0mol \cdot L^{-1}) + 2Cl^-(1.0mol \cdot L^{-1})$

(2) $2Cr^{2+}(aq) + I_2(s) \rightleftharpoons 2Cr^{3+}(aq) + 2I^-(aq)$

解：(1) 氧化反应（负极）$Co(s) \rightleftharpoons Co^{2+}(aq) + 2e^-$

还原反应（正极）$Cl_2(g) + 2e^- \rightleftharpoons 2Cl^-(aq)$

电池符号：$(-)Co|Co^{2+}(1.0mol \cdot L^{-1}) \parallel Cl^-(1.0mol \cdot L^{-1})|Cl_2(100kPa)|Pt(+)$

(2) 氧化反应（负极）　$2Cr^{2+}(aq) \rightleftharpoons 2Cr^{3+}(aq) + 2e^-$

还原反应（正极）　$I_2(s) + 2e^- \rightleftharpoons 2I^-(aq)$

电池符号：$(-)Pt|Cr^{2+}(c_1), Cr^{3+}(c_2) \| I^-(c_3)|I_2|Pt(+)$

5.1.4 电极电势

在 Cu-Zn 原电池中，把两个电极用导线连接后就有电流产生，可见两个电极之间存在一定的电势差。即构成原电池的两个电极的电势是不相等的。那么电极的电势是怎样产生的呢？

早在 1889 年，德国化学家能斯特（Nernst. H W）提出了双电层理论，可以用来说明金属和其盐溶液之间的电势差，以及原电池产生电流的机理。按照能斯特理论，由于金属晶体是由金属原子、金属离子和自由电子组成的，因此，如果把金属放在其盐溶液中，与电解质在水中的溶解过程相似，在金属与其盐溶液的接触界面上就会发生两个不同的过程；一个是金属表面的阳离子受极性水分子的吸引而进入溶液的过程；另一个是溶液中的水合金属离子在金属表面，受到自由电子的吸引而重新沉积在金属表面的过程。当这两种方向相反的过程进行的速率相等时，即达到动态平衡：

$$M(s) \rightleftharpoons M^{n+}(aq) + ne^-$$

不难理解，如果金属越活泼或溶液中金属离子浓度越小，金属溶解的趋势就越大于溶液中金属离子沉积到金属表面的趋势，达到平衡时金属表面因聚集了金属溶解时留下的自由电子而带负电荷，溶液则因金属离子进入溶液而带正电荷，这样，由于正、负电荷相互吸引的结果，在金属与其盐溶液的接触界面处就建立起由带负电荷的电子和带正电荷的金属离子所构成的双电层［见图 5-2(a)］。相反，如果金属越不活泼或溶液中金属离子浓度越大，金属溶解趋势就越小于金属离子沉淀的趋势，达到平衡时金属表面因聚集了金属离子而带正电荷，而溶液则由于金属离子沉淀带负电荷，这样，也构成了相应的双电层［见图 5-2(b)］。这种双电层之间就存在一定的电势差。

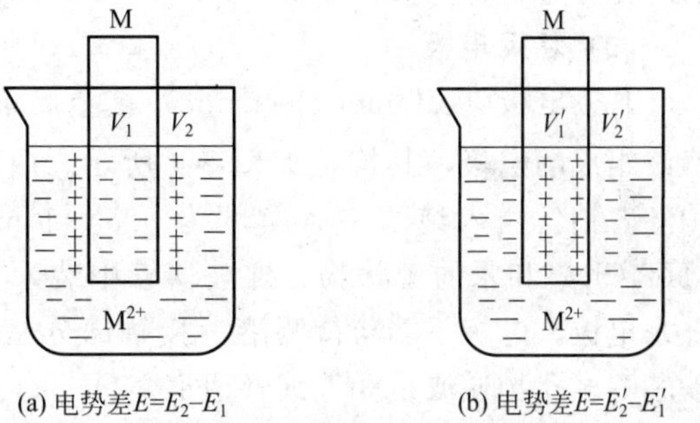

(a) 电势差 $E=E_2-E_1$　　(b) 电势差 $E=E_2'-E_1'$

图 5-2　金属的电极电势

金属与其盐溶液接触界面之间的电势差，实际上就是该金属与其溶液中相应金属离子所组成的氧化还原电对的电极电势，简称为该金属的电极电势。可以预料，氧化还原电对不同，对应的电解质溶液的浓度不同，它们的电极电势也就不同。因此，若将两种不同电极电势的氧化还原电对以原电池的方式连接起来，则在两极之间就有一定的电势差，因而产生电流。

5.1.5 标准电极电势

(1) 标准氢电极

事实上，电极电势的绝对值还无法测定，只能选定某一电对的电极电势作为参比标准，将其他电对的电极电势与它比较而求出各电对平衡电势的相对值，犹如海拔高度是把海平面的高度作为比较标准一样。通常选作标准的是标准氢电极（standard hydrogen electrode, SHE），如图 5-3 所示。其电极可表示为：

$$Pt|H_2(100kPa)|H^+(1mol \cdot L^{-1})$$

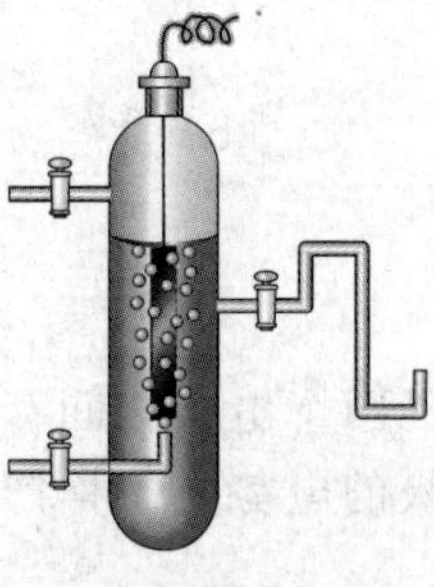

图 5-3　标准氢电池

标准氢电极是将铂片镀上一层蓬松的铂（称铂黑），并把它浸入 H^+ 浓度为 1mol·L^{-1}的稀硫酸溶液中，在 298.15K 时不断通入压力为 100kPa 的纯氢气流，这时氢被铂黑所吸收，此时被氢饱和了的铂片就像由氢气构成的电极一样。铂片在标准氢电极中只是作为电子的导体和氢气的载体，并未参加反应。H_2 电极与溶液中的 H^+ 建立了如下平衡：

$$H_2(g) \rightleftharpoons 2H^+(aq) + 2e^-$$

标准氢电极的电极电势规定为零，即 $E^\ominus(H^+/H_2)=0.0000V$。用标准氢电极与其他的电极组成原电池，测得该原电池的电动势就可以计算各种电极的电极电势。如果参加电极反应的物质均处在标准态，这时的电极称为标准电极，对应的电极电势称标准电极电势，用 $E^\ominus$ 表示。所谓的标准态是指组成电极的离子其浓度都为 1mol·L^{-1}，气体的分压为 100kPa，液体和固体都是纯净物质。温度可以任意指定，但通常为 298.15K。如果组成原电池的两个电极均为标准电极，这时的电池称为标准电池，对应的电动势为标准电动势，用 $E^\ominus$ 表示。

$$E^\ominus = E^\ominus(+) - E^\ominus(-)$$

虽然标准氢电极用作其他电极的电极电势的相对比较标准，但是标准氢电极要求氢气纯度很高，压力稳定，并且铂在溶液中易吸附其他组分而中毒，失去活性。因此，实际上常用易于制备、使用方便而且电极电势稳定的甘汞电极等作为电极电势的对比参考，称为参比电极（reference electrode）。

(2) 甘汞电极

甘汞电极（calomel electrode）是金属汞和 Hg_2Cl_2 及 KCl 溶液组成的电极，其构造如图 5-4 所示。内玻璃管中封接一根铂丝，铂丝插入纯汞中（厚度为 0.5～1cm），下置一层甘汞（Hg_2Cl_2）和汞的糊状物，外玻璃管中装入 KCl 溶液，即构成甘汞电极。电极下端与待测溶液接触部分是熔结陶瓷芯或玻璃砂芯等多孔物质或是一毛细管通道。

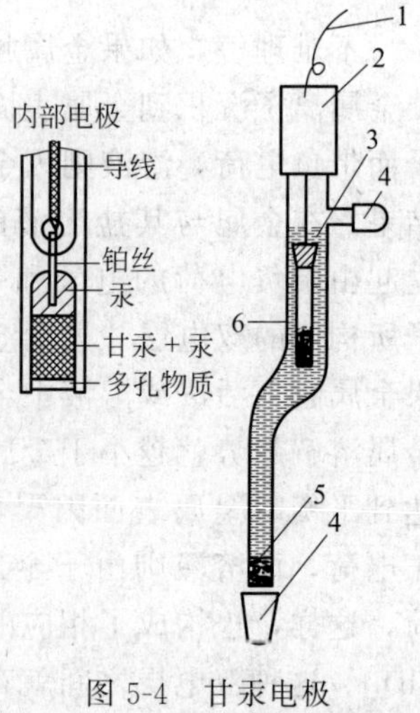

图 5-4　甘汞电极

1—导线；2—绝缘体；3—内部电极；4—橡皮帽；5—多孔物质；6—饱和 KCl 溶液

甘汞电极可以写成　$Hg|Hg_2Cl_2(s)|KCl$

电极反应为：　$Hg_2Cl_2(s) + 2e^- \rightleftharpoons 2Hg(l) + 2Cl^-(aq)$

当温度一定时，不同浓度的 KCl 溶液使甘汞电极的电势具有不同的恒定值。如表 5-2 所示。

表 5-2　甘汞电极的电极电势

KCl 浓度	饱和	1mol·L^{-1}	0.1mol·L^{-1}
电极电势 $E^\ominus$/V	+0.2412	+0.2801	+0.3337

(3) 标准电极电势的测定

电极的标准电极电势可通过实验方法测得。

例如，欲测定铜电极的标准电极电势，则应组成下列电池：

$$(-)Pt|H_2(100kPa)|H^+(1mol \cdot L^{-1}) \| Cu^{2+}(1mol \cdot L^{-1})|Cu(+)$$

测定时，根据电势计指针偏转方向，可知电流是由铜电极通过导线流向氢电极（电子由氢电极流向铜电极）。所以氢电极是负极，铜电极为正极。测得此电池的电动势（$E^\ominus$）为

0.337V，则

$$E^{\ominus}=E^{\ominus}(+)-E^{\ominus}(-)=E^{\ominus}(Cu^{2+}/Cu)-E^{\ominus}(H^{+}/H_2)=0.337V$$

因为 $E^{\ominus}(H^{+}/H_2)=0.0000V$

所以 $E^{\ominus}(Cu^{2+}/Cu)=0.337V$

用类似的方法可以测得一系列电对的标准电极电势，书后附录Ⅶ列出的是 298.15K 时一些氧化还原电对的标准电极电势数据。

根据物质的氧化还原能力，对照标准电极电势表，可以看出电极电势代数值越小，电对所对应的还原型物质还原能力越强，氧化型物质氧化能力越弱；电极电势代数值越大，电对所对应的还原型物质还原能力越弱，氧化型物质氧化能力越强。因此，电极电势是表示氧化还原电对所对应的氧化型物质或还原型物质得失电子能力（即氧化还原能力）相对大小的一个物理量。

使用标准电极电势表时应注意以下几点：

① 电极电势是强度性质物理量，没有加合性。即不论半电池反应式的系数乘或除以任何实数，$E^{\ominus}$值仍然不改变。

② $E^{\ominus}$是水溶液系统的标准电极电势，对于非标准态，非水溶液，不能用 $E^{\ominus}$ 比较物质的氧化还原能力。

5.2 电极电势的应用

5.2.1 电池反应的电动势 E 与 ΔG 的计算

根据热力学原理，在恒温恒压条件下，反应系统吉布斯函数变的降低值等于系统所能做的最大有用功，即 $-\Delta G=W_{max}$。而一个能自发进行的氧化还原反应，可以设计成一个原电池，在恒温、恒压条件下，电池所做的最大有用功即为电功。电功（$W_{电}$）等于电动势（E）与通过的电量（Q）的乘积。

$$W_{电}=EQ=EnF$$

$$\Delta G=-EQ=-nEF \quad (5\text{-}1)$$

式中，F 为法拉第（Faraday）常数，等于 96485C·mol⁻¹（在具体计算时，通常采用近似值 96500C·mol⁻¹或 96500J·V⁻¹·mol⁻¹）；n 为电池反应中转移的电子数。在标准态下

$$\Delta_r G_m^{\ominus}=-E^{\ominus}Q=-nE^{\ominus}F$$

$$\Delta_r G_m^{\ominus}=-nFE^{\ominus}=-nF[E_{(+)}^{\ominus}-E_{(-)}^{\ominus}] \quad (5\text{-}2)$$

由式(5-2) 可以看出，如果知道了参加电池反应物质的 $\Delta_r G_m^{\ominus}$，即可计算出该电极的标准电极电势。这就为理论上确定电极电势提供了依据。

例 5-4 若把下列反应设计成电池，求电池的电动势 $E^{\ominus}$ 及反应的 $\Delta_r G_m^{\ominus}$。

$$Cr_2O_7^{2-}(aq)+6Cl^{-}(aq)+14H^{+}(aq)\rightleftharpoons 2Cr^{3+}(aq)+3Cl_2(g)+7H_2O(l)$$

解： 正极的电极反应

$$Cr_2O_7^{2-}(aq)+14H^{+}(aq)+6e^{-}\rightleftharpoons 2Cr^{3+}(aq)+7H_2O(l) \quad E_{(+)}^{\ominus}=1.33V$$

负极的电极反应

$$Cl_2(g)+2e^{-}\rightleftharpoons 2Cl^{-}(aq) \quad E_{(-)}^{\ominus}=1.36V$$

$$E^{\ominus}=E_{(+)}^{\ominus}-E_{(-)}^{\ominus}=(1.33-1.36)V=-0.03V$$

$$\Delta_r G_m^{\ominus} = -nFE^{\ominus} = -6 \times 96500 \text{J} \cdot \text{mol}^{-1} \cdot \text{V}^{-1} \times (-0.03\text{V}) = 1.74 \times 10^4 \text{J} \cdot \text{mol}^{-1}$$

例 5-5 利用热力学函数数据计算 $E^{\ominus}(Fe^{2+}/Fe)$ 的值。

解：利用式(5-2) 求算 $E^{\ominus}(Fe^{2+}/Fe)$。为此，把电对 Fe^{2+}/Fe 与另一电对（最好选择 H^+/H_2）组成原电池。电池反应式为

$$Fe(s) + 2H^+(aq) \rightleftharpoons Fe^{2+}(aq) + H_2(g)$$

	Fe(s)	$2H^+(aq)$	$Fe^{2+}(aq)$	$H_2(g)$
$\Delta_f G_m^{\ominus}/\text{kJ} \cdot \text{mol}^{-1}$	0	0	−78.9	0

则
$$\Delta_r G_m^{\ominus} = -78.9\text{kJ} \cdot \text{mol}^{-1}$$

由
$$\begin{aligned}\Delta_r G_m^{\ominus} &= -nFE^{\ominus} = -nF[E_{(+)}^{\ominus} - E_{(-)}^{\ominus}] = -nF[E^{\ominus}(H^+/H_2) - E^{\ominus}(Fe^{2+}/Fe)] \\ &= nFE^{\ominus}(Fe^{2+}/Fe)\end{aligned}$$

得
$$E^{\ominus}(Fe^{2+}/Fe) = \Delta_r G_m^{\ominus}/(nF) = \frac{78.9 \times 10^3 \text{J} \cdot \text{mol}^{-1}}{2 \times 96500 \text{J} \cdot \text{mol}^{-1} \cdot \text{V}^{-1}} = 0.409\text{V}$$

可见电极电势可利用热力学函数求得，并非一定要用测量原电池电动势的方法得到。

5.2.2 影响电极电势的因素——能斯特方程式

电极电势的高低，不仅取决于电对本性，还与反应温度、氧化型物质和还原型物质的浓度、压力等有关。离子浓度对电极电势的影响可从热力学推导而得出。

对于一个任意给定的电极，其电极反应的通式为

$$a\ \text{氧化型} + ne^- \rightleftharpoons b\ \text{还原型}$$

$$E = E^{\ominus} + \frac{RT}{nF} \ln \frac{c(\text{氧化型})^a}{c(\text{还原型})^b} \tag{5-3}$$

式中，R 为气体常数；F 为法拉第常数；T 为热力学温度；n 为电极反应得失的电子数。在温度为 298.15K 时，将各常数值代入式(5-3)，其相应的浓度对电极电势影响的通式为

$$E = E^{\ominus} + \frac{0.059\text{V}}{n} \lg \frac{c(\text{氧化型})^a}{c(\text{还原型})^b} \tag{5-4}$$

此方程式称为电极电势的能斯特方程式，简称能斯特方程式。

应用能斯特方程式时，应注意以下问题。

① 如果组成电对的物质为固体或纯液体时，则它们的浓度不列入方程式中。如果是气体，则气体物质用相对分压力 $p/p^{\ominus}$ 表示。

例如：
$$Zn^{2+}(aq) + 2e^- \rightleftharpoons Zn(s)$$

$$E = E^{\ominus}(Zn^{2+}/Zn) + \frac{0.059\text{V}}{2} \lg c(Zn^{2+})$$

$$Br_2(l) + 2e^- \rightleftharpoons 2Br^-(aq)$$

$$E = E^{\ominus}(Br_2/Br^-) + \frac{0.059\text{V}}{2} \lg \frac{1}{c^2(Br^-)}$$

$$2H^+(aq) + 2e^- \rightleftharpoons H_2(g)$$

$$E(H^+/H_2) = E^{\ominus}(H^+/H_2) + \frac{0.059\text{V}}{2} \lg \frac{c^2(H^+)}{p(H_2)/p^{\ominus}}$$

② 如果在电极反应中，除氧化型、还原型物质外，还有参加电极反应的其他物质如 H^+、OH^- 存在，则应把这些物质的浓度也表示在能斯特方程式中。

例 5-6 当 Cl^- 浓度为 $0.100 mol \cdot L^{-1}$，$p(Cl_2)=303.9kPa$ 时，计算组成电对的电极电势。

解： $$Cl_2(g)+2e^- \rightleftharpoons 2Cl^-(aq)$$

由附表Ⅴ查得： $E^{\ominus}(Cl_2/Cl^-)=1.358V$

$$E(Cl_2/Cl^-)=E^{\ominus}(Cl_2/Cl^-)+\frac{0.059V}{2}\lg\frac{p(Cl_2)/p^{\ominus}}{c^2(Cl^-)}$$

$$=1.358V+\frac{0.059V}{2}\lg\frac{303.9/100}{(0.100)^2}=1.43V$$

例 5-7 已知电极反应

$$O_2(g)+2H_2O(l)+4e^- \rightleftharpoons 4OH^-(aq) \quad E^{\ominus}(O_2/OH^-)=0.401V$$

求 $c(H^+)=1.0mol \cdot L^{-1}$，$p(O_2)=100kPa$ 时的 $E(O_2/OH^-)$。

解： $$E(O_2/OH^-)=E^{\ominus}(O_2/OH^-)+\frac{0.059V}{4}\lg\frac{p(O_2)/p^{\ominus}}{[c(OH^-)/c^{\ominus}]^4}$$

$$=0.401V+\frac{0.059V}{4}\lg\frac{100/100}{(10^{-14})^4}=1.227V$$

由上例可见，O_2 的氧化能力随酸度的降低而降低。所以在酸性介质中 O_2 氧化能力很强，而碱性介质中其氧化能力很弱。

例 5-8 298K 时，在 Fe^{3+}、Fe^{2+} 的混合溶液中加入 NaOH 时，有 $Fe(OH)_3$、$Fe(OH)_2$ 沉淀生成（假设无其他反应发生）。当沉淀反应达到平衡，并保持 $c(OH^-)=1.0mol \cdot L^{-1}$ 时，求 $E(Fe^{3+}/Fe^{2+})=?$

解： $$Fe^{3+}(aq)+e^- \rightleftharpoons Fe^{2+}(aq)$$

加 NaOH 发生如下反应：

$$Fe^{3+}(aq)+3OH^-(aq) \rightleftharpoons Fe(OH)_3(s) \quad (1)$$

$$K_1^{\ominus}=\frac{1}{K_{sp}^{\ominus}[Fe(OH)_3]}=\frac{1}{c(Fe^{3+})c^3(OH^-)}$$

$$Fe^{2+}(aq)+2OH^-(aq) \rightleftharpoons Fe(OH)_2(s) \quad (2)$$

$$K_2^{\ominus}=\frac{1}{K_{sp}^{\ominus}[Fe(OH)_2]}=\frac{1}{c(Fe^{2+})c^2(OH^-)}$$

平衡时， $c(OH^-)=1.0mol \cdot L^{-1}$

则 $$c(Fe^{3+})=\frac{K_{sp}^{\ominus}[Fe(OH)_3]}{c^3(OH^-)}=K_{sp}^{\ominus}[Fe(OH)_3]$$

$$c(Fe^{2+})=\frac{K_{sp}^{\ominus}[Fe(OH)_2]}{c^2(OH^-)}=K_{sp}^{\ominus}[Fe(OH)_2]$$

$$E(Fe^{3+}/Fe^{2+})=E^{\ominus}(Fe^{3+}/Fe^{2+})+0.059V\lg\frac{c(Fe^{3+})}{c(Fe^{2+})}$$

$$=E^{\ominus}(Fe^{3+}/Fe^{2+})+0.059V\lg\frac{K_{sp}^{\ominus}[Fe(OH)_3]}{K_{sp}^{\ominus}[Fe(OH)_2]}$$

$$=0.771V+0.059V\lg\frac{4.0\times10^{-38}}{8.0\times10^{-16}}=-0.54V$$

根据标准电极电势的定义，$c(OH^-)=1.0mol \cdot L^{-1}$时，$E(Fe^{3+}/Fe^{2+})$ 就是电极反应 $Fe(OH)_3(s)+e^- \rightleftharpoons Fe(OH)_2(s)+OH^-(aq)$ 的标准电极电势 $E^{\ominus}[Fe(OH)_3/Fe(OH)_2]$。即

$$E^{\ominus}[Fe(OH)_3/Fe(OH)_2]=E^{\ominus}(Fe^{3+}/Fe^{2+})+0.059V\lg\frac{K_{sp}^{\ominus}[Fe(OH)_3]}{K_{sp}^{\ominus}[Fe(OH)_2]}$$

从以上例子可知，氧化型和还原型物质浓度的改变对电极电势有影响。如果电对的氧化型生成沉淀，则电极电势变小，如果还原型生成沉淀，则电极电势变大。若二者同时生成沉淀，$K_{sp}^{\ominus}$(氧化型)<$K_{sp}^{\ominus}$(还原型)，则电极电势变小；反之，则变大。另外，介质的酸碱性对含氧酸盐氧化性的影响较大，一般来说，含氧酸盐在酸性介质中表现出较强的氧化性。

5.2.3 原电池的电动势 E 计算

在组成原电池的两个半电池中，电极电势高的半电池是原电池的正极，电极电势低的半电池是原电池的负极。原电池的电动势等于正极的电极电势减去负极的电极电势：

$$E=E_{(+)}-E_{(-)}$$

例 5-9 计算下列原电池的电动势，并指出正、负极。

$$Pt|H_2(100kPa)|H^+(2.00mol\cdot L^{-1})\|Cl^{-1}(1.00mol\cdot L^{-1})|AgCl|Ag$$

解： 先计算电极电势

$$E(H^+/H_2)=E^{\ominus}(H^+/H_2)+\frac{0.059V}{2}\lg\frac{c^2(H^+)/c^{\ominus}}{p(H_2)/p^{\ominus}}$$

$$=0+\frac{0.059V}{2}\lg\frac{2^2}{100/100}=0.018V$$

因 AgCl/Ag 电极处于标准态，故 $E^{\ominus}(AgCl/Ag)=0.222V$

则 $E(H^+/H_2)$ 为负极，$E^{\ominus}(AgCl/Ag)$ 为正极的原电池电动势为：

$$E=E_{(+)}-E_{(-)}=(0.222-0.018)V=0.204V$$

5.2.4 条件电极电势

在实际应用能斯特方程式时应该考虑两个问题：①溶液的离子强度，即离子或分子的活度等于 1mol·L^{-1}或活度比为 1 时（若反应中有气体参加，则分压等于 100kPa）的电极电势；②氧化型或还原型的存在形式对电极电势的影响。当氧化型或还原型与溶液中其他组分发生副反应（例如形成沉淀和配合物）时，电对的氧化型和还原型的存在形式也往往随着改变，从而引起电极电势的变化。

因此，用能斯特方程式计算有关电对的电极电势时，如果采用该电对的标准电极电势，则计算的结果与实际情况就会相差较大。例如，计算 HCl 溶液中 Fe(Ⅲ)/Fe(Ⅱ) 体系的电极电势时，由能斯特方程式得到

$$E(Fe^{3+}/Fe^{2+})=E^{\ominus}(Fe^{3+}/Fe^{2+})+0.059V\lg\frac{a(Fe^{3+})}{a(Fe^{2+})}$$

$$=E^{\ominus}(Fe^{3+}/Fe^{2+})+0.059V\lg\frac{\gamma_{Fe^{3+}}c(Fe^{3+})}{\gamma_{Fe^{2+}}c(Fe^{2+})} \quad (5\text{-}5)$$

Fe^{3+} 易与 H_2O、Cl^- 等发生如下副反应：

$$Fe^{3+}+H_2O\longrightarrow Fe(OH)^{2+}+H^+\xrightarrow{H_2O}Fe(OH)_2^+\cdots\cdots$$

$$Fe^{3+}+Cl^-\rightleftharpoons FeCl^{2+}\xrightarrow{Cl^-}FeCl_2^+\cdots\cdots$$

Fe^{2+} 也可以发生类似的副反应。因此系统中除存在 Fe^{3+}、Fe^{2+} 外，还存在有 $Fe(OH)^{2+}$、$FeCl^{2+}$、$FeCl_6^{3-}$、$FeCl^+$、$FeCl_2$……型体，若用 $c'(Fe^{3+})$ 表示溶液中 Fe^{3+} 的总浓度，$c(Fe^{3+})$

为 Fe^{3+} 的平衡浓度，则

$$c'(Fe^{3+})=c(Fe^{3+})+c(FeOH^{2+})+c(FeCl^{2+})+\cdots\cdots$$

定义 $\alpha_{Fe^{3+}}$ 为 Fe^{3+} 的副反应系数

令：
$$\alpha_{Fe^{3+}}=\frac{c'(Fe^{3+})}{c(Fe^{3+})} \tag{5-6}$$

同样定义 $\alpha_{Fe^{2+}}$ 为 Fe^{2+} 的副反应系数

$$\alpha_{Fe^{2+}}=\frac{c'(Fe^{2+})}{c(Fe^{2+})} \tag{5-7}$$

将式(5-6) 和式(5-7) 代入式(5-5)，得

$$E(Fe^{3+}/Fe^{2+})=E^{\ominus}(Fe^{3+}/Fe^{2+})+0.059\text{Vlg}\frac{\gamma_{Fe^{3+}}\alpha_{Fe^{2+}}c'(Fe^{3+})}{\gamma_{Fe^{2+}}\alpha_{Fe^{3+}}c'(Fe^{2+})} \tag{5-8}$$

式(5-8) 是考虑了氧化型和还愿型物质副反应后的能斯特方程式。但是当溶液的离子强度很大，且副反应很多时，γ 和 α 值不易求得。为此，将式(5-8) 改写为：

$$E(Fe^{3+}/Fe^{2+})=E^{\ominus}(Fe^{3+}/Fe^{2+})+0.059\text{Vlg}\frac{\gamma_{Fe^{3+}}\alpha_{Fe^{2+}}}{\gamma_{Fe^{2+}}\alpha_{Fe^{3+}}}+0.059\text{Vlg}\frac{c'(Fe^{3+})}{c'(Fe^{2+})} \tag{5-9}$$

当 $c'(Fe^{3+})=c'(Fe^{2+})=1\text{mol}\cdot\text{L}^{-1}$ 或 $c'(Fe^{3+})/c'(Fe^{2+})=1$ 时：

$$E(Fe^{3+}/Fe^{2+})=E^{\ominus}(Fe^{3+}/Fe^{2+})+0.059\text{Vlg}\frac{\gamma_{Fe^{3+}}\alpha_{Fe^{2+}}}{\gamma_{Fe^{2+}}\alpha_{Fe^{3+}}}$$

上式中，γ 及 α 在特定条件下是一固定值，因而上式应为一常数，以 $E^{\ominus'}$ 表示之：

$$E^{\ominus'}(Fe^{3+}/Fe^{2+})=E^{\ominus}(Fe^{3+}/Fe^{2+})+0.059\text{Vlg}\frac{\gamma_{Fe^{3+}}\alpha_{Fe^{2+}}}{\gamma_{Fe^{2+}}\alpha_{Fe^{3+}}}$$

式中，$E^{\ominus'}$ 称为条件电极电势（conditional potential）。它是在特定条件下，氧化型和还原型的总浓度均为 $1\text{mol}\cdot\text{L}^{-1}$ 或它们的浓度比为 1 时的实际电极电势，它在条件不变时为一常数，此时式(5-8) 可写作

$$E(Fe^{3+}/Fe^{2+})=E^{\ominus'}(Fe^{3+}/Fe^{2+})+0.059\text{Vlg}\frac{c'(Fe^{3+})}{c'(Fe^{2+})}$$

对于电极反应
$$\text{Ox}+ne^{-}\rightleftharpoons\text{Red}$$

298.15K 时，一般通式为：

$$E=E^{\ominus'}+\frac{0.059V}{n}\lg\frac{c'_{Ox}}{c'_{Red}}$$

条件电极电势的大小，反映了在外界因素的影响下，氧化还原电对的实际氧化还原能力。因此，应用条件电极电势比用标准电极电势能更正确地判断氧化还原反应的方向、次序和反应完成的程度。附录Ⅶ列出了部分氧化还原半反应的条件电极电势，在处理有关氧化还原反应的电势计算时，采用条件电极电势是较为合理的。但由于条件电极电势的数据目前还较少，如没有相同条件下的条件电势，可采用条件相近的条件电势数据，对于没有条件电势的氧化还原电对，则只能采用标准电势。

5.3 氧化还原反应的方向和限度

电极电势的大小，不仅可以反映电对物质的氧化或还原能力的大小，还可以用来确定氧化还原反应进行的方向、次序、程度等。

5.3.1 判断氧化还原反应发生的方向

恒温恒压下，氧化还原反应进行的方向可由反应的吉布斯函数变来判断。

根据 $$\Delta_r G_m = -nFE = -nF[E_{(+)} - E_{(-)}]$$

有：$\Delta_r G_m < 0$；　$E > 0$　即　$E_{(+)} > E_{(-)}$　反应正向进行

$\Delta_r G_m = 0$；　$E = 0$　　$E_{(+)} = E_{(-)}$　反应处于平衡

$\Delta_r G_m > 0$；　$E < 0$　　$E_{(+)} < E_{(-)}$　反应逆向进行

如果是在标准状态下，则可用 $E^{\ominus}$ 进行判断。

所以，在氧化还原反应中，反应物中的氧化剂电对作正极，还原剂电对作负极，比较两电对电极电势值的相对大小即可判断氧化还原反应的方向。例如：

$$2Fe^{3+}(aq) + Sn^{2+}(aq) \rightleftharpoons 2Fe^{2+}(aq) + Sn^{4+}(aq)$$

在标准状态下，反应是从左向右进行还是从右向左进行？可查标准电极电势数据：

$$E^{\ominus}(Sn^{4+}/Sn^{2+}) = 0.151V, \qquad E^{\ominus}(Fe^{3+}/Fe^{2+}) = 0.771V$$

反应中 Fe^{3+}/Fe^{2+} 电对是正极，Sn^{4+}/Sn^{2+} 电对是负极，$E^{\ominus}(Fe^{3+}/Fe^{2+}) > E^{\ominus}(Sn^{4+}/Sn^{2+})$，电动势 $E^{\ominus} > 0$，所以反应自左向右自发进行。

由于电极电势 E 的大小不仅与 $E^{\ominus}$ 有关，还与参与电极反应的物质的浓度、分压、酸度等因素有关，因此，如果有关物质的浓度不是 $1mol \cdot L^{-1}$ 时，则须按能斯特方程分别算出氧化剂和还原剂的电势，然后再根据计算出的电势，判断反应进行的方向。但大多数情况下，可以直接用 $E^{\ominus}$ 值来判断，因为一般情况下，$E^{\ominus}$ 值在 E 中占主要部分，当 $E^{\ominus} > 0.2V$ 时，一般不会因浓度变化而使 $E^{\ominus}$ 值改变符号。而 $E^{\ominus} < 0.2V$ 时，氧化还原反应的方向常因参加反应的物质的浓度、分压和酸度的变化而有可能产生逆转。

例 5-10　判断下列反应能否自发进行

$$Pb^{2+}(aq)(0.10mol \cdot L^{-1}) + Sn(s) \rightleftharpoons Pb(s) + Sn^{2+}(aq)(1.0mol \cdot L^{-1})$$

解：先计算 $E^{\ominus}$

由附录Ⅴ得　$Pb^{2+} + 2e^- \rightleftharpoons Pb$　$E^{\ominus}(Pb^{2+}/Pb) = -0.126V$

$Sn^{2+} + 2e^- \rightleftharpoons Sn$　$E^{\ominus}(Sn^{2+}/Sn) = -0.136V$

在标准状态时，Pb^{2+} 为较强氧化剂，Sn^{2+} 为较强还原剂，因此

$$E^{\ominus} = E^{\ominus}(Pb^{2+}/Pb) - E^{\ominus}(Sn^{2+}/Sn) = -0.126V - (-0.136)V - 0.010V$$

从标准电动势 $E^{\ominus}$ 来看，虽大于零，但数值很小，$E^{\ominus} < 0.2V$，所以浓度改变很可能改变 E 值符号，在这种情况下，必须计算 E 值，才能判别反应进行的方向。

$$E = \left[E^{\ominus}(Pb^{2+}/Pb) + \frac{0.059V}{2}\lg c(Pb^{2+})\right] - \left[E^{\ominus}(Sn^{2+}/Sn) + \frac{0.059V}{2}\lg c(Sn^{2+})\right]$$

$$= E^{\ominus} + \frac{0.059V}{2}\lg\frac{c(Pb^{2+})}{c(Sn^{2+})} = 0.010 + \frac{0.059V}{2}\lg\frac{0.10}{1.0}$$

$$= 0.010 - 0.030 = -0.20V \ (<0)$$

所以，此时反应逆向进行。

不少氧化还原反应有 H^+ 和 OH^- 参加，因此溶液的酸度对氧化还原电对的电极电势也有影响，从而有可能影响反应的方向。例如碘离子与砷酸的反应为：

$$H_3AsO_4(aq) + 2I^-(aq) + 2H^+(aq) \rightleftharpoons HAsO_2(aq) + I_2(s) + 2H_2O(l)$$

已知：

$H_3AsO_4(aq) + 2H^+(aq) + 2e^- \rightleftharpoons HAsO_2(aq) + 2H_2O(l)$　$E^{\ominus}(H_3AsO_4/HAsO_2) = +0.56V$

$$I_2(s)+2e^- \rightleftharpoons 2I^-(aq) \qquad E^{\ominus}(I_2/I^-)=+0.536V$$

从标准电极电势来看，I_2 不能氧化 $HAsO_2$；相反，H_3AsO_4 能氧化 I^-。但 $H_3AsO_4/HAsO_2$ 电对的半反应中有 H^+ 参加，故溶液的酸度对电极电势的影响很大。如果使溶液的 pH≈8.00，即 $c(H^+)$ 由标准状态时的 $1mol \cdot L^{-1}$ 降至 $1.0\times10^{-8}mol \cdot L^{-1}$，而其他物质的浓度仍为 $1mol \cdot L^{-1}$，则

$$E(H_3AsO_4/HAsO_2)=E^{\ominus}(H_3AsO_4/HAsO_2)+\frac{0.059V}{2}\lg\frac{c(H_3AsO_4)\cdot c^2(H^+)}{c(HAsO_2)}$$

$$=0.56V+\frac{0.059V}{2}\lg(1.0\times10^{-8})^2=0.09V$$

而 $E(I_2/I^-)$ 不受 $c(H^+)$ 的影响。这时 $E(I_2/I^-)>E(H_3AsO_4/HAsO_2)$，反应自右向左进行，$I_2$ 能氧化 $HAsO_2$。应注意到，由于此反应的两个电极的标准电极电势相差不大，又有 H^+ 参加反应，所以只要适当改变酸度，就能改变反应的方向。

生产实践中，有时对一个复杂反应系统中的某一（或某些）组分要进行选择性地氧化或还原处理，而要求系统中其他组分不发生氧化还原反应。这就要对各组分有关电对的电极电势进行考查和比较，从而选择合适的氧化剂或还原剂。

例 5-11 在含 Cl^-、Br^-、I^- 三种离子的混合溶液中，欲使 Br^- 氧化为 Br_2，I^- 氧化为 I_2，而不使 Cl^- 氧化，在常用的氧化剂 $KClO_3$ 和 H_2O_2 中，选择哪一种能符合上述要求？

解：由附表Ⅴ查得：

$$E^{\ominus}(I_2/I^-)=0.536V,\ E^{\ominus}(Br_2/Br^-)=1.087V,\ E^{\ominus}(Cl_2/Cl^-)=1.358V$$

$$E^{\ominus}(ClO_3^-/ClO_2^-)=1.210V,\ E^{\ominus}(H_2O_2/H_2O)=1.776V$$

从上述各电对的 $E^{\ominus}$ 值可以看出：

$$E^{\ominus}(I_2/I^-)<E^{\ominus}(Br_2/Br^-)<E^{\ominus}(ClO_3^-/ClO_2^-)<E^{\ominus}(Cl_2/Cl^-)<E^{\ominus}(H_2O_2/H_2O)$$

如果选择 H_2O_2 作氧化剂，在酸性介质中，H_2O_2 能将 Cl^-、Br^-、I^- 氧化成 Cl_2、Br_2、I_2。而选用 $KClO_3$ 作氧化剂，则能符合题意要求。

在实践中常会遇到这样一种情况，在某一水溶液中同时存在着多种离子（如 Fe^{2+}、Cu^{2+}），这些都能和所加入的还原剂（如 Zn）发生氧化还原反应：

$$Zn(s)+Fe^{2+}(aq) \rightleftharpoons Zn^{2+}(aq)+Fe(s)$$

$$Zn(s)+Cu^{2+}(aq) \rightleftharpoons Zn^{2+}(aq)+Cu(s)$$

上述两种离子是同时被还原剂还原，还是按一定的次序先后被还原呢？从标准电极电势数据看：

$$E^{\ominus}(Zn^{2+}/Zn)=-0.763V$$

$$E^{\ominus}(Fe^{2+}/Fe)=-0.440V$$

$$E^{\ominus}(Cu^{2+}/Cu)=+0.337V$$

Fe^{2+}、Cu^{2+} 都能被 Zn 所还原。但是，由于 $E^{\ominus}(Cu^{2+}/Cu)>E^{\ominus}(Fe^{2+}/Fe)$，因此应是 Cu^{2+} 首先被还原。随着 Cu^{2+} 被还原，Cu^{2+} 浓度不断下降，从而导致 $E(Cu^{2+}/Cu)$ 不断减小。当下式成立时：

$$E^{\ominus}(Cu^{2+}/Cu)+\frac{0.059V}{2}\lg c(Cu^{2+})=E^{\ominus}(Fe^{2+}/Fe)$$

Fe^{2+}、Cu^{2+} 将同时被 Zn 还原。根据上述关系式可以计算出当 Fe^{2+}、Cu^{2+} 同时被还原时 Cu^{2+} 的浓度： $\lg c(Cu^{2+})=\frac{2}{0.059V}[E^{\ominus}(Fe^{2+}/Fe)-E^{\ominus}(Cu^{2+}/Cu)]$

$$=\frac{2}{0.059\text{V}}(-0.440-0.337)=-26.33$$

$$c(Cu^{2+})=4.6\times10^{-27}\text{mol}\cdot\text{L}^{-1}$$

通过计算可以看出，当 Fe^{2+} 开始被 Zn 还原时，Cu^{2+} 实际上已被还原完全。

由上例分析可知，在一定条件下，氧化还原反应首先发生在电极电势差值最大的两个电对之间。

当系统中各氧化剂（或还原剂）所对应电对的电极电势相差很大时，控制所加入的还原剂（或氧化剂）的用量，可以达到分离体系中各氧化剂（或还原剂）的目的。例如，在盐化工生产上，从卤水中提取 Br_2、I_2 时，就是用 Cl_2 作氧化剂来先后氧化卤水中的 Br^- 和 I^-，并控制 Cl_2 的用量，以达到分离 I_2 和 Br_2 的目的。

5.3.2 判断氧化还原反应发生的限度（标准平衡常数的计算）

从理论上讲，任何氧化还原反应都可以构成原电池，在一定条件下，当电池的电动势或者说两电极电势的差等于零时，电池反应达到平衡

$$E=E(+)-E(-)=0$$

例如：Cu-Zn 原电池的电池反应为：

$$Zn(s)+Cu^{2+}(aq)\rightleftharpoons Zn^{2+}(aq)+Cu(s)$$

平衡常数
$$K^{\ominus}=\frac{c(Zn^{2+})}{c(Cu^{2+})}$$

这个反应能自发进行。随着反应的进行，Cu^{2+} 浓度不断地减小，而 Zn^{2+} 浓度不断地增大。因而 $E(Cu^{2+}/Cu)$ 不断减小，$E(Zn^{2+}/Zn)$ 不断增大。当两个电对的电极电势相等时，反应进行到了极限，建立了动态平衡。

平衡时，$E(Zn^{2+}/Zn)=E(Cu^{2+}/Cu)$，即

$$E^{\ominus}(Zn^{2+}/Zn)+\frac{0.059\text{V}}{2}\lg c(Zn^{2+})=E^{\ominus}(Cu^{2+}/Cu)+\frac{0.059\text{V}}{2}\lg c(Cu^{2+})$$

$$\frac{0.059\text{V}}{2}\lg\frac{c(Zn^{2+})}{c(Cu^{2+})}=E^{\ominus}(Cu^{2+}/Cu)-E^{\ominus}(Zn^{2+}/Zn)$$

$$\lg\frac{c(Zn^{2+})}{c(Cu^{2+})}=\frac{2}{0.059\text{V}}[E^{\ominus}(Cu^{2+}/Cu)-E^{\ominus}(Zn^{2+}/Zn)]$$

即：
$$\lg K^{\ominus}=\frac{2}{0.059\text{V}}[E^{\ominus}(Cu^{2+}/Cu)-E^{\ominus}(Zn^{2+}/Zn)]$$

$$=\frac{2}{0.059\text{V}}\times[0.337-(-0.763)]=37.3$$

$$K^{\ominus}=2.9\times10^{37}$$

平衡常数 2.9×10^{37} 很大，说明这个反应进行得非常完全。

对任一氧化还原反应：

$$n_2\ 氧化剂_1+n_1\ 还原剂_2\rightleftharpoons n_2\ 还原剂_1+n_1\ 氧化剂_2$$

由式(2-29)：
$$\Delta_r G_m^{\ominus}=-RT\ln K^{\ominus}=-2.303RT\lg K^{\ominus}$$

及式(5-2)：
$$\Delta_r G_m^{\ominus}=-nFE^{\ominus}$$

得：
$$\lg K^{\ominus}=\frac{nFE^{\ominus}}{2.303RT}$$

当 $T=298.15$K 时，有

$$\lg K^{\ominus}=\frac{nE^{\ominus}}{\dfrac{2.303\times 8.314\text{J}\cdot\text{mol}^{-1}\cdot\text{K}^{-1}\times 298.15\text{K}}{96500\text{J}\cdot\text{mol}^{-1}\cdot\text{V}^{-1}}}=\frac{nE^{\ominus}}{0.059\text{V}}=\frac{n(E^{\ominus}_{(+)}-E^{\ominus}_{(-)})}{0.059\text{V}} \tag{5-10}$$

式中，n 为电池反应的电子转移数。从上式可以看出，氧化还原反应平衡常数的大小与 $E^{\ominus}_{(+)}-E^{\ominus}_{(-)}$ 的差值有关，差值越大，$K^{\ominus}$ 值越大，反应进行得越完全。当式(5-10) 中的电极电势 $E^{\ominus}$ 改用条件电极电势，则得到条件平衡常数。

例 5-12 计算下列反应的平衡常数：

$$\text{Ni(s)}+\text{Pb}^{2+}\text{(aq)}\rightleftharpoons\text{Ni}^{2+}\text{(aq)}+\text{Pb(s)}$$

解：

$$E^{\ominus}_{(+)}=E^{\ominus}(\text{Pb}^{2+}/\text{Pb})=-0.126\text{V}$$

$$E^{\ominus}_{(-)}=E^{\ominus}(\text{Ni}^{2+}/\text{Ni})=-0.257\text{V}$$

$$\lg K^{\ominus}=\frac{(E^{\ominus}_{(+)}-E^{\ominus}_{(-)})\times 2}{0.059\text{V}}=\frac{[-0.126-(-0.257)]\times 2}{0.059\text{V}}=4.44$$

$$K^{\ominus}=2.75\times 10^{4}$$

例 5-13 计算下列反应：

$$\text{Zn}+2\text{Ag}^{+}\text{(aq)}\rightleftharpoons 2\text{Ag}+\text{Zn}^{2+}$$

① 在 298.15K 时的平衡常数 $K^{\ominus}$；

② 如果反应开始时，$c(\text{Ag}^{+})=0.10\text{mol}\cdot\text{L}^{-1}$，$c(\text{Zn}^{2+})=0.30\text{mol}\cdot\text{L}^{-1}$，求反应达到平衡时，溶液中剩余的 $c(\text{Ag}^{+})$。

解： ① $E^{\ominus}_{(+)}=E^{\ominus}(\text{Ag}^{+}/\text{Ag})=0.799\text{V}$，$E^{\ominus}_{(-)}=E^{\ominus}(\text{Zn}^{2+}/\text{Zn})=-0.763\text{V}$

$$\lg K^{\ominus}=\frac{(E^{\ominus}_{(+)}-E^{\ominus}_{(-)})n}{0.059\text{V}}=\frac{2\times[0.799-(-0.763)]}{0.059\text{V}}=52.95$$

$$K^{\ominus}=8.9\times 10^{52}$$

② 设达到平衡时 $c(\text{Ag}^{+})=x\,\text{mol}\cdot\text{L}^{-1}$

	$\text{Zn}+2\text{Ag}^{+}\text{(aq)}\rightleftharpoons$	$2\text{Ag}+\text{Zn}^{2+}$
初始浓度/$\text{mol}\cdot\text{L}^{-1}$	0.10	0.30
平衡浓度/$\text{mol}\cdot\text{L}^{-1}$	x	$0.30+\dfrac{0.10-x}{2}$

$$K^{\ominus}=\frac{c(\text{Zn}^{2+})}{c^{2}(\text{Ag}^{+})}=\frac{0.350-\dfrac{x}{2}}{x^{2}}=8.9\times 10^{52}$$

因反应的 $K^{\ominus}$ 非常大，说明 Ag^{+} 几乎 100% 变成为 Ag，所以 Ag^{+} 的平衡浓度 x 很小。

故 $$K^{\ominus}=\frac{0.350-\dfrac{x}{2}}{x^{2}}\approx\frac{0.350}{x^{2}}=8.9\times 10^{52}$$

$$x=1.98\times 10^{-27}\text{mol}\cdot\text{L}^{-1}$$

通过上述讨论，可以看出由电极电势的相对大小能够判断氧化还原反应自发进行的方向、次序和程度。

当把氧化还原反应应用于滴定分析时，要求反应完全程度达到 99.9% 以上，$E^{\ominus'}_{(+)}$ 和 $E^{\ominus'}_{(-)}$ 应相差多大呢？

对任一滴定反应：

$$n_2\,\text{氧化剂}_1 + n_1\,\text{还原剂}_2 \rightleftharpoons n_2\,\text{还原剂}_1 + n_1\,\text{氧化剂}_2$$

此时 $\left[\dfrac{c(\text{还原剂}_1)}{c(\text{氧化剂}_1)}\right]^{n_2} \geqslant \left(\dfrac{99.9}{0.1}\right)^{n_2} \approx 10^{3n_2}$， 同理 $\left[\dfrac{c(\text{氧化剂}_2)}{c(\text{还原剂}_2)}\right]^{n_1} \geqslant 10^{3n_1}$

若 $n=n_1=n_2=1$，代入式(5-10) 得

$$\lg K^{\ominus\prime} = \lg\frac{c(\text{氧化剂}_2)}{c(\text{还原剂}_2)} \times \frac{c(\text{还原剂}_1)}{c(\text{氧化剂}_1)} \geqslant \lg(10^3\times10^3) = \lg 10^6 = \frac{n(E^{\ominus}_{(+)}-E^{\ominus}_{(-)})}{0.059\text{V}}$$

所以 $$E^{\ominus\prime}_{(+)} - E^{\ominus\prime}_{(-)} = \frac{0.059\text{V}}{n}\lg K' \geqslant \frac{0.059\text{V}}{1}\times 6 \approx 0.4\text{V}$$

当两个电对的条件电极电势之差大于 0.4V 时，这样的反应才能用于滴定分析。

5.3.3 计算氧化还原反应的平衡常数（$K^{\ominus}_{a}$ 及 $K^{\ominus}_{sp}$）

(1) 计算 $K^{\ominus}_{a}$

弱酸的解离常数也可以通过测定电池电动势的方法求得。例如，当 HAc 浓度 $c(\text{HAc})=0.10\text{mol}\cdot\text{L}^{-1}$、$p(H_2)=100\text{kPa}$ 时，测得电动势为 0.17V。计算弱酸 HAc 的解离常数 $K^{\ominus}_{a}(\text{HAc})$。可以设计成如下电池：

$$\text{Pt}|H_2(100\text{kPa})|\text{HAc}(1.00\text{mol}\cdot\text{L}^{-1})\,\|\,H^+(1.00\text{mol}\cdot\text{L}^{-1})|H_2(100\text{kPa})|\text{Pt}$$

$$E^{\ominus}_{(+)} = 0.00\text{V}$$

$$E_{(-)} = E^{\ominus}(H^+/H_2) + \frac{0.059\text{V}}{2}\lg c^2(H^+)$$

$$E = E_{(+)} - E_{(-)} = 0.00 - 0.059\text{V}\lg(H^+) = 0.17$$

$$c(H^+) = 1.3\times10^{-3}\text{mol}\cdot\text{L}^{-1}$$

$$K^{\ominus}_{a} = \frac{c(H^+)c(\text{Ac}^-)}{c(\text{HAc})} = \frac{(1.3\times10^{-3})^2}{0.10-1.3\times10^{-3}} = 1.79\times10^{-5}$$

(2) 计算 $K^{\ominus}_{sp}$

用化学分析方法很难直接测定难溶电解质在溶液中的离子浓度，所以很难应用离子浓度来计算 $K^{\ominus}_{sp}$。但可以设计相应的原电池，通过测定电池的电动势来计算 $K^{\ominus}_{sp}$数值。例如，要计算难溶盐 AgCl 的 $K^{\ominus}_{sp}$，可设计如下电池

$$\text{Ag}|\text{AgCl(s)},\ \text{Cl}^-(0.010\text{mol}\cdot\text{L}^{-1})\,\|\,\text{Ag}^+(0.010\text{mol}\cdot\text{L}^{-1})|\text{Ag}$$

由实验测得该电池的电动势为 0.34V。

$$E_{(+)} = E^{\ominus}(\text{Ag}^+/\text{Ag}) + \frac{0.059\text{V}}{n}\lg c(\text{Ag}^+)$$

$$E_{(-)} = E^{\ominus}(\text{Ag}^+/\text{Ag}) + \frac{0.059\text{V}}{n}\lg c(\text{Ag}^+) = E^{\ominus}(\text{Ag}^+/\text{Ag}) + 0.059\text{V}\lg\frac{K^{\ominus}_{sp}(\text{AgCl})}{c(\text{Cl}^-)}$$

$$E = E_{(+)} - E_{(-)} = 0.059\text{V}\lg\frac{c(\text{Ag}^+)_{\text{正}}}{c(\text{Ag}^+)_{\text{负}}} = 0.059\text{V}\lg\frac{0.010\times0.010}{K^{\ominus}_{sp}(\text{AgCl})} = 0.34\text{V}$$

所以 $$K^{\ominus}_{sp}(\text{AgCl}) = 1.7\times10^{-10}$$

不少难溶电解质的 $K^{\ominus}_{sp}$是用这种方法测定的。

5.3.4 计算 pH 值

例如，设某 H^+ 浓度未知的氢电极为：

$$\text{Pt}|H_2(100\text{kPa})|H^+(0.10\text{mol}\cdot\text{L}^{-1},\text{HX})$$

求算弱酸 HX 溶液的 H^+ 浓度，可将它和标准氢电极组成电池，测得电池的电动势，即可求得 H^+ 浓度。若测得电池电动势为 0.168V，即

$$E=E_{(+)}-E_{(-)}=E^{\ominus}(H^+/H_2)-E_{未知}=0.0000V-E_{未知}=0.168V$$

而
$$E_{未知}=E^{\ominus}(H^+/H_2)+\frac{0.059V}{2}\lg\frac{c^2(H^+)}{p(H_2)/p^{\ominus}}$$

$$-0.168V=0.059V\lg c(H^+)$$

$$c(H^+)=1.4\times10^{-3}(mol\cdot L^{-1}),\ pH=2.85$$

5.4 电极电势图及其应用

许多元素可以有多种氧化值，讨论它们各种氧化值的物质在水溶液中稳定性及氧化还原能力时经常用图解的方式。

5.4.1 元素电势图

同一元素的不同氧化态的物质氧化或还原能力是不同的。为了突出表示同一元素各不同氧化态物质的氧化还原能力以及它们相互之间的关系，拉蒂莫尔（Latimer. WM）建议把同一元素的不同氧化态物质，按照其氧化值从左到右降低的顺序排列成以下图式，并在元素的两种氧化态之间的连线上标出对应电对的标准电极电势的数值。

例如：$E_A^{\ominus}/V$

$$Fe^{3+} \xrightarrow{0.771} Fe^{2+} \xrightarrow{-0.440} Fe$$

$E_B^{\ominus}/V$

$$ClO_4^- \xrightarrow{0.36} \underbrace{ClO_3^- \xrightarrow{0.33} ClO_2^- \xrightarrow{0.66} ClO^- \xrightarrow{0.40} Cl_2 \xrightarrow{1.358} Cl^-}_{0.62}$$

这种表示元素各种氧化态之间电极电势变化的关系图，叫做元素标准电极电势图（简称元素电势图）。它清楚地表明了同种元素的不同氧化态其氧化、还原能力的相对大小。其中 $E_A^{\ominus}$ 代表 pH=0 时的标准电极电势，$E_B^{\ominus}$ 代表在 pH=14 时的标准电极电势。

5.4.2 元素电势图的应用

(1) 歧化反应

歧化反应（disproportionation）是一种自身氧化还原反应。例如：

$$2Cu^+ \rightleftharpoons Cu + Cu^{2+}$$

在这一反应中，一部分 Cu^+ 被氧化为 Cu^{2+}，另一部分 Cu^+ 被还原为金属 Cu。当一种元素处于中间氧化态时，它一部分被氧化，另一部分即被还原，这类反应称为歧化反应。

铜的元素电热图为：

$E_A^{\ominus}/V$
$$\underbrace{Cu^{2+} \xrightarrow{0.153} Cu^+ \xrightarrow{0.52} Cu}_{0.337}$$

因为 $E^{\ominus}(Cu^+/Cu)$ 大于 $E^{\ominus}(Cu^{2+}/Cu^+)$，即 $E^{\ominus}(Cu^+/Cu)-E^{\ominus}(Cu^{2+}/Cu^+)=0.521-0.153=0.368(V)>0$，所以 Cu^+ 在水溶液中能自发歧化为 Cu^{2+} 和 Cu。

由个别到一般，歧化反应发生的规律是：当电势图（$M^{2+} \xrightarrow{E_{左}^{\ominus}} M^+ \xrightarrow{E_{右}^{\ominus}} M$）中 $E_{右}^{\ominus} > E_{左}^{\ominus}$ 时。M^+ 容易发生如下歧化反应：

$$2M^+ \Longleftrightarrow M^{2+} + M$$

反之，当 $E_{左}^{\ominus} > E_{右}^{\ominus}$ 时，M^+ 虽处于中间氧化值，也不能发生歧化反应，而逆向反应则是自发的，即发生如下反应：

$$M^{2+} + M \Longleftrightarrow 2M^+$$

（2）计算标准电极电势

利用元素电势图，根据相邻电对的已知标准电极电势，可以求算任一未知电对的标准电极电势。假设有下列元素电势图：

$$A \xrightarrow[n_1]{E_1^{\ominus}} B \xrightarrow[n_2]{E_2^{\ominus}} C$$
$$\underset{n_3}{\overset{E_3^{\ominus}}{\longleftrightarrow}}$$

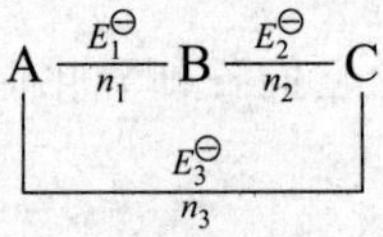

将这三个电对分别与氢电极组成原电池，电池反应的标准摩尔吉布斯函数变分别为

$$A + n_1/2H_2 \Longrightarrow B + n_1 H^+ \qquad \Delta_r G_m^{\ominus}(1) = -n_1 F E_1^{\ominus} \tag{1}$$

$$B + n_2/2H_2 \Longrightarrow C + n_2 H^+ \qquad \Delta_r G_m^{\ominus}(2) = -n_2 F E_2^{\ominus} \tag{2}$$

$$A + (n_1 + n_2)/2H_2 \Longrightarrow C + (n_1 + n_2)H^+ \qquad \Delta_r G_m^{\ominus}(3) = -(n_1 + n_2)F E_3^{\ominus} \tag{3}$$

由于
$$\Delta_r G_m^{\ominus}(3) = \Delta_r G_m^{\ominus}(1) + \Delta_r G_m^{\ominus}(2)$$
因此
$$-(n_1 + n_2)E_3^{\ominus} = -n_1 E_1^{\ominus} - n_2 E_2^{\ominus}$$
$$E_3^{\ominus} = \frac{n_1 E_1^{\ominus} + n_2 E_2^{\ominus}}{n_1 + n_2}$$

若有 i 个相邻的电对，则：

$$E^{\ominus} = \frac{n_1 E_1^{\ominus} + n_2 E_2^{\ominus} + \cdots + n_i E_i^{\ominus}}{n_1 + n_2 + \cdots + n_i} \tag{5-11}$$

式中，n_1、n_2、n 分别代表各电对内转移的电子数。

例 5-14 根据下面列出的酸性溶液中锰元素的电势图：

$E_B^{\ominus}/V$

$$MnO_4^- \xrightarrow{0.5545} MnO_4^{2-} \longrightarrow MnO_2 \longrightarrow Mn^{3+} \xrightarrow{1.510} Mn^{2+}$$
$$\underset{1.700}{\longleftrightarrow} \qquad \qquad \underset{1.229}{\longleftrightarrow}$$

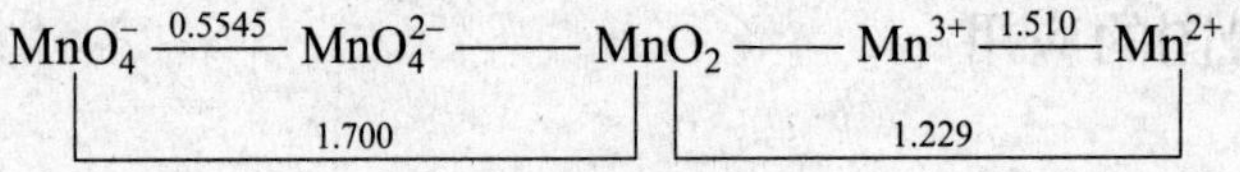

求 $E^{\ominus}(MnO_4^{2-}/MnO_2)$ 和 $E^{\ominus}(MnO_2/Mn^{3+})$。

解：根据式(5-11)

$$E^{\ominus}(MnO_4^{2-}/MnO_2) = \frac{1}{2} \times [3E^{\ominus}(MnO_4^-/MnO_2^{2-}) - E^{\ominus}(MnO_4^-/MnO_4^{2-})]$$

$$= \frac{1}{2} \times (3 \times 1.700V - 0.5545V) = 2.27V$$

$$E^{\ominus}(MnO_2/Mn^{3+}) = 2E^{\ominus}(MnO_2/Mn^{2+}) - E^{\ominus}(Mn^{3+}/Mn^{2+})$$
$$= 2 \times 1.229V - 1.510V = 0.948V$$

（3）了解元素的氧化还原特性

根据元素电势图，不仅可以阐明某元素的中间氧化态能否发生歧化反应，还可以全面地描绘出某一元素的一些氧化还原特性。例如，金属铁在酸性介质中的元素电势图为：

$E_A^{\ominus}/V$

$$Fe^{3+} \xrightarrow{0.771} Fe^{2+} \xrightarrow{-0.440} Fe$$

利用此电势图，可以预测金属铁在酸性介质中的一些氧化还原特性。因为 $E^{\ominus}(Fe^{2+}/Fe)$ 为负值，而 $E^{\ominus}(Fe^{3+}/Fe^{2+})$ 为正值，故在稀盐酸或稀硫酸等非氧化性稀酸中 Fe 主要被氧化为 Fe^{2+} 而非 Fe^{3+}。

$$Fe(s) + 2H^+(aq) \rightleftharpoons Fe^{2+}(aq) + H_2(g)$$

但是在酸性介质中，Fe^{2+} 是不稳定的，易被空气中的氧气所氧化。

因为 $Fe^{3+}(aq) + e^- \rightleftharpoons Fe^{2+}(aq)$　　$E^{\ominus}(Fe^{3+}/Fe^{2+}) = 0.771V$

$O_2(g) + 4H^+(aq) + 4e^- \rightleftharpoons 2H_2O(l)$　　$E^{\ominus}(O_2/H_2O) = 1.229V$

所以 $4Fe^{2+}(aq) + O_2(g) + 4H^+(aq) \rightleftharpoons 4Fe^{3+}(aq) + 2H_2O(l)$

由于 $E^{\ominus}(Fe^{2+}/Fe) < E^{\ominus}(Fe^{3+}/Fe^{2+})$，故 Fe^{2+} 不会发生歧化反应，却可以发生逆歧化反应：

$$Fe(s) + 2Fe^{3+}(aq) \rightleftharpoons 3Fe^{2+}(aq)$$

因此，在 Fe^{2+} 盐溶液中，加入少量金属铁，能避免 Fe^{2+} 被空气中的氧气氧化为 Fe^{3+}。

由此可见，在酸性介质中 Fe 最稳定的氧化态是 Fe^{3+}。

5.5 影响氧化还原反应速率的因素

通过标准电极电势及条件电极电势，可以判断氧化还原反应进行的方向、次序和程度，但这只是说明了氧化还原反应进行的可能性，并没考虑反应速率的快慢。实际上，由于氧化还原反应的机理比较复杂，各种反应的反应速率差别很大。有的反应速率较快，有的反应速率较慢，有的反应，虽然从理论上看是可以进行的，但实际上几乎察觉不到反应的进行，例如：

$O_2(g) + 4H^+(aq) + 4e^- \rightleftharpoons 2H_2O(l)$　　$E^{\ominus}(O_2/H_2O) = 1.229V$

$2H^+(aq) + 2e^- \rightleftharpoons H_2(g)$　　$E^{\ominus}(H^+/H_2) = 0.0000V$

从标准电极电势来看，可以发生下列反应：

$$H_2(g) + \frac{1}{2}O_2(g) \rightleftharpoons H_2O(l)$$

实际上，在常温常压下几乎观察不到反应的进行，只有在点火或存在催化剂的条件下，反应才能很快进行。因此，对于氧化还原反应，不仅要从反应的平衡常数来判断反应的可能性，还要从反应速率来考虑反应的现实性。滴定分析要求反应能快速进行，所以必须考虑氧化还原反应的速率。

5.5.1 氧化还原反应的复杂性

氧化还原反应是电子转移的反应，电子的转移往往会遇到阻力，例如溶液中的溶剂分子和各种配位体的阻碍，物质之间的静电作用力等。而且发生氧化还原反应后，因元素的氧化态发生变化，不仅使原子或离子的电子层结构发生变化，而且化学键的性质和物质组成也会发生变化。例如，MnO_4^- 被还原为 Mn^{2+} 时，从原来带负电荷的含氧酸根转化为简单的带正电荷的水合离子，结构发生了很大改变，这可能是造成氧化还原反应速率缓慢的一种主要原因。

另外，氧化还原反应的机理比较复杂，例如，$Cr_2O_7^{2-}$ 和 Fe^{2+}的反应

$$Cr_2O_7^{2-}(aq)+6Fe^{2+}(aq)+14H^+(aq) \rightleftharpoons 2Cr^{3+}(aq)+6Fe^{3+}(aq)+7H_2O(l)$$

化学反应方程式只表示了反应的始态和终态，实际上该反应是分步进行的。在这一系列的反应中，只要有一步反应是慢的，反应的总速率就会受到影响。因为反应一定要有分子或离子相互碰撞后才能发生，而碰撞的概率和参加反应的分子或离子数有关，所以反应有的快有的慢。例如，反应

$$Fe^{2+}(aq)+Ce^{4+}(aq) \rightleftharpoons Fe^{3+}(aq)+Ce^{3+}(aq)$$

是双分子反应，在 Fe^{2+}和 Ce^{4+}相互碰撞后，就可能发生反应，反应的概率比较大。而三分子反应：

$$2Fe^{3+}(aq)+Sn^{2+}(aq) \rightleftharpoons 2Fe^{2+}(aq)+Sn^{4+}(aq)$$

要求 2 个 Fe^{3+}和 1 个 Sn^{2+}同时碰撞后才可能发生反应，它们在空间某一点上碰撞的概率要比双分子反应小得多，更多分子和离子之间同时碰撞而发生反应的概率更小。

5.5.2 影响氧化还原反应速率的因素

(1) 浓度

根据质量作用定律，反应速率与反应物浓度幂的乘积呈正比。但是许多氧化还原反应是分步进行的，整个反应的速率由最慢的一步决定，所以不能笼统地按总的氧化还原反应方程式中各反应物的计量数来判断其浓度对反应速率的影响程度。但一般来说，增加反应物浓度可以加速反应进行。例如用 $K_2Cr_2O_7$ 标定 $Na_2S_2O_3$ 溶液的反应如下：

$$Cr_2O_7^{2-}(aq)+6I^-(aq)+14H^+(aq) \rightleftharpoons 2Cr^{3+}(aq)+3I_2(s)+7H_2O(l) \quad (慢)$$

$$I_2(s)+2S_2O_3^{2-}(aq) \rightleftharpoons 2I^-(aq)+S_4O_6^{2-}(aq) \quad (快)$$

以淀粉为指示剂，用 $Na_2S_2O_3$ 溶液滴定到 I_2 与淀粉生成的蓝色消失为止。但因有 Cr^{3+}存在，干扰终点颜色的观察，所以最好在稀溶液中滴定。但不能过早稀释溶液，因第一步反应较慢，必须在较浓的 $Cr_2O_7^{2-}$ 溶液中，使反应较快进行。经一段时间第一步反应进行完全后，再将溶液冲稀，以 $Na_2S_2O_3$ 滴定。对于有 H^+ 参加的反应，提高酸度也能加速反应。例如，$K_2Cr_2O_7$ 与 KI 的反应，提高 I^-和 H^+的浓度均能加速反应。

(2) 温度

温度对反应速率的影响是比较复杂的。对大多数反应来说，升高温度可以提高反应速率。例如，在酸性溶液中 MnO_4^- 和 $C_2O_4^{2-}$ 的反应。

$$2MnO_4^-(aq)+5C_2O_4^{2-}(aq)+16H^+(aq) \rightleftharpoons 2Mn^{2+}(aq)+10CO_2(g)+8H_2O(l)$$

在室温下，反应速率很慢，加热能加快此反应的进行。但温度不能过高，因 $H_2C_2O_4$ 在高温时会分解，通常将溶液加热至 75～85℃。所以在增加温度来加快反应速率时，还应注意其他一些不利因素。例如 I_2 有挥发性，加热溶液会引起 I_2 挥发损失；有些物质如 Fe^{2+}、Sn^{2+}等加热时会促进它们被空气中的 O_2 所氧化，从而引起误差。

(3) 催化剂

催化剂对反应速率有很大的影响。例如在酸性介质中，用过二硫酸铵氧化 Mn^{2+}的反应。

$$2Mn^{2+}(aq)+5S_2O_8^{2-}(aq)+8H_2O(l) \rightleftharpoons 2MnO_4^-(aq)+10SO_4^{2-}(aq)+16H^+(aq)$$

必须有 Ag^+ 作催化剂反应才能迅速进行。还有如 MnO_4^- 与 $C_2O_4^{2-}$ 之间的反应，Mn^{2+}的存在也能催化反应迅速进行。由于 Mn^{2+}是反应的生成物之一，所以这种反应称为自催化反应(self-catalyzed reaction)。此反应在开始时，由于溶液中无 Mn^{2+}，虽然加热到 75～85℃，

反应进行得仍较为缓慢，MnO_4^- 褪色很慢。但反应开始后，一旦溶液中产生了 Mn^{2+}，反应速率就大为加快。

(4) 诱导作用

在氧化还原反应中，不仅催化剂能影响反应速率，而且有的氧化还原反应也能加速另一种氧化还原反应的进行，这种现象称为诱导作用。

例如，下一反应在一般条件下进行较慢

$$2MnO_4^-(aq)+10Cl^-(aq)+16H^+(aq) \rightleftharpoons 2Mn^{2+}(aq)+5Cl_2(g)+8H_2O(l)$$

但当有 Fe^{2+} 存在时，Fe^{2+} 与 MnO_4^- 的氧化还原反应可加速此反应：

$$MnO_4^-(aq)+5Fe^{2+}(aq)+8H^+(aq) \rightleftharpoons Mn^{2+}(aq)+5Fe^{3+}(aq)+4H_2O(l)$$

Fe^{2+} 和 MnO_4^- 之间的反应称为诱导反应，MnO_4^- 和 Cl^- 的反应称受诱反应。Fe^{2+} 称为诱导体，MnO_4^- 称为作用体，Cl^- 称为受诱体。

诱导反应与催化反应不同。在催化反应中，催化剂参加反应后恢复其原来的状态。而在诱导反应中，诱导体参加反应后变成了其他物质。诱导反应的发生，是由于反应过程中形成的不稳定的中间产物具有更强的氧化能力。例如 $KMnO_4$ 氧化 Fe^{2+} 诱导了 Cl^- 的氧化，是由于 MnO_4^- 氧化 Fe^{2+} 的过程中形成了一系列锰的中间产物 Mn(Ⅵ)、Mn(Ⅴ)、Mn(Ⅳ)、Mn(Ⅲ) 等，它们能与 Cl^- 起反应，因而出现诱导作用。如果在溶液中加入过量的 Mn^{2+}，Mn^{2+} 能使 Mn(Ⅶ) 迅速转变为 Mn(Ⅲ)，而此时又因溶液中有大量 Mn^{2+}，降低了 Mn(Ⅲ)/Mn(Ⅱ) 电对的电势，从而使 Mn(Ⅲ) 只能与 Fe^{2+} 起反应而不与 Cl^- 起反应，这样就阻止受诱反应的发生，使 MnO_4^- 不能氧化 Cl^-。

因此，为了使氧化还原反应能按所需方向定量、迅速地进行完全，选择和控制适当的反应条件（包括温度、酸度和添加某些试剂等）是十分重要的。

习 题

1. 求下列物质中元素的氧化值：

(1) $Cr_2O_7^{2-}$ 中的 Cr　　(2) MnO_4^{2-} 中的 Mn

(3) Na_2O_2 中的 O　　(4) $H_2C_2O_4 \cdot 2H_2O$ 中的 C

2. 下列反应中，哪些元素的氧化值发生了变化？并标出氧化值的变化情况。

(1) $Cl_2(g)+H_2O(l) = HClO(aq)+HCl(aq)$

(2) $Cl_2(g)+H_2O_2(l) = 2HCl(aq)+O_2(g)$

(3) $Cu(s)+2H_2SO_4$(浓,aq)$ = CuSO_4(aq)+SO_2(g)+2H_2O(l)$

(4) $K_2Cr_2O_7(aq)+6KI(aq)+14HCl(aq) = 2CrCl_3(aq)+3I_2(s)+7H_2O(l)+8KCl(aq)$

3. 用离子电子法配平下列在碱性介质中的反应式

(1) $Br_2(l)+OH^-(aq) \longrightarrow BrO_3^-(aq)+Br^-(aq)$

(2) $Zn(s)+ClO^-(aq)+OH^-(aq) \longrightarrow [Zn(OH)_4]^{2-}(aq)+Cl^-(aq)+H_2O(l)$

(3) $MnO_4^-(aq)+SO_3^{2-}(aq) \longrightarrow MnO_4^{2-}(aq)+SO_4^{2-}(aq)$

(4) $H_2O_2(l)+Cr(OH)_4^-(aq) \longrightarrow CrO_4^{2-}(aq)+H_2O(l)$

4. 用离子电子法配平下列在酸性介质中的反应式

(1) $S_2O_8^{2-}(aq)+Mn^{2+}(aq) \longrightarrow MnO_4^-(aq)+SO_4^{2-}(aq)$

(2) $PbO_2(s)+HCl(aq) \longrightarrow PbCl_2(aq)+Cl_2(g)+H_2O(l)$

(3) $ClO_3^-(aq)+Fe^{2+}(aq)+H^+(aq) \longrightarrow Cl^-(aq)+Fe^{3+}(aq)+H_2O(l)$

(4) $I_2(s)+H_2S(g) \longrightarrow I^-(aq)+S(s)$

5. Diagram galvanic cells that have the following net reactions.

(1) $Fe(s)+Cu^{2+}(aq) = Fe^{2+}(aq)+Cu(s)$

(2) $Ni(s)+Pb^{2+}(aq) = Ni^{2+}(aq)+Pb(s)$

(3) $Cu(s)+2Ag^+(aq) = Cu^{2+}(aq)+2Ag(s)$

(4) $Sn(s)+2H^+(aq) = Sn^{2+}(aq)+H_2(s)$

6. 下列物质在一定条件下都可以作为还原剂：$SnCl_2$、$FeCl_2$、KI、Zn、H_2、Mg、Al、H_2S。试根据酸性介质中标准电极电势的数据，把它们按还原能力的大小排列成序，并写出其相应的氧化产物。

7. Calculate the potential of a cell made with a standard bromine electrode as the anode and a standard chlorine electrode as the cathode..

8. Calculate the potential of a cell based on the following reactions at standard conditions.

(1) $2H_2S(g)+H_2SO_3(aq) \longrightarrow 3S(s)+3H_2O(l)$

(2) $2Br^-(aq)+2Fe^{3+}(aq) \longrightarrow Br_2(l)+2Fe^{2+}(aq)$

(3) $Zn(s)+Fe^{2+}(aq) \longrightarrow Fe(s)+Zn^{2+}(aq)$

(4) $2MnO_4^-(aq)+5H_2O_2(l)+6HCl(aq) \longrightarrow 2MnCl_2(aq)+2KCl(aq)+8H_2O(l)+5O_2(g)$

9. 已知 $MnO_4^-(aq)+8H^+(aq)+5e^- = Mn^{2+}(aq)+4H_2O(l)$　　$E^\ominus=1.51V$

$Fe^{3+}(aq)+e^- = Fe^{2+}(aq)$　　$E^\ominus=0.771V$

(1) 判断下列反应的方向：

$$MnO_4^-(aq)+5Fe^{2+}(aq)+8H^+(aq) \longrightarrow Mn^{2+}(aq)+4H_2O(l)+5Fe^{3+}(aq)$$

(2) 将这两个半电池组成原电池，用电池符号表示该原电池的组成，标明电池的正、负极，并计算其标准电动势。

(3) 当氢离子浓度为 $10mol \cdot L^{-1}$，其他各离子浓度均为 $1mol \cdot L^{-1}$时，计算该电池的电动势。

10. 已知下列电池 $(-)Zn|Zn^{2+}(x\,mol \cdot L^{-1}) \| Ag^+(0.1mol \cdot L^{-1})|Ag(+)$ 的电动势 $E=1.51V$，求 Zn^{2+} 的浓度。

11. 当 HAc 浓度为 $0.10mol \cdot L^{-1}$，$p(H_2)=100kPa$，测得 $E(HAc/H_2)=-0.17V$。求溶液中 H^+ 的浓度和 HAc 的解离常数 $K_a^\ominus$。

12. 在 298K 时的标准状态下，MnO_2 和 HCl 反应能否制得 Cl_2？如果改用 $12mol \cdot L^{-1}$ 的浓 HCl 呢？（设其他物质仍处在标准状态）

13. 为了测定 $PbSO_4$ 的溶度积，设计了下列原电池

$$(-)Pb|PbSO_4|SO_4^{2-}(1.0mol \cdot L^{-1}) \| Sn^{2+}(1.0mol \cdot L^{-1})|Sn(+)$$

在 25℃时测得电池电动势 $E^\ominus=0.22V$，求 $PbSO_4$ 溶度积常数 $K_{sp}^\ominus$。

14. 利用下述电池可以测定溶液中 Cl^- 的浓度，当用这种方法测定某地下水含 Cl^- 量时，测得电池的电动势为 0.280V，求某地下水中 Cl^- 的含量。

$$(-)Hg|Hg_2Cl_2|KCl(饱和) \| Cl^-|AgCl|Ag(+)$$

15. 根据标准电极电势计算 298K 时下列电池的电动势及电池反应的平衡常数：

(1) (−)Pb|Pb^{2+}(0.10mol·L^{-1}) ‖ Cu^{2+}(0.50mol·L^{-1})|Cu(+)

(2) (−)Sn|Sn^{2+}(0.050mol·L^{-1}) ‖ H^+(1.0mol·L^{-1})|H_2(10^5Pa)Sn(+)

(3) (−)Pt,H_2(10^5Pa)|H^+(1.0mol·L^{-1}) ‖ Sn^{4+}(0.50mol·L^{-1}),Sn^{2+}(0.10mol·L^{-1})|Pt(+)

(4) (−)Pt,H_2(10^5Pa)|H^+(0.010mol·L^{-1}) ‖ H^+(1.0mol·L^{-1})|H_2(10^5Pa),Pt(+)

16. 下列三个反应：

(1) $A+B^+ \longrightarrow A^+ + B$

(2) $A+B^{2+} \longrightarrow A^{2+} + B$

(3) $A+B^{3+} \longrightarrow A^{3+} + B$

的平衡常数值相同，判断下述哪一种说法正确？

(a) 反应 (1) 的 $E^{\ominus}$ 值最大而反应 (3) 的 $E^{\ominus}$ 值最小；

(b) 反应 (3) 的 $E^{\ominus}$ 值最大；

(c) 不明确 A 和 B 性质的条件下无法比较 $E^{\ominus}$ 值的大小；

(d) 三个反应的 $E^{\ominus}$ 值相同。

17. 试根据下列元素电势图回答 Cu^+、Ag^+、Au^+、Fe^{2+} 等哪些能发生歧化反应。

$E_A^{\ominus}$/V

$$Cu^{2+} \xrightarrow{0.1583} Cu^+ \xrightarrow{0.521} Cu$$

$$Ag^{2+} \xrightarrow{2.00} Ag^+ \xrightarrow{0.7996} Ag$$

$$Au^{2+} \xrightarrow{1.29} Au^+ \xrightarrow{1.68} Au$$

$$Fe^{3+} \xrightarrow{0.771} Fe^{2+} \xrightarrow{-0.447} Fe$$

18. 已知下列标准电极电势

$$Cu^{2+}(aq)+2e^- \longrightarrow Cu(s) \qquad E^{\ominus}=0.34V$$

$$Cu^{2+}(aq)+e^- \longrightarrow Cu^+(aq) \qquad E^{\ominus}=0.158V$$

(1) 计算反应 $Cu(s)+Cu^{2+}(aq) \longrightarrow 2Cu^+(aq)$ 的平衡常数。

(2) 已知 $K_{sp}^{\ominus}(CuCl)=1.2\times10^{-6}$，试计算下面反应的平衡常数：

$$Cu(s)+Cu^{2+}(aq)+2Cl^-(aq) \longrightarrow 2CuCl(s)$$

19. Calculate the $\Delta_r G_m^{\ominus}$ at 25℃ for the reaction

$$Cd(s)+Pb^{2+}(aq) \longrightarrow Cd^{2+}(aq)+Pb(s)$$

20. Calculate the potential at 25℃ for the cell

(−)Cd|Cd^{2+}(2.00mol·L^{-1}) ‖ Pb^{2+}(0.0010mol·L^{-1})|Pb(+)

第6章

原子结构

(Atomic Structure)

学习要求

1. 理解原子核外电子运动的特性；了解波函数表达的意义；掌握四个量子数的符号和表示的意义及其取值规律；掌握原子轨道和电子云的角度分布图。

2. 掌握多电子原子核外电子排布原则及方法；掌握常见元素的电子结构式；理解核外电子排布和元素周期系之间的关系；了解有效核电荷、电离能、电子亲和能、电负性、原子半径的概念。

3. 了解元素的分布及其分类。

4. 掌握 d 区、ds 区元素性质的一般规律。

在讨论化学反应的基本原理时，主要从宏观（大量分子、原子的聚集体）角度讨论了化学变化中质量、能量变化的关系，解释了为什么有的反应在一定条件下能自发正向进行，而有的则非自发。从微观的角度上看，化学变化的实质是物质的化学组成、结构发生了变化。在化学变化中，原子核并不发生变化，而只是核外电子运动状态发生了改变。因此要深入理解化学反应中的能量变化，阐明化学反应的本质，了解物质的结构与性质的关系，预测新物质的合成等，首先必须了解原子结构，在掌握原子结构知识的基础上，学习元素化学。

人们对原子、分子的认识要比对宏观物体的认识艰难得多。因为原子、分子等粒子过于微小，人们只能通过观察宏观实验现象，经过推理去认识它们。所以，人们对它们的认识过程实际上是根据科学实验不断创立、完善模型的过程。按其历史顺序，大致可分为如下几个重要阶段：经典原子模型（卢瑟福模型）的建立、微观粒子能量量子化规律的发现、氢原子玻尔（N. Bohr）理论的提出、近代量子力学原子结构理论的建立与完善。

自然界中的物体，无论是宏观的天体还是微观的分子，无论是有生命的有机体还是无生命的无机体，都是由化学元素组成的。到 20 世纪末，人们已发现了自然界存在的全部 92 种化学元素，加上用粒子加速器人工制造的化学元素，目前总数已达 117 种。物质由分子（离子）或分子簇组成，分子由原子组成。

19 世纪初，道尔顿（Dalton）提出了物质结构的原子论，他认为物质是由“原子”构成的，“原子是不可分割的最小微粒”。直到发现了电子、X 射线和放射现象，人们才舍弃这一观念。

1897 年，汤姆生（Thomson）发现了电子。1904 年，他提出正电荷均匀分布的原子模型。

1911 年，卢瑟福（E. Rutherford）通过 α 粒子的散射实验提出了含核原子模型（称卢瑟福模型）：原子是由带负电荷的电子与带正电荷的原子核组成。原子是电中性的。原子核由带正电荷的质子和不带电荷的中子组成。电子、质子、中子等称为基本粒子。电子质量相对于中子、质子要小得多，如果忽略不计，原子相对质量的整数部分就等于质子相对质量（取整数）与中子相对质量（取整数）之和，这个数值叫做质量数。

元素是具有相同质子数的同一类原子的总称。具有一定数目的质子和中子的原子称为核素，即具有一定的原子核的元素。同一元素的不同核素互称同位素。例如氢元素有 $^{1}_{1}H$（氕）、$^{2}_{1}H$（氘）、$^{3}_{1}H$（氚）3 种同位素，氘、氚是制造氢弹的材料。元素铀（U）有 $^{234}_{92}U$、$^{235}_{92}U$、$^{238}_{92}U$ 3 种同位素，$^{235}_{92}U$ 是制造原子弹的材料和核反应堆的燃料。

6.1　核外电子运动状态的描述

6.1.1　微观粒子能量的量子化规律

微观粒子的运动规律有别于宏观物体，经典物理不能解释卢瑟福提出的原子结构的含核模型。

(1) 氢原子光谱

太阳或白炽灯发出的白光，通过三角棱镜的分光作用，可分出红、橙、黄、绿、青、蓝、紫等波长的光谱，这种光谱叫连续光谱（continuous spectrum）。而诸如气体原子（离子）受激发后则产生不同种类的光线，这些光经过三角棱镜分光后，得到分立的、彼此间隔的线状光谱（line spectrum），或称原子光谱（atomic spectrum）。相对于连续光谱，原子光谱为不连续光谱（uncontinuous spectrum）。任何原子被激发后都能产生原子光谱，光谱中每条谱线表征光的相应波长和频率。不同的原子有各自不同的特征光谱。氢原子光谱是最简单的原子光谱。例如氢原子光谱中从红外区到紫外区，呈现多条具有特征频率的谱线。1913 年，瑞典物理学家里德堡（J. R. Rydberg）仔细测定了氢原子光谱可见光区各谱线的频率，找出了能概括谱线之间普遍关系的公式——里德堡公式：

$$\nu = R_\infty \left(\frac{1}{n_1^2} - \frac{1}{n_2^2}\right) \tag{6-1}$$

式中，n_1、n_2 为正整数，且 $n_2 > n_1$，$R_\infty = 3.289 \times 10^{15}\ \mathrm{s^{-1}}$，称里德堡常量。在可见光区❶（波长 $\lambda = 400 \sim 760\mathrm{nm}$）有 4 条颜色不同的亮线，如图 6-1 所示。

把 $n_1 = 2$，$n_2 = 3$、4、5、6，分别代入式(6-1)，可算出可见光区 4 条谱线的频率。如 $n_2 = 3$ 时，有

$$\nu = 3.289 \times 10^{15} \times \left(\frac{1}{2^2} - \frac{1}{3^2}\right)\ \mathrm{s^{-1}} = 0.457 \times 10^{15}\ \mathrm{s^{-1}}$$

$$\lambda = \frac{c}{\nu} = \frac{2.998 \times 10^8\ \mathrm{m \cdot s^{-1}}}{0.457 \times 10^{15}\ \mathrm{s^{-1}}} = 656 \times 10^{-9}\ \mathrm{m} = 656\mathrm{nm}(\mathrm{H_\alpha}\ 线)$$

当 $n_1 = 1$，$n_2 > 1$ 或 $n_1 = 3$，$n_2 > 3$ 时，可分别求得氢原子在紫外区和红外区的谱线的频率。

---

❶ 氢原子光谱有紫外区的莱曼（Lyman）系、可见光区的巴尔末（Balmer）系、近红外的帕邢（Paschen）系和远红外的布拉开（Brackett）和普丰德（Pfund）系，按发现者的姓氏命名。

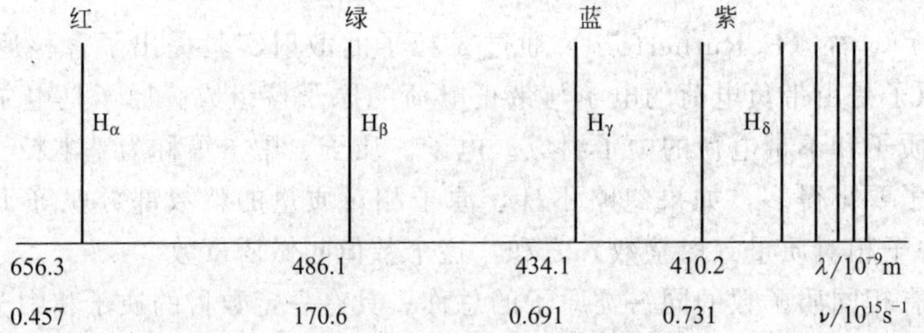

图 6-1　氢原子光谱

氢原子光谱为何是不连续的？氢原子光谱为何符合里德堡公式？这些问题直到 1913 年在丹麦青年物理学家玻尔提出原子结构新理论后才得以解决。

(2) 玻尔理论

玻尔在普朗克（Planck）量子论的启发下，借鉴了爱因斯坦（Einstein）的光子学说，提出了原子模型（称玻尔模型）。

① 氢原子中，电子可处于多种稳定的能量状态（这些状态叫定态），每一种可能存在的定态，其能量大小必须满足

$$E_n = -2.179 \times 10^{-18} \frac{1}{n^2}\,\mathrm{J}^{❶} \tag{6-2}$$

式中，负号表示氢原子核对电子的吸引；n 为任意正整数 1，2，3…，$n=1$ 即氢原子处于能量最低的状态（称基态），其余为激发态。

② n 值愈大，表示电子离核愈远，能量就愈高。$n=\infty$ 时，意即电子不再受原子核产生的势场的吸引，离核而去，这一过程叫电离。n 值的大小表示氢原子的能级高低。

③ 电子处于定态时的原子并不辐射能量，电子由一种定态（能级）跃迁到另一种定态（能级），在此过程中以电磁波的形式放出或吸收辐射能（$h\nu$），辐射能的频率取决于两定态能级之间的能量之差：

$$\Delta E = h\nu \tag{6-3}$$

由高能态跃迁到低能态（$\Delta E > 0$）则放出辐射能，反之，则吸收辐射能。氢原子能级与氢原子光谱之间的关系见图 6-2。

玻尔还求得氢原子基态时电子离核的距离 $r=52.9\mathrm{pm}$，通常称为玻尔半径，以 a_0 表示。

原子中电子的能量状态不是任意的，而是有一定条件的，它具有微小而分立的能量单位——量子（quantum）（$h\nu$）。也就是说，物质吸收或放出能量就像物质微粒一样，只能以单个的、一定分量的能量，一份一份地按照这一基本分量（$h\nu$）的倍数吸收或放出能量，即能量是量子化的。由于原子的两种定态能级之间的能量差也不是任意的，即能量是量子化的，不连续的，由此产生的原子光谱必然是分立的，不连续的。

玻尔理论在原子中引入能级的概念，成功地解释了氢原子光谱，在原子结构理论发展中起了重要作用。但是，玻尔理论提出的原子模型是有局限性的，它不能说明多电子原子光谱，也不能说明氢原子光谱的精细结构。这是由于电子是微观粒子，不同于宏观物体，电子运动不遵守经典力学的规律，而有它特有的规律。

---

❶ 玻尔模型中把完全脱离原子核的电子的能量定为零，即 $E_\infty = 0\ \mathrm{J}$。

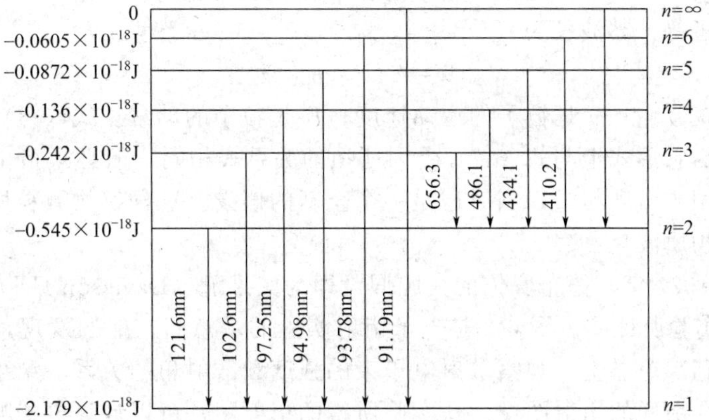

图 6-2 氢原子光谱与能级的关系

微观粒子的能量及其他物理量具有量子化的特征是一切微观粒子的共性，是区别于宏观物体的重要特性之一。

例 6-1 请计算氢原子的第一电离能是多少？

解：

$$\Delta E = E_\infty - E_1 = h\nu$$

$$\nu = 3.289\times10^{15}\times\left(\frac{1}{1^2}-\frac{1}{\infty^2}\right)\mathrm{s}^{-1}$$

$$\Delta E = h\times3.289\times10^{15}\,\mathrm{s}^{-1} = R_\mathrm{H} = 2.179\times10^{-18}\,\mathrm{J} = I_1$$ （氢原子的第一电离能）

6.1.2 微观粒子（电子）的运动特征

与宏观物体相比，分子、原子、电子等物质称为微观粒子，有其自身特有的运动特征和规律，即波粒二象性，体现在量子化及统计性。

(1) 微观粒子的波粒二象性

① 光的波粒二象性 关于光的本质，是波还是微粒的问题，在 17～18 世纪一直争论不休。光的干涉、衍射现象表现出光的波动性，而光压、光电效应则表现出光的粒子性，说明光既具有波的性质，又具有微粒的性质，称为光的波粒二象性（wave-particle dualism）。根据爱因斯坦（A. Einsten）提出的质能联系定律：

$$E = mc^2 \tag{6-4}$$

式中，c 为光速 $c = 2.998\times10^8\,\mathrm{m\cdot s^{-1}}$。光子具有运动质量，光子的能量与光波的频率 ν 呈正比：

$$E = h\nu \tag{6-5}$$

式中，比例常数 h 现在称普朗克（M. Planck）常量，$h = 6.626\times10^{-34}\,\mathrm{J\cdot s}$。

结合式(6-4)、式(6-5) 及

$$c = \lambda\nu \tag{6-6}$$

光的波粒二象性可表示为：

$$mc = E/c = h\nu/c$$

$$P = h/\lambda \tag{6-7}$$

其中，P 为光子的动量。

② 德布罗依波 1924 年，法国物理学家德布罗依（L. de Broglia）在光的波粒二象性的启发下，大胆假设微观离子的波粒二象性是一种具有普遍意义的现象。它认为不仅光具有波

粒二象性，所有微观粒子，如电子、原子等实物粒子也具有波粒二象性，并预言高速运动的微观离子（如电子等）其波长为

$$\lambda = h/P = h/mv \tag{6-8}$$

式中，m 是粒子的质量；v 是粒子的运动速度；P 是粒子的动量。式(6-8) 即为有名的德布罗依关系式，虽然它形式上与式(6-7) 爱因斯坦的关系式相同，但必须指出，将波粒二象性的概念从光子应用于微观粒子，当时还是一个全新的假设。这种实物微粒所具有的波称为德布罗依波（也叫物质波）。

三年后，即 1927 年，德布罗依的大胆假设即为戴维逊（Davisson C J）和盖革（Geiger H）的电子衍射实验所证实。图 6-3 是电子衍射实验的示意图，他们发现，当经过电位差加速的电子束入射到镍单晶上，观察散射电子束的强度和散射角的关系，结果得到完全类似于单色光通过小圆孔那样的衍射图像。从实验所得的衍射图，可以计算电子波的波长，结果表明动量 P 与波长 λ 之间的关系完全符合德布罗依关系式(6-8)，说明德布罗依的关系式是正确的。

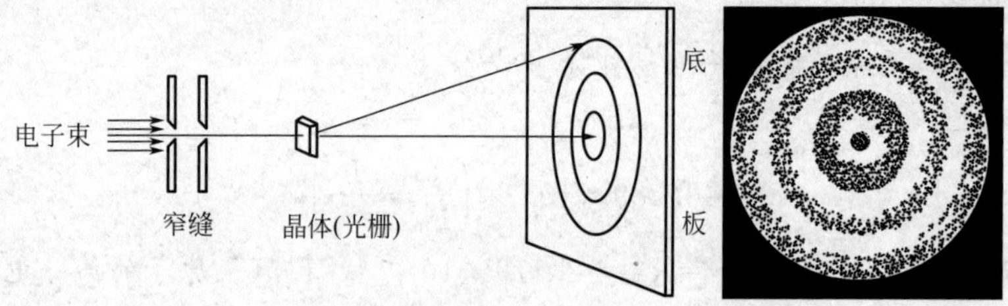

图 6-3 电子衍射实验示意图

电子衍射实验表明：一个动量为 P 能量为 E 的微观粒子，在运动时表现为一个波长为 $\lambda = h/mv$、频率为 $\nu = E/h$ 的沿微粒运动方向传播的波（物质波）。因此，电子等实物粒子也具有波粒二象性。

实验进一步证明，不仅电子，其他如质子、中子、原子等一切微观粒子均具有波动性，都符合式(6-8) 的关系。由此可见，波粒二象性是微观粒子运动的特征。因而描述微观粒子的运动不能用经典的牛顿力学，而必须用描述微观世界的量子力学。

例 6-2 垒球的质量为 2.0×10^{-1}kg，当它以 $30\text{m}\cdot\text{s}^{-1}$速度运动时，其波长为多少？

解： 根据式(6-8)

$$\lambda = \frac{h}{mv} = \frac{6.626\times10^{-34}\,\text{kg}\cdot\text{m}^2\cdot\text{s}^{-1}\,❶}{2.0\times10^{-1}\,\text{kg}\times30\,\text{m}\cdot\text{s}^{-1}} = 1.1\times10^{-34}\,\text{m}$$

垒球运动时波长如此之小，在讨论时完全可以忽略。宏观物体运动时的波性难以察觉，主要表现为粒性，所以服从经典经典力学的运动规律。

(2) 统计性

① 不确定原理　在经典力学中，宏观物体在任一瞬间的位置和动量都可以用牛顿定律正确测定。如太空中的卫星，人们在任何时刻都能同时准确测知其运动速度（或动量）和空间位置（相对于参考坐标）。换言之，它的运动轨道是可测知的，即可以描绘出物体的运动轨迹（轨道）。

而对具有波粒二象性的微粒，它们的运动并不服从牛顿定律，不能同时准确测定它们的速

❶ $1\text{J}=1\text{kg}\cdot\text{m}^2\cdot\text{s}^{-2}$。

度和位置。1927 年，德国人海森堡（Heisenberg W）经严格推导提出了不确定原理（uncertainty principle）：电子在核外空间所处的位置（以原子核为坐标原点）与电子运动的动量两者不能同时准确地测定，用 Δx 表示位置的不确定度，用 ΔP 表示动量的不确定度，则

$$\Delta x \Delta P \geqslant h \tag{6-9}$$

$$\Delta x \geqslant \frac{h}{m \Delta v} \tag{6-10}$$

式中，h 为普朗克常量；m 表示微观粒子的质量。

例 6-3 核外运动的电子，质量为 9.11×10^{-31} kg，位置的不确定度 $\Delta x = 1 \times 10^{-12}$ m，求速度的不确定度 Δv。

解：根据式(6-10) $\Delta x \geqslant \frac{h}{m \Delta v}$ 得 $\Delta v \geqslant \frac{h}{m \Delta x}$，故

$$\Delta v \geqslant \frac{6.63 \times 10^{-34}\,\mathrm{J \cdot s}}{9.11 \times 10^{-31}\,\mathrm{kg} \times 10^{-12}\,\mathrm{m}} \qquad \Delta v \geqslant 7.27 \times 10^{8}\,\mathrm{m \cdot s^{-1}}$$

原子直径的数量级为 1×10^{-10} m，因此，也就无法描绘出电子运动的轨迹来。必须指出，不确定原理并不意味着微观粒子的运动是不可认识的。实际上，不确定原理反映了微观粒子的波粒二象性，是对微观粒子运动规律认识的进一步深化。

② 统计解释　在图 6-3 的电子衍射实验中，如果电子流的强度很弱，设想射出的电子是一个一个依次射到底板上，则每个电子在底板上只留下一个黑点，显示出其微粒性。但无法预测黑点的位置，每个电子在底板上留下的位置都是无法预测的。但在经历了无数个电子后在底板上留下的衍射环与较强电子流在短时间内的衍射图是一致的。表明无论是“单射”还是“连射”，电子在底板上的概率分布是一样的，也反映出电子的运动规律具有统计性。底板上衍射强度大的地方，就是电子出现概率大的地方，也是波的强度大的地方，反之亦然。电子虽然没有确定的运动轨道，但其在空间出现的概率可由衍射波的强度反映出来，所以电子波又称概率波。

6.2 原子轨道与电子云

6.2.1 核外电子运动状态描述

微观粒子的运动规律可以用量子力学中的统计方法来描述。如以原子核为坐标原点，电子在核外定态轨道上运动，虽然无法确定电子在某一时刻会在哪一处出现，但是电子在核外某些区域出现的概率大小却不随时间改变而变化，电子云就是形象地用来描述这种规律的一种图示方法。图 6-4 为氢原子处于能量最低的状态时的电子云，图中黑点的疏密程度表示概率密度的相对大小。由图可知：离核愈近，概率密度愈大；反之，离核愈远，概率密度愈小。在离核距离（r）相等的球面上概率密度相等，与电子所处的方位无关，因此基态氢原子的电子云是球形对称的。

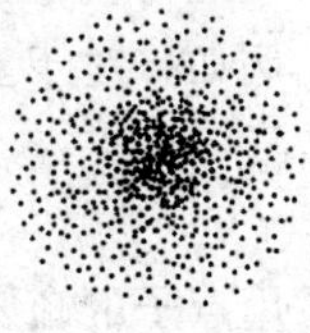

图 6-4　基态氢原子电子云

综上所述，微观粒子运动的主要特征是具有波粒二象性，具体体现在量子化和统计性上。

上面已经明确了微观粒子的运动具有波粒二象性的特征，所以核外电子的运动状态不能用经典的牛顿力学来描述，而要用量子力学来描述。以电子在核外出现的概率密度、概率分布来描述电子运动的规律。

(1) 薛定谔方程

既然微观粒子的运动具有波动性，那么可以用波函数 ψ 来描述它的运动状态。1926 年，奥地利物理学家薛定谔（E. Schrodinger）根据电子具有波粒二象性的概念，结合德布罗依关系式和光的波动方程提出了微观粒子运动的波动方程，称为薛定谔方程：

$$\frac{\partial^2\psi}{\partial x^2}+\frac{\partial^2\psi}{\partial y^2}+\frac{\partial^2\psi}{\partial z^2}=-\frac{8\pi^2 m}{h^2}(E-V)\psi \tag{6-11}$$

式中，ψ 叫波函数；E 是微观粒子的总能量即势能和动能之和；V 是势能 $\left(-\frac{ze^2}{r}\right)$；$m$ 是微粒的质量；h 是 Planck 常数；x、y、z 为空间坐标。求解薛定谔方程的过程是一个十分复杂而困难的数学过程，要求有较深的数理知识。这里只要求了解量子力学处理原子结构问题的大致思路和求解薛定谔方程得到的一些重要结论。

(2) 波函数（ψ）与电子云（$|\psi|^2$）

为了有利于薛定谔方程的求解和原子轨道的表示，把直角坐标（x，y，z）变换成球极坐标（r，θ，φ），其变换关系见图 6-5。解薛定谔方程得到的波函数不是一个数值，而是用来描述波的数学函数式 $\psi(r，\theta，\varphi)$，函数式中含有电子在核外空间位置的坐标 r，θ，φ 的变量。处于每一定态（即能量状态一定）的电子就有相应的波函数式。例如，氢原子处于基态（$E_1=-2.179\times10^{-18}$J）时的波函数为：

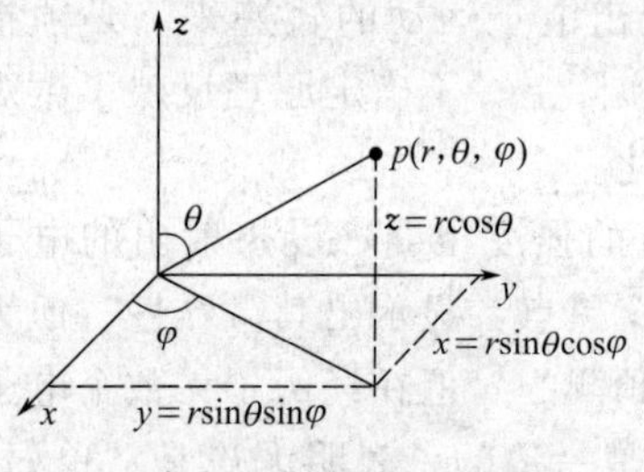

图 6-5　直角坐标与球极坐标的关系

$$\psi=\sqrt{\frac{1}{\pi a_0^3}}\,e^{-r/a_0}$$

那么波函数 $\psi(r，\theta，\varphi)$ 代表核外空间 $p(r，\theta，\varphi)$ 点的什么性质呢？其意义是不明确的，因此 ψ 本身没有明确的物理意义。只能说 ψ 是描述核外电子运动状态的数学表达式，电子运动的规律受它控制。

但是，波函数 ψ 绝对值的平方却有明确的物理意义。它代表核外空间某点电子出现的概率密度。量子力学原理指出：在核外空间某点 $p(r，\theta，\varphi)$ 附近微体积 $d\tau$ 内电子出现的概率 dp 为

$$dp=|\psi|^2 d\tau \tag{6-12}$$

所以 $|\psi|^2$ 表示电子在核外空间某点附近单位微体积内出现的概率，即概率密度。

电子云是 $|\psi|^2$ 的直观表达形式。

概率与概率密度的关系类似于质量与密度的关系。

例如，对于基态氢原子，其概率密度为

$$|\psi|^2=\frac{1}{\pi a_0^3}e^{-2r/a_0}$$

如果用点子的疏密来表示 $|\psi|^2$ 值的大小，可得到图 6-4 的基态氢原子的电子云图。因此电子云是 $|\psi|^2$（概率密度）的形象化描述。因而，人们也把 $|\psi|^2$ 称之为电子云，而把描述电子运动状态的 ψ 称为原子轨道。

(3) 量子数

在求解薛定谔方程时，为使求得的波函数 $\psi(r，\theta，\varphi)$ 和能量 E 具有一定的物理意义，在求解过程中必须引进 n、l、m 三个量子数。

① 主量子数（n）（principal quantum number）　n 可取的数为 1，2，3，4，…，n 值

愈大，电子离核愈远，能量愈高。由于 n 只能取正整数，所以电子的能量是分立的、不连续的，或者说能量是量子化的。对氢原子来说，其电子的能量可用式(6-13) 表示：

$$E_n = -2.179 \times 10^{-18} \frac{1}{n^2} \mathrm{J} \tag{6-13}$$

在同一原子内，具有相同主量子数的电子几乎在离核距离相同的空间内运动，可看作构成一个核外电子“层”。在光谱学上，把 $n=1$、2、3、4…的电子层，相应地称为 K、L、M、N、O、P、Q 层。主量子数代表核外电子不同的主层。

对于氢原子和类氢离子来说，n 越大，则电子的能量越高。对于多电子原子来说，核外电子的能量不仅与主量子数有关，还与原子轨道的形状有关。

② 轨道角动量量子数[1]（l）（orbital angular momentum quantum number） l 的取值受 n 的限制，l 可取的数为 0，1，2，…至（$n-1$）止，共可取 n 个。在光谱学中分别用符号 s，p，d，f，…表示，即 $l=0$ 用 s 表示，$l=1$ 用 p 表示等，相应为 s 亚层、p 亚层、d 亚层和 f 亚层，而处于这些亚层的电子即为 s 电子、p 电子、d 电子和 f 电子。例如，当 $n=1$ 时，l 只可取 0；当 $n=4$ 时，l 分别可取 0，1，2，3。l 反映电子在核外出现的概率密度（电子云）分布随角度（θ，φ）变化的情况，所以 l 的第一个物理意义是表示原子轨道的形状，即决定电子云的形状。当 $l=0$ 时，s 电子云与角度（θ，φ）无关，所以呈球状对称。l 的第二个物理意义是表示同一电子层中具有不同状态的分层，如 $n=2$，则 $l=0$，$l=1$，表示 L 电子层有两个亚层（一个是球形分布的 s 轨道，另一个是哑铃形分布的 p 轨道）。在多电子原子中，当 n 相同时，不同的角量子数 l（即不同的电子云形状）也影响电子的能量大小。因此，l 的第三个物理意义是它与多电子原子中电子的能量有关。

③ 磁量子数（m）（magnetic quantum number） m 的量子化条件受 l 值的限制，m 可取的数值为 0，±1，±2，±3，…至 $\pm l$ 止，共可取 $2l+1$ 个值。m 值反映原子轨道在空间的伸展方向，即取向数目。例如，当 $l=0$ 时，按量子化条件 m 只能取 0，即 s 电子云在空间只有球状对称的一种取向，表明 s 亚层只有一个轨道；当 $l=1$ 时，m 依次可取 −1，0，+1 3 个值，表示 p 电子云在空间有互成直角的 3 个伸展方向，分别以 p_x、p_y、p_z 表示，即 p 亚层有三个轨道；类似地，d、f 电子云分别有 5、7 个取向，有 5、7 个轨道。同一亚层内的原子轨道其能量是相同的，称等价轨道或简并轨道。在磁场作用下，这些轨道能量会有微小的差异，因而其线状光谱在磁场中会发生分裂。

磁量子数与轨道能量无关。

当一组合理的量子数 n、l、m 确定后，电子运动的波函数 ψ 也随之确定，该电子的能量、核外的概率分布也确定了。通常将原子中单电子波函数称为“原子轨道”，注意这只不过是沿袭的术语，而非宏观物体运动所具有的那种轨道的概念。因此，在量子力学中，用“原子轨函”代替“原子轨道”更为确切。

④ 自旋角动量量子数[2]（m_s）（spin angular momentum quantum number） n、l、m 三个量子数是解薛定谔方程过程所要求的量子化条件，实验也证明了这些条件与实验的结果相符。但用高分辨率的光谱仪在无外磁场的情况下观察氢原子光谱时发现原先的一条谱线又分裂为两条靠得很近的谱线，反映出电子运动的两种不同的状态。为了解释这一现象，又提出了第四个量子数，叫自旋角动量量子数，用符号 m_s 表示。前面三个量子数决定电子绕核

---

[1] 以前叫角量子数或副量子数，按 GB 3102.9—93 应称为轨道角动量量子数。

[2] 以前叫自旋量子数，按 GB 3102.9—93 应称为自旋角动量量子数。

运动的状态，因此，也常称轨道量子数。电子除绕核运动外，其自身还做自旋运动。量子力学用自旋角动量量子数 $m_s=+1/2$ 或 $m_s=-1/2$ 分别表示电子的两种不同的自旋运动状态。通常图示用箭头↑、↓表示。两个电子的自旋状态为"↑↑"时，称自旋平行；而"↑↓"的自旋状态称为自旋相反（反平行）。

综上所述，主量子数 n 和轨道角动量量子数 l 决定核外电子的能量；轨道角动量量子数 l 决定电子云的形状；磁量子数 m 决定电子云的空间取向；自旋角动量量子数 m_s 决定电子运动的自旋状态。也就是说，电子在核外运动的状态可以用四个量子数来描述。根据四个量子数可以确定核外电子的运动状态，可以确定各电子层中电子可能的状态数，见表 6-1。

表 6-1　核外电子可能的状态

主量子数 n	1	2		3			4			
电子层符号	K	L		M			N			
轨道角动量量子数 l	0	0	1	0	1	2	0	1	2	3
电子亚层符号	1s	2s	2p	3s	3p	3d	4s	4p	4d	4f
磁量子数 m	0	0	0 ±1	0	0 ±1	0 ±1 ±2	0	0 ±1	0 ±1 ±2	0 ±1 ±2 ±3
亚层轨道数($2l+1$)	1	1	3	1	3	5	1	3	5	7
电子层轨道数	1	4		9			16			
自旋角动量量子数 m_s	±1/2									
各层可容纳的电子数	2	8		18			32			

6.2.2　原子轨道和电子云的图像

波函数 $\psi_{n,l,m}(r,\theta,\varphi)$ 通过变量分离可表示为

$$\psi_{n,l,m}=R_{n,l}(r)Y_{l,m}(\theta,\varphi) \tag{6-14}$$

式中，波函数 $\psi_{n,l,m}$ 即所谓的原子轨道，$R_{n,l}(r)$ 只与离核半径有关，称为原子轨道的径向部分；$Y_{l,m}(\theta,\varphi)$ 只与角度有关，称为原子轨道的角度部分，氢原子若干原子轨道的径向分布与角度分布如表 6-2 所示。原子轨道除了用函数式表示外，还可以用相应的图形表示。这种表示方法具有形象化的特点，现介绍几种主要的图形表示法。

表 6-2　氢原子若干原子轨道的径向分布与角度分布（a_0 为玻尔半径）

	原子轨道 $\psi(r,\theta,\varphi)$	径向分布 $R(r)$	角度分布 $Y(\theta,\varphi)$
1s	$\sqrt{\frac{1}{\pi a_0^3}}e^{-r/a_0}$	$2\sqrt{\frac{1}{a_0^3}}e^{-r/a_0}$	$\sqrt{\frac{1}{4\pi}}$
2s	$\frac{1}{4}\sqrt{\frac{1}{2\pi a_0^3}}\left(2-\frac{r}{a_0}\right)e^{-r/2a_0}$	$\sqrt{\frac{1}{8a_0^3}}\left(2-\frac{r}{a_0}\right)e^{-r/2a_0}$	$\sqrt{\frac{1}{4\pi}}$
$2p_z$	$\frac{1}{4}\sqrt{\frac{1}{2\pi a_0^3}}\left(\frac{r}{a_0}\right)e^{-r/2a_0}\cos\theta$	$\sqrt{\frac{1}{24a_0^3}}\left(\frac{r}{a_0}\right)e^{-r/2a_0}$	$\sqrt{\frac{3}{4\pi}}\cos\theta$
$2p_x$	$\frac{1}{4}\sqrt{\frac{1}{2\pi a_0^3}}\left(\frac{r}{a_0}\right)e^{-r/2a_0}\sin\theta\cos\varphi$		$\sqrt{\frac{3}{4\pi}}\sin\theta\cos\varphi$
$2p_y$	$\frac{1}{4}\sqrt{\frac{1}{2\pi a_0^3}}\left(\frac{r}{a_0}\right)e^{-r/2a_0}\sin\theta\sin\varphi$		$\sqrt{\frac{3}{4\pi}}\sin\theta\sin\varphi$

(1) 原子轨道的角度分布图

原子轨道角度分布图表示波函数的角度部分 $Y_{l,m}(\theta, \varphi)$ 随 θ 和 φ 变化的图像。这种图的做法是：从坐标原点（原子核）出发，引出不同 θ，φ 角度的直线，按照有关波函数角度分布的函数式 $Y(\theta, \varphi)$ 算出 θ 和 φ 变化时的 $Y(\theta, \varphi)$ 值，使直线的长度为 $|Y|$，将所有直线的端点连接起来，在空间则形成一个封闭的曲面，并给曲面标上 Y 值的正、负号，这样的图形称为原子轨道的角度分布图。

由于波函数的角度部分 $Y_{l,m}(\theta, \varphi)$ 只与角量子数 l 和磁量子数 m 有关，因此，只要量子数 l、m 相同，其 $Y_{l,m}(\theta, \varphi)$ 函数式就相同，就有相同的原子轨道角度分布图。

例如，所有 $l=0$、$m=0$ 的波函数的角度部分 $Y_{0,0}(\theta, \varphi)$ 都和 1s 轨道的相同，为 $Y_s=\sqrt{\frac{1}{4\pi}}$，是一个与角度 θ 、φ 无关的常数，所以它的角度分布图是一个以 $\sqrt{\frac{1}{4\pi}}$ 为半径的球面。球面上任意一点的 Y_s 值均为 $\sqrt{\frac{1}{4\pi}}$，如图 6-6 所示。

又如所有 p_z 轨道的波函数的角度部分为

$$Y_{p_z}=\sqrt{\frac{3}{4\pi}}\cos\theta=C\cos\theta$$

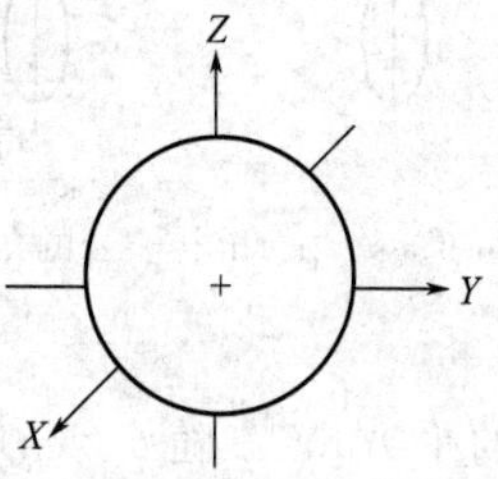

图 6-6　s 轨道的角度分布图

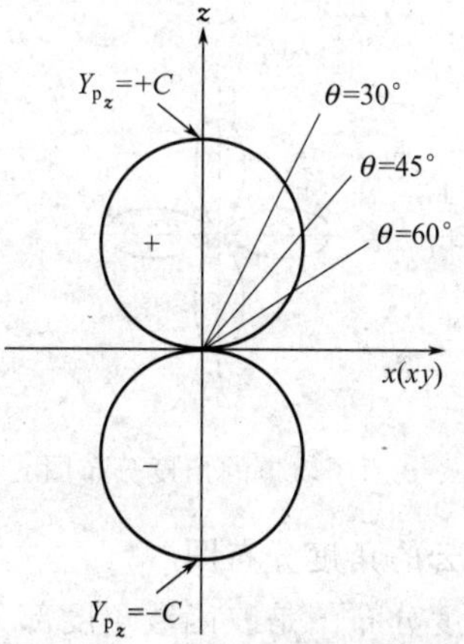

图 6-7　p_z 轨道的角度分布图

Y_{p_z} 函数比较简单，它只与 θ 有关而与 φ 无关。

表 6-3 列出不同 θ 角的 Y_{p_z} 值，由此作 Y_{p_z}-$\cos\theta$ 图，就可得到两个相切于原点的圆，如图 6-7 所示。将图 6-7 绕 z 轴旋转 180°，就可得到两个外切于原点的球面所构成的 p_z 原子轨道角度分布的立体图。球面上任意一点至原点的距离代表在该角度 (θ, φ) 上 Y_{p_z} 数值的大小；xy 平面上下的正负号表示 Y_{p_z} 的值为正值或负值，并不代表电荷，这些正负号和 Y_{p_z} 的极大值空间取向将在原子形成分子的成键过程中起重要作用。整个球面表示 Y_{p_z} 随 θ 和 φ 角度变化的规律。采用同样方法，根据各原子轨道的 $Y(\theta, \varphi)$ 函数式，可作出 p_x、p_y 及五种 d 轨道的角度分布图。

表 6-3　不同 θ 角的 Y_{p_z} 值

θ	0°	30°	60°	90°	120°	150°	180°
$\cos\theta$	1.00	0.87	0.50	0	−0.50	−0.87	−1.00
Y_{p_z}	1.00C	0.87C	0.50C	0	−0.50C	−0.87C	−1.00C

图 6-8 是 s、p、d 原子轨道的角度分布图。从图中看到，三个 p 轨道角度分布的形状相同，只是空间取向不同。它们的 $Y_{\rm p}$ 极大值分别沿 x、y、z 三个轴取向，所以三种 p 轨道分别称为 $\rm p_x$、$\rm p_y$、$\rm p_z$ 轨道。五种 d 轨道中 $\rm d_{z^2}$ 和 $\rm d_{x^2-y^2}$ 两种轨道，其 Y 的极大值分别在 z 轴、x 轴和 y 轴的方向上，称为轴向 d 轨道；$\rm d_{xy}$、$\rm d_{xz}$、$\rm d_{yz}$ 三种轨道 Y 的极大值都在两个轴间（x 和 y、x 和 z、y 和 z 轴）45°夹角的方向上，称为轴间轨道。除 $\rm d_{z^2}$ 轨道外，其余四种 d 轨道角度分布的形状相同，只是空间取向不同。

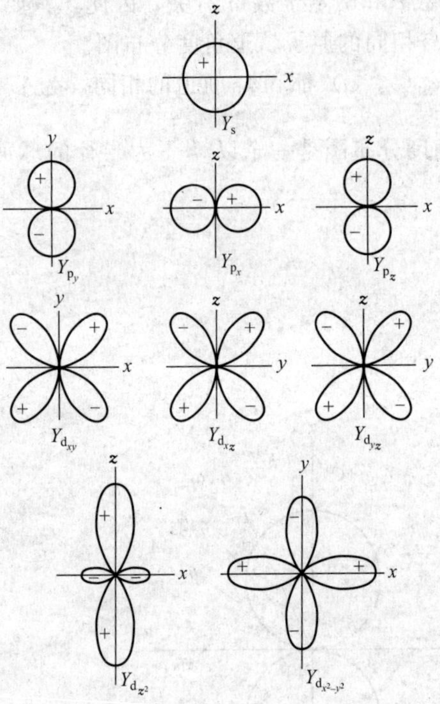

图 6-8　s、p、d 原子轨道的角度分布图

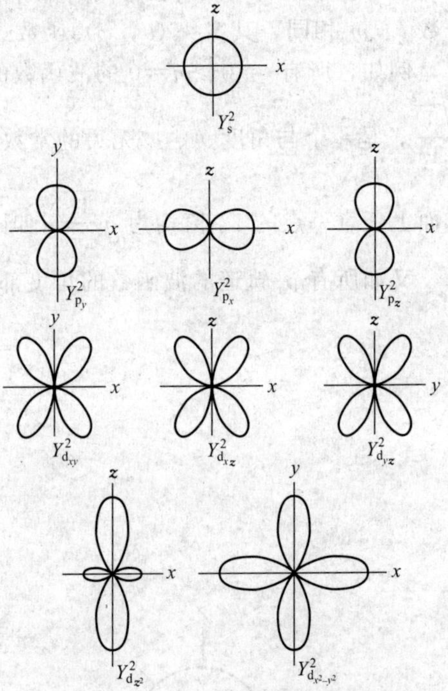

图 6-9　s、p、d 电子云的角度分布图

(2) 电子云的角度分布图

电子云角度分布图是波函数角度部分函数 $Y(\theta,\varphi)$ 的平方 $|Y|^2$ 随 θ、φ 角度变化的图形（见图 6-9），反映出电子在核外空间不同角度的概率密度大小。电子云的角度分布图与相应的原子轨道的角度分布图是相似的，它们之间的主要区别在于：

① 原子轨道角度分布图中 Y 有正、负之分，而电子云角度分布图中 $|Y|^2$ 则无正、负号，这是由于 $|Y|$ 平方后总是正值；

② 由于 $Y<1$ 时，$|Y|^2$ 一定小于 Y，因而电子云角度分布图要比原子轨道角度分布图稍“瘦”些。

原子轨道、电子云的角度分布图在化学键的形成、分子的空间构型的讨论中有重要意义。

(3) 电子云的径向分布图

电子云的角度分布图只能反映出电子在核外空间不同角度的概率密度大小，并不反映电子出现的概率大小与离核远近的关系，通常用电子云的径向分布图来反映电子在核外空间出现的概率离核远近的变化。

考虑一个离核距离为 r，厚度为 $\mathrm{d}r$ 的薄球壳（见图 6-10）。以 r 为半径的球面面积为 $4\pi r^2$，球壳的体积为 $4\pi r^2\mathrm{d}r$。据式(6-11)，电子在球壳内出现的概率

$$\mathrm{d}p=|\psi|^2\mathrm{d}\tau=|\psi|^2 4\pi r^2\mathrm{d}r=R^2(r)4\pi r^2\mathrm{d}r$$

式中，R 为波函数的径向部分。令

$$D(r)=R^2(r)4\pi r^2$$

$D(r)$ 称径向分布函数。以 $D(r)$ 对 r 作图即可得电子云径向分布图。

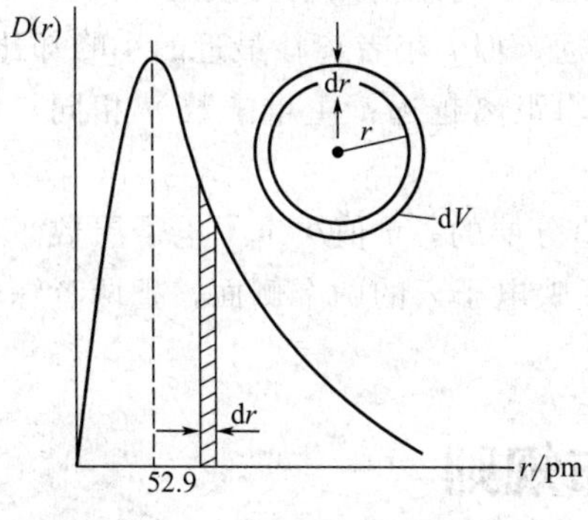

图 6-10　1s 电子云的径向分布图

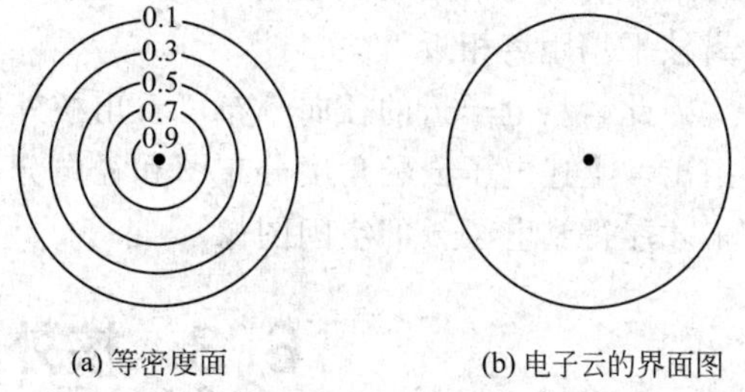

图 6-11　等密度面（a）及电子云的界面图（b）

图 6-10 为 1s 电子云的径向分布图，曲线在 $r=52.9$pm 处有一极大值，意指 1s 电子在离核半径 $r=52.9$pm 的球面处出现的概率最大，球面外或球面内电子都有可能出现，但概率较小。52.9pm 恰好是玻尔理论中基态氢原子的半径，与量子力学虽有相似之处，但有本质上的区别。玻尔理论中氢原子的电子只能在 $r=52.9$pm 处运动，而量子力学认为电子只是在 $r=52.9$pm 的薄球壳内出现的概率最大。

电子云是没有明确边界的，在离核很远的地方，电子仍有可能出现，但实际上在离核 200～300pm 以外的区域，电子出现的概率已是微不足道，完全可以忽略不计，因此，通常取一个等密度面［即将电子云密度相等的各点连成的曲面，如图 6-11(a) 所示］来表示电子云的形状，数字表示曲面上的概率密度。使界面内电子出现的概率达到 90%，这样的图像叫电子云的界面图，如图 6-11(b) 所示。

氢原子电子云的径向分布示意图见图 6-12，从图中可以看出，电子云径向分布曲线上

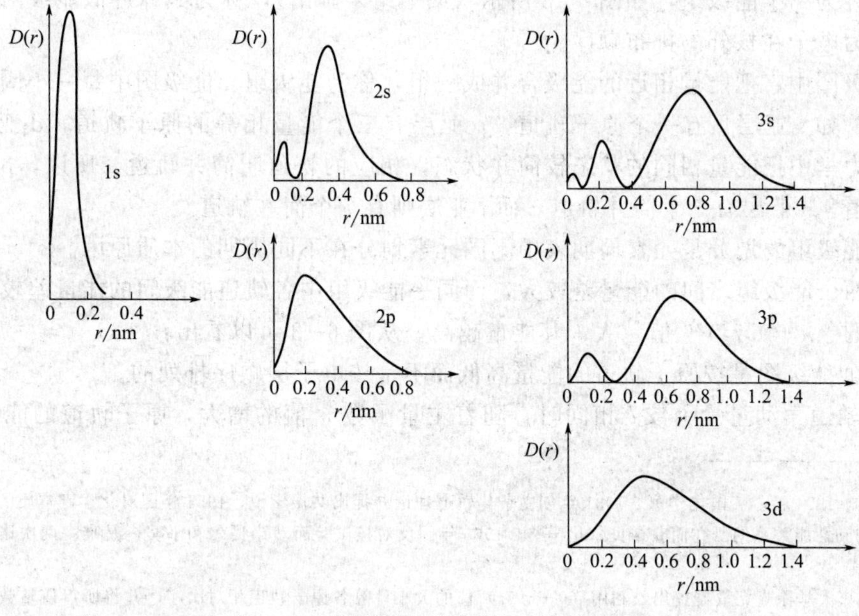

图 6-12　氢原子电子云径向分布示意图

有 $n-l$ 个峰值。例如，3d 电子，$n=3$、$l=2$，$n-l=1$，只出现一个峰值；3s 电子，$n=3$、$l=0$，$n-l=3$，有三个峰值。在角量子数 l 相同、主量子数 n 增大时，如 1s、2s、3s，电子云沿 r 扩展得越远，或者说电子离核的平均距离越来越远；当主量子数 n 相同而角量子数 l 不同时，如 3s、3p、3d，这三个轨道上的电子离核的平均距离则较为接近。因为 l 越小，峰的数目越多，l 小者离核最远的峰虽比 l 大者离核远，但 l 小者离核最近的小峰却比 l 大者最小的峰离核更近。主量子数 n 越大，电子离核平均距离越远；主量子数 n 相同，电子离核平均距离相近。

因此，从电子云的径向分布可看出核外电子是按 n 值分层的，n 值决定了电子层数。必须指出，上述电子云的角度分布图和径向分布图都只是反映电子云的两个侧面，把两者综合起来才能得到电子云的空间图像。

6.3 核外电子排布规则

对于氢原子和类氢离子，它们核外只有一个电子，它只受到核的吸引作用，其波动方程可精确求解，其原子轨道的能量只取决于主量子数 n，在主量子数 n 相同的同一电子层内，各亚层的能量是相等的。如 $E_{2s}=E_{2p}$，$E_{3s}=E_{3p}=E_{3d}$，等等。而在多电子原子（除氢以外的其他元素原子的统称）中，电子不仅受核的吸引，电子与电子之间还存在相互排斥作用，相应的波动方程就不能精确求解。原子轨道的能量不仅取决于主量子数 n，还与轨道角动量量子数 l 以及原子序数有关。原子中各原子轨道的能级高低主要由光谱实验确定，但也可从理论上推算。

6.3.1 核外电子排布规则

(1) 鲍林近似能级图

1939 年，鲍林[1]（L. Pauling）根据光谱实验数据及理论计算结果，把原子轨道能级按从低到高分为 7 个能级组，如图 6-13 所示（第七组未画出），称为鲍林近似能级图。图中能级次序即为电子在核外的排布顺序。

在能级图中，把能量相近的能级合并成一组，称为能级组。能级图中每一小圈代表一个原子轨道，如 s 亚层只有一个原子轨道，p 亚层有三个能量相等的原子轨道，d 亚层则有 5 个。量子力学中把能量相同的状态较简并状态，相应的轨道叫简并轨道。所以，p 亚层有 3 个简并轨道，d 亚层有 5 个简并轨道，而 f 亚层则有 7 个简并轨道。

这种能级组的划分是元素周期表中不同元素划分在不同周期的本质原因。

相邻两个能级组之间的能量差较大，而同一能级组中各轨道能级间的能量差较小或很接近。轨道的 $(n+0.7l)$[2] 值越大，其能量越高。从图 6-13 可以看出：

a. 近似能级图是按原子轨道的能量高低而不是按电子层顺序排列的。

b. 当轨道角动量量子数 l 相同时，随着主量子数 n 值的增大，原子轨道的能量依次升

---

[1] 1901～1994 年，美国化学家，1931 年创立杂化轨道理论并提出共振学说，1954 年因对化学键本质的研究以及生物高分子结构和性能关系的研究而获诺贝尔化学奖，1963 年因反对核试验而获诺贝尔和平奖，是唯一两次诺贝尔奖的获得者。

[2] 由北京大学徐光宪教授提出，利用 $(n+0.7l)$ 值的大小计算各原子轨道相对次序，并将所得值整数部分相同者作为一个能级组。

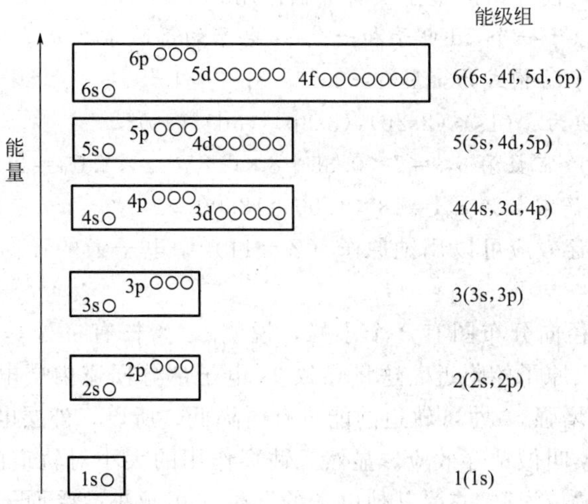

图 6-13　L. Pauling 近似能级图

高。如

$$E_{1s} < E_{2s} < E_{3s} \cdots$$

余类推。

c. 当主量子数 n 相同时，随着轨道角动量量子数 l 值的增大，轨道能量升高。如

$$E_{ns} < E_{np} < E_{nd} < E_{nf}$$

d. 当主量子数 n 和轨道角动量量子数 l 都不同时，产生能级交错现象。如

$$E_{4s} < E_{3d} < E_{4p}$$
$$E_{5s} < E_{4d} < E_{5p}$$
$$E_{6s} < E_{4f} < E_{5d} < E_{6p}$$

有了 Pauling 近似能级图，各元素基态原子的核外电子可按这一能级图根据一定规则填入。

能级交错现象可以从屏蔽效应和钻穿效应得到解释。

① 屏蔽效应　在多电子原子中，电子除受到原子核的吸引外，还受到其他电子的排斥，其余电子对指定电子的排斥作用可看成是抵消部分核电荷的作用，从而削弱了核电荷对某电子的吸引力，使得作用在某电子上的有效核电荷下降。原子的核电荷数随原子序数的增加而增加，但作用在最外层电子上的有效核电荷（Z^*）却呈现周期性的变化。这种抵消部分核电荷的作用叫屏蔽效应（shielding effect）。屏蔽效应的强弱可用斯莱脱（J. C. Slater）从实验归纳出来的屏蔽常数 σ_i 来衡量。σ_i 是除被屏蔽电子以外的其余每个电子（屏蔽电子）对指定电子（被屏蔽电子）的屏蔽常数 σ 的总和（$\sigma_i = \sum\sigma$）。σ_i 为被屏蔽掉的核电荷数，是量纲为 1 的量。

在一般情况下，屏蔽常数 σ 可粗略地按斯莱脱规则计算，其规则如下。

a. 将原子中的电子按从左至右分成以下几组：

(1s)；(2s，2p)；(3s，3p)；(3d)；(4s，4p)；(4d)；(4f)；(5s，5p)；(5d)；(5f)；(6s，6p) 等组；位于指定电子右边各组对该电子的屏蔽常数 $\sigma=0$，可近似看作无屏蔽作用。

b. 同组电子间的屏蔽常数 $\sigma=0.35$（1s 组例外，$\sigma=0.30$）。

c. 对 $nsnp$ 组电子，$(n-1)$ 电子层中的电子对其的屏蔽常数 $\sigma=0.85$，$(n-2)$ 电子层及内层屏蔽常数 $\sigma=1.00$；

d. 对 nd 或 nf 组电子，位于它们左边各组电子对其的屏蔽常数 $\sigma=1.00$。

e. 后一组的电子对前一组的电子没有屏蔽作用。

例 6-4 计算 Sc 原子一个 3d 电子和一个 3s 电子的屏蔽常数 σ_i。

解： Sc 原子的电子结构式为：$1s^2 2s^2 2p^6 3s^2 3p^6 3d^1 4s^2$

按斯莱脱规则分组为：$(1s)^2 (2s2p)^8 (3s3p)^8 (3d)^1 (4s)^2$

一个 3s 电子的屏蔽常数为 $\sigma_{3s} = 7 \times 0.35 + 8 \times 0.85 + 2 \times 1.00 = 11.25$

一个 3s 电子的屏蔽常数为 $\sigma_{3d} = 18 \times 1.00 = 18.00$

② 钻穿效应 钻穿效应可以用钠原子（$Z=11$）中电子云的径向分布函数图来形象地加以说明。

根据图 6-14，3s 径向分布图有 3 个小峰，说明 3s 离核有三处是概率出现比较大的地方，其中有一个峰钻入原子核附近。这将导致 3s 电子部分回避内层电子对它的屏蔽，使原子核对 3s 电子吸引力增强，故 3s 轨道的能量有所降低。所以，外层电子钻入原子核附近而使体系能量降低的现象叫做钻穿效应。显然，钻穿作用的大小对轨道的能量有明显的影响，不难理解，电子钻的"越深"，它受其他电子的屏蔽作用越小，受原子核的吸引越强，能量也就越低。这样，对能级交错现象就有了很好的解释。

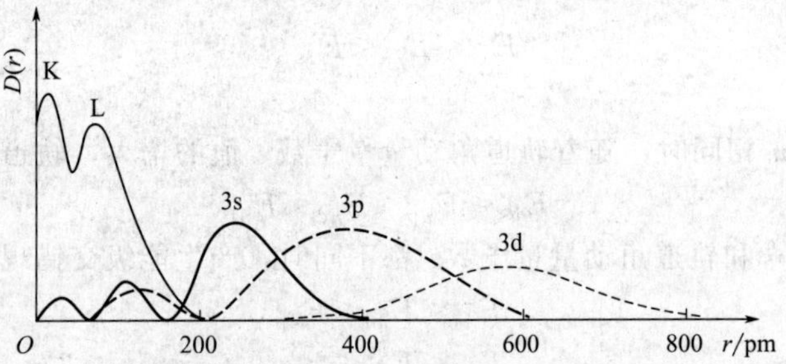

图 6-14 钠原子电子云的径向分布函数图

③ 有效核电荷 核电荷数（Z）减去屏蔽常数（σ_i）得到有效核电荷（Z^*）：

$$Z^* = Z - \sigma_i \tag{6-15}$$

式中，Z^* 被认为是对指定电子产生有效作用的核电荷数，即有效核电荷。

多电子原子中，每个电子不但受其他电子的屏蔽，而且也对其他电子产生屏蔽作用。某个电子的轨道能量可按式(6-16) 估算：

$$E_i = -2.179 \times 10^{-18} \left(\frac{Z^*}{n^*}\right)^2 \text{ J} \quad 或 \quad E_i = -1312 \left(\frac{Z^*}{n^*}\right)^2 \text{ kJ} \cdot \text{mol}^{-1} \tag{6-16}$$

式中，Z^* 为作用在某一电子上的有效核电荷数；n^* 为该电子的有效主量子数，n^* 与主量子数 n 的关系为：

n	1	2	3	4	5	6
n^*	1.0	2.0	3.0	3.7	4.0	4.2

例 6-5 试计算原子序数为 13 和 21 的元素在 3d 和 4s 的能级哪个更高？

解： 对于 13 号元素，在 3d 和 4s 轨道上并无电子，可将其在后一个电子分别填入 3d 和 4s 轨道再进行比较。

13 号元素的电子排布式：$1s^2 2s^2 2p^6 3s^2 3p^1 3d^0 4s^0$

对于 3d：$Z^*_{3d} = 13 - (12 \times 1.00) = 1.00$

对于 4s：$Z_{4s}^{*}=13-(10\times1.00+2\times0.85)=1.30$

很明显 $E_{4s}<E_{3d}$。

21 号元素的电子排布式：$1s^2 2s^2 2p^6 3s^2 3p^6 3d^1 4s^2$

$Z_{3d}^{*}=21-(18\times1.00)=3.00$　　$Z_{4s}^{*}=21-(10\times1.00+9\times0.85+1\times0.35)=3.00$

$$E_{3d}=-2.179\times10^{-18}\times(3.00/3.0)^2\,J=-2.179\times10^{-18}\,J$$

$$E_{4s}=-2.179\times10^{-18}\times(3.00/3.7)^2\,J=-1.43\times10^{-18}\,J$$

由于此时 $E_{4s}>E_{3d}$，所以 $_{21}Sc$ 原子在失电子时先失去 4s 电子，过渡金属原子在失电子时都是先失去 4s 电子再失 3d 电子的。

Z^* 确定后，就能计算多电子原子中各能级的近似能量。在同一原子中，当原子的轨道角动量量子数 l 相同时，主量子数 n 值愈大，相应的轨道能量愈高。因而有

$$E_{1s}<E_{2s}<E_{3s}\cdots;\ E_{2p}<E_{3p}<E_{4p}\cdots;\ E_{3d}<E_{4d}<E_{5d}\cdots;\ E_{4f}<E_{5f}\text{等}$$

在同一原子中，当原子的主量子数 n 相同时，随着原子的轨道角动量量子数 l 的增大，相应轨道的能量也随之升高，这也可从图 6-12 电子云径向分布示意图理解。因而有

$$E_{ns}<E_{np}<E_{nd}<E_{nf}$$

当 n 和 l 均不相同时，则有可能存在能级交错现象，如 E_{4s} 和 E_{3d} 能级，对 $_{19}K$ 原子：$E_{4s}<E_{3d}$；对 $_{21}Sc$ 原子：$E_{4s}>E_{3d}$，这时需具体计算出轨道的能量才能确定能级的高低。

表 6-4 列出了作用在第三周期主族元素、第四周期过渡元素及第六周期镧系元素原子最外层电子上的有效核电荷数。从表中可看出，对主族元素，从左到右随着核电荷的递增有效核电荷 Z^* 明显增大，因为核电荷增加 1，屏蔽常数只增加 0.35；对过渡元素由于电子填充在 $(n-1)$ 层，屏蔽常数明显增大，所以有效核电荷的递增不如主族元素明显；而镧系元素电子填充在 $(n-2)$ 层，核电荷的递增几乎与屏蔽常数抵消，所以其有效核电荷基本没什么变化。

表 6-4　元素的有效核电荷 Z^* 数

第三周期	Na	Mg	Al	Si	P	S	Cl
Z^*	2.20	2.85	3.50	4.15	4.80	5.45	6.10

第一过渡系	Sc	Ti	V	Cr	Mn	Fe	Co	Ni	Cu	Zn
Z^*	3.00	3.15	3.30	2.95	3.60	3.75	3.90	4.05	3.70	4.35

镧系	La	Ce	Pr	Nd	Pm	Sm	Eu	Gd	Tb	Dy	Ho	Er	Tm	Yb	Lu
Z^*	3.00	3.00	2.85	2.85	2.85	2.85	2.85	3.00	2.85	2.85	2.85	2.85	2.85	2.85	3.00

元素有效核电荷呈现的周期性变化，体现了原子核外电子层的周期性变化，也使得元素的许多基本性质如原子半径、电离能、电子亲和能、电负性等呈现周期性的变化。

鲍林近似能级图反映了多电子原子中原子轨道能量的近似高低，但不能认为所有元素原子的能级高低都是一成不变的。光谱实验和量子力学理论证明，随着元素原子序数的递增（核电荷增加），原子核对核外电子的吸引作用增强，轨道的能量有所下降。由于不同的轨道下降的程度不同，所以能级的相对次序有所改变❶。

(2) 核外电子排布的一般原则

了解核外电子的排布，有助于从原子结构的观点来阐明元素性质变化的周期性，以及对元素周期表中周期、族和元素分类本质的认识。在已发现的 114 种元素中，除氢以外的原子都属于多电子原子。根据光谱实验数据和量子力学理论的总结，归纳出多电子原子核外电子

❶ 参见有关无机化学教材中的科顿（F A Cotton）原子轨道能级图。

的排布应遵循以下三条原则。

① 能量最低原理 “系统的能量越低，系统越稳定”，这是大自然的规律。原子核外电子的排布也服从这一规律。多电子原子在基态时核外电子的排布将尽可能优先占据能量较低的轨道，以使原子能量处于最低，这就是能量最低原理。

②保里不相容原理 保里（W. Pauli）指出：在同一原子中不可能有四个量子数完全相同的两个电子存在，这就是保里不相容原理（Pauli exclusion principle）。或者说在轨道量子数 n、l、m 确定的一个原子轨道上最多可容纳两个电子，而这两个电子的自旋方向必须相反，即自旋角动量量子数分别为 $+1/2$ 和 $-1/2$。按照这个原理，s 轨道可容纳 2 个电子，p、d、f 轨道依次最多可容纳 6、10、14 个电子，并可推知每一电子层可容纳的最多电子数为 $2n^2$。

③ 洪特规则 洪特（F. Hund）根据大量光谱实验得出：“电子在能量相同的轨道（即简并轨道）上排布时，总是尽可能以自旋相同的方式分占不同的轨道，因为这样的排布方式原子的能量最低。”这就是洪特规则（Hund’s rule）。如图 6-15 氮原子的电子排布式，N 原子的三个 2p 电子分别占据 p_x、p_y、p_z 三个简并轨道，且自旋角动量量子数相同（自旋平行）。此外，作为洪特规则的补充，当亚层的简并轨道被电子半充满、全充满或全空时最为稳定。

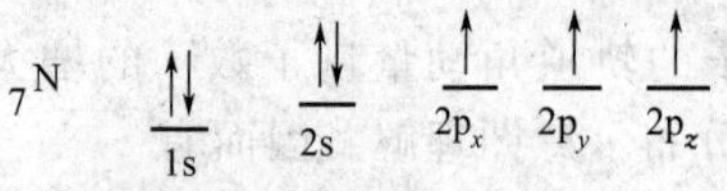

图 6-15 氮原子电子排布式

6.3.2 电子排布式与电子构型

核外电子的排布是客观存在，本来就不存在人为向原子轨道中填充电子以及填充的顺序问题。但这作为研究核外电子运动状态的一种科学假想，对人们特别是初学者了解原子的电子层结构是有帮助的。

如$_7$N 的核外电子排布为：$1s^2 2s^2 2p^3$

这种用量子数 n 和 l 表示的电子排布式称电子构型（或电子组态、电子结构式），右上角的数字是轨道中的电子数目。为了表明这些电子的磁量子数和自旋角动量量子数，也可用图 6-15 的图示形式表示，常称为轨道排布式。一短横（也有用□或○）表示 n、l、m 确定的一个轨道，箭头符号↓、↑表示电子的两种自旋状态（$m_s=+1/2$，$m_s=-1/2$）。

为了避免电子排布式书写过繁，常把电子排布已达到稀有气体结构的内层，以稀有气体元素符号外加方括号（称原子实）表示。如钠原子的电子构型 $1s^2 2s^2 2p^6 3s^1$，也可表示为 [Ne]$3s^1$。原子实以外的电子排布称外层电子构型。

必须注意，虽然原子中电子是按近似能级图由低到高的顺序填充的，但在书写原子的电子构型时，外层电子构型应按 $(n-2)$f、$(n-1)$d、ns、np 的顺序书写。如：

$_{82}$Pb 电子构型为 [Xe]$4f^{14}5d^{10}6s^2 6p^2$； $_{29}$Cu 电子构型为 [Ar]$3d^{10}4s^1$；

$_{64}$Gd 电子构型为 [Xe]$4f^7 5d^1 6s^2$

对绝大多数元素的原子来说，按电子排布规则得出的电子排布式与光谱实验的结论一致。但有些副族元素如$_{74}$W([Xe]$5d^4 6s^2$) 等，不能用上述规则予以完美解释，这种情况在第六、七周期元素中较多。电子排布式需要特殊记忆的元素有 13 种，它们的原子序数是 24，29，41，42，44，45，46，47，57，58，64，78，79。这些原子的核外电子排布仍然服从能量最低原理，但电子排布规则还有待发展完善，使它更加符合实际。

元素基态原子的电子构型见表 6-5。当原子失去电子成为阳离子时，其电子是按 np→ns→$(n-1)$d→$(n-2)$f 的顺序失去电子的。如 Fe^{2+} 的电子构型为 [Ar]$3d^6 4s^0$，而不是 [Ar]$3d^4 4s^2$。

表 6–5　元素基态原子的电子构型

原子序数	元素	电子构型	原子序数	元素	电子构型	原子序数	元素	电子构型	原子序数	元素	电子构型	原子序数	元素	电子构型
1	H	$1s^1$	24	Cr	[Ar]$3d^54s^1$	47	Ag	[Kr]$4d^{10}5s^1$	70	Yb	[Xe]$4f^{14}6s^2$	93	Np	[Rn]$5f^46d^17s^2$
2	He	$1s^2$	25	Mn	[Ar]$3d^54s^2$	48	Cd	[Kr]$4d^{10}5s^2$	71	Lu	[Xe]$4f^{14}5d^16s^2$	94	Pu	[Rn]$5f^67s^2$
3	Li	[He]$2s^1$	26	Fe	[Ar]$3d^64s^2$	49	In	[Kr]$4d^{10}5s^25p^1$	72	Hf	[Xe]$4f^{14}5d^26s^2$	95	Am	[Rn]$5f^77s^2$
4	Be	[He]$2s^2$	27	Co	[Ar]$3d^74s^2$	50	Sn	[Kr]$4d^{10}5s^25p^2$	73	Ta	[Xe]$4f^{14}5d^36s^2$	96	Cm	[Rn]$5f^76d^17s^2$
5	B	[He]$2s^22p^1$	28	Ni	[Ar]$3d^84s^2$	51	Sb	[Kr]$4d^{10}5s^25p^3$	74	W	[Xe]$4f^{14}5d^46s^2$	97	Bk	[Rn]$5f^97s^2$
6	C	[He]$2s^22p^2$	29	Cu	[Ar]$3d^{10}4s^1$	52	Te	[Kr]$4d^{10}5s^25p^4$	75	Re	[Xe]$4f^{14}5d^56s^2$	98	Cf	[Rn]$5f^{10}7s^2$
7	N	[He]$2s^22p^3$	30	Zn	[Ar]$3d^{10}4s^2$	53	I	[Kr]$4d^{10}5s^25p^5$	76	Os	[Xe]$4f^{14}5d^66s^2$	99	Es	[Rn]$5f^{11}7s^2$
8	O	[He]$2s^22p^4$	31	Ga	[Ar]$3d^{10}4s^24p^1$	54	Xe	[Kr]$4d^{10}5s^25p^6$	77	Ir	[Xe]$4f^{14}5d^76s^2$	100	Fm	[Rn]$5f^{12}7s^2$
9	F	[He]$2s^22p^5$	32	Ge	[Ar]$3d^{10}4s^24p^2$	55	Cs	[Xe]$6s^1$	78	Pt	[Xe]$4f^{14}5d^96s^1$	101	Md	[Rn]$5f^{13}7s^2$
10	Ne	[He]$2s^22p^6$	33	As	[Ar]$3d^{10}4s^24p^3$	56	Ba	[Xe]$6s^2$	79	Au	[Xe]$4f^{14}5d^{10}6s^1$	102	No	[Rn]$5f^{14}7s^2$
11	Na	[Ne]$3s^1$	34	Se	[Ar]$3d^{10}4s^24p^4$	57	La	[Xe]$5d^16s^2$	80	Hg	[Xe]$4f^{14}5d^{10}6s^2$	103	Lr	[Rn]$5f^{14}6d^17s^2$
12	Mg	[Ne]$3s^2$	35	Br	[Ar]$3d^{10}4s^24p^5$	58	Ce	[Xe]$4f^15d^16s^2$	81	Tl	[Xe]$4f^{14}5d^{10}6s^26p^1$	104	Rf	[Rn]$5f^{14}6d^27s^2$
13	Al	[Ne]$3s^23p^1$	36	Kr	[Ar]$3d^{10}4s^24p^6$	59	Pr	[Xe]$4f^36s^2$	82	Pb	[Xe]$4f^{14}5d^{10}6s^26p^2$	105	Db	[Rn]$5f^{14}6d^37s^2$
14	Si	[Ne]$3s^23p^2$	37	Rb	[Kr]$5s^1$	60	Nd	[Xe]$4f^46s^2$	83	Bi	[Xe]$4f^{14}5d^{10}6s^26p^3$	106	Sg	[Rn]$5f^{14}6d^47s^2$
15	P	[Ne]$3s^23p^3$	38	Sr	[Kr]$5s^2$	61	Pm	[Xe]$4f^56s^2$	84	Po	[Xe]$4f^{14}5d^{10}6s^26p^4$	107	Bh	[Rn]$5f^{14}6d^57s^2$
16	S	[Ne]$3s^23p^4$	39	Y	[Kr]$4d^15s^2$	62	Sm	[Xe]$4f^66s^2$	85	At	[Xe]$4f^{14}5d^{10}6s^26p^5$	108	Hs	[Rn]$5f^{14}6d^67s^2$
17	Cl	[Ne]$3s^23p^5$	40	Zr	[Kr]$4d^25s^2$	63	Eu	[Xe]$4f^76s^2$	86	Rn	[Xe]$4f^{14}5d^{10}6s^26p^6$	109	Mt	
18	Ar	[Ne]$3s^23p^6$	41	Nb	[Kr]$4d^45s^1$	64	Gd	[Xe]$4f^75d^16s^2$	87	Fr	[Rn]$7s^1$	110	Uun	
19	K	[Ar]$4s^1$	42	Mo	[Kr]$4d^55s^1$	65	Tb	[Xe]$4f^96s^2$	88	Ra	[Rn]$7s^2$	111	Uuu	
20	Ca	[Ar]$4s^2$	43	Tc	[Kr]$4d^55s^2$	66	Dy	[Xe]$4f^{10}6s^2$	89	Ac	[Rn]$6d^17s^2$	112	Uub	
21	Sc	[Ar]$3d^14s^2$	44	Ru	[Kr]$4d^75s^1$	67	Ho	[Xe]$4f^{11}6s^2$	90	Th	[Rn]$6d^27s^2$			
22	Ti	[Ar]$3d^24s^2$	45	Rh	[Kr]$4d^85s^1$	68	Er	[Xe]$4f^{12}6s^2$	91	Pa	[Rn]$5f^26d^17s^2$			
23	V	[Ar]$3d^34s^2$	46	Pd	[Kr]$4d^{10}$	69	Tm	[Xe]$4f^{13}6s^2$	92	U	[Rn]$5f^36d^17s^2$			

注：实线框内为过渡金属元素；虚线框内为内过渡金属元素，即镧系与锕系元素。

6.4 元素周期律

早在 18 世纪中叶至 19 世纪中叶，一系列元素被发现，关于元素性质的研究也不断出现新的成果。其中最重要的当数俄国化学家门捷列夫提出的元素周期律。随着人们对元素性质与原子结构关系的进一步认识，总结出关于元素周期表的更确切描述：元素以及由它们所形成的单质和化合物的性质，随着元素的原子序数，即原子核电荷数的递增而呈现周期性的变化规律。

(1) 能级组与元素周期

从各元素的电子层结构可知，随主量子数 n 的增加，n 每增加 1 个数值就增加一个能级组，因而增加一个新的电子层，相当于周期表中的一个周期。原子核外电子分布的周期性是元素周期律的基础，而元素周期表是周期律的具体表现形式。周期表有多种形式，现在常用的是长式周期表（见书后插页）。它将元素分为 7 个周期，横向排列。基态原子填有电子的最高能级组序数与原子所处周期数相同，各能级组能容纳的电子数等于相应周期的元素数目。

第 1～3 周期为短周期，其中第一周期仅两个元素，称特短周期。第 4～7 周期为长周期，其中第六周期为特长周期，共有 32 个元素，而第七周期称未完成周期，因为至今发现的元素只有 114 种。每一周期最后一个元素是稀有气体元素，相应各轨道上的电子都已充满，是一种最稳定的原子结构。从第二周期起，每一周期元素的原子内层都具有上一周期稀有气体元素原子实的结构。

(2) 价电子构型与周期表中的族

① 价电子构型　价电子是原子发生化学反应时易参与形成化学键的电子，价电子层的电子排布称价电子构型。由于原子参与化学反应为外层电子构型中的电子，所以价电子构型与原子的外层电子构型有关。对主族元素，其价电子构型为最外层电子构型（nsnp）；对副族元素，其价电子构型不仅包括最外层的 s 电子，还包括（$n-1$)d 亚层，甚至（$n-2$)f 亚层的电子。

② 主族　在长式元素周期表中元素纵向分为 18 列，其中 1～2 列和 13～18 列共 8 列为主族元素，以符号ⅠA～ⅧA（ⅧA 也称零族）表示。主族元素的最后一个电子填入 ns 或 np 亚层上，价电子总数等于族数。如元素$_7$N，电子结构式为 $1s^2 2s^2 2p^3$，最后一个电子填入 2p 亚层，价电子总数为 5，因而是ⅤA 元素。其中ⅧA 元素为稀有气体，最外电子层均已填满，达到 8 电子稳定结构。

③ 副族　长式元素周期表中第 3～12 列共 10 列，称副族元素，即ⅢB～ⅡB，其中ⅧB 族（也称Ⅷ族）元素有 3 列共 9 个元素。副族元素也称过渡元素。ⅠB、ⅡB 副族元素的族数等于最外层 s 电子的数目，ⅢB～ⅧB 副族元素的族数等于最外层 s 电子和次外层（$n-1$)d 亚层的电子数之和，即价电子数。如元素$_{22}$Ti，其价电子构型为 $3d^2 4s^2$，价电子数为 4，因而是ⅣB 元素。ⅧB 的情况特殊，其价电子数分别为 8、9 或 10。第六周期元素从$_{58}$Ce（铈）到$_{71}$Lu（镥）共 14 个元素，称镧系元素，并用符号 Ln 表示。第七周期$_{90}$Th（钍）～$_{103}$Lr（铹）也是 14 个元素，称锕系元素。镧系元素、锕系元素又称内过渡元素，前者称 4f 内过渡元素，后者称 5f 内过渡元素。

(3) 价电子构型与元素分区

根据元素的价电子构型不同，可以把周期表中元素所在的位置分为 s、p、d、ds、f 五个区，如表 6-6 所示。

表 6-6　元素的价电子构型与元素的分区、族

周期	ⅠA	ⅡA	ⅢB	ⅣB	ⅤB	ⅥB	ⅦB	ⅧB	ⅠB	ⅡB	ⅢA	ⅣA	ⅤA	ⅥA	ⅦA	ⅧA
1 2 3 4 5 6 7	s区 $ns^{1\sim2}$		d区 $(n-1)d^{1\sim9}ns^{1\sim2}$						ds区 $(n-1)d^{10}ns^{1\sim2}$		p区 $ns^2np^{1\sim6}$					

镧系元素	f区 $(n-2)f^{0\sim14}(n-1)d^{0\sim2}ns^2$
锕系元素	

6.5　原子性质的周期性

元素性质取决于原子的内部结构。元素原子的某些基本性质，如有效核电荷数、原子半径、电离能等，都与原子结构有关，并对元素的物理和化学性质产生重要影响。通常把表征原子基本性质的物理量称为原子参数。

6.5.1　有效核电荷

元素原子序数增加时，原子的核电荷呈线性依次增加，但有效核电荷（Z^*）却呈周期性变化。在短周期从左到右的元素中，电子依次填充到最外层，即加在同一电子层中，由于同层电子间屏蔽作用较弱，因此，有效核电荷数显著增加。在长周期中，从第三个元素开始，电子加到次外层，增加的电子进入次外层产生的屏蔽作用比电子进入这个电子层要增大一些，所以有效核电荷数增加不多；当次外层填满 18 个电子后，由于 18 电子层屏蔽作用较大，因此有效核电荷数略有下降；但在长周期的后半部，电子又填充到最外层，因此有效核电荷数又显著增加。

在同一族由上而下的元素中，虽然核电荷数增加较多，但相邻两元素之间依次增加一个电子内层，因此屏蔽作用也较大，结果有效核电荷数增加不显著。

6.5.2　原子半径（r）

原子中的电子在核外运动并无固定轨迹，电子云也无明确的边界，因此原子大小的概念是比较模糊不清的，原子并不存在固定的半径。但是，现实物质中的原子总是与其他原子为邻，如果将原子视为球体，那么两原子的核间距离即为两原子球体的半径之和。常将此球体的半径称为原子半径（r）。根据原子与原子间作用力的不同，原子半径的数据一般有三种：共价半径、金属半径和范德华（Van der Waalls）半径。

① 共价半径　同种元素的两个原子以共价键结合时，它们核间距的一半称为该原子的共价半径（covalent radius）。例如 Cl_2 分子，测得两 Cl 原子核间距离为 198pm，则 Cl 原子的共价半径为 $r_{Cl}=99pm$。必须注意，同种元素的两个原子以共价单键、双键或叁键结合

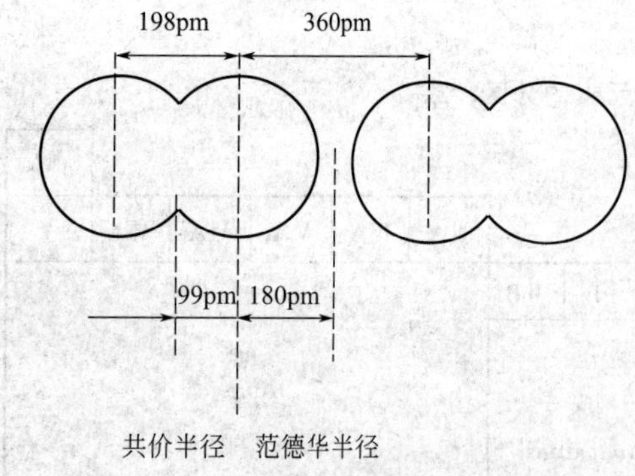

图 6-16 Cl_2(s) 晶体中的共价半径与范德华半径

时，其共价半径也不同。见图 6-16。

② 金属半径　金属晶体中相邻两个金属原子核间距的一半称为金属半径（metallic radius）。例如在锌晶体中，测得两原子的核间距为 266pm，则锌原子的金属半径 $r_{Zn}=133$pm。

③ 范德华半径　当两个原子只靠范德华力互相吸引时，它们核间距的一半称为范德华半径（van der Waals radius）。稀有气体均为单原子分子，形成分子晶体时，分子间以范德华力相结合，同种稀有气体的原子核间距的一半即为其范德华半径。见图 6-16。

各元素的原子半径见表 6-7。原子半径的大小主要取决于原子的有效核电荷和核外电子层结构。

表 6-7　元素的原子半径 r/pm

金属原子为金属半径；非金属原子为共价半径（单键）；稀有气体为范德华半径

H																	He
37.1																	122
Li	Be											B	C	N	O	F	Ne
152	111.3											88	77	70	66	64	160
Na	Mg											Al	Si	P	S	Cl	Ar
153.7	160											143.1	117	110	104	99	191
K	Ca	Sc	Ti	V	Cr	Mn	Fe	Co	Ni	Cu	Zn	Ga	Ge	As	Se	Br	Kr
227.2	197.3	160.6	144.8	132.1	124.9	124	124.1	125.3	124.6	127.8	133.2	122.1	122.5	121	117	114.2	198
Rb	Sr	Y	Zr	Nb	Mo	Tc	Ru	Rh	Pd	Ag	Cd	In	Sn	Sb	Te	I	Xe
247.5	215.1	181	160	142.9	136.2	135.8	132.5	134.5	137.6	144.4	148.9	162.6	140.5	141	137	133.3	217
Cs	Ba	La	Hf	Ta	W	Re	Os	Ir	Pt	Au	Hg	Tl	Pb	Bi	Po	At	Rn
265.4	217.3	187.7	156.4	143	137.0	137.0	134	135.7	138	144.2	160	170.4	175.0	154.7	167		
Fr	Ra	Ac															
270	220	187.8															

镧系	Ce	Pr	Nd	Pm	Sm	Eu	Gd	Tb	Dy	Ho	Er	Tm	Yb	Lu
	182.5	182.8	182.1	181.0	180.2	204.2	180.2	178.2	177.3	176.6	175.7	174.6	194.0	173.4
锕系	Th	Pa	U	Np	Pu	Am	Cm	Bk	Cf	Es	Fm	Md	No	Lr
	179.8	160.6	138.5	131	151	184								

同一主族元素原子半径从上到下逐渐增大。因为从上到下，原子的电子层数增多起主要作用，所以半径增大。副族元素的原子半径从上到下递变不是很明显；第一过渡系到第二过渡系的递变较明显；而第二过渡系到第三过渡系基本没变，这是由于镧系收缩的结果。

同一周期中原子半径的递变按短周期和长周期有所不同。在同一短周期中，由于有效核电荷的逐渐递增，核对电子的吸引作用逐渐增大，原子半径逐渐减小。在长周期中，过渡元素由于有效核电荷的递增不明显，因而原子半径减小缓慢。

镧系元素从 Ce 到 Lu 整个系列的原子半径逐渐收缩的现象称为镧系收缩（lanthanide contraction）。由于镧系收缩，镧系以后的各元素如 Hf、Ta、W 等原子半径也相应缩小，致使它们的半径与上一个周期的同族元素 Zr、Nb、Mo 非常接近，相应的性质也非常相似，在自然界中常共生在一起，很难分离。

6.5.3 元素的电离能

电离能（I）：使基态的气态原子失去一个电子形成+1氧化态气态离子所需要的能量，叫做第一电离能（ionization energy），符号 I_1，表示式：

$$M(g) \longrightarrow M^+(g) + e^- \qquad I_1 = \Delta E_1 = E[M^+(g)] - E[M(g)]$$

从+1氧化态气态离子再失去一个电子变为+2氧化态离子所需要的能量叫做第二电离能，符号 I_2，余类推。

由定义可知，电离能为正值。电离能有三种常用单位：$kJ \cdot mol^{-1}$ 和 J、eV。以 J、eV❶为单位时，是指对一个气态原子而言；以 $kJ \cdot mol^{-1}$ 为单位时，是指对反应进度为 1mol 的气态原子电离反应而言的。

例如铝的电离能数据为：

电离能	I_1	I_2	I_3	I_4	I_5	I_6
$I_n/kJ \cdot mol^{-1}$	578	1817	2745	11578	14831	18378

可以看出：

① $I_1 < I_2 < I_3 < I_4 \cdots$　这是由于原子失去电子后，其余电子受核的吸引力越大的缘故；

② $I_3 \ll I_4 < I_5 < I_6 \cdots$　这是因为 I_1、I_2、I_3 失去的是铝原子最外层的价电子，即 3s、3p 电子，而从 I_4 起失去的是铝原子的内层电子，要把这些电子电离需要更高的能量，这正是铝常形成 Al^{3+} 的原因，也是核外电子分层排布的有力证据。

电离能可由实验测得，表 6-8 为各元素原子的第一电离能。通常所说的电离能，如果没有特别说明，指的就是第一电离能。

表 6-8　各元素原子的第一电离能 I_1　　单位：$kJ \cdot mol^{-1}$

H																	He
1310																	2372
Li	Be											B	C	N	O	F	Ne
519	900											799	1096	1401	1310	1680	2080
Na	Mg											Al	Si	P	S	Cl	Ar
494	736											577	786	1060	1000	1260	1520
K	Ca	Sc	Ti	V	Cr	Mn	Fe	Co	Ni	Cu	Zn	Ga	Ge	As	Se	Br	Kr
418	590	632	661	648	653	716	762	757	736	745	908	577	762	966	941	1140	1350
Rb	Sr	Y	Zr	Nb	Mo	Tc	Ru	Rh	Pd	Ag	Cd	In	Sn	Sb	Te	I	Xe
402	548	636	669	653	694	699	724	745	803	732	866	556	707	833	870	1010	1170
Cs	Ba	La	Hf	Ta	W	Re	Os	Ir	Pt	Au	Hg	Tl	Pb	Bi	Po	At	Rn
376	502	540	531	760	779	762	841	887	866	891	1010	590	716	703	812	920	1040

镧系	Ce	Pr	Nd	Pm	Sm	Eu	Gd	Tb	Dy	Ho	Er	Tm	Yb	Lu
	528	523	530	536	543	547	592	564	572	581	589	597	603	524
锕系	Th	Pa	U	Np	Pu	Am	Cm	Bk	Cf	Es	Fm	Md	No	Lr
	590	570	590	600	585	578	581	601	608	619	627	635	642	

❶ eV：名称为电子伏特，是我国选定的法定单位；1电子伏特等于1个电子经过真空中电势差为1伏特电场时所获得的能量。$1eV = 1.602 \times 10^{-19} J$。

电离能的大小主要取决于原子的有效核电荷、原子半径和原子的核外电子层结构。元素的电离能在周期系中呈现有规律的变化。同一周期：从左到右元素的有效核电荷逐渐增大，原子半径逐渐减小，电离能逐渐增大；稀有气体由于具有8电子稳定结构，在同一周期中电离能最大。在长周期中的过渡元素，由于电子加在次外层，有效核电荷增加不多，原子半径减小缓慢，电离能增加不明显。同一主族：从上到下，有效核电荷增加不多，而原子半径则明显增大，电离能逐渐减小。

6.5.4 元素的电子亲和能

电子亲和能（A）：处于基态的气态原子得到一个电子形成气态阴离子所放出的能量，为该元素原子的第一电子亲和能（electron affinity），常用符号 A_1 表示，A_1 为负值（表示放出能量）（稀有气体元素原子等少数例外），单位与电离能相同。

表示式　　$X(g)+e^- \longrightarrow X^-$　　第一电子亲和能 A_1

例如：

$$O(g)+e^- \longrightarrow O^- \qquad A_1=-142kJ\cdot mol^{-1}$$

$$O^-(g)+e^- \longrightarrow O^{2-} \qquad A_2=844kJ\cdot mol^{-1}$$

第二电子亲和能是指−1氧化数的气态阴离子再得到一个电子，因为阴离子本身产生负电场，对外加电子有静电斥力，在结合过程中系统需要吸收能量，所以 A_2 是正值。

常用 A_1 值（习惯上用 $-A_1$ 值）来比较不同元素原子获得电子的难易程度，$-A_1$ 值愈大表示该原子愈容易获得电子，其非金属性愈强。由于电子亲和能的测定比较困难，所以目前测得的数据较少，准确性也较差。表6-9是一些元素的第一电子亲和能数据。表中括号内的数据只是计算值。

表6-9　主族元素的电子亲和能 A_1　　单位：kJ·mol^{-1}

H							He
−72.9							(+21)
Li	Be	B	C	N	O	F	Ne
−59.8	(+240)	−23	−122	0±20	−141	−322	(+29)
Na	Mg	Al	Si	P	S	Cl	Ar
−52.9	(+230)	−44	−120	−74	−200.4	−348.7	(+35)
K	Ca	Ga	Ge	As	Se	Br	Kr
−48.4	(+156)	−36	−116	−77	−195	−324.5	(+39)
Rb	Sr	In	Sn	Sb	Te	I	Xe
−46.9		−34	−121	−101	−190.1	−295	(+40)
Cs	Ba	Tl	Pb	Bi	Po	At	Rn
−45.5	(+52)	−50	−100	−100	(−180)	(−270)	(+40)

同周期元素，从左到右，元素电子亲和能逐渐增大，以卤素的电子亲和能为最大。氮族元素由于其价电子构型为 ns^2np^3，p亚层半满，根据洪特规则较稳定，所以电子亲和能较小。又如稀有气体，其价电子构型为 ns^2np^6 的稳定结构，所以其电子亲和能为正值。

与电离能的变化规律类似，同族第二与第三周期元素的电子亲和能变化规律特殊，是因为如N、O、F的原子半径小，电荷密度大，进入电子受到原有电子较强的排斥所致。

注意：电子亲和能、电离能只能表征孤立气态原子（或离子）得、失电子的能力。常温下元素的单质在形成水合离子的过程中得、失电子能力的相对大小应该用电极电势的大小来判断。

6.5.5 元素的电负性（χ）

所谓元素的电负性（electronegativity）是指元素的原子在分子中吸引电子能力的相对大小，即不同元素的原子在分子中对成键电子对吸引力的相对大小，它较全面地反映了元素金属性和非金属性的强弱。电负性[1]的概念最早由鲍林（L. Pauling）提出，他根据热化学数据和分子的键能提出了以下经验关系式：

$$E(\text{A—B})=[E(\text{A—A})\times E(\text{B—B})]^{1/2}+96.5(\chi_A-\chi_B)^2 \tag{6-17}$$

式中，E(A—B)、E(A—A) 和 E(B—B) 分别为分子 A—B、A—A 和 B—B 的键能，单位为 kJ · mol^{-1}；χ_A、χ_B 分别表示键合原子 A 和 B 的电负性；96.5 为换算因子，并指定氟的电负性 $\chi_F=4.0$，而后可依次求出其他元素的电负性。如 H_2、Br_2 和 HBr 分子的键能分别为 436kJ · mol^{-1}、193kJ · mol^{-1}和 366kJ · mol^{-1}，H 的电负性 $\chi_H=2.1$，则 Br 的电负性可由式(6-17) 求得 $\chi_{Br}=3.0$。表 6-10 是鲍林电负性标度的元素电负性。

表 6-10 鲍林的元素电负性

H 2.18																H 2.18
Li 0.98	Be 1.57											B 2.04	C 2.55	N 3.04	O 3.44	F 3.98
Na 0.93	Mg 1.31											Al 1.61	Si 1.90	P 2.19	S 2.58	Cl 3.16
K 0.82	Ca 1.00	Sc 1.36	Ti 1.54	V 1.63	Cr 1.66	Mn 1.55	Fe 1.80	Co 1.88	Ni 1.91	Cu 1.90	Zn 1.65	Ga 1.81	Ge 2.01	As 2.18	Se 2.55	Br 2.96
Rb 0.82	Sr 0.95	Y 1.22	Zr 1.33	Nb 1.60	Mo 2.16	Tc 1.90	Ru 2.28	Rh 2.20	Pd 2.20	Ag 1.93	Cd 1.69	In 1.73	Sn 1.96	Sb 2.05	Te 2.10	I 2.66
Cs 0.79	Ba 0.89	La 1.10	Hf 1.30	Ta 1.50	W 2.36	Re 1.90	Os 2.20	Ir 2.20	Pt 2.28	Au 2.54	Hg 2.00	Tl 2.04	Pb 2.33	Bi 2.02	Po 2.00	At 2.20

注：数据引自 MacMillian Chemical and Physical Data（1992）。

元素的电负性也呈现周期性的变化：同一周期中，从左到右电负性逐渐增大；同一主族中，从上到下电负性逐渐减小。过渡元素的电负性都比较接近，没有明显的变化规律。

电负性是一个相对值，单位是“1”，自从鲍林 1932 年提出这一概念，有不少人对之进行探讨，并提出了相应的电负性数据。因此在使用电负性数据时要注意出处，并尽量使用同一套数据。

6.5.6 元素的金属性和非金属性

元素的金属性指其原子失去电子变为正离子的性质，元素的非金属性指其原子得到电子

[1] 常用的电负性有鲍林电负性、密立根（Mulliken）电负性和阿莱-罗周（Allred-Rochow）电负性三套数据，本书采用鲍林电负性。

变为负离子的性质。金属原子越易失去电子，则金属性越强，反之亦然。电离能的大小反映了原子失去电子的难易程度，即元素的金属性的强弱。电离能愈小，原子愈易失去电子，元素的金属性愈强。电子亲和能的大小反映了原子得到电子的难易程度，即元素的非金属性的强弱。元素的金属性和非金属性也可用电负性来衡量，元素的电负性越大，非金属性越强。从表6-10中可以看出，金属元素的电负性一般在2.0以下，非金属元素的电负性一般在2.0以上。

6.5.7 元素的氧化数

元素的氧化数与元素原子的价电子数密切相关。

元素参加化学反应时，原子常失去或获得电子以使其最外电子层结构达到2、8或18电子结构（有关内容可参阅本书第9章）。在化学反应中，参与化学键形成的电子称为价电子(valence electron)。元素的氧化数决定于价电子的数目，而价电子的数目则决定于原子的外电子层结构。

显然，元素的最高正氧化数等于价电子总数。

对于主族元素，次外电子层已经饱和，所以最外层电子就是价电子。元素呈现的最高氧化数就是该元素所属的族数。

对于副族元素，除了最外层电子是价电子外，未饱和的次外层 $(n-1)$ 的d电子，甚至 $(n-2)$ 的f电子也是价电子。各副族元素的价电子构型和最高氧化数如表6-11所示。

表6-11 副族元素的价电子构型和最高氧化数

副族	ⅢB	ⅣB	ⅤB	ⅥB	ⅦB	ⅧB	ⅠB	ⅡB
价电子构型	$(n-1)d^1 ns^2$	$(n-1)d^2 ns^2$	$(n-1)d^3 ns^2$	$(n-1)d^4 ns^2$	$(n-1)d^5 ns^2$	$(n-1)d^{6\sim8} ns^2$	$(n-1)d^{10} ns^1$	$(n-1)d^{10} ns^2$
最高氧化数	+3	+4	+5	+6	+7	+8	+1	+2

从表中可以看出，ⅢB到ⅦB元素的价电子结构为 $(n-1)d^1ns^2$ 到 $(n-1)d^5ns^2$，因此最高正氧化数从+3到+7，也等于元素所在的族数。ⅧB元素中，只有Ru和Os达到最高+8氧化数。至于ⅠB、ⅡB，d亚层已填满10个电子，即次外层为18电子构型，也是稳定结构，所以一般只失去最外层的s电子，显+1、+2氧化数，也分别等于它们所在的族数。

ⅠB元素有例外，最高正氧化数不是+1。

习 题

1. 当氢原子的一个电子从 $n=2$ 的能级跃迁到 $n=1$ 的能级时，发射光子的波长为121.6nm；当氢原子的一个电子从 $n=3$ 的能级跃迁到 $n=2$ 的能级时，发射光子的波长为656.3nm。问：

(1) 哪一个光子的能量大？

(2) 根据(1)的计算结果，说明原子中电子在各能级上所具有的能量是连续的还是量子化的？

2. 下列各组量子数组合哪些是不合理的？为什么？（顺序为 n、l、m）

（1）2 1 0　（2）2 2 −1　（3）3 0 +1

（4）2 0 −1　（5）2 3 +2　（6）4 3 +2

3. 在下列各组量子数中，填入空缺的量子数。（顺序为 n、l、m、m_s）

（1）? 2 0 −1/2　（2）2 ? −1 +1/2

（3）4 2 0 ?　（4）2 0 ? +1/2

4. 氮原子的价电子构型是 $2s^2 2p^3$，试用四个量子数分别表示每个电子的状态。

5. 已知某元素原子的电子具有下列四个量子数（顺序为 n、l、m、m_s），试排出它们能量高低的顺序。

（1）3 2 +1 −1/2　（2）2 1 +1 +1/2

（3）2 1 0 +1/2　（4）3 1 −1 +1/2

（5）3 0 0 −1/2　（6）2 0 0 +1/2

6. 下列元素基态原子的电子排布各违背了什么原则？

（1）$1s^2 2s^3$　（2）$1s^2 2p^3$　（3）$1s^2 2s^2 2p_x^2 2p_y^1$

7. 下列原子的电子排布中，哪种属于基态？哪种属于激发态，哪种是错误的？

（1）$1s^2 2s^1 2p^2$　（2）$1s^2 2s^2 2p^6 3s^1 3d^1$　（3）$1s^2 2s^2 2d^1$

（4）$1s^2 2s^2 2p^4 3s^1$　（5）$1s^2 2s^3 2p^1$　（6）$1s^2 2s^2 2p^6 3s^1$

8. 试完成下表：

原子序数	价层电子分布式	各层电子数	周期	族	区
11					
23					
35					
53					
60					
82					

9. 已知某副族元素 A 的原子，电子最后填入 3d 轨道，最高氧化值为 4；元素 B 的原子，电子最后填入 4p 轨道，最高氧化值为 5：

（1）写出 A、B 元素原子的电子排布式；

（2）根据电子排布，指出它们在周期表中的位置（周期、区、族）。

10. 有第四周期的 A、B、C 三种元素，其价电子数依此为 1、2、7，其原子序数按 A、B、C 顺序增大。已知 A、B 次外层电子数为 8，而 C 次外层电子数为 18，根据结构判断：

（1）C 与 A 的简单离子是什么？

（2）B 与 C 两元素间能形成何种化合物？试写出化学式。

11. 分别写出下列元素基态原子的电子排布式，并分别指出各元素在周期表中的位置。

$_{9}F$　$_{10}Ne$　$_{25}Mn$　$_{29}Cu$　$_{24}Cr$　$_{55}Cs$　$_{71}Lu$

12. 写出下列离子的最外层电子分布式：

S^{2-}　K^{+}　Pb^{2+}　Ag^{+}　Mn^{2+}　Co^{2+}

13. 元素的原子其最外层仅有一个电子，该电子的量子数是 $n=4$，$l=0$，$m=0$，$m_s=+1/2$。

问：(1) 符合上述条件的元素可以有几种？原子序数各为多少？

(2) 写出相应元素原子的电子排布式，并指出在周期表中的位置。

14. 某元素的原子序数小于 36，当此元素原子失去 3 个电子后，它的角动量量子数等于 2 的轨道内电子数恰好半满：

(1) 写出此元素原子的电子排布式；

(2) 此元素属哪一周期、哪一族、哪一区？元素符号是什么？

15. 试预测：

(1) 114 号元素原子的电子排布？并指出它属于哪个周期、哪个族？可能与哪个已知元素的性质最为相似？

(2) 第七周期的最后一个元素的原子序数为多少？

16. 设有元素 A、B、C、D、E、G、M，试按所给的条件，推断它们的元素符号，及在周期表中的位置，并写出它们的价层电子构型。

(1) A、B、C 为同一周期的金属元素，已知 C 有三个电子层，它们的原子半径在所属周期中为最大，并且 A＞B＞C。

(2) D、E 为非金属元素，与氢化合生成 HD 和 HE，在室温时 D 的单质为液体，E 的单质为固体。

(3) G 是所有元素中电负性最大的元素。

(4) M 是金属元素，它有四个电子层，它的最高氧化数与氯的最高氧化数相同。

17. 有 A、B、C、D 四种元素，其价电子数依次为 1、2、6、7，其电子层数依次减少。已知 D^- 的电子层结构与 Ar 原子相同，A 和 B 次外层各有 8 个电子，C 次外层有 18 个电子。试判断这四种元素：

(1) 原子半径从小到大的顺序；

(2) 第一电离能从小到大的顺序；

(3) 电负性从小到大的顺序；

(4) 金属性由弱到强的顺序。

18. 氨催化氧化生成一氧化氮是生产硝酸的关键步骤：

$$4NH_3(g)+5O_2(g)\xlongequal{\text{催化剂}}4NO(g)+6H_2O(g)$$

(1) 根据有关热力学数据，证明该反应常温下可自发进行。

(2) 生产上一般选择反应温度为 800℃左右，为什么？

19. 某 H_2O_2 溶液 20.00mL 酸化后与足量的 0.5mol·L^{-1} KI 溶液反应，用 0.5000mol·L^{-1} 的 $Na_2S_2O_3$ 溶液滴定生成的 I_2，用去 $Na_2S_2O_3$ 溶液 40.00mL。求 H_2O_2 溶液的浓度。

20. 已知漂白粉在潮湿空气中的失效反应为：

$$ClO^-+H_2CO_3 \longrightarrow HClO+HCO_3^-$$

试计算此反应的标准平衡常数。

21. (1) Write the possible values of l when $n=5$.

(2) Write the allowed number of orbitals (a) with the quantum numbers $n=4$, $l=3$; (b) with the quantum numbers $n=4$, (c) with the quantum numbers $n=7$, $l=6$, $m=6$; (d) with the quantum numbers $n=6$, $l=5$.

22. How many unpaired electrons are in atoms of Na, Ne, B, Be, Se, and Ti?

23. What is electronegativity? Arrange the members of each of the following sets of elements in order of increasing electronegativities:

(a) B, Ga, Al, In; (b) S, Na, Mg, Cl; (c) P, N, Sb, Bi; (d) S, Ba, F, Si.

24. Write the electron configuration beyond a noble gas core, for example, F, [He] $2s^2 2p^5$, Rb, La, Cr, Fe^{2+}, Cu^{2+}, Tl, Po, Gd, Sn^{2+} Ti^{3+} and Lu.

第7章 分子结构

(Molecular Structure)

学习要求

1. 掌握共价键的饱和性与方向性；了解共价键类型。
2. 掌握价层电子对互斥理论。
3. 了解杂化轨道理论。
4. 掌握分子轨道理论。

分子是物质能独立存在并保持其化学特性的最小微粒，而分子又是由原子组成的。组成分子的原子数可以少至只有一个原子，如稀有气体、金属的单原子分子等；也可以多达千千万万，如金刚石晶体。迄今，科学家们发现了110多种元素。正是由这些元素的原子构成了分子，从而构成了整个物质世界。那么原子与原子如何结合成分子，分子和分子又如何结合成宏观物体？前者是化学键问题，后者是分子间力的问题。化学键理论是当代化学的一个中心问题，研究分子内部的结构对探索物质的性质和功能都具有重要的意义。本章将在原子结构的基础上着重讨论有关化学键理论以及分子构型等问题。

按照化学键形成方式与性质的不同，本章将重点介绍共价键。晶体中其质点排列是有规律的，自然界中的固体绝大多数是晶体，根据晶体中那些排列有序的质点性质，可以将晶体分成不同的类型。晶体的常见类型为：离子晶体、分子晶体、金属晶体和原子晶体。

7.1 共价键理论

7.1.1 路易斯理论

1916年，美国科学家Lewis提出共价键理论，认为分子中的原子都有形成稀有气体电子结构的趋势，以求得本身的稳定。而达到这种结构，可以不通过电子转移形成离子和离子键来完成，而是通过共用电子对来实现。

例如：两个氢原子通过共用一对电子形成 H_2，$H\cdot + H\cdot = H:H$，每个H均成为He的电子构型，形成一个共价键。又如：水分子共用电子的情况为：$H\times\ddot{\underset{\cdot\cdot}{O}}\times H$

前述的分子中的原子都是通过共用电子对实现了稀有气体的电子结构。

Lewis 的贡献，在于提出了一种不同于离子键的新的键型，解释了 Δx 比较小的元素之间原子的成键事实。但 Lewis 没有说明这种键的实质，所以适应性不强。在解释 BCl_3、PCl_5 等其中的原子未全部达到稀有气体结构的分子时，遇到困难。

7.1.2 共价键理论

(1) 共价键的形成和本质

1927 年，Heitler 和 London 用量子力学处理氢气分子 H_2，解决了两个氢原子之间的化学键的本质问题，使共价键理论从经典的 Lewis 理论发展到现代的共价键理论。

① 氢分子中的化学键　量子力学计算表明，两个具有 $1s^1$ 电子构型的 H 彼此靠近时，两个 1s 电子以自旋相反的方式形成电子对，使体系的能量降低。如图 7-1 所示。在图中，横坐标表示 H 原子间的距离，纵坐标表示体系的势能 V，且以 $r\to\infty$ 时的势能值为纵坐标的势能零点。D 为键的解离能。从图中可以看出，$r=r_0$ 时，V 值最小，为 $V=-D$（$D>0$，$-D<0$），表明此时两个 H 原子之间形成了化学键。

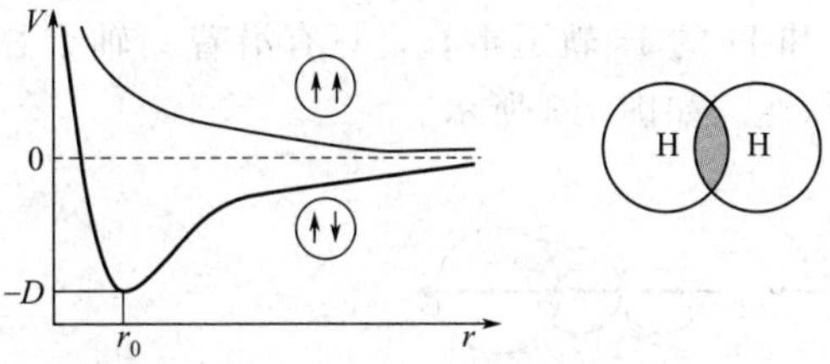

图 7-1　体系的势能与核间距之间的关系

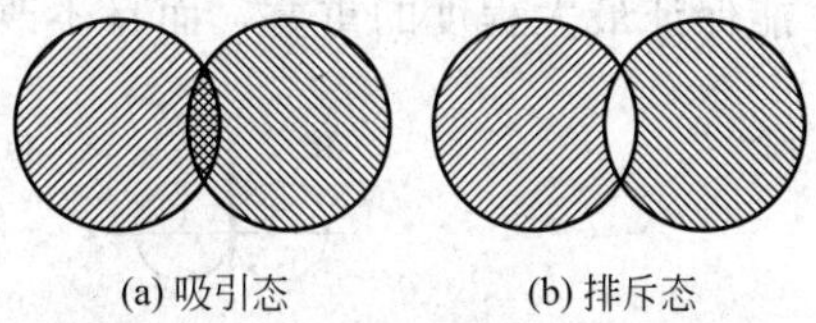

图 7-2　氢分子的两种状态

计算还表明，若两个 1s 电子以相同自旋的方式靠近，则 r 越小，V 越大。此时，不形成化学键。如图中上方曲线所示，能量不降低。H_2 中的化学键，可以认为是电子自旋相反成对，结果使体系的能量降低。从电子云的观点考虑，有两种情况：第一种情况是 H 的 1s 轨道在两核间发生同号重叠，使电子在两核间电子云密集，形成较大负电区，降低了两核之间的正电排斥，同时增大了两核对电子云密集区的吸引，故称“吸引态”；第二种情况是 H 的 1s 轨道在两核间发生异号重叠，使两核间电子云密度减少，增大了两核间的排斥力，系统能量升高，故称“排斥态”（见图 7-2）。

② 价键理论　将对 H_2 的处理结果推广到其他分子中，形成了以量子力学为基础的价键理论（valence bond theory），亦称 VB 法。

(2) 共价键的形成

A、B 两原子各有一个成单电子，当 A、B 相互接近时，若两个电子所在的原子轨道能量相近，对称性相同，则可以相互重叠，两电子以自旋相反的方式结成电子对。于是体系能量降低，形成化学键。一对电子形成一个共价键。形成的共价键越多，则体系能量越低，形成的分子越稳定。因此，各原子中的未成对电子尽可能多地形成共价键。

H_2 分子中，可形成一个共价键；HCl 分子中，也形成一个共价键。那么 N_2 分子怎样形成共价键呢？

已知 N 原子的电子结构 $2s^2 2p_x^1 2p_y^1 2p_z^1$，每个 N 原子有三个单电子，所以形成 N_2 分子时，N 原子与 N 原子之间可形成三个共价键。写成 N_2，即 $:N\equiv N:$。

形成 CO 分子时，与 N_2 相似，同样用了三对电子，形成三个共价键。与 N_2 不同的是，其中有一个共价键具有特殊性——C 原子和 O 原子各提供一个 2p 轨道，互相重叠，但是其中的电子是由 O 原子独自提供的。这样的共价键称为共价配位键，简称为配位键。于是，CO 可表示成：C≒O。

配位键也是共价键的一种，配位键形成的条件是：一个原子提供成对电子；而另一原子提供空轨道与之重叠。在配位化合物中，中心原子和配体之间主要采用配位键的形式键合。

(3) 共价键的特点

与离子键不同，共价键具有饱和性和方向性特征。

① 饱和性　由于电子自旋方向只有两种，当自旋方向相反的电子配对之后，就不能再与另一个原子中的未成对电子配对了，这就是共价键的饱和性。例如氧只有两个单电子，H 有一个单电子，所以结合成水分子时，只能形成 2 个共价键。另外，原子中单电子数决定了共价键的数目，例如，C 原子原有两个单电子，它在形成分子过程中可以激发出一个电子，最终它有四个单电子，所以 C 最多能与 4 个 H 形成共价键。

② 方向性　形成共价键时，原子轨道总是尽可能沿着电子出现概率最大的方向重叠，以降低体系能量。正是原子轨道在核外空间的取向和最大重叠方式的要求决定了共价键具有方向性。例如 HCl 分子形成的过程中，Cl 的 $3p_z$ 和 H 的 1s 轨道重叠，只有沿着 z 轴重叠，才能保证最大程度的重叠，而且不改变原有的对称性。如图 7-3 所示。

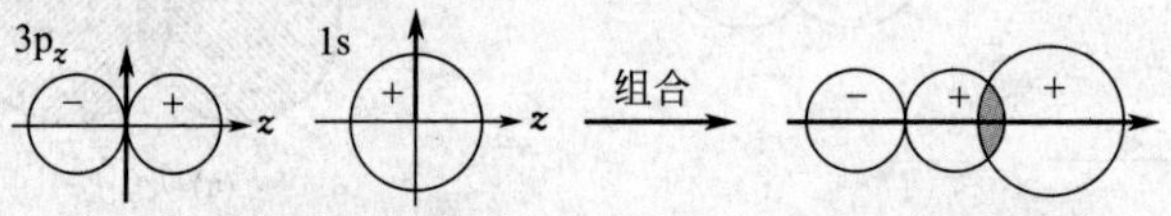

图 7-3　HCl 分子形成的示意图

再如 Cl_2 分子中成键的原子轨道，也要保持对称性和最大程度的重叠。如图 7-4 所示。

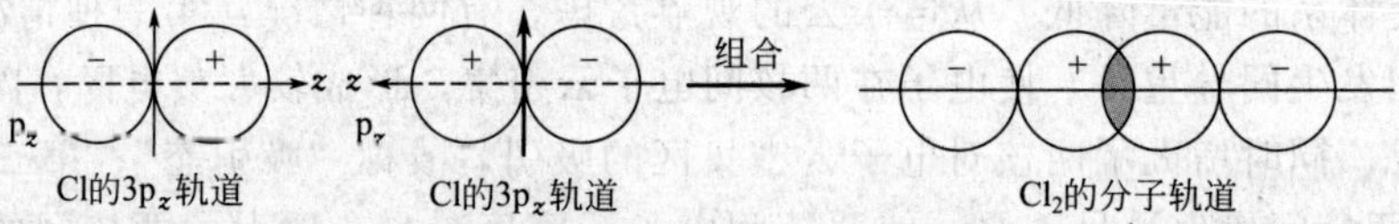

图 7-4　Cl_2 分子形成的示意图

两个 Cl 原子如果发生类似于图 7-5 所示的重叠，将破坏原子轨道的对称性，不能形成 Cl_2 分子。H 原子和 Cl 原子采用如图 7-5 的重叠也不会形成 HCl 分子。

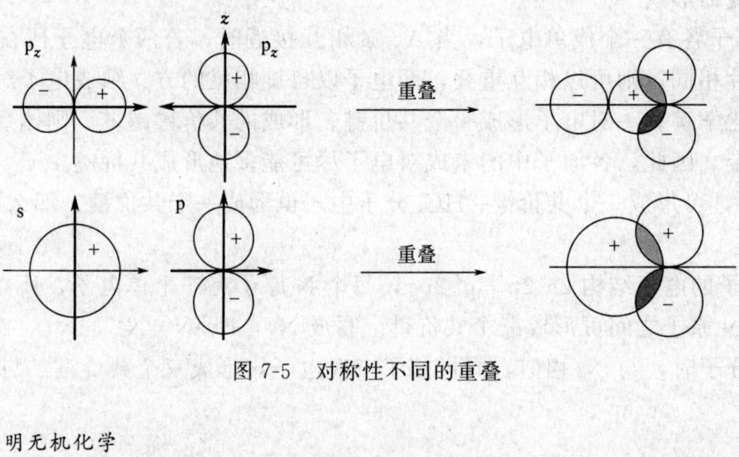

图 7-5　对称性不同的重叠

(4) 共价键的键型

成键的两个原子核间的连线称为键轴。按成键轨道与键轴之间的关系，共价键的键型主要分为两种，一种是 σ 键，另一种是 π 键。

① σ 键　原子轨道的重叠部分沿着键轴（两原子的核间连线）旋转任意角度，原子轨道图形及符号均保持不变时，所成的键就称为 σ 键。另一种形象化描述：σ 键是原子轨道沿键轴方向的“头碰头”形式的重叠。如 HCl 分子中 3p 和 1s 的成键，Cl_2 中 3p 和 3p 的成键形式（见图 7-6）。

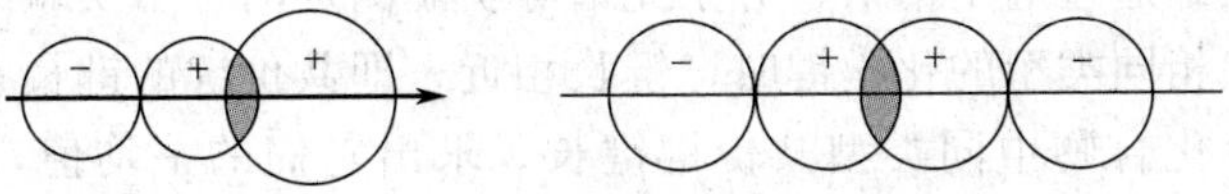

图 7-6　HCl 分子、Cl_2 分子中的 σ 键

② π 键　原子轨道的重叠部分绕键轴旋转 180°时，图形不变，而符号相反。例如两个 p_x 沿 z 轴方向重叠的情况（见图 7-7）。形象化的描述，π 键是原子轨道的“肩并肩”形式的重叠。

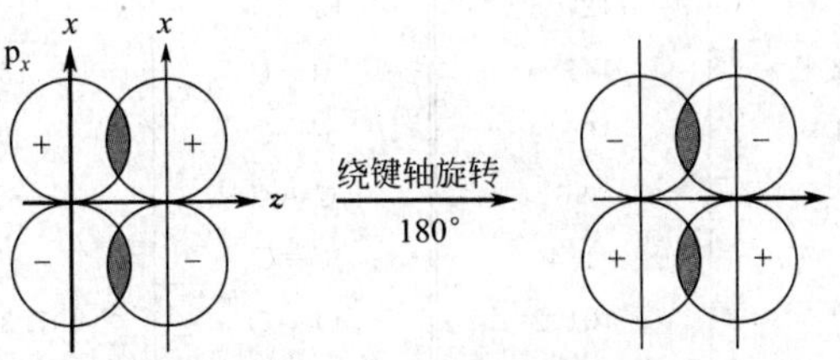

图 7-7　两个 p_x 沿 z 轴方向重叠

N_2 分子中两个原子各有三个单电子，沿 z 轴成键时，p_x 与 p_x “头碰头”形成一个 σ 键。同时，p_y 和 p_y，p_z 和 p_z 以“肩并肩”形式重叠，形成两个 π 键。所以 N_2 分子的 3 个键中，有 1 个 σ 键和 2 个 π 键（见图 7-8）。

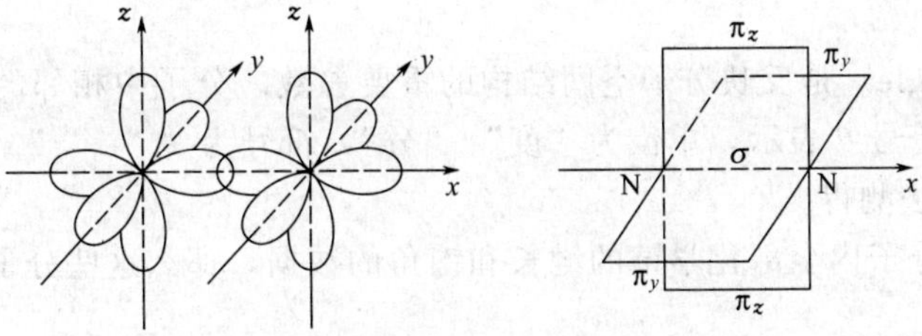

图 7-8　N_2 分子中化学键示意图

表 7-1 列出了 σ 键和 π 键的特征比较，可对照理解。

表 7-1　σ 键和 π 键的特征比较

特征	σ 键	π 键
原子轨道重叠方式	沿键轴方向“头碰头”重叠	沿键轴方向“肩并肩”重叠
原子轨道重叠程度	大	小
键的强度	较强	较弱
化学反应活性	不活泼	活泼

7.1.3 共价键参数

共价键具有一些表征其性质的物理量，如键长、键角、键能等，这些物理量统称为键参数（parameter of bond）。

(1) 键长

当两原子间形成稳定的共价键时，两个原子间保持着一定的平衡距离，这一距离叫做键长（bond length），符号 l，单位 m 或 pm。理论上用量子力学近似方法可以算得键长，实际上对复杂分子往往是通过电子衍射、分子光谱等实验测定的。由实验结果得知，在不同分子中，两原子间形成相同类型的化学键时，键长相近，即共价键的键长有一定的守恒性。通过实验测定各种共价化合物中同类型共价键键长，求出它们的平均值，即为共价键键长数据。表 7-2 提供了常见键长数据。

表 7-2 部分共价键的键长数据

共价键	键能/kJ·mol^{-1}	键长/pm	共价键	键能/kJ·mol^{-1}	键长/pm
H—H	436.00	74.1	F—F	156.9±9.6	141.2
H—F	568.6±1.3	91.7	Cl—Cl	242.95	198.8
H—Cl	431.4	127.5	Br—Br	193.87	228.1
H—Br	366±2	141.4	I—I	152.55	266.6
H—I	299±1	160.9	C—C	346	154
O—H	462.8	96	C═C	610.0	134
S—H	347	134	C≡C	835.1	120
N—H	391	101.2	O═O	497.31±0.17	120.7
C—H	413	109	S═S	424.6±6	188.9
Si—H	318	148	N≡N	948.9±6.3	109.8
Na—H	201±21	188.7	C≡N	889.5	116

由表数据可见，H—F、H—Cl、H—Br、H—I 键长依次递增，而键能依次递减；单键、双键及叁键的键长依次缩短，键能依次增大，但与单键并非 2 倍、3 倍的关系。

(2) 键角

键角（bond angle）是反映分子空间结构的重要参数。分子中相邻的共价键之间的夹角称为键角，通常用符号 θ 表示，单位为“度”、“分”，符号为“°”、“′”。其数据可以用分子光谱和 X 射线衍射法测得。

如果知道了某分子内全部化学键的键长和键角的数据，那么这些分子的几何构型便可确定。范例见表 7-3。

表 7-3 部分分子的化学键的键长、键角和几何构型

分子	键长 l/pm	键角 θ/(°)	分子构型
H_2S	134	92	V 形
NO_2	120	134	V 形
CO_2	116.2	180	直线形
NH_3	100.8	107.3	三角锥形
CCl_4	177	109.5	正四面体形

(3) 键能

键能（bond energy）是从能量因素衡量化学键强弱的物理量。其定义为：在标准状态下，将气态分子 AB(g) 解离为气态原子 A(g)、B(g) 所需要的能量，用符号 E 表示，单位为 $kJ \cdot mol^{-1}$。键能的数值通常用一定温度下该反应的标准摩尔反应焓变表示，如不指明温度，应为 298.15K。即

$$AB(g) \longrightarrow A(g) + B(g) \qquad \Delta_f H_m^{\ominus} = E(A-B)$$

A 与 B 之间的化学键可以是单键、双键或叁键。例如：

$$HCl(g) \longrightarrow H(g) + Cl(g) \qquad \Delta_f H_m^{\ominus}(HCl) = E(HCl)$$

$$N \equiv N(g) \longrightarrow 2N(g) \qquad \Delta_f H_m^{\ominus}(N_2) = E(N_2)$$

对于多原子分子，键能主要取决于成键原子的本性，但分子中的其他原子对其也有影响。把一个气态多原子分子分解为组成它的全部气态原子时所需要的能量叫原子化能，应该恰好等于这个分子中全部化学键键能的总和。如果分子中只含有一种键，且都是单键，键能可用键解离能的平均值表示，如 NH_3 含有 3 个 N—H 键，键能可表示为：

$$E(N-H) = \frac{D_1 + D_2 + D_3}{3}$$

键解离能（D）：在双原子分子中，于 100kPa 下将气态分子断裂成气态原子所需要的能量。$D(H-Cl) = 432kJ \cdot mol^{-1}$，$D(Cl-Cl) = 243kJ \cdot mol^{-1}$。

在多原子分子中，断裂气态分子中的某一个键，形成两个"碎片"时所需要的能量叫做此键的解离能。

$$H_2O(g) \longrightarrow H(g) + OH(g) \qquad D(H-OH) = 499kJ \cdot mol^{-1}$$

$$HO(g) \longrightarrow H(g) + O(g) \qquad D(O-H) = 429kJ \cdot mol^{-1}$$

原子化能 E_{atm}：气态的多原子分子的键全部断裂形成各组成元素的气态原子时所需要的能量。例如：

$$H_2O(g) \longrightarrow 2H(g) + O(g)$$

$$E_{atm}(H_2O) = D(H-OH) + D(O-H) = 928kJ \cdot mol^{-1}$$

键能、键解离能与原子化能的关系：

双原子分子：键能＝键解离能

$$E(H-H) = D(H-H)$$

多原子分子：原子化能＝全部键能之和

$$E_{atm}(H_2O) = 2E(O-H)$$

键焓与键能近似相等，实验测定中，常常得到的是键焓数据。

键能与标准摩尔反应焓变的关系可通过下列循环看出。

$$
\begin{array}{ccc}
2H_2(g) + O_2(g) & \xrightarrow{\Delta_r H_m^{\ominus}} & 2H_2O(g) \\
\downarrow 2E(H-H) \quad \downarrow E(O \colon\colon O) & & \downarrow 4E(O-H) \\
4H(g) + 2O(g) & \longleftarrow &
\end{array}
$$

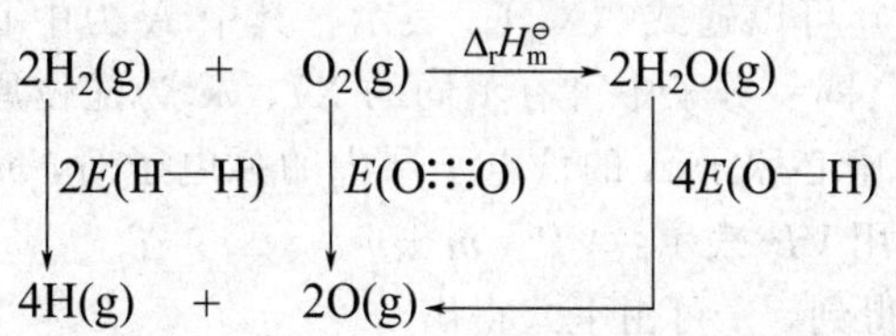

$$\Delta_r H_m^{\ominus} = 2E(H-H) + E(O \colon\colon O) - 4E(O-H)$$

$$\Delta_r H_m^{\ominus} = \sum E(反应物) - \sum E(生成物)$$

（4）键的极性与键矩

当两个电负性不同的原子之间形成化学键时，由于它们吸引电子的能力不同，使共用电子对部分地或完全偏向于其中一个原子，该种共价键分子中心正负电荷中心不重合，键具有了极性（polarity），称为极性键（polar bond）。若分子中心正负电荷重合，称为非极性键（nonpolar bond）。两个成键原子间的电负性差越大，键的极性越大。离子键是最强的极性

键，电子由一个原子上完全转移到了另一个原子上。不同元素的原子之间形成的共价键都不同程度地具有极性。键的极性大小可以用键矩（bonding moment）表示，键矩的定义为：

$$\mu = q \times l \tag{7-1}$$

式中，q 为电量；l 通常取两个原子的核间距，例如，$H^{\delta+}—Cl^{\delta-}$，$l_{HCl}=127pm$。键矩是矢量，其方向是从正电荷中心指向负电荷中心，其值可由实验测得。μ 的单位为库仑·米（C·m）。如经测定，$\mu_{HCl}=3.57\times10^{-30}C\cdot m$，由此可以计算得出电量：

$$q=\mu/l=3.57\times10^{-30}C\cdot m/127\times10^{-12}m=2.81\times10^{-20}C$$

已知基元电荷（一个质子所带电量）$=1.602\times10^{-19}C$，则

$$\delta=2.81\times10^{-20}C/1.602\times10^{-19}C=0.18\text{（单位电荷）}$$

这表明在 H—Cl 键中含有 18%的离子键成分。也就是说极性共价键可以看成是含有小部分离子键成分和大部分共价键成分的中间类型的化学键。当极性键向离子键过渡时，共价键成分（又称共价性）逐渐减小，而离子键成分（又称离子性）逐渐增大。同样，即使是比较典型的离子型化合物中，也会有部分共价性。例如 CsF 中共价性约为 8%。

成键原子间电负性差值的大小一定程度上反映了键的离子性的大小。电负性差值大的元素之间化合生成离子键的倾向较强，电负性差值小的或电负性差值为零的非金属元素间以共价键结合，电负性差值小的或电负性差值为零的金属元素间，则以金属键形成金属单质或合金。

7.2 价层电子对互斥理论

分子的键参数如键长、键角一般通过实验测定，从而确定分子的构型。简单分子的构型也可以通过价层电子互斥理论进行预测。价层电子对互斥理论（valence-shell electron-pair repulsion，简称为 VSEPR 理论）最初是在 1940 年由西奇维克（Sidgwick）和鲍威尔（Powell）提出的，后经吉利斯皮（Gillespie）和尼霍姆（Nyholm）的发展而形成，是一种较为简单又能比较正确地判断分子几何构型的理论。现将这一理论的基本要点介绍如下。

7.2.1 VSEPR 理论基本要点

价层电子对互斥理论认为：

① 共价分子（或离子）可以通式 AX_mE_n 表示，其中 A 为中心原子，X 为配位原子或含有一个配位原子的基团（同一分子中可有不同的 X），m 为配位原子的个数（即中心原子的成键电子对数），E 表示中心原子 A 的价电子层中的孤电子对，n 为孤电子对的数目。中心原子 A 价电子对的数目用 VP 表示：$VP=m+n$。

其中，m 可由分子式直接得到，n 可由下式得出

$$n=\frac{\text{中心原子 A 的价电子总数}-m\,|\text{配位原子化合价}|-\text{离子电荷数}}{2} \tag{7-2}$$

若计算结果不为整数，则应进为整数。例如 NO_2

$$n=(5-2\times2)/2=1/2 \qquad \text{应取 } n=1$$

② 分子或离子的空间构型取决于中心原子的价层电子对数 VP。共价分子或离子中心的价层电子对由于静电排斥作用而趋向彼此远离，尽可能采取对称结构，使分子之间彼此排斥作用为最小。VSEPR 理论把分子中中心原子的价电子层视为一个球面，价电子对按能量最

低原理排布在球面，从而决定分子的空间构型。价电子对的排布方式，见表 7-4。

表 7-4　中心原子价电子对排布方式

价电子对数 *VP*	2	3	4	5	6
价电子对排布方式	直线形 AX_2 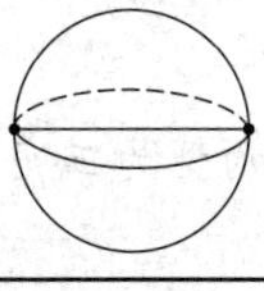	平面三角形 AX_3 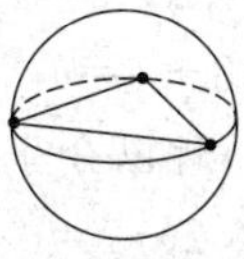	正四面体形 AX_4 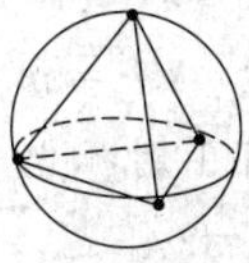	三角双锥形 AX_5 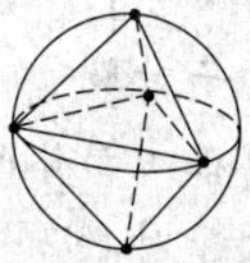	正八面体形 AX_6 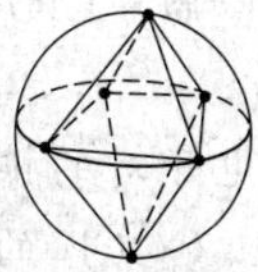

③ 在考虑价电子对排布时，还应考虑成键电子对与孤电子对的区别。成键电子对受两个原子核吸引，电子云比较紧缩；而孤电子对只受中心原子的吸引，电子云比较“肥大”，对邻近的电子对的斥力就较大。所以不同的电子对之间的斥力（在夹角相同情况下，一般考虑 90°夹角）大小顺序为：

孤电子对与孤电子对＞孤电子对与成键电子对＞成键电子对与成键电子对

为使分子处于最稳定的状态，分子构型总是保持价电子对间的斥力为最小。

此外，分子若含有双键、叁键，由于重键电子较多，斥力较大，对分子构型也有影响。

7.2.2　分子构型与电子对空间构型的关系

当孤电子对数 $n=0$ 时，说明中心原子 A 周围只有成键电子对，且成键电子对数目 m 和价电子对数 VP 相等，此时分子构型和价电子对空间构型一致。当孤电子对数 $n\neq0$ 时，说明中心原子 A 周围成键电子对和孤电子对共存，则需考虑孤电子对的位置，孤电子对有几种可能的排布方式，对比这些排布方式中电子对排斥作用的大小，选择斥力最小的排布方式，满足能量最低状态，即为分子具有的稳定构型（见表 7-5）。

表 7-5　根据 VSEPR 推测的 AX_mE_n 型分子的空间构型

VP	价电子对构型	*m*	*n*	分子类型	分子几何构型	实例
2	直线型	2	0	AX_2	直线形	$HgCl_2$，CO_2
3	平面三角形	3	0	AX_3	平面三角形	BF_3，SO_3
		2	1	AX_2E	V 形	$PbCl_2$，SO_2
4	正四面体	4	0	AX_4	正四面体	CH_4，SO_4^{2-}
		3	1	AX_3E	三角锥形	NH_3，SO_3^{2-}
		2	2	AX_2E_2	V 形	H_2O，ClO_2^-
5	三角双锥形	5	0	AX_5	三角双锥形	PCl_5，AsF_5
		4	1	AX_4E	四面体形	SF_4，$TeCl_4$
		3	2	AX_3E_2	T 形	ClF_3，BrF_3
		2	3	AX_2E_3	直线形	XeF_2，I_3^-
6	正八面体	6	0	AX_6	正八面体	SF_6，$[FeF_6]^{3-}$
		5	1	AX_5E	四方锥形	IF_5，$[SbF_5]^{2-}$
		4	2	AX_4E_2	四方形	XeF_4，ICl_4^-

7.2.3　VSEPR 理论预测分子构型步骤

① 确定中心原子 A 价电子对数 VP。必须注意，在考虑分子空间构型时，孤电子对不

考虑在内。

② 根据电子对特点确定 m 和 n 值后，找出对应的价电子对空间排布。

③ 最后确定分子的空间构型。

例 7-1 求 ClO_3^- 和 $COCl_2$ 的孤电子对数 n 和价电子对数 VP，并推测其分子空间构型。

解：ClO_3^- 的孤电子对数 $n=(7+1-3\times2)/2=1$

价电子对数 $VP=m+n=3+1=4$

价电子对的排布为正四面体形，有 1 对孤电子对，所以分子空间构型为三角锥形。

$COCl_2$ 的孤电子对数 $n=(4-2\times1-1\times2)/2=0$

价电子对数 $VP=m+n=3+0=3$

价电子对的排布为平面三角形，无孤电子对，所以分子空间构型也为平面三角形。

例 7-2 根据 VSEPR 理论推测 IF_2^- 的几何构型。

解：IF_2^- 的孤电子对数 $n=(7-2\times1+1)/2=3$

价电子对数 $VP=m+n=2+3=5$

价电子对排布为三角双锥形，其中有 3 对孤电子对，存在如下图所示三种排布方式。键角愈小，电子对间斥力愈大，因此（a）最稳定，即 IF_2^- 的分子几何构型为直线形。

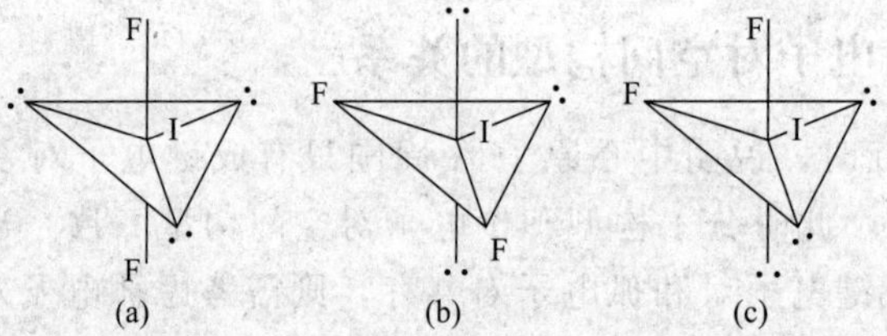

IF_2^-可能的结构

例 7-3 利用价层电子对互斥理论判断下列稀有气体化合物的空间构型。要求写出价层电子总数、对数、电子对构型和分子构型。

XeF_2；XeF_4；XeF_6；XeO_3；XeO_4；$XeOF_4$

解：

项目	XeF_2	XeF_4	XeF_6	XeO_3	XeO_4	$XeOF_4$
VP	5	6	7	4	4	6
n	3	2	1	1	0	1
m	2	4	6	3	4	5
电子对构型	三角双锥	八面体	五角双锥	四面体	四面体	八面体
空间构型	直线形	正方形	八面体	三角锥	四面体	四角锥

7.3 杂化轨道理论

价键理论简单明了地阐述了共价键的形成过程和本质，成功解释了共价键的方向性和饱和性，但在解释一些分子的空间构型时却遇到了困难。以甲烷（CH_4）分子为例，经实验测知 CH_4 为正四面体结构，四个 C—H 键完全相同（键长和键能都相等）。其键角均为 109.5°。C 原子的外层电子构型为 $2s^2 2p_x^1 2p_y^1$，按照这个结构，C 原子只能提供 2 个未成对电子，与 H 原子形成两个 C—H 键，而且键角应该都是 90°，显然与实验结果不符。为解决以上矛盾，1931 年鲍林在价键理论基础上提出杂化轨道理论。

7.3.1 杂化轨道理论的基本要点

杂化轨道理论认为一个原子和其他原子形成分子时，中心原子所用的原子轨道（波函数）不是原来纯粹的 s 轨道或 p 轨道，而是若干个不同类型的、能量相近的原子轨道经叠加混杂、重新分配轨道的能量和调整空间伸展方向，组成了同等数目的能量完全相同的新的原子轨道——杂化轨道，以满足成键需要。

下面以 CH_4 分子的形成过程加以说明。

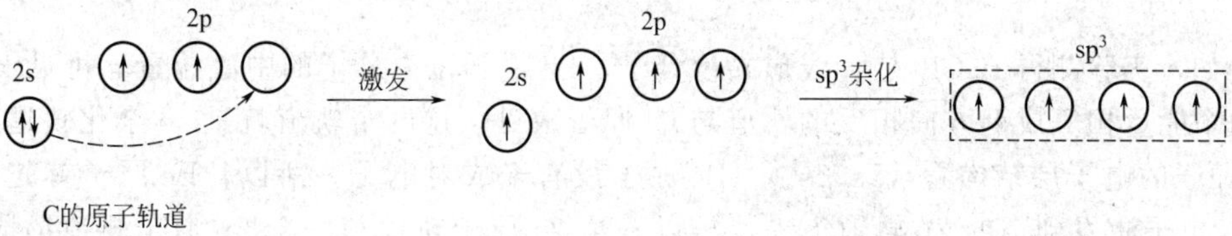

C 原子的外层电子构型为 $2s^2 2p_x^1 2p_y^1$。在与 H 原子结合时，2s 上一个电子被激发到 $2p_z$ 轨道上，激发需要的能量则由分子形成过程中放出的能量予以补偿。激发态 C 原子的 4 个能量相近的单电子轨道 2s、$2p_x$、$2p_y$ 及 $2p_z$ 经叠加混杂、重新组合成四个能量完全相等的新轨道。这种重新组合的过程称为“杂化（hybridization）”，组成的新轨道称“杂化轨道（hybrid orbital）”。C 原子的一个 s 轨道和 3 个 p 轨道杂化而成，故称为 sp^3 杂化轨道。

这些 sp^3 杂化轨道不同于 s 轨道，也不同于 p 轨道。但 4 个 sp^3 轨道完全等同（形状一样，能量相等），由于相互之间的斥力要达到最小，所以 4 个轨道方向指向正四面体的 4 个顶角（见图 7-9）。由于杂化轨道的电子云分布更为集中，因此杂化轨道的成键能力比未杂化的原子轨道的成键能力强，故形成 CH_4 分子后体系能量降低，分子稳定性增强。4 个 H 原子的 1s 轨道沿着 4 个 sp^3 杂化轨道方向分别与之重叠，形成 4 个 s-sp^3 σ 键，从而形成 CH_4 分子。杂化轨道成键时，同样要满足原子轨道最大重叠原理。这就决定了 CH_4 的空间为正四面体，4 个 C—H 键间的夹角为 109.5°（见图 7-10）。

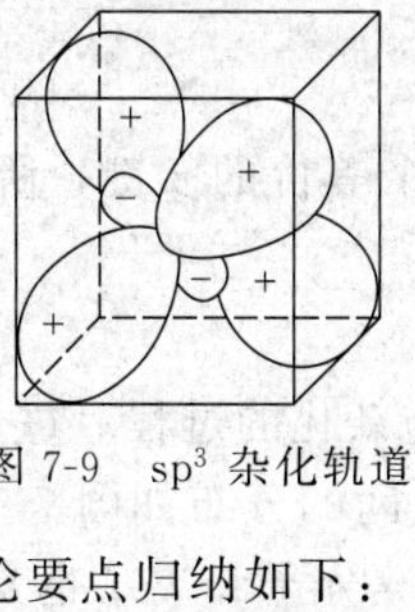

图 7-9　sp^3 杂化轨道

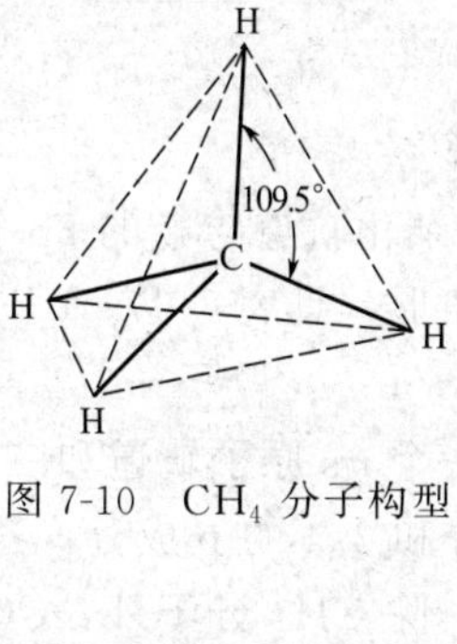

图 7-10　CH_4 分子构型

杂化轨道理论要点归纳如下：

① 孤立的原子的原子轨道本身不会杂化形成杂化轨道，只有当原子相互结合形成分子需要满足原子轨道的最大重叠时，才发生杂化；

② 只有中心原子中能量相近的轨道才有可能发生杂化；能量相近的轨道常见的有 $nsnp$，$nsnpnd$，$(n-1)dnsnp$；

③ 杂化前后轨道数目相等，即 n 个原子轨道经杂化后得到 n 个崭新的杂化轨道；

④ 杂化后的轨道形状发生了改变，一头大一头小，使杂化轨道比杂化前的原子轨道具有更强的成键能力；

⑤ 不同类型的杂化，杂化轨道的空间取向不同。

7.3.2 杂化轨道的类型

根据参与杂化的原子轨道的种类和数目的不同，可将杂化轨道分为以下几类。

(1) sp 杂化

能量相近的 1 个 *n*s 轨道和一个 *n*p 轨道杂化，可形成两个等价的 sp 杂化轨道。每个 sp 杂化轨道都含 1/2 的 s 成分和 1/2 的 p 成分，轨道夹角为 180°（见表 7-6），分子呈直线形。

例如，实验测得 $BeCl_2$ 是直线形共价分子，Be 原子位于分子的中心位置，可见 Be 原子应以两个能量相等成键方向相反的轨道与 Cl 原子成键，这两个轨道就是 sp 杂化轨道。从基态 Be 原子的电子层结构看（$1s^2 2s^2$），Be 原子没有未成对电子，所以，Be 原子首先必须将一个 2s 电子激发到空的 2p 轨道上去，再以一个 2s 原子轨道和一个 2p 原子轨道形成 sp 杂化轨道，与 Cl 成键：

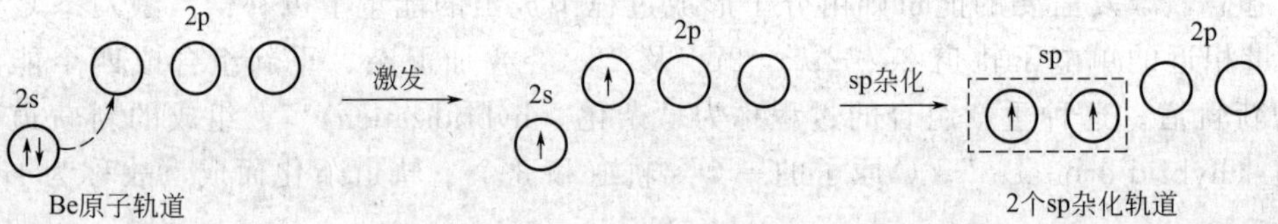

(2) sp^2 杂化

能量相近的一个 *n*s 原子轨道与两个 *n*p 原子轨道的杂化称为 sp^2 杂化，每个 sp^2 杂化轨道都含 1/3 的 s 成分和 2/3 的 p 成分，轨道夹角为 120°，轨道的伸展方向指向平面三角形的三个顶点（见表 7-6）。BF_3 分子结构就是这种杂化类型的例子。硼原子的电子层结构为 $1s^2 2s^2 2p^1$，为了形成 3 个 σ 键，硼的 1 个 2s 电子要先激发到 2p 的空轨道上去，然后经 sp^2 杂化形成三个 sp^2 杂化轨道。

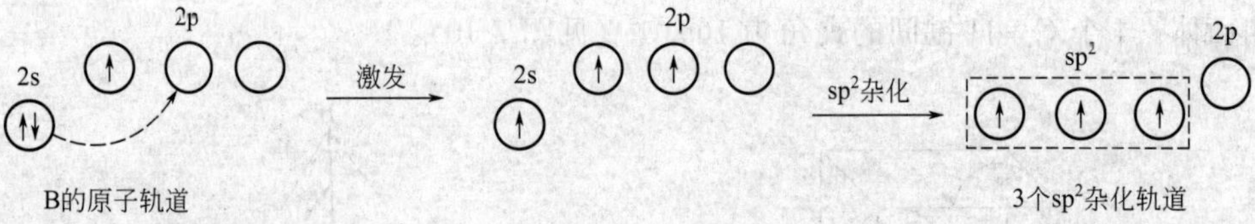

硼以三个 sp^2 杂化轨道与氟的 2p 轨道重叠，形成 3 个等价的 σ 键，所以 BF_3 分子的空间构型是平面三角形（见表 7-6）。

(3) sp^3 杂化

能量相近的一个 *n*s 原子轨道和三个 *n*p 原子轨道参与杂化的过程。每个 sp^3 杂化轨道都含有 1/4 的 s 成分和 3/4 的 p 成分，这 4 个杂化轨道在空间的分布如图 7-9 所示，轨道之间的夹角为 109.5°。除 CH_4 分子外，CCl_4、SiH_4、ClO_4^- 等分子和离子也是采用杂化方式成键的。

在一些高配位的分子中，还常有部分 d 轨道参加杂化。例如，PCl_5 中 P 的价电子构型是 $3s^2 3p^3$，要形成 5 个 σ 键，就必须将 1 个 3s 电子激发到 3d 空轨道上去，组成 sp^3d 杂化轨道参与成键。有 d 轨道参与的杂化形式在配合物中很普遍，有关内容参考下一节配位化合物的价键理论。

7.3.3 等性杂化和不等性杂化

前面讲过的杂化方式中，参与杂化的轨道均是含有未成对电子的原子轨道，杂化后所得的每个新的原子轨道的能量、成分都相同，其成键能力也相同，这样的杂化方式称为等性杂化。

如果中心原子有孤电子对所在的原子轨道参与了杂化，杂化后的每个新的原子轨道的能量不等、成分也不完全相同，这类杂化称为不等性杂化。NH_3 和 H_2O 分子就属于这一类。

氮原子的价电子构型为 $2s^2 2p_x^1 2p_y^1 2p_z^1$，在形成 NH_3 分子时，氮的一个 2s 和三个 2p 轨道发生 sp^3 杂化，得到了四个 sp^3 杂化轨道，其中有三个 sp^3 杂化轨道分别被未成对电子占有，和三个 H 原子的 1s 电子形成三个 σ 键，另外一个 sp^3 杂化轨道则被孤电子对所占据，由于孤电子的电子云较肥大，含孤电子对的杂化轨道对成键轨道的斥力较大，使成键轨道受到挤压，成键后键角小于 109.5°，所以 NH_3 分子呈三角锥形［见图 7-11(a)］。另外，氮族的氢化物和卤化物也多形成三角锥形的空间结构。

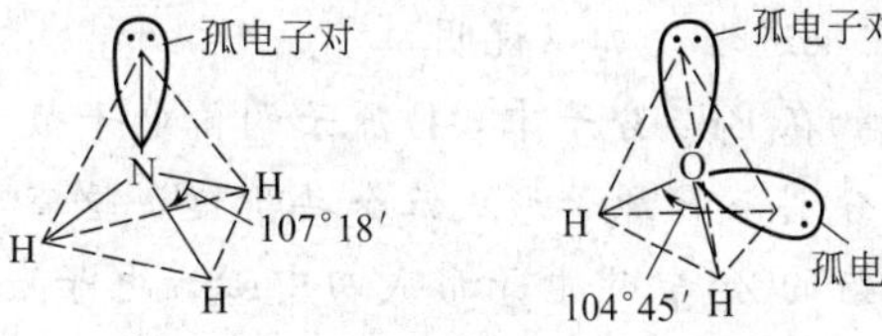

(a)　　(b)

图 7-11　NH_3（a）和 H_2O（b）分子的空间结构

同样，H_2O 分子中的 O 原子也是采取 sp^3 不等性杂化，但由于两个 sp^3 杂化轨道分别被孤电子对占据，因此，对其他两个成键轨道的斥力更大，使 H_2O 分子的键角减小到 104.5°，形成 V 形结构［见图 7-11(b)］。H_2S、OF_2、SCl_2 等分子也都具有类似的结构。

以上介绍了 s 轨道和 p 轨道的三种杂化形式，现简要归纳于表 7-6 中。

表 7-6　s-p 杂化轨道和分子构型

杂化类型	sp	sp^2	sp^3		
杂化轨道构型	直线形 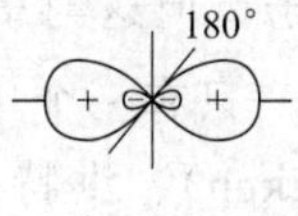 (2个sp杂化轨道)	平面三角形 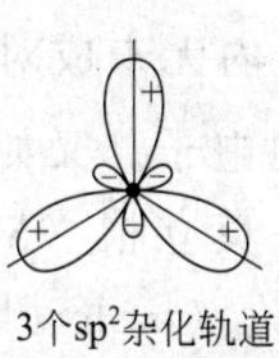 3个sp^2杂化轨道	正四面体 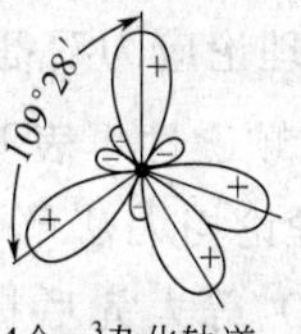 4个sp^3杂化轨道		
孤电子对数	0	0	0	1	2
分子构型	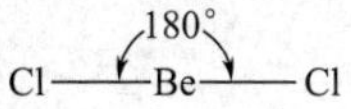	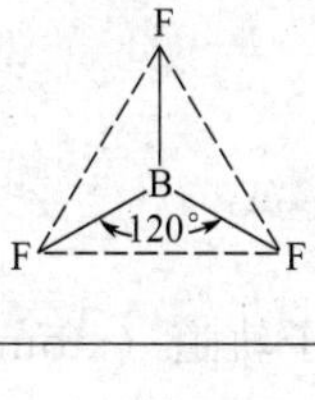	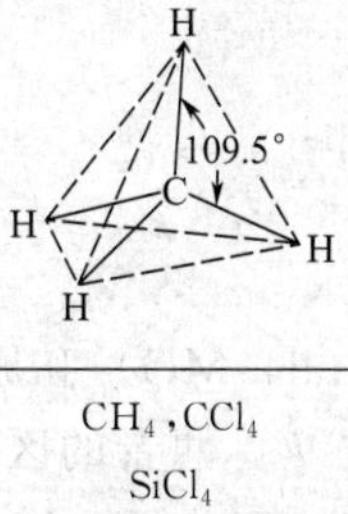	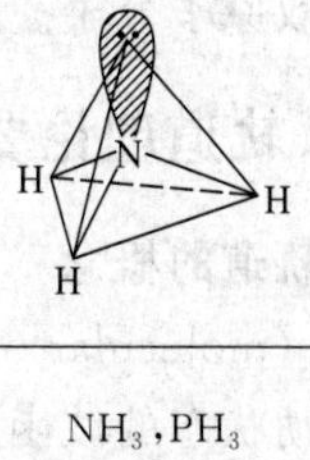	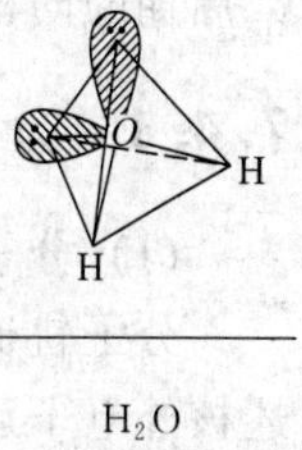
实例	$BeCl_2$,CO_2	BF_3,SO_3	CH_4,CCl_4 $SiCl_4$	NH_3,PH_3	H_2O
键角	180°	120°	109.5°	107.5°	104.5°
分子极性	非极性	非极性	非极性	极性	极性

例 7-4　用 VSEPR 理论判断 CO_2、H_2S、NO_3^- 和 I_3^- 的空间构型，并指出其中心原子的杂化轨道类型。

解：

分子	孤电子对 n	$VP=m+n$	空间排布	杂化轨道类型	分子空间构型
CO_2	0	2	直线形	sp	直线形
H_2S	2	4	正四面体形	sp^3	V形
NO_3^-	0	3	平面三角形	sp^2	平面三角形
I_3^-	3	5	三角双锥形	sp^3d	直线形

例 7-5 为什么 BF_3 是平面三角形的几何构型，而 NF_3 分子是三角锥形的几何构型？(用杂化轨道理论加以说明)

解： 在 BF_3 分子中，B 原子的价电子数为 3，B 以 sp^2 杂化，三个电子分布在三个杂化轨道中分别与 F 原子形成三个共价键，垂直于分子平面的 B 原子 2p 空轨道同时与三个 F 原子的平行的 2p 轨道电子形成四中心 6 电子 π 键。

在 NF_3 分子中，N 原子的价电子数为 3，价轨道数为 4，它用 sp^3 杂化轨道与三个 F 原子形成共价键，另外一个杂化轨道上占有孤电子对，这种不等性的 sp^3 杂化，使形成的 NF_3 分子具有三角锥形结构。

杂化轨道理论很好地说明了共价分子中形成的化学键以及共价分子的空间构型。但是，对于一个新的或人们不熟悉的简单分子，其中心原子的原子轨道的杂化形式往往是未知的，因而就无法判断其分子空间构型。这时，人们往往先用 VSEPR 理论预测其分子空间构型，而后通过价电子对的空间排布确定中心原子的杂化类型，再确定其成键状况。

7.4 分子轨道理论

价键理论较好地说明了共价键的形成，并能预测分子的空间构型，但也有局限性。例如对 O_2，按价键理论应为双键结构:Ö::Ö:，分子内无未成对电子。但这与事实不符，实验测定 O_2 分子具有顺磁性，表明 O_2 分子有未成对电子。又如 H_2^+ 只有一个单电子也能稳定存在。这些价键埋论均无法解释。1932 年前后，莫立根（Mulliken）、洪特（Hund）和伦纳德-琼斯（Jones）等人先后提出了分子轨道理论（molecular orbital theory），简称 MO 法。该方法以量子力学为基础，把原子电子层结构的主要概念推广到分子体系中去，很好地说明了上述事实，从另一方面揭示了共价分子形成的本质。本教材对该理论的介绍仅限于第一、二周期的同核双原子分子。

7.4.1 分子轨道理论要点

(1) 分子轨道的概念

分子轨道（molecular obital，MO）和原子轨道（atomic obital，AO）一样，是一个描述核外电子运动状态的波函数 Ψ，两者的区别在于原子轨道是以一个原子的原子核为中心，描述电子在其周围的运动状态，而分子轨道是以两个或更多个原子核为中心。分子中的电子不再属于某个原子，而属于整个分子，在整个分子范围内运动。

(2) 分子轨道的组成

分子轨道由原子轨道线性组合而成。分子轨道的数目与参与组合的原子轨道数目相等。例如 H_2 中的两个 H，有两个 ψ_{1s} 可组合成两个分子轨道：

$$\psi_{MO}=c_1\psi_1+c_2\psi_2 \qquad \psi_{MO}^*=c_1\psi_1-c_2\psi_2$$

(3) 成键轨道与反键轨道

原子轨道组合成分子轨道后，分子轨道能量低于原先原子轨道的称为成键轨道(bonding orbital)；分子轨道能量高于原子轨道的称为反键轨道（antibonding orbital）。如图 7-12 所示，其中 E_a、E_b 为原子轨道的能量，E_{I}、E_{II} 分别为成键和反键轨道的能量。

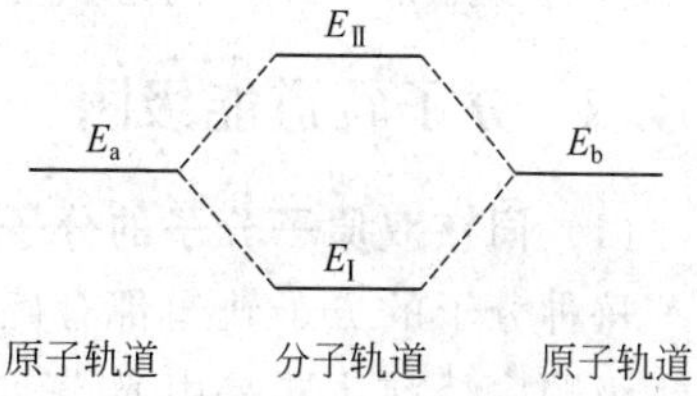

图 7-12　分子轨道的形成

两个 s 轨道只能“头对头”组合成 σ 成键分子轨道 ψ_{MO}和反键分子轨道 ψ_{MO}^*。组合成的 ψ_{MO}和 ψ_{MO}^*的能量总和与原来 2 个原子轨道（2 个 s 轨道）的能量总和相等。分子轨道的名称（σ、π）与分子轨道的对称性有关。图 7-13 中分子轨道的符号上带“*”号的是反键轨道，不带“*”号的是成键轨道。成键轨道 σ 的能量比 AO 低，反键轨道 σ^* 的能量比 AO 高。

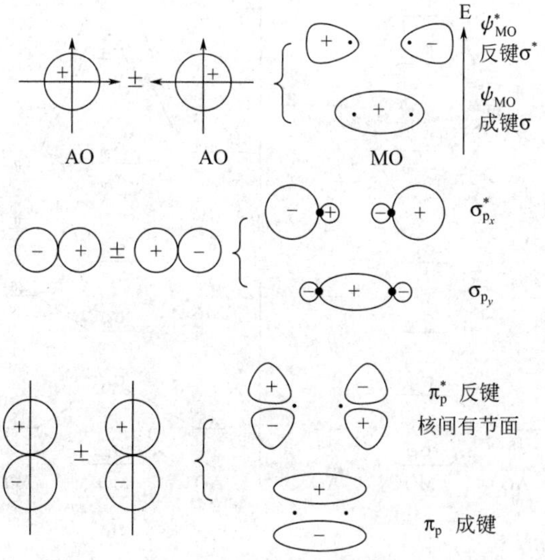

图 7-13　s，p 原子轨道组合的分子轨道

当原子沿 x 轴接近时，p_x 与 p_x 头对头组合成成键轨道 σ 和反键轨道 σ^*（见图 7-13）。

原子轨道组合成分子轨道须遵循对称性匹配、能量相近和轨道最大重叠三原则，称成键三原则。

① 对称性匹配　是指两个原子轨道具有相同的对称性，且重叠部分的正负号相同时，才能有效地组成分子轨道，如图 7-13 所示。当参与组成分子轨道的原子轨道能量相近时，可以有效地组成分子轨道。

② 能量相近　只有能量相近的原子轨道才能组合成有效的分子轨道。当两个原子轨道能量相差悬殊时，组成的分子轨道则近似于原来的原子轨道即不能有效地组成分子轨道，这就是能量相近原则。

③ 最大重叠　由两个原子轨道组成分子轨道时，成键分子轨道的能量下降得多少近似地正比于两原子轨道的重叠程度，为了有效地组成分子轨道，参与成键的原子轨道重叠程度愈大愈好，这就是轨道最大重叠原则。

在成键三原则中，对称性匹配是首要的，它决定原子轨道能否组成分子轨道，而能量相近和最大重叠则决定组合的效率问题。

(4) 分子轨道中的电子排布

分子中的所有电子属于整个分子。电子在分子轨道中依能量由低到高的次序排布。与在原子轨道中排布一样，仍遵循能量最低原理、保里不相容原理和洪特规则。

7.4.2 分子轨道能级图

(1) 同核双原子分子的分子轨道能级图

每种分子的分子轨道都有确定的能量，不同种分子的分子轨道能量是不同的。分子轨道的能级顺序目前主要是由光谱实验数据确定的。将分子轨道按能级的高低排列起来，就可获得分子轨道的能级图。第二周期元素形成的同核双原子分子的分子轨道能级示意图见图 7-14。同核双原子分子的分子轨道能级图分为图（a）和图（b）两种。图（a）适用于 O_2、F_2 分子；图（b）适用于 B_2、C_2、N_2 等分子。必须注意图（a）和图（b）之间的差别。

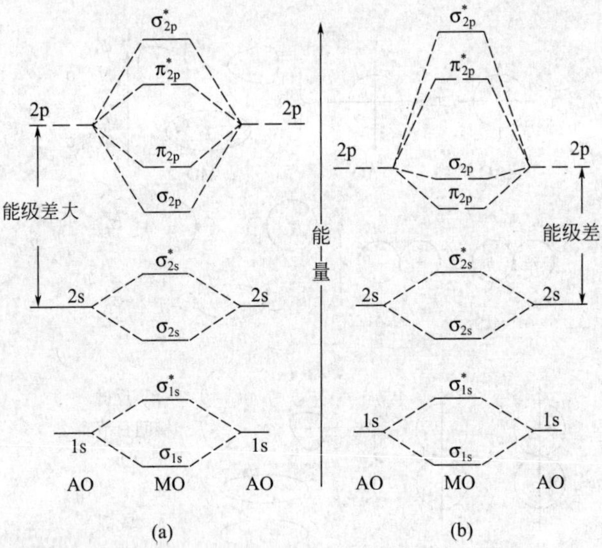

图 7-14 同核双原子分子的分子轨道能级图

比较图 7-14 中的分子轨道能级示意图，可看到两图的 σ_{2p} 和 π_{2p} 能级次序不同。图（a）中 2s 和 2p 轨道能量差较大，当两个相同原子靠近时，不会发生能级交错现象，所以图（a）中 σ_{2p} 的能级比 π_{2p} 低；图（b）中，2s 和 2p 轨道能量差较小，当两个相同原子靠近时，发生能级交错现象，所以 σ_{2p} 能级比 π_{2p} 能级高。注意分子轨道的数目和组成分子的原子轨道的数目相同，即两个 2s 原子轨道组成 σ_{2s} 和 σ_{2s}^* 两个分子轨道，6 个 2p 原子轨道组成的 6 个分子轨道，其中 2 个是 σ 轨道（即 σ_{2p} 和 σ_{2p}^*），4 个是 π 分子轨道（即 π_{2p_y}、π_{2p_z} 和 $\pi_{2p_y}^*$、$\pi_{2p_z}^*$），π_{2p_y} 和 π_{2p_z} 轨道的形状相同，能量相等，称为简并分子轨道，同样 $\pi_{2p_y}^*$ 和 $\pi_{2p_z}^*$ 也是简并分子轨道。

(2) 键级

键级（bond order）是一个描述键的稳定性的物理量。在价键理论中，用成键原子间共价单键的数目表示键级。在分子轨道理论中键级的定义为：

$$键级=\frac{成键轨道上的电子数-反键轨道上的电子数}{2} \tag{7-3}$$

对于同核双原子分子，由于内层分子轨道上都已充填了电子，成键分子轨道上的电子使分子系统的能量降低，与反键分子轨道上的电子使分子系统的能量升高基本相同，互相抵消，可以认为它们对键的形成没有贡献，所以，键级也可用下式计算：

$$键级=\frac{外层成键轨道上的电子数-外层反键轨道上的电子数}{2} \tag{7-4}$$

键级越大，表示形成分子的原子间键强度越大，分子越稳定。

(3) 应用示例

下面通过几个具体的双原子分子的讨论，了解分子轨道理论的应用。

例 7-6 写出下列双原子分子的分子轨道电子排布式，计算键级并指出其是否稳定，哪些具有顺磁性，哪些具有反磁性？

H_2；He_2；Li_2；Be_2；B_2；C_2；N_2；O_2；F_2

解：

分子	分子轨道的电子排布式(构型)	键级	稳定性	磁性
H_2	$(\sigma_{1s})^2$	1	稳定	反磁
He_2	$(\sigma_{1s})^2(\sigma_{1s}^*)^2$	0	不稳定	
Li_2	$(\sigma_{1s})^2(\sigma_{1s}^*)^2(\sigma_{2s})^2$	1	稳定	反磁
Be_2	$(\sigma_{1s})^2(\sigma_{1s}^*)^2(\sigma_{2s})^2(\sigma_{2s}^*)^2$	0	不稳定	
B_2	$(\sigma_{1s})^2(\sigma_{1s}^*)^2(\sigma_{2s})^2(\sigma_{2s}^*)^2(\pi_{2p_y})^1(\pi_{2p_y})^1$	1	稳定	顺磁
C_2	$(\sigma_{1s})^2(\sigma_{1s}^*)^2(\sigma_{2s})^2(\sigma_{2s}^*)^2(\pi_{2p_y})^2(\pi_{2p_z})^2$	2	稳定	反磁
N_2	$(\sigma_{1s})^2(\sigma_{1s}^*)^2(\sigma_{2s})^2(\sigma_{2s}^*)^2(\pi_{2p_y})^2(\pi_{2p_z})^2(\sigma_{2p})^2$	3	最稳定	反磁
O_2	$(\sigma_{1s})^2(\sigma_{1s}^*)^2(\sigma_{2s})^2(\sigma_{2s}^*)^2(\sigma_{2p})^2(\pi_{2p_y})^2(\pi_{2p_z})^2(\pi_{2p_y}^*)^1(\pi_{2p_z}^*)^1$	2	稳定	顺磁
F_2	$(\sigma_{1s})^2(\sigma_{1s}^*)^2(\sigma_{2s})^2(\sigma_{2s}^*)^2(\sigma_{2p})^2(\pi_{2p_y})^2(\pi_{2p_z})^2(\pi_{2p_y}^*)^2(\pi_{2p_z}^*)^2$	1	稳定	反磁

由于内层电子离核近，受到原子核的束缚大，在形成分子时实际上不起作用，所以在分子轨道表电子排布式中常用电子层符号代替（当 $n=1$ 时，用 KK 表示；$n=2$ 时，用 LL 表示）。例如 N_2 分子的电子排布式可简化成：

$N_2[KK(\sigma_{2s})^2(\sigma_{2s}^*)^2(\pi_{2p_y})^2(\pi_{2p_z})^2(\sigma_{2p_x})^2]$ 　　键级$=(8-2)/2=3$

例 7-7 写出 O_2、O_2^-、O_2^{2-} 电子排布式，计算键级，并判断是否有顺磁性。

解： O_2 分子或离子的电子按图 7-14 分子轨道能级图填充，所以电子排布式分别为

O_2：$[KK(\sigma_{2s})^2(\sigma_{2s}^*)^2(\sigma_{2p_x})^2(\pi_{2p_y})^2(\pi_{2p_z})^2(\pi_{2p_y}^*)^1(\pi_{2p_z}^*)^1]$

O_2^-：$[KK(\sigma_{2s})^2(\sigma_{2s}^*)^2(\sigma_{2p_x})^2(\pi_{2p_y})^2(\pi_{2p_z})^2(\pi_{2p_y}^*)^2(\pi_{2p_z}^*)^1]$

O_2^{2-}：$[KK(\sigma_{2s})^2(\sigma_{2s}^*)^2(\sigma_{2p_x})^2(\pi_{2p_y})^2(\pi_{2p_z})^2(\pi_{2p_y}^*)^2(\pi_{2p_z}^*)^2]$

由电子排布式可判断键级和磁性，即

O_2：键级$=(6-2)/2=2$；有单电子存在，顺磁性；

O_2^-：键级$=(6-3)/2=1.5$；有单电子存在，顺磁性；

O_2^{2-}：键级$=(6-4)/2=1$；无单电子存在，反磁性。

键级由大到小的顺序是 O_2、O_2^-、O_2^{2-}；键级越大键越强，所以键由强到弱的顺序为 O_2、O_2^-、O_2^{2-}。

习　题

1. 已知 $H_2O(g)$ 和 $H_2O_2(g)$ 的 $\Delta_f H_m^{\ominus}$ 分别为$-241.8kJ\cdot mol^{-1}$、$-136.3kJ\cdot mol^{-1}$，

$H_2(g)$ 和 $O_2(g)$ 的解离能分别为 $436kJ \cdot mol^{-1}$ 和 $493kJ \cdot mol^{-1}$，求 H_2O_2 中 O—O 键的键能。

2. 已知 $NH_3(g)$ 的 $\Delta_f H_m^{\ominus} = -46kJ \cdot mol^{-1}$，$H_2N—NH_2(g)$ 的 $\Delta_f H_m^{\ominus} = 95kJ \cdot mol^{-1}$，$E(H—H) = 436kJ \cdot mol^{-1}$，$E(N\equiv N) = 946kJ \cdot mol^{-1}$，计算 $E(N—H)$ 和 $E(H_2N—NH_2)$。

3. 请指出下列分子中哪些是极性分子，哪些是非极性分子？

NO_2　$CHCl_3$　NCl_3　SO_3　SCl_2　$COCl_2$　BCl_3

4. 据电负性差值判断下列各对化合物中键的极性大小。

(1) FeO 和 FeS　　(2) AsH_3 和 NH_3

(3) NH_3 和 NF_3　　(4) CCl_4 和 $SnCl_4$

5. C 和 O 的电负性差较大，CO 分子极性却较弱，请说明原因。

6. 已知 N 与 H 的电负性差（0.8）小于 N 与 F 的电负性差（0.9），解释 NH_3 分子偶极矩远比 NF_3 大的原因。

7. 为什么由不同种元素的原子生成的 PCl_5 分子为非极性分子，而由同种元素的原子形成的 O_3 分子却是极性分子？

8. 在 BCl_3 和 NCl_3 分子中，中心原子的氧化数和配体数都相同，为什么二者的中心原子采取的杂化类型、分子构型却不同？

9. 用杂化轨道理论解释为何 PCl_3 是三角锥形，且键角为 101°，而 BCl_3 却是平面三角形的几何构型。

10. 试用价层电子对互斥理论判断下列分子或离子的空间构型。

NH_4^+　CO_3^{2-}　BCl_3　$PCl_5(g)$　SiF_6^{2-}　H_3O^+　XeF_4　SO_2

11. 指出下列各分子中中心离子的杂化轨道类型和空间构型。

PCl_3　SO_2　NO_2^+　SCl_2　$SnCl_2$　BrF_2^+

12. 下列双原子分子或离子，哪些可稳定存在？哪些不可能稳定存在？请将能稳定存在的双原子分子或离子按稳定性由大到小的顺序排列起来。

H_2　He_2　He_2^+　Be_2　C_2　N_2　N_2

13. 第二周期某元素的单质是双原子分子，键级为 1 是顺磁性物质。

(1) 推断出它的原子序号；(2) 写出分子轨道中的排布情况。

14. 写出 O_2 分子的分子轨道表达式，据此判断下列双原子分子或离子：O_2^+、O_2、O_2^-、O_2^{2-} 各有多少成单电子，将它们按键的强度由强到弱的顺序排列起来，并推测各自的磁性。

15. 试说明石墨的结构是一种多键型的晶体结构。利用石墨作电极或作润滑剂各与它的哪一部分结构有关？

16. Predict the geometry of the following species (by VSEPR theory): $SnCl_2$, I_3^-, $[BF_4]^-$, IF_5, SF_6, SO_4^{2-}, SiH_4, NCl_3, $AsCl_5$, PO_4^{3-}, ClO_4^-.

17. Use the appropriate molecular orbital energy diagram to write the electron configuration for each of the following molecules or ions, calculate the bond order of each, and predict which would exist: (a) H_2^+, (b) He_2, (c) He_2^+, (d) H_2^-, (e) H_2^{2-}.

18. Which of these species would you expect to be paramagnetic? (a) He_2^+, (b) NO, (c) NO^+, (d) N_2^{2+}, (e) CO, (f) F_2^+, (g) O_2.

第8章

配位平衡

(Coordination Equilibrium)

学习要求

1. 掌握配位化合物的定义、组成、命名和分类。
2. 了解螯合物及其特点。
3. 了解配合物的化学键理论。
4. 掌握配位平衡和配位平衡常数的意义及其有关计算，理解配位平衡的移动及与其他平衡的关系。

配位化合物（coordination compound）简称配合物，是组成复杂、应用广泛的一类化合物，由金属原子（离子）和配位体组成。日常生活中的许多材料都与配合物有关。配合物的形成对金属原子（离子）和配体的性质会产生影响，配合物的生成会增加物质的稳定性，如 K_2PbCl_6 的分解温度比 $PbCl_4$ 高很多；合成氨反应中由于催化剂的加入生成活性配合物中间体，使非常稳定的 N_2 能常温常压下就可以被还原等。最早的配合物是由德国涂料工人迪士巴赫在研制美术涂料时合成的，叫普鲁士蓝 $KFe[Fe(CN)_6]$。19 世纪上半叶，又陆续发现一些重要的配合物，由于当时还不能确定结构，通常以发现者的名字命名。直到 19 世纪 90 年代，瑞典化学家 Werner 提出了配位理论，才对配合物的结构和某些性质给予了满意的解释，从而奠定了配位化合物的基础。

由于配合物的形成对金属离子和配体都产生很大的影响，以及配合物的特殊性质，使人们对配合物的研究更深入、广泛，已形成独立的学科，它不仅是无机化学的中心课题，而且已渗透到生物化学、有机化学、分析化学、催化动力学、生命科学等领域中。在生产实践、分析科学、功能材料和药物制造等方面有重要的实用价值和理论基础。本章从配合物的基本概念出发，介绍其基本知识、基本理论以及在溶液中的平衡。

8.1 配位化合物的基本概念

8.1.1 配位化合物的定义

通常把由一个简单正离子（或原子）和一定数目的阴离子或中性分子以配位键相结合形

成的复杂离子（或分子）称为配位单元，含有配位单元的复杂化合物称为配位化合物。这些化合物与简单化合物的区别在于分子中是否含有配位键。$[Ag(NH_3)_2]^+$、$[Co(NH_3)_6]^{3+}$等复杂离子因其中含有配位键，所以都是配离子。多数配离子既能存在于晶体中，也能存在于水溶液中。有些只能在固态、气态或特殊溶剂中存在，溶于水立即解离成组分物质，如$KCl \cdot CuCl_2$在晶体中有$[CuCl_3]^-$，但溶于水就立即解离成相应的金属离子。

将$[Cu(NH_3)_4]SO_4$晶体溶于水中，溶液中除了含有$[Cu(NH_3)_4]^{2+}$和SO_4^{2-}外，几乎检查不出有Cu^{2+}和NH_3存在。分析其结构，在$[Cu(NH_3)_4]^{2+}$中，每个氨分子中的氮原子，提供一对孤电子对，填入Cu^{2+}的空轨道，共形成四个配位键。这种配位键的形成使$[Cu(NH_3)_4]^{2+}$和Cu^{2+}有很大的区别，例如与碱不再生成沉淀，颜色也会变深等。类似$[Cu(NH_3)_4]^{2+}$、$[Ag(NH_3)_2]^+$等因为带正电荷，称为配位阳离子，$[Fe(CN)_6]^{4-}$、$[PtCl_6]^{2-}$等因为带负电荷，称为配位阴离子，此外还有一些中性的配位分子，如$Ni(CO)_4$、$Fe(CO)_5$等。

8.1.2 配位化合物的组成

(1) 内界和外界

配合物一般由内界和外界两部分组成。在配合物中，把由简单正离子（或原子）和一定数目的阴离子或中性分子以配位键相结合形成的复杂离子（或分子），即配位单元部分称为配合物的内界（inner），写化学式的时候用方括号括起来。内界既可以是配位阳离子，也可以是配位阴离子。在配合物中除了内界外，距中心离子较远的其他离子称为外界离子，构成配合物的外界（outer），内界与外界之间以离子键相结合。以$[Cu(NH_3)_4]SO_4$为例：

$$[Cu(NH_3)_4]SO_4$$

内界　　外界

(2) 中心离子或原子（也称形成体）

在配合物的内界中，总是由中心离子（central ion）或原子和配位体两部分组成。中心离子或原子在配离了的中心，也称为配合物的形成体，例如$[Cu(NH_3)_4]^{2+}$中的Cu。配合物的中心离子一般是带正电荷的阳离子，最常见的是过渡金属离子，如铁、钴、镍、铜、银、金、铂等金属元素的离子。高氧化数的非金属元素如硼、硅、磷等和高氧化数的主族金属离子如$[AlF_6]^{3-}$中的Al^{3+}等也能作为中心离子。也有不带电荷的中性原子作形成体的，如$[Ni(CO)_4]$、$[Fe(CO)_5]$中的Ni、Fe都是中性原子。

(3) 配位体和配位原子

在内界中与中心离子以配位键相结合的、含有孤电子对的中性分子或阴离子叫做配位体（ligand），如NH_3、H_2O、CN^-、X^-（卤素阴离子）等。

配位体中提供孤电子对的，与中心离子以配位键结合的原子称为配位原子。一般常见的配位原子是电负性较大的非金属原子。常见的配位原子有C、N、O、P及卤素。

由于不同的配位体含有的配位原子不一定相同，根据一个配位体所提供的配位原子的数目，可将配位体分为单齿配位体（unidentate ligand）和多齿配位体（multidentate ligand）。只含有一个配位原子的配位体称单齿配位体，如H_2O、NH_3、卤素等。有两个或两个以上配位原子的配位体称多齿配位体，如乙二胺$NH_2—CH_2—CH_2—NH_2$（简写为en）、草酸根$C_2O_4^{2-}$（简写为ox）、乙二胺四乙酸（简称EDTA）等。

(4) 配位数及其影响因素

与中心离子直接以配位键结合的配位原子数称为中心离子的配位数（coordination number）。由于配位体分为单齿配位体和多齿配位体，因此配位数是配位原子数而不是配位体的个数。中心离子的配位数一般为 2、4、6、8 等，最常见的是 4 和 6。影响配位数的因素很多，主要是中心离子的氧化数、半径和配位体的电荷、半径及彼此间的极化作用，以及配合物生成时的条件（如温度、浓度）等。

一般来说，中心离子的电荷越高，对配位体的吸引力越强，越有利于形成配位数较高的配合物。比较常见的配位数与中心离子的电荷数有如下关系：

中心离子的电荷数	+1	+2	+3	+4
常见的配位数	2	4（或 6）	6（或 4）	6（或 8）

中心离子的半径越大，其周围可容纳的配位体就越多，配位数越大。如 Al^{3+} 与 F^- 可以形成 $[AlF_6]^{3-}$ 配离子，而体积较小的 B(Ⅲ) 原子就只能形成 $[BF_4]^-$ 配离子。但中心离子的半径过大会减小对配体的吸引力，有时配位数反而减小。

单齿配位体的半径越大，在中心离子周围可容纳的配位体数目就越少。例如，Al^{3+} 与 F^- 形成 $[AlF_6]^{3-}$，与 Cl^- 则形成配位数为 4 的 $[AlCl_4]^-$。配位体的负电荷越多，在增加中心离子对配体吸引力的同时，也增加了配体间的斥力，配位数减小。如 $[SiO_4]^{4-}$ 中 Si 的配位数比 $[SiF_6]^{2-}$ 中的小。

此外，配位数的大小还和配合物形成时配位体的浓度、溶液的温度有关，一般温度越低，配位体浓度越大，配位数越大。

(5) 配离子的电荷

配离子的电荷等于中心离子电荷与配位体总电荷的代数和，例如：$[Ag(NH_3)_2]^+$ 配离子电荷数为 +1，因为 NH_3 是电中性的。由于配合物必须是中性的，因此也可以从外界离子的电荷来决定配离子的电荷。如 $[Co(en)_3]Cl_3$ 中，外界有 3 个 Cl^-，所以配离子的电荷一定是 +3。

8.1.3 配位化合物的命名

配合物的命名遵循一般无机化合物的命名原则。阴离子在前，阳离子在后，两者之间加“化”或者是“酸”。配合物的命名比一般化合物复杂的地方在于配合物的内界部分。

(1) 内界的命名

配离子（即内界），可以是阳离子也可以是阴离子。内界的命名原则：配位体数（用一、二、三等数字表示）→配位体名称→“合”→中心离子→中心离子氧化值（用罗马数字表示）。

如 $[Cu(NH_3)_4]^{2+}$　　四氨合铜(Ⅱ)离子

$[Fe(CN)_6]^{3-}$　　六氰合铁(Ⅲ)离子

(2) 配位体的命名

配离子中含有两种配位体以上，则配位体之间用“·”隔开。配位体的顺序如下：

① 先阴离子，后中性分子；

如：$[PtCl_5(NH_3)]^+$　　五氯·一氨合铂(Ⅳ)

② 先无机配体，后有机配体；

如：$[Co(NH_3)_2(en)_2]^{3+}$　　二氨·二(乙二胺)合钴(Ⅲ)

③ 同类配体的名称，按配位原子元素符号在英文字母中的顺序排列；

如：$[Co(NH_3)_5(H_2O)]^{3+}$　　五氨·一水合钴(Ⅲ)

④ 同类配体的配位原子相同，则含原子少的排在前；

⑤ 配位原子相同，配体中原子数也相同，则按在结构式中与配位原子相连的元素符号在英文字母中的顺序排列。

如：$[Pt(CH_3NH_2)(NO_2)(NH_3)_2]$　一硝基·二氨·一甲氨基合铂(Ⅱ)

(3) 配合物命名

若为配位阳离子化合物，外界是简单的阴离子，则叫“某化某”；若外界是复杂的阴离子，则称为“某酸某”；若为配位阴离子化合物，则在配位阴离子与外界之间用“酸”字连接。

$[Co(NH_3)_6]Br_3$	三溴化六氨合钴(Ⅲ)
$[Co(NH_3)_2(en)_2](NO_3)_3$	硝酸二氨·二（乙二胺）合钴(Ⅲ)
$K_2[SiF_6]$	六氟合硅(Ⅳ)酸钾

若配合物无外界，如$[PtCl_2(NH_3)_2]$　二氯·二氨合铂(Ⅱ)

$[Ni(CO)_4]$　四羰基合镍

某些在命名上容易混淆的配位体，需按配位原子不同分别命名。例如

—ONO	亚硝酸根	$—NO_2$	硝基
—SCN	硫氰酸根	—NCS	异硫氰酸根

$[Co(ONO)(NH_3)_5]SO_4$	硫酸亚硝酸根·五氨合钴(Ⅲ)
$[Co(NO_2)_3(NH_3)_3]$	三硝基·三氨合钴(Ⅲ)

8.1.4 配合物的类型

(1) 简单配位化合物

在介绍配合物的组成时就介绍了根据配位体中提供孤电子对的配位原子的个数，可将配位体分为单齿配位体和多齿配位体两种。简单配位化合物是指由单基配位体与中心离子配位而成的配合物。

(2) 螯合物

许多有机化合物的分子或酸根离子由于它们的分子中往往同时存在两个或多个提供孤电子对的原子，所以它们在与金属离子形成配离子时，往往形成的配合物具有环状结构。这种由中心离子与多齿配位体键合而成，并具有环状结构的配合物称为螯合物（chelate compound)。螯合剂多为含有 N、P、O、S 等配位原子的有机化合物。

但是，并不是所有的多基配位体均可形成螯合物。多基配位体中两个或两个以上能给出孤电子对的原子应间隔两个或三个其他原子。因为这样才有可能形成稳定的五原子环或六原子环。例如联氨分子 $H_2N—NH_2$，虽然有两个配位氮原子，但中间没有间隔其他原子，它与金属离子配位后只能形成一个三原子环，环的张力很大，故不能形成螯合物。

乙二胺 $NH_2—CH_2—CH_2—NH_2$（简写为 en）具有两个可提供孤电子对的 N 原子，是一个多齿配位体，当 Cu^{2+} 与 en 进行配位反应时，就形成了具有五元环结构的螯合物。

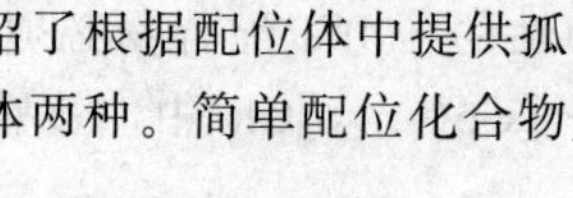

(3) 螯合物的特点

多齿配位体与金属离子形成螯合物时，由于形成螯环，因此与具有相同数目配位原子的单齿配合物相比，具有特殊的稳定性。这种由于螯环的形成而使螯合物具有的特殊的稳定性

的作用称为螯合效应。这种螯合效应主要是因为反应前后体系的熵值发生了变化。

例如在下列的反应中：

① $[Ni(H_2O)_6]^{2+} + 6NH_3 \rightleftharpoons [Ni(NH_3)_6]^{2+} + 6H_2O$

② $[Ni(H_2O)_6]^{2+} + 2en \rightleftharpoons [Ni(en)_2]^{2+} + 6H_2O$

金属离子在水溶液中都为水合离子，在一般配合物的形成中，每个配位体只取代一个水分子，因此在反应①中，六个 NH_3 取代了六个水分子，反应前后可自由运动的独立粒子的总数不变，故体系的熵值变化不大。而发生螯合反应②时，每个螯合剂分子或离子可以取代两个以上的水分子，例如 Ni^{2+} 与乙二胺形成螯合物时，反应前后溶液中可自由运动的粒子总数增加了，体系的熵值相应增大，$[Ni(NH_3)_6]^{2+}$ 和 $[Ni(en)_2]^{2+}$ 的 $K^{\ominus}_{稳}$ 分别为 9.1×10^7 和 3.9×10^{18}。

螯合物的稳定性与环的数目、大小有很大的关系。五元环和六元环的张力相对小，比三元环和四元环的螯合物要稳定。因为环的数目越多，则需要的配位原子就越多，中心离子所受的作用力就越大，越不容易脱开，因而更稳定。

许多螯合物因具有特殊的颜色，难溶于水，易溶于有机溶剂。螯合物结构复杂，用途广泛，既能用于金属离子的沉淀、溶剂萃取，也可用于金属离子的定性分析。例如用 KSCN 固体与 Co^{2+} 反应，加几滴丙酮，形成蓝颜色的配合物，利用丁二酮肟与 Ni^{2+} 形成玫瑰红的沉淀来分别鉴定 Co^{2+} 和 Ni^{2+}。

8.2 配位化合物的化学键理论

中心离子与配体怎么结合，靠什么力结合起来？为什么中心离子只能与一定数量的配体结合，并具有一定的空间结构？为什么有的配合物稳定、有的不稳定？从 19 世纪 90 年代，瑞典化学家 Werner 提出了配位理论以后，相继建立了现代价键理论、晶体场理论、配位键理论和分子轨道理论。本节将介绍价键理论和晶体场理论。

8.2.1 配位化合物的价键理论

配位化合物的价键理论（valence bond theory）是美国化学家鲍林（L. Pauling）把杂化轨道理论应用到配合物结构中形成的。

8.2.1.1 价键理论的主要内容

① 配合物的中心离子与配位体之间以配位键结合。配位体提供孤电子对，中心离子提供空轨道。

② 为了增强成键能力，中心离子用能量相近的空轨道（如第一过渡金属元素 3d、4s、4p、4d）杂化，以杂化的空轨道来接受配位体提供的孤电子对形成配位键。杂化类型与中心离子的价层电子构型、配位体的数目和配位能力的强弱有关。

③ 配位离子的空间结构、配位数、稳定性等，主要取决于杂化轨道的数目和类型。

8.2.1.2 价键理论的应用

(1) 由中心离子的杂化类型判断配合物的空间构型

配合物的空间构型由中心离子的杂化类型决定。而中心离子的杂化类型与配位数有关，配位数不同，中心离子的杂化类型不同，即使配位数相同，也可因中心离子和配位体的种类和性质不同，中心离子的空间构型也不同。

一些配合物的杂化轨道和空间构型见表 8-1。

表 8-1　一些配合物的杂化轨道和空间构型

配位数	杂化轨道类型	空间构型	配离子类型	实　例
2	sp	直线形	外轨型	$[Ag(CN)_2]^-$，$[Cu(NH_3)_2]^+$
3	sp^2	平面三角形	外轨型	$[HgI_3]^-$，$[CuCl_3]^-$
4	sp^3	正四面体	外轨型	$[Zn(NH_3)_4]^{2+}$，$[Co(SCN)_4]^{2-}$
4	dsp^2	平面正方形	内轨型	$[PtCl_4]^{2-}$，$[Cu(NH_3)_4]^{2+}$
6	sp^3d^2	正八面体	外轨型	$[Fe(H_2O)_6]^{2-}$，$[FeF_6]^{3-}$
6	d^2sp^3	正八面体	内轨型	$[Fe(CN)_6]^{4-}$，$[Cr(NH_3)_6]^{3+}$

(2) 判断内、外轨型配合物

根据价键理论，配位体与中心离子是以配位键相连的。因此，在形成配位键时，若中心离子结构不发生变化，仅以外层空轨道与配位体结合，即以 ns、np、nd 轨道杂化形成 sp、sp^2、sp^3、sp^3d^2 等杂化轨道，形成的配离子称为外轨型配离子。若中心离子以部分次外层轨道参与形成杂化轨道，即以 $(n-1)$d、ns、np 轨道杂化形成 dsp^2、dsp^3、d^2sp^3 等杂化轨道，形成的配离子称为内轨型配离子。内轨型配离子键的共价性比外轨型配离子的共价性强，稳定性好。

形成内轨型或外轨型配合物，与配位体的种类、中心离子的电子构型和中心离子的电荷数有关。

① 与配位体的种类的关系　配位原子电负性较小，如 C（在 CN^-、CO 中），N（在 NO_2^- 中）等，较易给出孤电子对，对中心离子的影响较大，使其结构发生变化，$(n-1)$d 轨道上的成单电子被强行配对，空出内层能量较低的空轨道来接受配位体的弧电子对，形成所谓的内轨型配合物，如 $[Fe(CN)_6]^{3-}$。如果配位原子的电负性很大，如卤素、氧等，不易给出孤电子对，中心离子的结构不发生变化，仅用其外层的空轨道 ns、np、nd 与配位体结合，形成外轨型配合物，如 $[FeF_6]^{3-}$。

② 与中心离子的电子构型的关系　具有 d^{10} 构型的中心离子，因为 $(n-1)$d 已充满，只能形成外轨型。$d^1 \sim d^3$ 离子本身有空的 $(n-1)$d 轨道，形成内轨型配合物。$d^4 \sim d^9$ 则两种类型的配合物都有可能形成，而 d^8 构型的离子多数形成内轨型配合物。

③ 与中心离子的电荷的关系　一般来说，中心离子的电荷增多，配位原子弧电子对所受的吸引力就越强，越容易进入到中心离子的内层空轨道成键，形成内轨型配合物。例如，Co^{2+} 和 Co^{3+} 在与 NH_3 形成配离子时，前者形成的是外轨型的 $[Co(NH_3)_6]^{2+}$，而后者则形成内轨型的 $[Co(NH_3)_6]^{3+}$。

(3) 判断物质的磁性

根据磁学理论，配合物中若有单电子，则置于外磁场中时，就表现出顺磁性。磁性的大小用磁矩 μ 表示。磁矩与单电子数之间的关系为：

$$\mu=\sqrt{n(n+2)} \tag{8-1}$$

式中，n 为分子中未成对电子数；μ 为磁矩。

过渡区金属离子大多存在单电子，所以多数过渡区金属显顺磁性。在与配位体形成配离子时，若形成外轨型配合物，由于中心离子的电子层结构在生成配合物前后未发生电子的重新配对，则磁矩不变（成单电子多，顺磁性大）；若形成内轨型配合物，由于中心离子的电子层结构大多发生变化，使未成对单电子数减少，相应的磁矩也变小。如果配合物内界部分没有未成对电子，则其磁矩为零。将测得磁矩的实验值与理论值（见表 8-2）比较，就可知道过渡金属离子形成的配离子的未成对电子数，从而作出判断。

表 8-2　磁矩的理论值与未成对电子数的关系

n	0	1	2	3	4	5
μ/B. M.	0.00	1.73	2.83	3.87	4.90	5.92

综上所述，价键理论较好地解释了配合物的空间构型、磁性和稳定性。但它没有考虑配位体对中心离子的 d 轨道产生的影响，因此不能很好地解释配合物的光学性质和稳定性的规律等。对于物质的磁性，只能从磁矩推算单电子数，对单电子的位置也无法确定。所以在解释物质的某些性质时存在局限性。

8.2.2　配位化合物的晶体场理论

1928 年，皮塞首先提出晶体场理论（crystal field theory）。直到 20 世纪 50 年代成功地用它解释金属配合物的吸收光谱后，才得到迅速发展。该理论认为过渡金属离子与配位体的结合完全是依靠静电引力作用，由带负电荷的配位体或极性分子配位体（如 H_2O、NH_3）对中心离子所产生的静电场叫做晶体场。它在解释配离子的光学、磁学性质方面是很成功的。

8.2.2.1　晶体场理论的主要内容

① 中心离子与配位体之间的结合完全靠静电作用，不形成共价键。

② 中心离子处于带负电荷的配位体（阴离子或极性分子）所形成的负电场时，中心离子的 d 轨道在配位体静电场的影响下会发生分裂，即原来能量相同的 5 个 d 轨道会分裂成两组或两组以上的能量不同的轨道。分裂的情况主要决定于中心离子和配位体的本质，以及配位体的空间分布。

③ d 轨道发生分裂后，中心离子的 d 电子发生重排，导致系统的总能量降低，生成的配合物更稳定。

8.2.2.2　中心离子 d 轨道的能级分裂

(1) 八面体场中中心离子 d 轨道的分裂

d 轨道在正八面体场中的能级分裂和轨道形状如图 8-1 和图 8-2 所示。

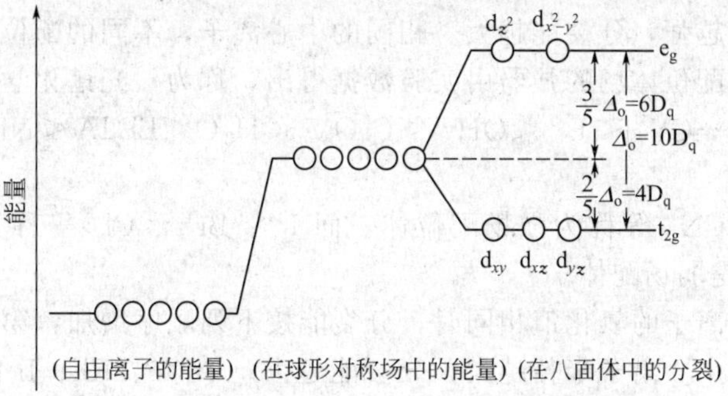

图 8-1　d 轨道在正八面体场内的能级分裂

从图 8-2 可看出，当配位体沿轴接近中心离子时，$d_{x^2-y^2}$、d_{z^2} 的电子云与配位体刚好迎头相“顶”，在这些轨道上的电子显然受到配位体较大的静电排斥作用，能量要升高，即这两个轨道的能级要升高，而对 d_{xy}、d_{yz}、d_{xz} 轨道的电子云极大值，刚好与配位体相错开，受到的排斥力较小，因此这三个轨道的能量升高值比前二个轨道要少，但仍比中心离子处于

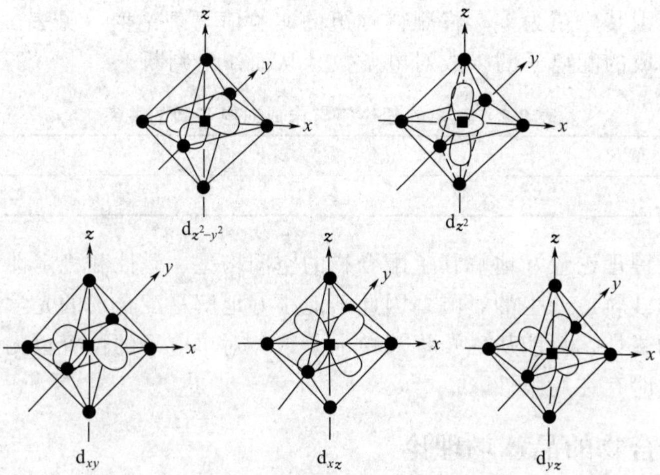

图 8-2 八面体场中的 d 轨道

自由状态时为高。在八面体场中，中心离子的五个 d 轨道分裂为二组：一组是能量较高的 $d_{x^2-y^2}$、d_{z^2}，称为 e_g[1] 轨道；另一组是能量较低的 d_{xy}、d_{yz}、d_{xz} 称为 t_{2g}[2]轨道。

在晶体场理论中，将分裂后最高能级 e_g 和最低能级 t_{2g}之间的能量差叫做晶体场分裂能(crystal field splitting)，用 Δ_o 或 $10D_q$ 表示。Δ_o 的 SI 单位为 $kJ \cdot mol^{-1}$（也可用波数表示）。它相当于一个电子由 t_{2g}轨道跃迁到 e_g轨道所需要的能量。这个能量通常由配合物的光谱实验来确定。

$$2E(e_g)+3E(t_{2g})=0$$

又由于

$$E(e_g)-E(t_{2g})=\Delta_o$$

解联立方程得

$$E(e_g)=+3/5\Delta_o,\ E(t_{2g})=-2/5\Delta_o$$

这表明，在八面体场中，$E(e_g)$ 轨道能量比分裂前升高 $+3/5\Delta_o$，而 $E(t_{2g})$ 轨道能量比分裂前降低了 $2/5\Delta_o$。

(2) 影响分裂能的因素

中心离子的氧化值越大，分裂能就越大。如$[Co(NH_3)_6]^{2+}$ $\Delta_o=120.8kJ \cdot mol^{-1}$

$[Co(NH_3)_6]^{3+}$ $\Delta_o=275.1kJ \cdot mol^{-1}$

配体的配位能力越强，分裂能越大。相同的中心离子，不同的配位体，由于配位体场的不同，分裂能不同。配位体场的强弱由实验数据得出，称为“光谱化学序”：

$I^- < Br^- < Cl^- \sim SCN^- < F^- < OH^- < C_2O_4^{2-} < H_2O < EDTA < NH_3 < SO_3^{2-} < NO_2^- < CN^- \sim CO$

通常将 NO_2^-、CO、CN^- 等称为强场配位体，而 I^-、Br^-、Cl^- 等称为弱场配位体。一般位于 H_2O 之前的都是弱场配体。

在配位体和中心离子的氧化值相同时，分裂能按下列顺序增加：第一过渡系<第二过渡系<第三过渡系。即中心离子半径越大，分裂能越大。如 Co、Rh、Ir 的乙二胺配离子的 Δ 值分别为 $23300cm^{-1}$、$34400cm^{-1}$ 和 $41200cm^{-1}$。

(3) 在分裂后的轨道中 d 电子的排列方式

中心离子 d 电子在八面体场中的分布及其对应的晶体场稳定化能见表 8-3。

---

[1] e 表示二重简并，脚标 g 表示轨道对八面体的中心呈对称性。

[2] t 表示三重简并，g 的含义同[1]。

表 8-3　中心离子 d 电子在八面体场中的分布及其对应的晶体场稳定化能

d^n	弱场				强场			
	T_{2g}	E_g	未成对电子数	CFSE	T_{2g}	e_g	未成对电子数	CFSE
d^1	↑		1	$-0.4\Delta_o$	↑		1	$-0.4\Delta_o$
d^2	↑ ↑		2	$-0.8\Delta_o$	↑ ↑		2	$-0.8\Delta_o$
d^3	↑ ↑ ↑		3	$-1.2\Delta_o$	↑ ↑ ↑		3	$-1.2\Delta_o$
d^4	↑ ↑ ↑	↑	4	$-0.6\Delta_o$	↑↓ ↑ ↑		2	$-1.6\Delta_o$
d^5	↑ ↑ ↑	↑ ↑	5	$0.0\Delta_o$	↑↓ ↑↓ ↑		1	$-2.0\Delta_o$
d^6	↑↓ ↑ ↑	↑ ↑	4	$-0.4\Delta_o$	↑↓ ↑↓ ↑↓		0	$-2.4\Delta_o$
d^7	↑↓ ↑↓ ↑	↑ ↑	3	$-0.8\Delta_o$	↑↓ ↑↓ ↑↓	↑	1	$-1.8\Delta_o$
d^8	↑↓ ↑↓ ↑↓	↑ ↑	2	$-1.2\Delta_o$	↑↓ ↑↓ ↑↓	↑ ↑	2	$-1.2\Delta_o$
d^9	↑↓ ↑↓ ↑↓	↑↓ ↑	1	$-0.6\Delta_o$	↑↓ ↑↓ ↑↓	↑↓ ↑	1	$-0.6\Delta_o$
d^{10}	↑↓ ↑↓ ↑↓	↑↓ ↑↓	0	$0.0\Delta_o$	↑↓ ↑↓ ↑↓	↑↓ ↑↓	0	$0.0\Delta_o$

由表 8-3 可知，根据能量最低原理和洪特规则，对于 $d^1\sim d^3$ 构型的中心离子，在形成八面体配合物时，不管配体属于强场还是弱场，d 电子都排在 t_{2g} 轨道上。对 d^4、d^5、d^6、d^7 型离子，则有两种电子排布的可能性，现以 d^5 型离子为例说明。

d^5 型离子的 5 个 d 电子在八面体场中有如下两种排布方式：

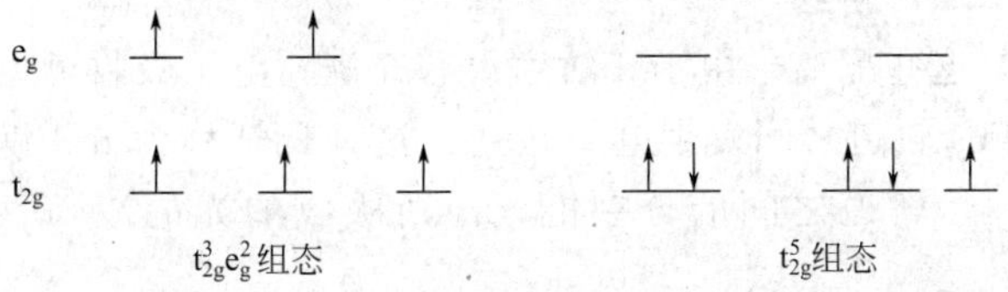

以 $t_{2g}^3e_g^2$ 组态排列时的单电子数比以 t_{2g}^5 组态排列时多。把单电子数多的排列状态称为高自旋态，把单电子数少的排列状态称为低自旋态。当一个电子从低能级轨道进入能级较高的轨道时，需要供给能量，这种能量就是前面所说的分裂能 Δ_o，分裂能越大，电子越不容易跃迁到高能级的轨道中去。当一个轨道已有一个电子时，它会对进入该轨道的第二个电子起排斥作用，因此需要供给一定的能量来克服这种排斥作用，第二个电子才能进入同一轨道与第一个电子成对。这种能量叫成对能，用符号 P 表示。d 电子究竟采取何种方式排列，取决于 Δ_o 和 P 的相对大小。如果 $P>\Delta_o$，成对需要较高的能量，d 电子不易成对，而尽可能保留较多的平行自旋单电子，结果是形成高自旋型的分布，显示很强的磁性；当 $\Delta_o>P$ 时，电子不易从低能级的轨道跃迁到高能级的轨道，电子尽可能配对，结果形成低自旋型的分布，显示很弱的磁性。

综上所述，中心离子 d 轨道中电子的排列方式决定于中心离子的种类和配位体的性质。弱场配体常以高自旋的方式排列，强场配体常以低自旋的方式排列。

(4) 晶体场稳定化能

d 电子在分裂的 d 轨道上重新排布，配合物体系能量降低，这个总能量的降低值称为晶体场稳定化能（crystal field stabilization energy，CFSE），这个值越大，配合物体系越稳定。

根据 e_g 和 t_{2g} 的相对能量和进入其中的电子数，就可计算八面体配合物的晶体稳定化能。设进入 e_g 的电子数为 n_e，进入 t_{2g} 轨道的电子数为 n_t，则八面体配合物的稳定化能可由下式计算

$$\text{CFSE(八面体)}=-2/5\Delta_o n_t+3/5\Delta_o n_e=-(0.4n_t-0.6n_e)\Delta_o \qquad (8\text{-}2)$$

可以看出，八面体配合物的稳定化能，既和Δ_o的大小有关，又和n_t和n_e的大小有关。当Δ_o一定时，进入低能轨道的电子数越多，则稳定化能越高，配合物越稳定。表 8-3 为不同的中心离子在八面体场中强场和弱场的晶体场稳定化能。

(5) 晶体场理论的应用

晶体场理论对于过渡元素配合物的许多性质，如磁性、结构、颜色、稳定性等有较好的解释。

① 解释配合物的磁性　通过实验测得Δ_o和P的数据，判断 d 电子在分裂后的 d 轨道上的排布情况，从而可推断单电子的数目，计算磁矩，判断磁性的相对强弱。

② 解释配合物的颜色　金属离子形成的配合物常带有特殊的颜色，是由于 d 电子在分裂后的 d 轨道之间的跃迁造成的。

含 $d^1 \sim d^9$ 的过渡金属离子的配合物一般是有颜色的。例如它们中一些水合离子的颜色分别为：

d^1	d^2	d^3	d^4	d^5
$[Ti(H_2O)_6]^{3+}$	$[V(H_2O)_6]^{3+}$	$[Cr(H_2O)_6]^{3+}$	$[Cr(H_2O)_6]^{2+}$	$[Mn(H_2O)_6]^{2+}$
紫红	绿	紫	天蓝	肉红
d^6	d^7	d^8	d^9	
$[Fe(H_2O)_6]^{2+}$	$[Co(H_2O)_6]^{2+}$	$[Ni(H_2O)_6]^{2+}$	$[Cu(H_2O)_4]^{2+}$	
淡绿	粉红	绿	蓝	

晶体场理论认为，这些配离子由于 d 轨道没有充满，电子吸收可见光区某一部分波长的光时，电子会在 t_{2g} 和 e_g 轨道之间发生电子跃迁，这种跃迁称为 d-d 跃迁。d-d 跃迁所吸收的能量恰好等于 t_{2g} 与 e_g 轨道之间的分裂能，与所吸收的光的波长（λ）、波数（σ）的关系为：

$$\Delta_o = E(e_g) - E(t_{2g}) = h\nu = hc/\lambda = hc\sigma$$

吸收光的波长越短，则跃迁所需要的能量越大，即分裂能越大。而分裂能与中心离子的氧化值、配体的场有关。氧化值越大，配位体的场越强，吸收的光波长越短。如$[Fe(H_2O)_6]^{3+}$、$[Fe(H_2O)_6]^{2+}$，它们的Δ_o值分别为 13700 cm^{-1} 和 10400cm^{-1}，故在浓度相同时，呈现不同的颜色，前者为淡黄色，后者为淡绿色。由光谱化学序可知，NH_3 是比 H_2O 更强的配位体，故 $[Cu(H_2O)_4]^{2+}$ 显蓝色，吸收峰约在 12600cm^{-1} 处（吸收橙红色光为主）；而 $[Cu(NH_3)_4]^{2+}$ 显很深的蓝紫色，吸收峰约在 15100cm^{-1} 处（吸收橙黄色光为主）。

综上所述，晶体场理论成功地解释了配合物的磁性、稳定性、颜色等方面。但由于它把配体和中心离子之间的作用仅看成静电作用，忽视了中心离子和配位体间存在着一定程度的轨道重叠，因此它对直接与共价有关的作用和现象就完全不能解释。这些都要用配位场理论加以解释，限于篇幅，本章对此不作介绍。

8.3 配合物的稳定性

8.3.1 配位化合物的平衡常数

8.3.1.1 稳定常数和不稳定常数

在水溶液中，配离子是以比较稳定的结构单元存在的，但是仍然有一定的解离现象。

如 $[Cu(NH_3)_4]SO_4 \cdot H_2O$ 固体溶于水中时，将少量 NaOH 溶液加入溶液中，这时没有 $Cu(OH)_2$ 沉淀生成，这似乎说明 Cu^{2+} 完全在 $[Cu(NH_3)_4]^{2+}$ 中。但若加入 Na_2S 溶液，则可得到黑色 CuS 沉淀，显然在溶液中存在着少量游离的 Cu^{2+}。这就说明了在溶液中不仅有 Cu^{2+} 与 NH_3 分子的配位反应，同时还存在着配离子 $[Cu(NH_3)_4]^{2+}$ 的解离反应，这两种反应最终建立平衡：

$$Cu^{2+} + 4NH_3 \rightleftharpoons [Cu(NH_3)_4]^{2+}$$

这种平衡称为配离子的配位平衡（coordination equilibrium）。根据化学平衡的原理，其平衡常数表达式为：

$$K^{\ominus}_{稳} = \frac{[Cu(NH_3)_4^{2+}]}{[Cu^{2+}][NH_3]^4} \tag{8-3}$$

式中，$K^{\ominus}_{稳}$ 为配合物的稳定常数❶（stability constant），$K^{\ominus}_{稳}$ 值越大，配离子越稳定，因此配离子的稳定常数是配离子的一种特征常数。一些常见配离子的稳定常数见附录Ⅶ。

上述平衡反应若是向左进行，则配离子 $[Cu(NH_3)_4]^{2+}$ 在水中的解离方程为：

$$[Cu(NH_3)_4]^{2+} \longrightarrow Cu^{2+} + 4NH_3$$

其平衡常数表达式为：

$$K^{\ominus}_{d} = \frac{[Cu^{2+}][NH_3]^4}{[Cu(NH_3)_4^{2+}]} \tag{8-4}$$

式中，$K^{\ominus}_{d}$ 为配合物的不稳定常数（instability constant）或解离常数。$K^{\ominus}_{d}$ 值越大，表示配离子在水中的解离程度越大，即越不稳定。很明显，稳定常数和不稳定常数之间是倒数关系：

$$K^{\ominus}_{稳} = \frac{1}{K^{\ominus}_{d}}$$

8.3.1.2 逐级稳定常数和累积稳定常数

配离子的形成是分步进行的，每一步都有稳定常数，称为逐级稳定常数 $K^{\ominus}_{稳,n}$（stepwise stability constant）。以 $[Cu(NH_3)_4]^{2+}$ 的生成过程为例：

$$Cu^{2+} + NH_3 \rightleftharpoons [Cu(NH_3)]^{2+}$$

第一级逐级稳定常数为：$$K^{\ominus}_{稳1} = \frac{[Cu(NH_3)^{2+}]}{[Cu^{2+}][NH_3]}$$

$$[Cu(NH_3)]^{2+} + NH_3 \rightleftharpoons [Cu(NH_3)_2]^{2+}$$

第二级逐级稳定常数为：$$K^{\ominus}_{稳2} = \frac{[Cu(NH_3)_2^{2+}]}{[Cu(NH_3)^{2+}][NH_3]}$$

$$[Cu(NH_3)_2]^{2+} + NH_3 \rightleftharpoons [Cu(NH_3)_3]^{2+}$$

第三级逐级稳定常数为：$$K^{\ominus}_{稳3} = \frac{[Cu(NH_3)_3^{2+}]}{[Cu(NH_3)_2{}^{2+}][NH_3]}$$

$$[Cu(NH_3)_3]^{2+} + NH_3 \rightleftharpoons [Cu(NH_3)_4]^{2+}$$

第四级逐级稳定常数为：$$K^{\ominus}_{稳4} = \frac{[Cu(NH_3)_4^{2+}]}{[Cu(NH_3)_3^{2+}][NH_3]}$$

显然各级逐级常数相乘等于总反应 $Cu^{2+} + 4NH_3 \rightleftharpoons [Cu(NH_3)_4]^{2+}$ 的稳定常数：

---

❶ 又称形成常数（formation constant）。

$$K^{\ominus}_{稳1}K^{\ominus}_{稳2}K^{\ominus}_{稳3}K^{\ominus}_{稳4}=\frac{[Cu(NH_3)_4^{2+}]}{[Cu^{2+}][NH_3]^4}=K^{\ominus}_{稳}$$

推广到 ML_n 配离子，其逐级稳定常数与总稳定常数之间的关系也是如此。

将各逐级稳定常数的乘积称为各级累积稳定常数（cumulative stability constant），用 β_i 表示。

$$\beta^{\ominus}_1=K^{\ominus}_{稳1}=\frac{[ML]}{[M][L]}$$

$$\beta^{\ominus}_2=K^{\ominus}_{稳1}K^{\ominus}_{稳2}=\frac{[ML_2]}{[M][L]^2}$$

$$\beta^{\ominus}_n=K^{\ominus}_{稳1}K^{\ominus}_{稳2}\cdots K^{\ominus}_{稳n}=\frac{[ML_n]}{[M][L]^n} \tag{8-5}$$

可见最后一级累积稳定常数 β_n 就是配合物的总稳定常数。一些常见配离子的累积稳定常数见附录Ⅶ。利用配合物的稳定常数，可计算配位平衡中有关离子的浓度计算。配离子的形成是逐级的，且常常是逐级稳定常数之间差别不大，因此在计算离子浓度时需考虑各级配离子的存在。但在实际中，通常加入的配位剂是过量的，因此金属离子常常处于最高配位数，其他配位数的离子在有关计算中可以忽略。

例 8-1 比较 $0.10mol \cdot L^{-1}$ $[Ag(NH_3)_2]^+$ 溶液中含有 $0.1mol \cdot L^{-1}$ 的氨水和 $0.10mol \cdot L^{-1}$ $[Ag(CN)_2]^-$ 溶液中含有 $0.10mol \cdot L^{-1}$ 的 CN^- 时，溶液中 Ag^+ 的浓度。

解：(1) 设在 $0.1mol \cdot L^{-1}$ NH_3 存在下，Ag^+ 的浓度为 $x\,mol \cdot L^{-1}$，则：

$$Ag^+ + 2NH_3 \rightleftharpoons [Ag(NH_3)_2]^{2+}$$

起始浓度/$mol \cdot L^{-1}$	0	0.1	0.1
平衡浓度/$mol \cdot L^{-1}$	x	$0.1+2x$	$0.1-x$

由于 $c(Ag^+)$ 较小，所以 $(0.1-x)mol \cdot L^{-1} \approx 0.1mol \cdot L^{-1}$，$0.1+2x \approx 0.1mol \cdot L^{-1}$，将平衡浓度代入稳定常数表达式得：

$$K^{\ominus}_{稳}=\frac{[Ag(NH_3)_2^+]}{[Ag^+][NH_3]^2}=\frac{0.1}{x\times 0.1^2}=1.12\times 10^7$$

$$x=8.9\times 10^{-7}mol \cdot L^{-1}$$

(2) 设在 $0.1mol \cdot L^{-1}$ CN^- 存在下，Ag^+ 的浓度为 $y\,mol \cdot L^{-1}$，则：

$$Ag^+ + 2CN^- \rightleftharpoons [Ag(CN)_2]^-$$

起始浓度/$mol \cdot L^{-1}$	0	0.1	0.1
平衡浓度/$mol \cdot L^{-1}$	y	$0.1+2y$	$0.1-y$

由于 $c(Ag^+)$ 较小，所以 $(0.1-y)mol \cdot L^{-1} \approx 0.1mol \cdot L^{-1}$，$0.1+2y \approx 0.1mol \cdot L^{-1}$，将平衡浓度代入稳定常数表达式得：

$$K^{\ominus}_{稳}=\frac{[Ag(CN)_2^-]}{[Ag^+][CN^-]^2}=\frac{0.1}{y\times 0.1^2}=1\times 10^{21.7}$$

$$y=1\times 10^{-20.7}mol \cdot L^{-1}$$

结果表明，$[Ag(CN)_2]^-$ 溶液中 Ag^+ 的浓度远远小于 $[Ag(NH_3)_2]^+$ 溶液中 Ag^+ 的浓度，说明 $[Ag(CN)_2]^-$ 比 $[Ag(NH_3)_2]^+$ 更稳定。

8.3.2 影响配合物稳定性的因素

与其他化学平衡一样，配位平衡也是一种动态平衡，当平衡体系的条件（如浓度、酸度等）发生改变时，平衡就会发生移动，例如向存在下述平衡的

$$M^{n+} + xL^- \rightleftharpoons ML_x^{n-x}$$

溶液中加入某种试剂使金属离子 M^{n+} 生成难溶化合物，或者改变 M^{n+} 的氧化态，都可使平衡向左移动。改变溶液的酸度使配位体 L^- 生成难电离的弱酸，同样也可以使平衡向左移动。此外，如加入某种试剂能与 M^{n+} 生成更稳定的配离子时，也可以改变上述平衡，使 ML_x^{n-x} 遭到破坏。

由此可见，配位平衡只是一种相对的平衡状态，溶液的 pH 值变化、另一种配位剂或金属离子的加入、氧化剂或还原剂的存在都对配位平衡有影响，下面分别讨论。

(1) 溶液 pH 值的影响

① 酸度对配位反应的影响是多方面的，既可以对配位剂 L 有影响，也可以对金属离子有影响。常见的配位剂 NH_3 和 CN^-、F^- 等都可以认为是碱。因此可与 H^+ 结合而生成相应的共轭酸，反应的程度决定于配位体碱性的强弱，碱越强就越易与 H^+ 结合。当溶液中的 pH 值发生变化时，L 会与 H^+ 结合生成相应的弱酸分子，从而降低 L 的浓度，使配位平衡向解离的方向移动，降低了配离子的稳定性。

例如在酸性介质中，F^- 能与 Fe^{3+} 生成 $[FeF_6]^{3-}$ 配离子。但当酸度过大 $[c(H^+) > 0.5mol \cdot L^{-1}]$ 时，由于 H^+ 与 F^- 结合生成了 HF 分子，降低了溶液中 F^- 浓度，使 $[FeF_6]^{3-}$ 配离子大部分解离成 Fe^{3+}，因而被破坏。反应如下：

$$Fe^{3+} + 6F^- \rightleftharpoons [FeF_6]^{3-}$$
$$+$$
$$6H^+ \rightleftharpoons 6HF$$

上式表明，酸度增大会引起配位体浓度下降，导致配合物的稳定性降低。这种现象通常称为配位体的酸效应。

总反应为：$[FeF_6]^{3-} + 6H^+ \rightleftharpoons Fe^{3+} + 6HF$

$$K^{\ominus} = \frac{[Fe^{3+}][HF]^6}{[FeF_6^{3-}][H^+]^6} = \frac{[Fe^{3+}][HF]^6}{[FeF_6^{3-}][H^+]^6} \times \frac{[F^-]^6}{[F^-]^6} = \frac{1}{K^{\ominus}_{稳}(K^{\ominus}_a)^6}$$

显然，pH 值对配位反应的影响程度与配离子的稳定常数有关，与配位剂 L 生成的弱酸的强弱有关。

② 在配位反应中，通常是过渡金属作为配离子的中心离子。而对大多数过渡元素的金属离子，尤其在高氧化态时，都有显著的水解作用。例如 $[CuCl_4]^{2-}$ 配离子，如果酸度降低即 pH 值较大时，Cu^{2+} 会发生水解。

$$[CuCl_4]^{2-} \rightleftharpoons Cu^{2+} + 4Cl^-$$
$$+$$
$$H_2O \rightleftharpoons Cu(OH)^+ + H^+$$
$$+$$
$$H_2O \rightleftharpoons Cu(OH)_2 + H^+$$

随着水解反应的进行，溶液中游离 Cu^{2+} 浓度降低，使配位平衡朝着解离的方向移动，导致配合物的稳定性降低，这种现象通常称为金属离子的水解效应。当溶液中 pH 值大于 8.5 时，配离子 $[CuCl_4]^{2-}$ 完全解离。

因此，在配位反应中，当溶液的 pH 值变化时，既要考虑对配位体的影响（酸效应），又要考虑对金属离子的影响（水解效应），但通常以酸效应为主。

(2) 配位平衡对沉淀反应的影响

沉淀反应与配位平衡的关系，可看成是沉淀剂和配位剂共同争夺中心离子的过程。配合物的稳定常数越大或沉淀的 $K_{sp}^{\ominus}$ 越大，则沉淀越容易被配位反应溶解。

例如用浓氨水可将氯化银溶解。这是由于沉淀物中的金属离子与所加的配位剂形成了稳定的配合物，导致沉淀的溶解，其过程为：

$$
\begin{array}{l}
AgCl(s) \rightleftharpoons Ag^{+} + Cl^{-} \\
\qquad\qquad\quad + \\
\qquad\qquad 2NH_3 \rightleftharpoons [Ag(NH_3)_2]^{+}
\end{array}
$$

即 $$AgCl(s) + 2NH_3 \rightleftharpoons [Ag(NH_3)_2]^{+} + Cl^{-}$$

该反应的平衡常数为：

$$K^{\ominus} = \frac{[Ag(NH_3)_2^+][Cl^-]}{[NH_3]^2} = \frac{[Ag(NH_3)_2^+][Cl^-]}{[NH_3]^2} \times \frac{[Ag^+]}{[Ag^+]} = K_{稳}^{\ominus} K_{sp}^{\ominus}$$

同样，在配合物溶液中加入某种沉淀剂，它可与该配合物中的中心离子生成难溶化合物，该沉淀剂或多或少地导致配离子的破坏，例如，在 $[Cu(NH_3)_4]^{2+}$ 溶液中加入 Na_2S 溶液，就有 CuS 沉淀生成，配离子被破坏，其过程可表示为：

$$
\begin{array}{l}
[Cu(NH_3)_4]^{2+} \rightleftharpoons Cu^{2+} + 4NH_3 \\
\qquad\qquad\qquad + \\
\qquad\qquad\quad S^{2-} \rightleftharpoons CuS\downarrow
\end{array}
$$

即

$$[Cu(NH_3)_4]^{2+} + S^{2-} \rightleftharpoons CuS\downarrow + 4NH_3$$

$$K^{\ominus} = \frac{[NH_3]^4}{[Cu(NH_3)_4^{2+}][S^{2-}]} = \frac{[NH_3]^4}{[Cu(NH_3)_4^{2+}][S^{2-}]} \times \frac{[Cu^{2+}]}{[Cu^{2+}]}$$

$$= \frac{1}{K_{稳}^{\ominus}\{[Cu(NH_3)_4]^{2+}\} K_{sp}^{\ominus}(CuS)}$$

由上述两个平衡常数表达式可以看出，沉淀能否被溶解或配合物能否被破坏，主要取决于沉淀物的 $K_{sp}^{\ominus}$ 和配合物的 $K_{稳}^{\ominus}$ 值。而能否实现还取决于所加的配位剂和沉淀剂的用量。

例 8-2 计算完全溶解 0.01mol 的 AgCl 和完全溶解 0.01mol 的 AgBr，至少需要 1L 多大浓度的氨水？已知 $K_{sp}^{\ominus}(AgCl) = 1.8 \times 10^{-10}$，$K_{sp}^{\ominus}(AgBr) = 5.0 \times 10^{-13}$，$[Ag(NH_3)_2]^{+}$ 的 $K_{稳}^{\ominus} = 1.12 \times 10^{7}$。

解：假定 AgCl 溶解全部转化为 $[Ag(NH_3)_2]^{+}$，则氨一定是过量的。因此可忽略 $[Ag(NH_3)_2]^{+}$ 的解离产生的 NH_3，所以平衡时 $[Ag(NH_3)_2]^{+}$ 的浓度为 $0.01mol \cdot L^{-1}$，Cl^{-} 的浓度为 $0.01mol \cdot L^{-1}$。反应为：

$$AgCl + 2NH_3 \rightleftharpoons [Ag(NH_3)_2]^{+} + Cl^{-}$$

$$K^{\ominus} = \frac{[Ag(NH_3)_2^+][Cl^-]}{[NH_3]^2} = \frac{[Ag(NH_3)_2^+][Cl^-]}{[NH_3]^2} \times \frac{[Ag^+]}{[Ag^+]}$$

$$= K_{稳}^{\ominus}\{[Ag(NH_3)_2]^{+}\} K_{sp}^{\ominus}(AgCl) = 1.12 \times 10^{7} \times 1.8 \times 10^{-10}$$

$$= 2.02 \times 10^{-3}$$

$$c(NH_3) = \sqrt{\frac{[Ag(NH_3)_2^+][Cl^-]}{2.02 \times 10^{-3}}} = \sqrt{\frac{0.01 \times 0.01}{2.02 \times 10^{-3}}} = 0.22(mol \cdot L^{-1})$$

在溶解的过程中与 AgCl 反应需要消耗氨水的浓度为 $2 \times 0.01 = 0.02mol \cdot L^{-1}$，所以氨水的最初浓度为 $0.22 + 0.02 = 0.24mol \cdot L^{-1}$。

同理，完全溶解 0.01mol 的 AgBr，设平衡时氨水的平衡浓度为 $y mol \cdot L^{-1}$

$$AgBr + 2NH_3 \rightleftharpoons [Ag(NH_3)_2]^+ + Br^-$$

$$K^{\ominus} = \frac{[Ag(NH_3)_2^+][Br^-]}{[NH_3]^2} = \frac{[Ag(NH_3)_2^+][Br^-]}{[NH_3]^2} \times \frac{[Ag^+]}{[Ag^+]}$$

$$= K^{\ominus}_{稳}\{[Ag(NH_3)_2]^+\} K^{\ominus}_{sp}(AgBr) = 1.12 \times 10^7 \times 5.0 \times 10^{-13}$$

$$= 5.6 \times 10^{-6}$$

$$c(NH_3) = \sqrt{\frac{[Ag(NH_3)_2^+][Br^-]}{5.6 \times 10^{-6}}} = \sqrt{\frac{0.01 \times 0.01}{5.6 \times 10^{-6}}} = 4.23(mol \cdot L^{-1})$$

所以溶解 0.01mol 的 AgBr 需要的氨水的浓度是 $4.23 + 0.02 = 4.25 mol \cdot L^{-1}$

从例 8-2 可以看出，同样是 0.01mol 的固体，由于两者的 $K^{\ominus}_{sp}$ 相差较大，导致溶解需要的氨水的浓度有很大的差别。

例 8-3 向 $0.1 mol \cdot L^{-1}$ 的 $[Ag(CN)_2]^-$ 配离子溶液（含有 $0.10 mol \cdot L^{-1}$ 的 CN^-）中加入 KI 固体，假设 I^- 的最初浓度为 $0.1 mol \cdot L^{-1}$，有无 AgI 沉淀生成？已知 $[Ag(CN)_2]^-$ 的 $K^{\ominus}_{稳} = 1.0 \times 10^{21}$，AgI 的 $K^{\ominus}_{sp} = 8.3 \times 10^{-17}$

解：设 $[Ag(CN)_2]^-$ 配离子解离所生成的 $c(Ag^+) = x\,mol \cdot L^{-1}$

	$Ag^+ + 2CN^- \rightleftharpoons [Ag(CN)_2]^-$		
初始浓度/$mol \cdot L^{-1}$	0	0.10	0.10
平衡浓度/$mol \cdot L^{-1}$	x	$2x + 0.10$	$0.10 - x$

$[Ag(CN)_2]^-$ 解离度较小，故 $0.10 - x \approx 0.1$，$2x + 0.10 \approx 0.10$ 代入 $K^{\ominus}_{稳}$ 表达式得

$$K^{\ominus}_{稳} = \frac{[Ag(CN)_2^-]}{[CN^-]^2[Ag^+]} = \frac{0.10}{x(0.10)^2} = 1.0 \times 10^{21}$$

解得 $x = 1.0 \times 10^{-20} mol \cdot L^{-1}$，即 $c(Ag^+) = 1.0 \times 10^{-20} mol \cdot L^{-1}$

$c(Ag^+)c(I^-) = 1.0 \times 10^{-20} \times 0.01 = 1.0 \times 10^{-22} < K^{\ominus}_{sp}(AgI) = 8.3 \times 10^{-17}$，因此，向 $0.1 mol \cdot L^{-1}$ 的 $[Ag(CN)_2]^-$ 配离子溶液（含有 $0.10 mol \cdot L^{-1}$ 的 CN^-）中加入 KI 固体，没有 AgI 沉淀产生。

(3) 配位平衡对氧化还原反应的影响

配位平衡对氧化还原反应的影响主要是因为在氧化还原电对中，加入一定量的配位剂后，由于氧化型离子或还原型离子与配位剂发生反应生成相应的配离子，从而减小了相应离子的浓度，从而使电对的电极电势发生变化。例如，金属 Cu 能从 $Hg(NO_3)_2$ 溶液中置换出 Hg，却不能从 $[Hg(CN)_4]^{2-}$ 溶液中置换出 Hg，就是因为在 $[Hg(CN)_4]^{2-}$ 溶液中，由于 $[Hg(CN)_4]^{2-}$ 的稳定常数很大，游离的 Hg^{2+} 浓度很小，降低了 Hg^{2+}/Hg 电对的电极电势，使 Hg^{2+} 氧化能力降低。

$$Hg^{2+} + 2e^- \rightleftharpoons Hg \qquad E^{\ominus}(Hg^{2+}/Hg) = 0.851V$$

$$[Hg(CN)_4]^{2-} + 2e^- \rightleftharpoons Hg + 4CN^- \qquad E^{\ominus}\{[Hg(CN)_4]^{2-}/Hg\} = -0.374V$$

可见，氧化型离子生成配离子后，使电对的电极电势降低了。

利用稳定常数，可以计算金属与配离子之间的标准电极电势。

例 8-4 计算 $[Ag(NH_3)_2]^+ + e^- \rightleftharpoons Ag + 2NH_3$ 的标准电极电势。

解：查表得 $K^{\ominus}_{稳}\{[Ag(NH_3)_2]^+\} = 1.12 \times 10^7$，$E^{\ominus}(Ag^+/Ag) = 0.799V$

① 求配位平衡时 $c(Ag^+)$

$$Ag^+ + 2NH_3 \rightleftharpoons [Ag(NH_3)_2]^+$$

$$K^{\ominus}_{稳}=\frac{[Ag(NH_3)_2^+]}{[NH_3]^2[Ag^+]}$$

$$[Ag^+]=\frac{[Ag(NH_3)_2^+]}{K^{\ominus}_{稳}\{[Ag(NH_3)_2]^+\}[NH_3]^2}$$

根据题意要求标准电极电势，此时 $c\{[Ag(NH_3)_2]^+\}=c(NH_3)=1mol\cdot L^{-1}$，所以

$$c(Ag^+)=\frac{1}{K^{\ominus}_{稳}\{[Ag(NH_3)_2]^+\}}=\frac{1}{1.12\times10^7}=8.93\times10^{-8}$$

② 求 $E^{\ominus}\{[Ag(NH_3)_2]^+/Ag\}$

$$E(Ag^+/Ag)=E^{\ominus}(Ag^+/Ag)+0.059V/n\times\lg c(Ag^+)$$
$$=0.799+0.059V\lg 8.93\times10^{-8}=0.383(V)$$

根据标准电极电势的定义，$c\{[Ag(NH_3)_2]^+\}=c(NH_3)=1mol\cdot L^{-1}$ 时，$E(Ag^+/Ag)$ 就是电极反应 $[Ag(NH_3)_2]^++e^-\rightleftharpoons Ag+2NH_3$ 的标准电极电势。

即 $E^{\ominus}\{[Ag(NH_3)_2]^+/Ag\}=0.383V$

从此题看出，由于 Ag^+ 生成了配离子，电极电势降低了。

(4) 配位平衡之间的转化

在配位反应中，一种配离子可以转化成更稳定的配离子，即平衡向生成更难解离的方向移动。两种配离子的稳定常数相差越大，则转化反应越易发生。

如 $[HgCl_4]^{2-}$ 与 I^- 反应生成 $[HgI_4]^{2-}$，$[Fe(SCN)_6]^{3-}$ 与 F^- 反应生 $[FeF_6]^{3-}$，其反应式如下：

$$[HgCl_4]^{2-}+4I^-\rightleftharpoons[HgI_4]^{2-}+4Cl^-$$

$$\underset{血红色}{[Fe(SCN)_6]^{3-}}+6F^-\rightleftharpoons\underset{无色}{[FeF_6]^{3-}}+6SCN^-$$

这是由于，$K^{\ominus}_{稳}([HgI_4]^{2-})>K^{\ominus}_{稳}([HgCl_4]^{2-})$；$K^{\ominus}_{稳}([FeF_6]^{3-})>K^{\ominus}_{稳}\{[Fe(SCN)_6]^{3-}\}$ 之故。

例 8-5 计算反应 $[Ag(NH_3)_2]^++2CN^-\rightleftharpoons[Ag(CN)_2]^-+2NH_3$ 的平衡常数，并判断配位反应进行的方向。

解： 查表得，$K^{\ominus}_{稳}\{[Ag(NH_3)_2]^+\}=1.12\times10^7$；$K^{\ominus}_{稳}\{[Ag(CN)_2]^-\}=1.0\times10^{21}$

$$K^{\ominus}=\frac{[Ag(CN)_2^-][NH_3]^2}{[Ag(NH_3)_2^+][CN^-]^2}=\frac{[Ag(CN)_2^-][NH_3]^2}{[Ag(NH_3)_2^+][CN^-]^2}\times\frac{[Ag^+]}{[Ag^+]}$$

$$=\frac{K^{\ominus}_{稳}\{[Ag(CN)_2]^-\}}{K^{\ominus}_{稳}\{[Ag(NH_3)_2]^+\}}=\frac{1.0\times10^{21}}{1.12\times10^7}=8.93\times10^{13}$$

反应朝着生成 $[Ag(CN)_2]^-$ 的方向进行。

通过以上讨论可以知道，形成配合物后，物质的溶解性、酸碱性、氧化还原性、颜色等都会发生改变。在溶液中，配位解离平衡常与沉淀溶解平衡、酸碱平衡、氧化还原平衡等发生相互竞争。利用这些关系，使各平衡相互转化，可以实现配合物的生成或破坏，以达到科学实验或生产实践的需要。

习 题

1. 完成下表：

配合物或配离子	命名	中心离子	配体	配位原子	配位数
	六氟合硅(Ⅳ)酸铜				
$[PtCl_2(OH)_2(NH_3)_2]$					
	四异硫氰酸合钴(Ⅲ)酸钾				
	三羟基·水·乙二胺合铬(Ⅲ)				
$[Fe(CN)_5(CO)]^{3-}$					
$[FeCl_2(C_2O_4)(en)]^-$					
	三硝基·三氨合钴(Ⅲ)				
	四羰基合镍				

2. 有两种配合物，其组成皆为 $CoBr(SO_4)(NH_3)_4H_2O$，若将它们分别溶于水中，各以 $AgNO_3$ 和 $BaCl_2$ 溶液检验，一种只与 $AgNO_3$ 生成沉淀，另一种也只与 $BaCl_2$ 生成沉淀。试写出以上两种配合物的结构式和可能的空间排布。

3. 下列配合物中心离子的配位数都是 6，试判断它们相同浓度的水溶液中导电能力的强弱？

$$K_2PtCl_6 \quad Co(NH_3)_6Cl_3 \quad Cr(NH_3)_4Cl_3 \quad Pt(NH_3)_6Cl_4$$

4. 根据配合物的价键理论，画出 $[Co(NH_3)_6]^{3+}$ 和 $[Cd(NH_3)_4]^{3+}$（已知磁矩为 0B. M.）的电子排布情况，并推测它们的空间构型？

5. 试确定下列配合物是内轨型还是外轨型，说明理由，并以它们的电子层结构表示。

① $K_4[Mn(CN)_6]$ 测得磁矩 $\mu_B=2.00$B. M.

② $(NH_4)_2[FeF_5(H_2O)]$ 测得磁矩 $\mu_B=5.78$B. M.

6. 根据价键理论填写下表：

配合物	磁矩/B. M.	中心体杂化轨道类型	配合物空间结构
$[Cu(NH_3)_4]^{2+}$	1.73		
$Ni(CO)_4$	0		
$[Co(CN)_6]^{3-}$	0		
$[Mn(H_2O)_6]^{2+}$	5.92		
$Cr(CO)_6$	0		

7. 实验测得 $[Co(NH_3)_6]^{3+}$ 是反磁性的，则

（1）属于什么空间构型？

（2）根据价键理论判断中心离子的杂化方式。

8. 1.0L 0.10mol·L^{-1} $CuSO_4$ 溶液中加入 6.0mol·L^{-1} 的 $NH_3·H_2O$ 1.0L，求平衡时溶液中 Cu^{2+} 的浓度？（$K^{\ominus}_{稳}\{[Cu(NH_3)_4]^{2+}\}=2.09\times10^{13}$）

9. 解释下列几种实验现象？

（1）为何 AgI 不能溶于氨水中，却能溶于 KCN 溶液中？

（2）为何 AgBr 能溶于 KCN 溶液中，而 Ag_2S 却不能溶？

（3）用无色 KSCN 溶液在白纸上写字或画图，干后喷 $FeCl_3$ 溶液，出现血红色字画？

（4）$[FeF_6]^{3-}$ 和 $[Fe(H_2O)_6]^{3+}$ 配离子的颜色很浅甚至无色，而 $[Fe(CN)_6]^{3-}$ 却呈深红色？

10. 在 50mL 0.10mol·L^{-1} 的 $AgNO_3$ 溶液中，加密度为 0.932g· mL^{-1} 含 NH_3 18.24%的氨水 30mL，加水稀释到 100mL，求算这溶液中的 Ag^+ 浓度？

11. 在第 10 题的混合液中加 0.10mol·L^{-1} 的 KBr 溶液 10mL，有没有 AgBr 沉淀析出？如果欲阻止 AgBr 沉淀析出，氨的最低浓度是多少？

12. 计算 AgCl 在 0.1mol·L^{-1} 氨水中的溶解度？

13. 有一配合物，其组成（质量分数）为钴 21.4%、氢 5.5%、氮 25.4%、氧 23.2%、硫 11.64%、氯 12.86%。该配合物的水溶液与 $AgNO_3$ 相遇时不生成沉淀，但与 $BaCl_2$ 溶液相遇生成白色沉淀。它与稀碱溶液无反应。若其摩尔质量为 275.64g·mol^{-1}。试写出（1）此配合物的结构式；（2）配阳离子的几何构型；（3）已知此配阳离子为反磁性，请写出中心离子 d 电子轨道图。

已知：

元素	Co	H	N	O	S	Cl
摩尔质量/g·mol^{-1}	58.93	1.01	14.01	16.00	32.06	35.45

14. 固体 $CrCl_3 \cdot 6H_2O$ 的化学式可能是 $[Cr(H_2O)_6]Cl_3$，$[CrCl(H_2O)_5]Cl_2 \cdot H_2O$ 或 $[CrCl_2(H_2O)_4]Cl \cdot 2H_2O$，今用离子交换法测定其化学式：将含有 0.319g $CrCl_3 \cdot 6H_2O$ 的溶液通过氢性的阳离子交换树脂，交换出的酸用 0.125mol·L^{-1} NaOH 滴定，用去 NaOH 28.5mL。试问其化学式是以上三种中的哪一种？

15. 已知 $K^{\ominus}_{稳}\{[Ag(NH_3)_2]^+\}=1.67\times10^7$，$K^{\ominus}_{sp}(AgCl)=1.8\times10^{-10}$，$K^{\ominus}_{sp}(AgBr)=5.3\times10^{-13}$，将 0.12mol·$L^{-1}$ $AgNO_3$ 与 0.1mol·L^{-1} KCl 溶液以等体积混合，加入浓氨水（浓氨水加入，体积变化忽略）使 AgCl 沉淀恰好溶解，试问：（1）混合溶液中游离氨浓度是多少？（2）混合溶液中加入固体 KBr，并使 KBr 浓度为 0.2mol·L^{-1}，有无 AgBr 沉淀产生？（3）欲防止 AgBr 沉淀析出，氨水的浓度至少为多少？

16. Calculate the concentration of free copper ion that is present in equilibrium with 1.0×10^{-3} mol·L^{-1} $[Cu(NH_3)_4]^{2+}$ and 1.0×10^{-1} mol·L^{-1} NH_3?

第9章

晶体结构

(Crystal Structure)

学习要求

1. 掌握晶体的基本概念及其特征。
2. 理解简单离子晶体构型，掌握晶格能对离子化合物的熔点、硬度的影响。
3. 掌握离子极化的概念及离子极化对物质性质的影响。
4. 了解其他不同类型晶体（原子晶体、分子晶体、金属晶体）的结构与性质。

组成物质的质点可以是离子、原子或分子，但通常遇到的是原子、离子或分子的集合体，因此有必要讨论物质内部质点排列的情况。根据物质在不同温度和压力下，质点间的能量大小和质点排列的有序和无序，物质主要分为三种聚集状态：气态、液态和固态。固态物质按其原子（或分子、离子）在空间排列是否长程有序分成晶态和无定形两类。所谓长程有序是指固态物质的原子（或分子、离子）在空间按一定方式周期性地重复排列。同一种固态物质可以在一定条件下以晶态存在，在另一条件下以无定形态存在。习惯上把以晶态存在的物质称为晶态物质，如氯化钠、硫化锌、砷化镓等；以无定形态存在的物质称为无定形物质，或称非晶态物质，如玻璃和许多聚合物。自然界中大多数物质都是晶态物质，合成的药物、材料等也常以晶态存在，因此研究晶体结构十分重要。

9.1 晶体的特征

9.1.1 晶体的特征

与非晶体相比较，晶体（crystal）通常具有如下特征。

(1) 有一定的几何外形

从外观看，晶体一般具有一定的几何外形。如图9-1所示，食盐晶体是立方体，石英晶体（SiO_2）是六角柱体，方解石（$CaCO_3$）晶体是棱面体。

非晶体如玻璃、松香、石蜡、动物胶、沥青、琥珀等，因没有一定的几何外形，所以又叫无定形体。

有一些物质（如炭黑和化学反应中刚析出的沉淀等）从外观看虽然不具备整齐的外观，

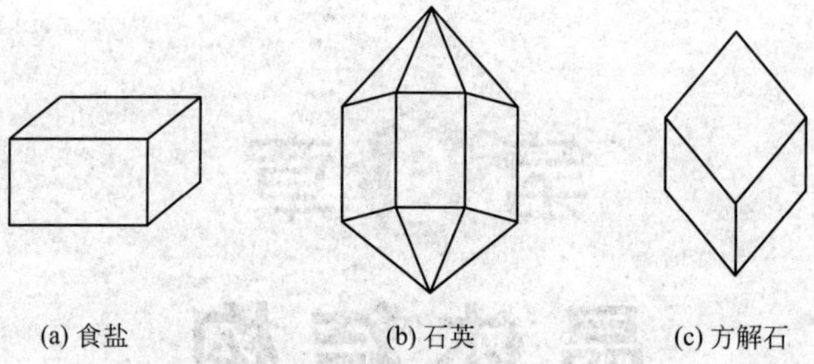

图 9-1　几种晶体的外形

但结构分析表明，它们是由极微小的晶体组成的，物质的这种状态称为微晶体。微晶体仍然属于晶体范畴。

(2) 有固定的熔点

在一定的压力下将晶体加热，只有达到某一温度（熔点）时，晶体才开始熔化，在晶体没有全部熔化之前，即使继续加热，温度仍保持恒定不变，这时所吸收的热能都消耗在使晶体从固态转变为液态，直至晶体完全熔化后温度才继续上升，这说明晶体都具有固定的熔点。例如，常压下冰的熔点为0℃。非晶体则不同，加热时先软化成黏度很大的物质，随着温度的升高黏度不断变小，最后成为流动性的熔体，从开始软化到完全熔化的过程中，温度是不断上升的，没有固定的熔点，只能说有一段软化的温度范围。例如，松香在50～70℃之间软化，70℃以上才基本成为熔体。

(3) 各向异性

晶体的各种物理性质，在各个方向上都是不同的，即各向异性（anisotropy）；非晶体则显各向同性（isotropy）。

由于晶体内部质点排列有序，在不同的方向上质点的排列密度往往不同，因此在不同的方向上晶体对光、电、磁、热的传导速率和强度往往具有较大差异，这种差异称为各向异性。例如，石墨和蓝宝石是常见的晶体，其中石墨的结构呈层状，与层垂直方向上的电导率为与层平行方向上电导率的1/10000；蓝宝石在不同方向上的硬度是不同的。对于非晶体而言，从微观角度讲，质点的排列杂乱无序；从宏观统计的角度看，在所有方向上质点的排列密度均相同，对光、电、磁、热的传导速率和强度也都相同，所以是各向同性的。例如玻璃在破碎时，其碎片的形状是完全任意的。

需要注意的是，并非所有晶体都具备各向异性，当晶体内部的质点在各个方向上排列相同时，它就是各向同性的，如氯化钠、氯化钾、氯化铯等晶体都是各向同性的。

9.1.2　晶体的微观结构

晶体的宏观特征即有固定的几何外形、固定的熔点、各向异性等是由它的微观内在结构特征所决定的。

(1) 晶格

为了便于研究晶体中微粒（原子、分子或离子）的排列规律，法国结晶学家 A. Bravais 提出：把晶体中规则排列的微粒抽象为几何学中的点，并称为结点。这些结点的总和称为空间点阵。沿着一定的方向按某种规则把结点连接起来，则可以得到描述各种晶体内部结构的几何图像——晶体的空间格子（简称为晶格）。

按照晶格（lattice）结点在空间的位置，晶格可有各种形状。其中立方体晶格具有最简单的结构，它可分为三种类型（见图 9-2）。

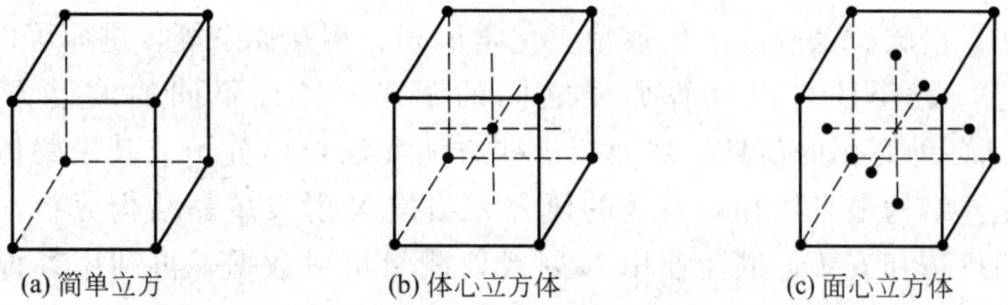

图 9-2　立方晶格

(2) 晶胞

在晶格中，能表现出其结构的一切特征的基本重复单位称为晶胞（unit cell）。整个晶体就是按晶胞的组成、结构在三维空间重复排列。晶胞可看作晶体的缩影。作为晶胞它必须是：①晶体的基本重复单位；②能代表晶体的化学组成；③必然为平行六面体。NaCl 晶体的晶胞如图 9-3 所示。

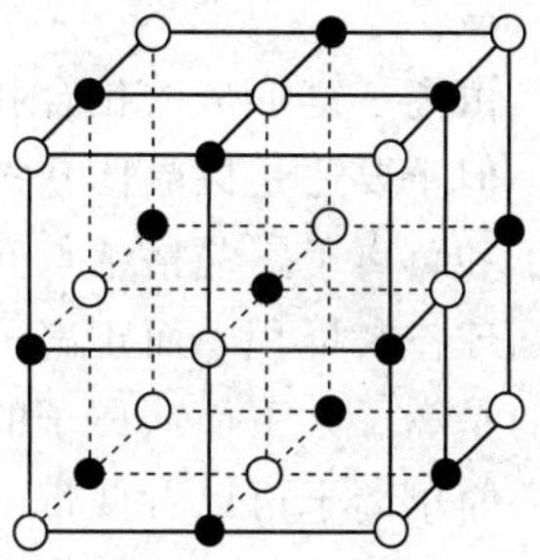

图 9-3　NaCl 晶体结构

● 代表 Na 离子，
○ 代表 Cl 离子

9.1.3　晶体的类型

晶体有单晶体和多晶体之分。单晶体是由一个晶核在各个方向上均衡生长起来的。这种晶体比较少见，但可由人工培养长成。常见的晶体是由很多取向不同的单晶体组合而成的，这种晶体称为多晶体。组成多晶体的晶粒取向不同，可使它们的各向异性抵消，所以多晶体一般并不表现明显的各向异性。

晶体中质点之间键合作用的大小对晶体的结构和性质有很大影响。根据组成晶体质点间结合力（化学键类型）的不同，把晶体分成离子晶体（ionic crystal）、原子晶体（atomic crystal）、分子晶体（molecular crystal）和金属晶体（metallic crystal）四种基本类型（见图 9-4）。

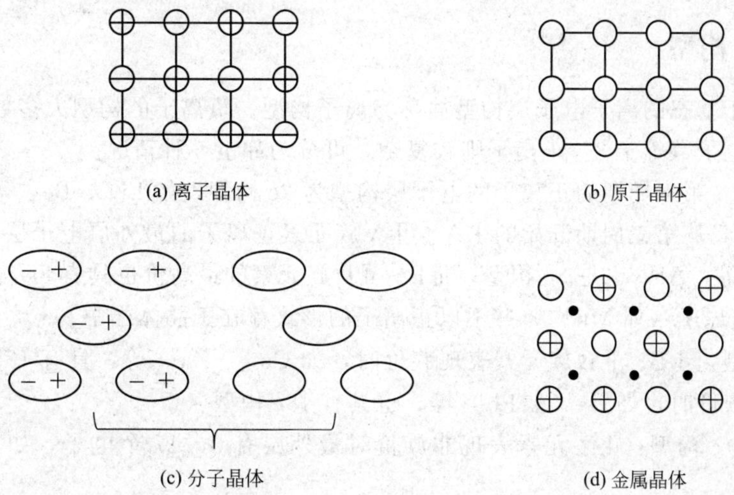

图 9-4　各种晶体中晶格结点上质点的示意图

探测晶体结构的方法有多种，其中大部分都是基于物质对某些波长电磁波的吸收或发射，属于波谱方法。例如，从核磁共振（NMR）谱图可以得到化学位移和偶合常数，通过这些信息可以推导出碳、氢等原子的数量、化学形态、相互关系等，进而可以得到化合物中化学键合的信息，甚至还可以计算原子之间的距离。各种不同的波谱方法（IR、UV、NMR）可以得到各种有用的信息。然而，这些方法无法给出分子或其聚集体的精细几何结构信息。获得晶体结构最直接和最有效的研究方法是X射线单晶结构分析，即从单晶培养开始，到单晶的挑选和安置，继而使用X射线仪测量衍射数据，再利用各种结构分析与数据拟合方法，进行晶体结构解析与结构精修，最后得到各种晶体结构的几何数据与结构图形等结果。

9.2 离子晶体

由离子键形成的化合物叫离子型化合物。离子型化合物虽然在气态可以形成离子型分子，但主要还是以晶体状态出现。例如：氯化钠、氯化铯晶体，它们晶格结点上排列的是正离子和负离子，晶格结点间的作用力是离子键。一般负离子半径较大，可看成是负离子的等径圆球作密堆积，而正离子有序地填在四面体孔隙或八面体孔隙中。离子晶体晶格结点上排列的是离子，下面从离子的特点入手来认识离子晶体的相关知识。

简单离子可以看成带电的球体，它的特征主要有离子电荷、离子的电子构型和离子半径3个方面。对于复杂离子，还要讨论其空间构型等问题。

9.2.1 离子电荷

离子电荷是简单离子的核电荷（正电荷）与它的核外电子的负电荷的代数和。如 Na^+ 和 Ag^+ 的离子电荷都是+1，在它们周围呈现的正电场的强弱不相等，否则难以理解 NaCl 与 AgCl 在性质上为何有如此巨大的差别。由此可见，所谓离子电荷在本质上只是离子的形式电荷。

Na^+ 和 Ag^+ 的形式电荷都等于+1，有效核电荷（Z^*）却并不相等。不难理解 Ag^+ 的有效电荷大大高于 Na^+，这是由于它们的电子层构型不同。

9.2.2 离子构型

通常把处于基态的离子电子层构型简称为离子构型。负离子的构型大多数呈稀有气体构型，即最外层电子数等于8。正离子则较复杂，可分为如下5种情况。

① 2e 构型：第二周期的正离子的电子层构型为 2e 构型，如 Li^+、Be^{2+} 等。

② 8e 构型：从第三周期开始的ⅠA、ⅡA族元素正离子的最外层电子层为 8e，简称 8e 构型，如 Na^+ 等；Al^{3+} 也是 8e 构型；ⅢB～ⅦB族元素的最高价也具有 8e 构型［不过电荷高于+4的带电原子（如 Mn^{7+}）并不以正离子的形式存在于晶体之中］。

③ 18e 构型：ⅠB、ⅡB族元素表现族价时，如 Cu^+、Zn^{2+} 等，具有 18e 构型；p区过渡后元素表现族价时，如 Ga^{3+}、Pb^{4+} 等，也具有 18e 构型。

④ (9～17)e 构型：d区元素表现非族价时最外层有9～17个电子，如 Mn^{2+}、Fe^{2+}、Fe^{3+} 等。

⑤ (18+2)e 构型：p区的金属元素低于族价的正价，如 Tl^+、Sn^{2+}、Pb^{2+} 等，它们的

最外层为 2e，次外层为 18e，称为 (18+2)e 构型。

在离子电荷和离子半径相同的条件下，离子构型不同，正离子的有效正电荷的强弱不同，顺序为：8e<(9～17)e<18e 或 (18+2)e。这是由于 d 电子在核外空间的概率分布比较松散，对核内正电荷的屏蔽作用较小，所以 d 电子越多，离子的有效正电荷越大。

9.2.3 离子半径

离子半径是根据实验测定离子晶体中正、负离子平衡核间距估算得出的。离子晶体的核间距可用 X 射线衍射的实验方法十分精确地测定出来，但单有核间距不行，必须先给定其中一种离子的半径，才能算出另一种离子的半径。

1927 年，鲍林将氧离子的半径定为 140pm，氟离子半径定为 136pm，以此为基础，得出一套离子半径数据，即鲍林（离子）半径。

鲍林半径的思想大致有如下三个要点。

① 具有相同电子层构型的离子半径随核电荷增大呈比例地缩小。例如，鲍林认为，Na^+ 和 F^- 的电子层构型都是 $1s^2 2s^2 2p^6$，核电荷数分别为 +11 和 +9，前者比后者大 30%，因而前者的半径也应该相应地比后者缩小 30%。经测定 NaF 晶体中阴、阳离子的平衡核间距为 231pm，按这种假设：

$$r(Na^+) = (1-30\%)r(F^-) = 0.7r(F^-)$$

$$r(Na^+) + r(F^-) = 231\text{pm}$$

$$1.7r(F^-) = 231\text{pm}$$

即：$r(F^-) = 136\text{pm}$；$r(Na^+) = 95\text{pm}$。

② 测得 KCl 晶体中阴、阳离子核间距为 314pm，但与 K^+ 和 Cl^- 同构型的 Ar 的主量子数为 3，大于与 Na、F 同构型的 Ne 的主量子数，K^+ 与 Cl^- 半径比应跟 Na^+ 与 F^- 的半径比有所不同，要作适当修正（约 26.5%），鲍林修正的结果为 133pm 和 181pm。以此为基准，鲍林根据实验测得的晶胞参数推出大量 8e 构型离子的半径。

③ 鲍林又对非 8e 构型离子的半径作适当修正，得出非 8e 构型离子的半径。这是因为非 8e 构型的离子比起 8e 构型的离子有较大的有效核电荷，将使核间距相应缩小些。

9.2.4 离子晶体结构模型

离子晶体结构模型常见有 5 种类型：CsCl（氯化铯）配位数 8/8、NaCl（岩盐）配位数 6/6、ZnS（闪锌矿）配位数 4/4、CaF_2（萤石）配位数 8/4、TiO_2（金红石）配位数 6/3。最具有代表性的离子晶体结构类型如图 9-5 所示。许多离子晶体或与它们结构相同，或是它们的变形。各模型的实例见表 9-1。

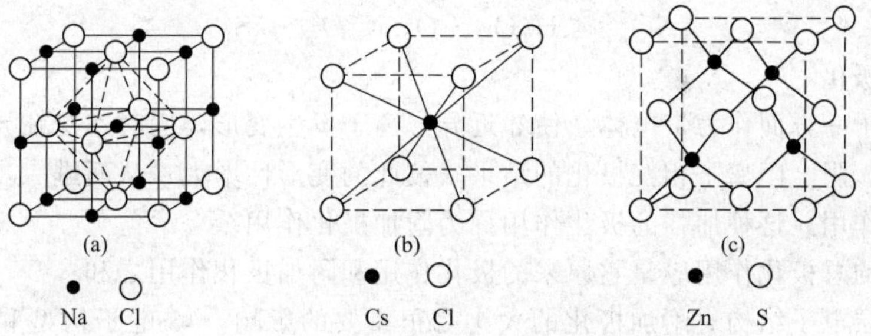

图 9-5 几种常见离子晶体的结构模型

表 9-1 各种模型的实例

晶体结构类型	实 例
氯化铯型	CsCl, CsBr, CsI, TlCl, NH_4Cl
氯化钠型	锂、钠、钾、铷的卤化物，氟化银，镁、钙、锶、钡的氧化物，硫化物，硒化物
闪锌矿型	铍的氧化物、硫化物、硒化物
萤石型	钙、铅、汞(Ⅱ)的氟化物，锶和钡的氯化物，硫化钾
金红石型	钛、锡、铅、锰的二氧化物，铁、镁、锌的二氟化物

9.2.5 离子极化

离子和分子一样，在阴、阳离子自身电场作用下，产生诱导偶极，导致离子的极化，即离子的正、负电荷重心不再重合，致使物质在结构和性质上发生相应的变化。

(1) 离子的极化作用和变形性

离子本身带有电荷，所以电荷相反的离子相互接近时就有可能发生极化，也就是说，它们在相反电场的影响下，电子云发生变形。一种离子使异号离子极化而变形的作用，称为该离子的“极化作用”。被异号离子极化而发生离子电子云变形的性能，称为该离子的“变形性”或“可极化性”。

虽然无论阳离子或阴离子都有极化作用和变形性两个方面，但是阳离子半径一般比阴离子小，电场强，所以阳离子的极化作用大，而阴离子则变形性大。

① 离子的极化作用　离子的极化作用符合下列规律：

a. 离子正电荷数越大，半径越小，极化作用越强。

b. 不同电子构型的离子，离子极化作用依次为：

8 电子构型<9～17 电子构型<18 电子和 18+2 电子构型

c. 电子构型相似，所带正电荷相同的离子，半径越小，极化作用越大，如：

$$Mg^{2+} > Ba^{2+}$$

② 离子的变形性　离子的变形性符合下列规律：

a. 简单阴离子的负电荷数越高，半径越大，变形性越大，如 $S^{2-} > O^{2-} > F^{-} < Cl^{-} < Br^{-}$。

b. 18 电子构型和 9～17 不规则电子构型的阳离子其变形性大于半径相近、电荷相同的 8 电子构型的阳离子的变形性。如 $Ag^{+} > Na^{+}$，K^{+}；$Hg^{2+} > Mg^{2+}$，Ca^{2+}。

c. 对一些复杂的无机阴离子，因为形成结构紧密、对称性强的原子基团，变形性通常是不大的；而且复杂阴离子中心离子氧化数越高，变形性越小。

常见一些一价和二价阴离子并引入水分子对比，按照变形性增加的顺序对比如下：

$$ClO_4^{-} < F^{-} < NO_3^{-} < H_2O < OH^{-} < CN^{-} < Cl^{-} < Br^{-} < I^{-}$$

$$SO_4^{2-} < H_2O < CO_3^{2-} < O^{2-} < S^{2-}$$

(2) 附加极化

正、负离子一方面作为带电体，使邻近异号离子发生变形，同时本身在异号离子作用下也会发生变形，阴、阳离子相互极化的结果，彼此的变形性增大，从而进一步加强了异号离子的相互极化作用，这种加强的极化作用称为附加极化作用。

每个离子的总极化作用应是它原来的极化作用和附加极化作用之和。

离子的外层电子结构对附加极化的大小有很重要的影响。18 电子构型和 9～17 电子构型极化作用和变形性均较大，可直接影响到化合物的一些性质。

(3) 离子极化对化学键型的影响

由于阳、阴离子相互极化，使电子云发生强烈变形，而使阳、阴离子外层电子云重叠。相互极化越强，电子云重叠的程度也越大，键的极性也越弱，键长缩短，从而由离子键过渡到共价键。如 AgF、AgCl、AgBr、AgI。

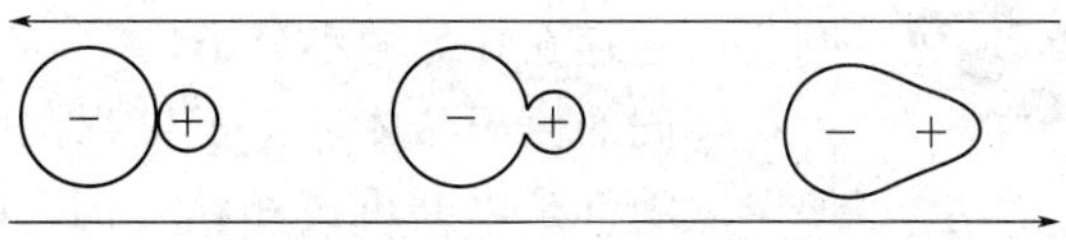

由于阳、阴离子相互极化，使电子云发生强烈变形，而使阳、阴离子外层电子云重叠。相互极化越强，电子云重叠的程度也越大，键的极性也越减弱，键长缩短，从而由离子键过渡到共价键。

(4) 离子极化对化合物性质的影响

离子极化对化合物性质的影响有以下几个方面。

① 化合物的溶解度降低　离子的相互极化改变了彼此的电荷分布，导致离子间距离的缩短和轨道的重叠，离子键逐渐向共价键过渡，使化合物在水中的溶解度变小。

由于极性分子的吸引，离子键结合的无机化合物一般是可溶于水的，而共价型的无机晶体，却难溶于水，如氟化银易溶于水，而 AgCl、AgBr、AgI 的溶解度依次递减。这主要因为 F^- 半径很小，不易发生变形，Ag^+ 和 F^- 的相互极化作用小，AgF 属于离子晶型物质，可溶于水。银的其他卤化物，随着 Cl→Br→I 的顺序，共价程度增强，它们的溶解性就依次递减了。

为什么 Cu^+ 和 Ag^+ 的离子半径和 Na^+、K^+ 近似，它们的卤化物溶解性的差别却很大呢？这是由于 Cu^+ 和 Ag^+ 的最外电子层构型与 Na^+、K^+ 不同，造成了它们对原子核电荷的屏蔽效应有很大的差异。Cu^+、Ag^+ 对阴离子的电子云作用的有效核电荷要比 Na^+、K^+ 大得多，因而它们的卤化物、氢氧化物等都很难溶。

影响无机化合物溶解度的因素很多，但离子的极化往往起很重要的作用。

② 晶格类型的转变　由于相互极化作用，AgF（离子型）→AgCl→AgBr→AgI（共价型），键型的过渡缩短了离子间的距离，晶体的配位数要发生变化。

如硫化镉的离子半径比 $r_+/r_-=0.53$，应属于 NaCl 型晶体。实际上 CdS 晶体却属于 ZnS 型，原因就在于 Cd^{2+} 部分地钻入 S^{2-} 的电子云中，犹如减小了离子半径比，使之不再等于正、负离子半径比的理论比值 0.53，而减小到 <0.414，因而改变晶型。

③ 化合物颜色的加深　同一类型的化合物离子相互极化越强，颜色越深，如 AgF（乳白）、AgCl（白）、AgBr（浅黄）、AgI（黄）；$PbCl_2$（白）、$PbBr_2$（白）、PbI_2（黄）；$HgCl_2$（白）、$HgCl_2$（白）、$HgCl_2$（红）。

在某些金属的硫化物、硒化物以及氧化物与氢氧化物之间，均有此种现象。

9.3 原子晶体

有一类晶体物质，晶格结点上排列的是原子，原子之间通过共价键结合。凡靠共价键结合而成的晶体统称为原子晶体。例如，金刚石就是一种典型的原子晶体。

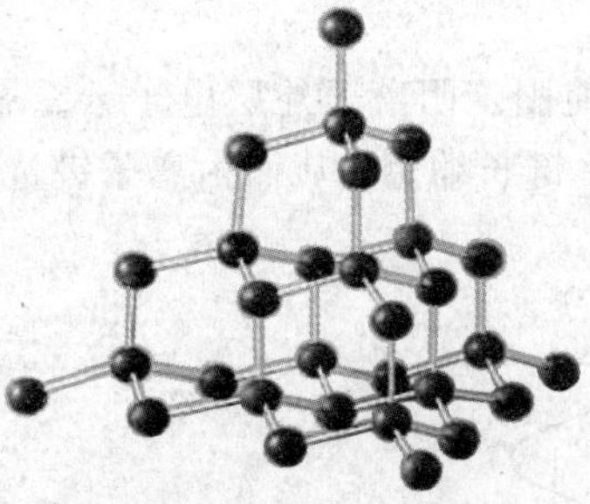

图 9-6　金刚石的晶体结构

在金刚石晶体中，每个碳原子都被相邻的 4 个碳原子包围（配位数为 4），处在 4 个碳原子的中心，以 sp^3 杂化形式与相邻的 4 个碳原子结合，成为正四面体的结构（如图 9-6 所示）。由于每个碳原子都形成四个等同的 C—C 键（σ 键），把晶体内所有的碳原子连接成一个整体，因此在金刚石内不存在独立的小分子。

不同的原子晶体，原子排列的方式可能有所不同，但原子之间都是以共价键相结合的。由于共价键的结合能力强，因此原子晶体熔点高，硬度大。例如：

原子晶体物质	硬度	熔点
金刚石	10	＞3550℃
金刚砂（SiC）	9.5	2700℃

原子晶体一般多为绝缘体，即使熔化也不能导电。

属于原子晶体的物质为数不多。除金刚石外，单质硅（Si）、单质硼（B）、碳化硅（SiC）、石英（SiO_2）、碳化硼（B_4C）、氮化硼（BN）和氮化铝（AlN）等，也属原子晶体。

9.4　分子晶体

分子晶体中晶胞的结构单元是分子，通过分子间的作用力相结合。在分子晶体中，分子之间的作用力是分子间力（范德华力和氢键）。分子间力相对于金属键、离子键和共价键等化学键是一种很弱的作用力，当分子相互接近到一定程度时，就存在分子间力。气体分子能凝聚成液体、固体主要是靠这种作用力，其作用力虽小，但对物质的物理性质（如熔点、溶解度等）的影响却很大。分子晶体的熔点很低。例如干冰晶体和碘晶体。

分子晶体的熔点和硬度都很低。分子晶体多数是电的不良导体。因为电子不能通过这类晶体而自由运动。非金属单质、非金属化合物分子和有机化合物大多数形成分子晶体。例如硫、磷、碘、萘、非金属硫化物、氢化物、卤化物、尿素、苯甲酸等。

9.4.1　分子的极性

在任何一个分子中都可以找到一个正电荷中心和一个负电荷中心，根据两个电荷中心是否重合，可以把分子分为极性分子和非极性分子。正、负电荷中心不重合的分子叫极性分子（polar molecule），正、负电荷中心重合的分子叫非极性分子（nonpolar molecule）。

对同核双原子分子，由于两个原子的电负性相同，两个原子之间的化学键是非极性键，分子是非极性分子；如果是异核双原子分子，由于电负性不同，两个原子之间的化学键为极性键，即分子的正电荷中心和负电荷中心不会重合，分子是极性分子，如 HCl、CO 等。

对于复杂的多原子分子来说，如果是相同原子组成的分子，分子中只有非极性键，那么分子通常是非极性分子，单质分子大都属此类，如 P_4、S_8 等。如果组成原子不相同，那么分子的极性不仅与元素的电负性有关，还与分子的空间结构有关。例如，SO_2 和 CO_2 都是三原子分子，都是由极性键组成，但 CO_2 的空间结构是直线形，键的极性相互抵消，分子的正、负电荷中心重合，分子为非极性分子。而 SO_2 的空间构型是角形，正、负电荷重心不重合，分子为极性分子。

分子极性的大小常用偶极矩（dipole moment）μ 来量度。偶极矩的概念是德拜（Debye）在 1912 年提出的。在极性分子中，正、负电荷中心的距离称偶极长，用符号 d 表示，单位为米（m）；正、负电荷所带电量为 $+q$ 和 $-q$，单位为库仑（C）；偶极矩 μ 的大小等于 q 和 d 的乘积（见图 9-7）：

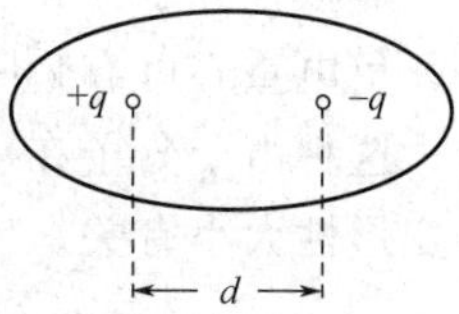

图 9-7　分子的偶极矩

$$\mu = q \times d \tag{9-1}$$

偶极矩是个矢量，它的方向规定为从正电荷中心指向负电荷中心。偶极矩的 SI 单位是库仑·米（C·m），实验中常用德拜（D）来表示：

$$1\text{D} = 3.336 \times 10^{-30}\,\text{C·m}$$

例如 H_2O 的偶极矩 $\mu(H_2O) = 6.17 \times 10^{-30}\,\text{C·m} = 1.85\text{D}$。

实际上，偶极矩是通过实验测得的。根据偶极矩大小可以判断分子有无极性，比较分子极性的大小。$\mu = 0$，为非极性分子；μ 值越大，分子的极性越大。表 9-2 列出了一些物质分子的偶极矩实验数据。

表 9-2　一些物质分子的偶极矩和分子的几何构型

分子	$\mu/10^{-30}$C·m	几何构型	分子	$\mu/10^{-30}$C·m	几何构型
H_2	0.0	直线形	HF	6.4	直线形
N_2	0.0	直线形	HCl	3.4	直线形
CO_2	0.0	直线形	HBr	2.6	直线形
CS_2	0.0	直线形	HI	1.3	直线形
CH_4	0.0	正四面体	H_2O	6.1	V 形
CCl_4	0.0	正四面体	H_2S	3.1	V 形
CO	0.37	直线形	SO_2	5.4	V 形
NO	0.50	直线形	NH_3	4.9	三角锥形

偶极矩还可帮助判断分子可能的空间构型。例如 NH_3 和 BCl_3 都是由 4 个原子组成的分子，可能的空间构型有两种，一种是平面三角形，另一种是三角锥形。实验测得它们的偶极矩 μ 分别是 $\mu(NH_3) = 5.00 \times 10^{-30}\,\text{C·m}$，$\mu(BCl_3) = 0.00\,\text{C·m}$。由此可知，$BCl_3$ 分子是平面三角形构型，而 NH_3 分子是三角锥形构型。

双原子分子的偶极矩就是极性键的键矩。多原子分子的偶极矩是各键矩的矢量和，如 H_2O 分子等。

非极性分子偶极矩为零，但各键矩不一定为零，如 BCl_3。极性分子的偶极矩称为永久偶极。非极性分子在外电场的作用下，可以变成具有一定偶极矩的极性分子，如图 9-8 所示。

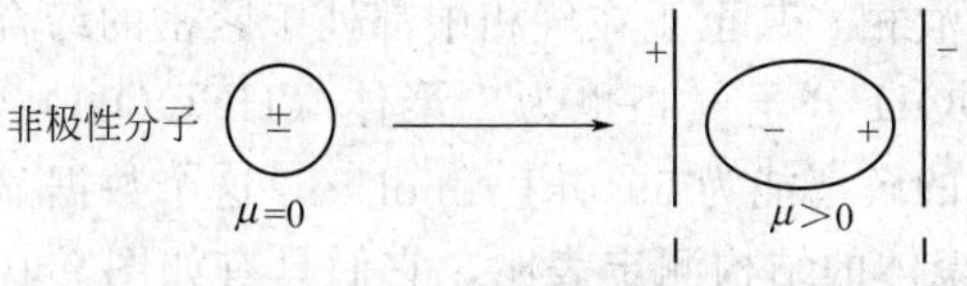

图 9-8　非极性分子在外电场的作用

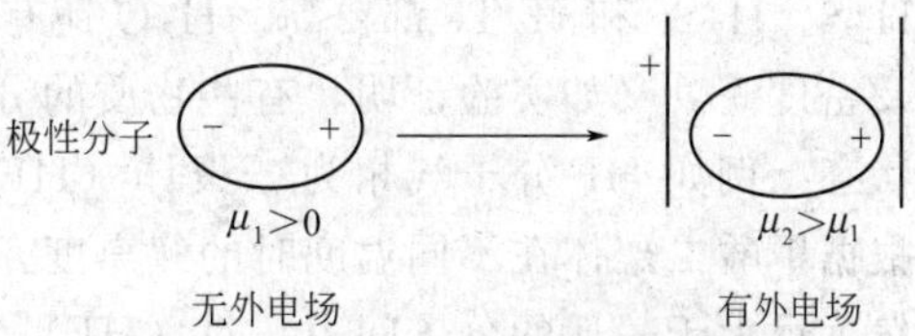

图 9-9　极性分子在外电场的作用

而极性分子在外电场作用下，其偶极也可以增大。在电场的影响下产生的偶极称为诱导偶极，如图 9-9 所示。

诱导偶极用 $\Delta\mu$ 表示，其强度大小和电场强度呈正比，也和分子的变形性呈正比。所谓分子的变形性，即分子的正、负电重心的可分程度，分子体积越大，电子越多，变形性越大。

非极性分子在无外电场作用时，由于运动、碰撞，原子核和电子的相对位置变化，其正、负电重心可有瞬间的不重合，极性分子也会由于上述原因改变正、负电重心。

这种由于分子在一瞬间正、负电重心不重合而造成的偶极叫瞬间偶极。瞬间偶极和分子的变形性大小有关。

9.4.2 分子间作用力——范德华力

分子内原子间的结合靠化学键，物质中分子间存在着分子间作用力。化学键的结合能一般在 1.0×10^2kJ · mol^{-1}数量级，而分子间作用力的能量只有几个 kJ · mol^{-1}。分子间作用力又分为以下几种作用力。

① 取向力 极性分子之间的永久偶极与永久偶极间的作用力称为取向力，它仅存在于极性分子之间，作用力正比于 μ^2。

② 诱导力 极性分子与非极性分子间的永久偶极与诱导偶极之间的作用力称为诱导力。极性分子作为电场，使非极性分子产生诱导偶极或使极性分子的偶极增大（也产生诱导偶极），这时诱导偶极与永久偶极之间产生诱导力。因此诱导力存在于极性分子与非极性分子之间，也存在于极性分子与极性分子之间。

③ 色散力 非极性分子与非极性分子间的瞬间偶极与瞬间偶极之间有色散力的产生。由于各种分子均有瞬间偶极，故色散力存在于极性分子和极性分子之间、极性分子和非极性分子之间及非极性分子和非极性分子之间。

色散力不仅存在广泛，而且在分子间力中，色散力是主要的（见下面的数据）。

kJ · mol^{-1}	取向力	诱导力	色散力
Ar	0	0	8.49
HCl	3.305	1.104	16.82

取向力、诱导力和色散力统称为范德华力，它们具有以下共性：a. 永远存在于分子之间；b. 作用力很小；c. 无方向性和饱和性；d. 是近程力，$F\propto1/r^7$；e. 经常是以色散力为主。如 He、Ne、Ar、Kr、Xe 从左到右原子半径（分子半径）依次增大，变形性增大，色散力增强，分子间结合力增大，故沸点依次增高。可见，物质的熔点、沸点等物理性质与范德华力的大小有关。

9.4.3 氢键

根据前面分子间力的讨论，分子间力一般随相对分子质量的增大而增大。p 区同族元素氢化物的熔、沸点从上到下升高，而 NH_3、H_2O 和 HF 却例外。如 H_2O 的熔、沸点比 H_2S、H_2Se 和 H_2Te 都要高。H_2O 还有许多反常的性质，如特别大的介电常数和比热容以及密度等。又如实验证明，有些物质的分子不仅在液相，甚至于在气相中都处于紧密的缔合状态。例如 HF 分子气相为二聚体 $(HF)_2$，HCOOH 分子气相也为二聚体 $(HCOOH)_2$。根据甲酸二聚体在不同温度时的解离度，可求得它的解离能为 59.0kJ · mol^{-1}，这个数据显然远远大于一般的分子间力。对 $(HF)_2$ 和甲酸二聚体的结构测定表明，它们具有如图 9-10 所示的结构。这些反常的现象除与分子间力有关外，还存在另外一种力，即这些反常分子间还存在氢键（hydrogen bond）。

(1) 氢键的形成

当氢与电负性很大、半径很小的原子 X（X 可以是 F、O、N 等高电负性元素）形成共价键时，共用电子对强烈偏向于 X 原子，因而氢原子几乎成为半径很小、只带正电荷

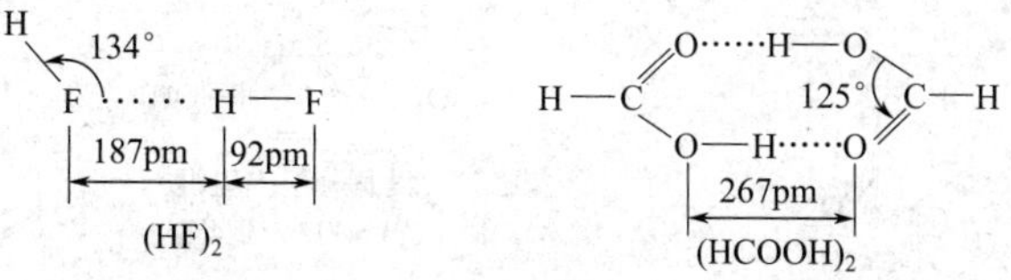

图 9-10 $(HF)_2$ 与 $(HCOOH)_2$ 中的氢键

的裸露的质子。这个几乎裸露的质子能与电负性很大的其他原子（Y）相互吸引，也可以和另一个 X 原子相互吸引，形成氢键。以 HF 为例，F 的电负性相当大，r 相当小，电子对偏向 F，而 H 几乎成了质子。这种 H 与其他分子中电负性相当大、r 小的原子相互接近时，产生一种特殊的分子间力——氢键。如：F—H…F—H ；又如水分子之间的氢键：

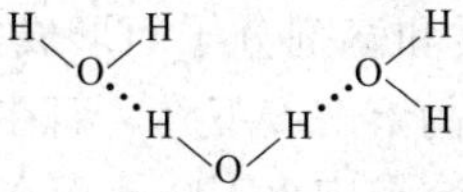

氢键的形成有两个条件：即要有与电负性大且 r 小的原子（F、O、N）相连的 H；而且在附近要有电负性大且 r 小的原子（F、O、N）。一般在 X—H…X（Y）中，把“…”称作氢键。在化合物中，容易形成氢键的元素有 F、O、N，有时还有 Cl、S。氢键的强弱与这些元素的电负性大小、原子半径大小有关，这些元素的电负性愈大，氢键愈强；这些元素的原子半径愈小，氢键也愈强。氢键的强弱顺序为：

F—H…F＞O—H…O＞N—H…N＞O—H…Cl＞O—H…S

（2）氢键的特点

① 饱和性和方向性　氢键有两个与范德华力不同的特点，那就是它的饱和性和方向性。氢键的饱和性表示一个 X—H 只能和一个 Y 形成氢键，这是因为氢原子半径比 X、Y 小得多，如果另有一个 Y 原子接近它们，则受到的 X 和 Y 原子的排斥力比受到的氢原子的吸引力大得多，所以 X—H…Y 中的 H 原子不可能再形成第二个氢键。氢键的方向性是指 Y 原子与 X—H 形成氢键时，其方向尽可能与 X—H 键轴在同一方向，即 X—H…Y 尽可能保持 180°。因为这样成键可使 X 与 Y 距离最远，两原子的电子云斥力最小，形成稳定的氢键。

② 氢键的强度　氢键的键能一般在 $40kJ \cdot mol^{-1}$ 以下，比化学键的键能小得多，而和范德华力处于同一数量级。表 9-3 列出了一些无机物中常见氢键的键长和键能。

表 9-3　一些无机物中常见氢键的键长和键能

氢键类型	键长 l/pm	键能 $E_b/kJ \cdot mol^{-1}$	化合物
F—H…F	270	28.0	固体 HF
	255	28.0	$(HF)_n$, $n \leqslant 5$ 蒸汽
O—H…O	276	18.8	$H_2O(s)$
	285	18.8	$H_2O(l)$
N—H…F	268	20.9	NH_4F
N—H…N	338	5.4	NH_3
N≡C—H…N	320	13.7	$(HCN)_2$

③ 分子内氢键　氢键可以分为分子间氢键和分子内氢键两大类。前面的例子都是分子间氢键。HNO_3 分子，以及在苯酚的邻位上有—NO_2、—COOH、—CHO、—$CONH_3$ 等基团时都可以形成分子内氢键，如图 9-11 所示。分子内氢键由于分子结构原因，通常不能保持直线形状。

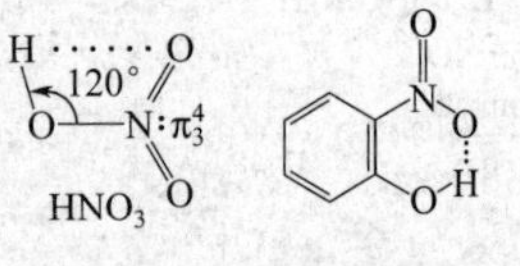

图 9-11　硝酸与邻硝基苯酚中的分子内氢键

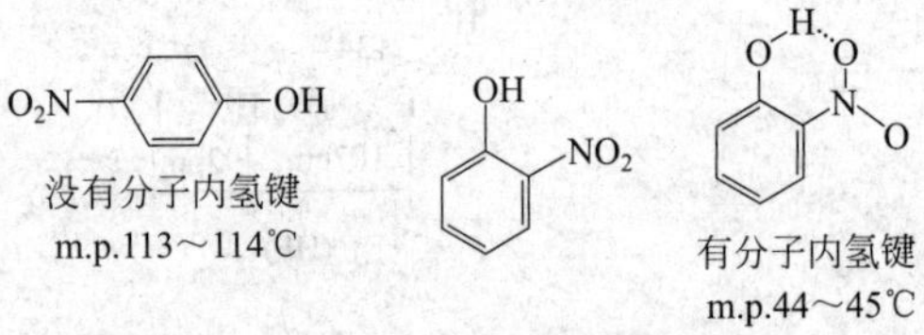

图 9-12　对、邻硝基苯酚的氢键的差异

(3) 氢键对于化合物性质的影响

氢键的形成对物质的物理性质有很大影响。分子间形成氢键时，使分子间结合力增强，使化合物的熔点、沸点、熔化热、汽化热、黏度等增大，蒸气压则减小。例如 HF 的熔、沸点比 HCl 高，H_2O 的熔、沸点比 H_2S 高，分子间氢键还是分子缔合的主要原因。氢键的形成还会影响化合物的溶解度。当溶质和溶剂分子间形成氢键时，使溶质的溶解度增大；当溶质分子间形成氢键时，在极性溶剂中的溶解度下降，而在非极性溶剂中的溶解度增大。当溶质形成分子内氢键时，在极性溶剂中的溶解度也下降，而在非极性溶剂中的溶解度则增大。例如邻硝基苯酚易形成分子内氢键，比其间、对硝基苯酚在水中的溶解度更小，更易溶于苯中。

冰是分子间氢键的一个典型，由于分子必须按氢键的方向性排列，所以它的排列不是最紧密的，因此冰的密度小于液态水。同时，因为冰有氢键，必须吸收大量的热才能使其断裂，所以其熔点大于同族的 H_2S。

可以形成分子内氢键时，势必削弱分子间氢键的形成。分子内氢键的形成一般使化合物的熔点、沸点、熔化热、汽化热、升华热减小。典型的例子是对硝基苯酚和邻硝基苯酚，如图 9-12 所示。

9.5 金属晶体

金属晶体中原子之间的作用力叫金属键。金属键是一种遍布整个晶体的离域化学键。由于金属原子只有少数价电子能用于成键，这样少的价电子不足以使金属原子间形成正常的共价键。因此金属在形成晶体时倾向于组成极为紧密的结构，使每个原子拥有尽可能多的相邻原子，这样原子轨道可以尽可能多地发生重叠，使少量的电子自由地在较多原子、离子之间运动，将这些金属原子或金属离子结合起来。金属键理论有以下几种。

9.5.1 电子气理论

经典的金属键理论叫做“电子气理论”。它把金属键形象地描绘成从金属原子上“脱落”下来的大量自由电子形成可与气体相比拟的带负电的“电子气”，金属原子则“浸泡”在“电子气”的“海洋”之中。

金属键的形象说法是，失去电子的金属离子浸在自由电子的海洋中。电子气理论定性地解释金属的性质，例如金属具有延展性和可塑性；金属有良好的导电性；金属有良好的导热性等等。电子气理论的缺点是定量关系差。

9.5.2 金属键的改性共价键理论

金属离子通过吸引自由电子联系在一起，形成金属晶体。这就是改性共价键理论中的金属键。金属键无方向性，无固定的键能，金属键的强弱和自由电子的多少有关，也和离子半径、电子层结构等其他许多因素有关，相对比较复杂。

金属可以吸收波长范围极广的光，并重新反射出来，故金属晶体不透明，且有金属光泽。在外电压的作用下，自由电子可以定向移动，故有导电性。受热时通过自由电子的碰撞及与金属离子之间的碰撞，传递能量，故金属是热的良导体。金属受外力发生变形时，金属键不被破坏，故金属有很好的延展性，与离子晶体的情况相反。如图 9-13 所示。

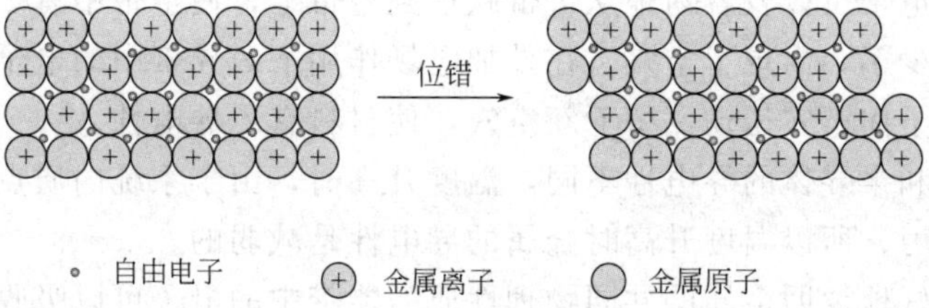

图 9-13　金属键不受外力形变的影响

9.5.3　金属键的能带理论

金属键是一种非定域键，可用分子轨道理论来描述。已经知道，分子轨道可由原子轨道线性组合而成，得到的分子轨道数与参与组合的原子轨道数相等。若一个金属晶粒中有 N 个原子，这些原子的每一种能级相同的原子轨道，通过线性组合可得到 N 个分子轨道，它是一组扩展到整块金属的离域轨道。由于 N 数值很大（例如 6mg 的锂晶粒内 $N=6.02\times10^{20}$），所形成的分子轨道之间的能级差就非常微小，实际上这 N 个能级构成一个具有一定上限和一定下限的连续能量带，称能带（energy band）。每个能带具有一定的能量范围，由于原子内层轨道间的有效重叠少，形成的能带较窄，价层原子轨道重叠大，形成的能带（叫价带）也较宽。各能带按照能量的高低排列起来称为能带结构。图 9-14 是金属钠和镁的能带结构示意图。由已充满电子的原子轨道组成的低能量能带，叫满带；由未充满电子的能级所形成的能带叫导带；没有填入电子的空能级组成的能带叫空带。在具有不同能量的能带之间通常有较大的能量差，以致电子不能从一个较低能量的能带进入相邻的较高能量的能带，这个能量间隔区称为禁区，又叫禁带，在此区间内不能充填电子。例如金属钠的 2p 能带上的电子不能跃迁到 3s 能带上去，因为这两个能带之间有一个禁带。但 3s 能带上的电子却可以在接受外来能量后从能带中较低能级跃迁到较高能级上。

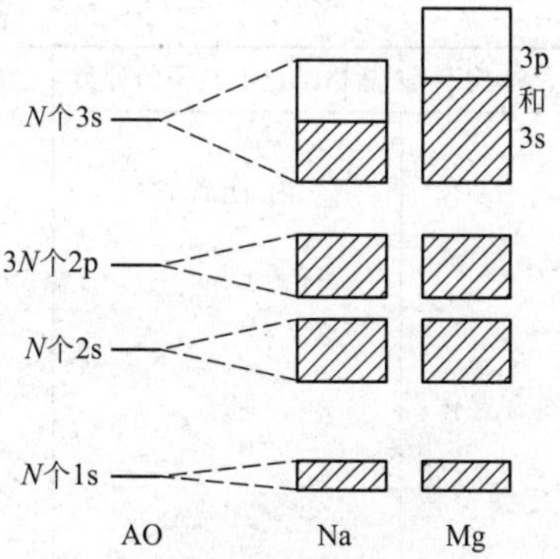

图 9-14　钠和镁的能带示意图

金属中相邻近的能带也可以相互重叠。例如镁原子的价电子是 $3s^2$，形成的 3s 能带是一个满带，如果 3s 电子不能越过禁带进入 3p 能带，镁就不会表现出导电性。但由于 3s 能带和 3p 能带发生了重叠，3s 能带上的电子得以进入 3p 能带。一个满带和一个空带相互重叠的结果如同形成了一个范围较大的导带，镁的价电子有了自由活动的空间（见图 9-14 右方）。所以镁和其他碱土金属都是良导体。根据能带结构中禁带宽度和能带中电子填充状况，可把物质分为导体、绝缘体和半导体（见图 9-15）。

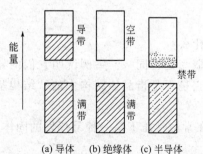

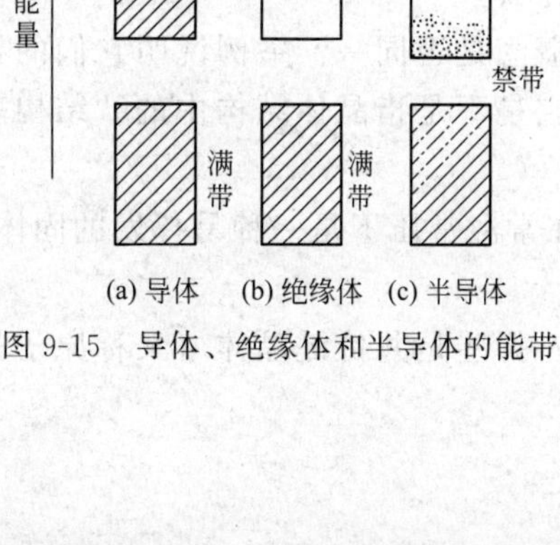

图 9-15　导体、绝缘体和半导体的能带

导体的特征是价带为导带，在外电场作用下，导体

中的电子便会在能带内向高能级跃迁，因而导体能导电。绝缘体的能带特征是价带为满带，与能量最低的空带之间有较宽的禁带，能隙 $E_q \geqslant 0.80 \times 10^{-18}$ J。在一般外电场作用下，不能将价带的电子激发到空带上去，从而不能使电子定向运动，即不能导电。半导体的能带特征是价带也是满带，但与最低空带之间的禁带则较窄，能隙 $E_q < 0.48 \times 10^{-18}$ J。当温度升高时，通过热激发电子可以较容易地从价带跃迁到空带上，使空带中有了部分电子，成了导带，而价带中电子少了，出现了空穴。在外加电场作用下，导带中的电子从电场负端向正端移动，价带中的电子向空穴运动，留下新空穴，使材料有了导电性。

金属的导电性和半导体的导电性不同，温度升高时，由于系统内质点的热运动加快，增大了电子运动的阻力，所以温度升高时金属的导电性是减弱的。

能带理论能很好地说明金属的共同物理性质。能带中的电子可以吸收光能，也能将吸收的能量发射出来，这就说明了金属的光泽。金属的价层能带是导带，所以在外加电场的作用下可以导电，电子也可以传输热能，表现了金属的导热性。由于金属晶体中的电子是非定域的，当给金属晶体施加机械应力时，一些地方的金属键被破坏，而另一些地方又可生成新的金属键，因此金属具有良好的延展性和机械加工性能。

以上先后介绍了晶体的 4 种基本构型，现小结于表 9-4 中。

表 9-4　晶体的 4 种基本构型对比

晶体构型	晶格结点上粒子的种类	粒子间的作用力	晶体的一般性质	物质示例
离子晶体	阳、阴离子	静电引力	熔点较高、略硬而脆。除固体电解质外，固态时一般不导电（熔化或溶于水时能导电）	活泼金属的氧化物和盐类等
原子晶体	原子	共价键	熔点高，硬度大，不导电	金刚石、单质硅（Si）、单质硼（B）、碳化硅（SiC）、石英（SiO_2）、碳化硼（B_4C）、氮化硼（BN）和氮化铝（AlN）等
分了晶体	分子	分子间作用力、氢键	熔点低，易挥发，硬度小，不导电	稀有气体、多数非金属单质、非金属化合物、有机化合物等
金属晶体	金属原子 金属阳离子	金属键	导电性、导热性、延展性好，有金属光泽，熔点、硬度差别大	金属或合金

习　题

1. 给出金刚石晶胞中各原子的坐标。

2. 亚硝酸钠和金红石（TiO_2）哪个是体心晶胞？为什么？

3. 晶体结构中的"化学单元"与"结构基元"两个概念是否同一？举例说明它们的异同。在过去的教科书里常有"晶格结点"一词，你认为它是不是指晶体结构中的"结构基元"？为什么？

4. 我们知道金刚烷熔点很高，文献又报道，金刚烷在常温常压下是一种易挥发的固体。请问：这两个事实是否矛盾？为什么？

5. 指出下列物质哪些是金属晶体？哪些是离子晶体？哪些是共价键晶体（又称原子晶

体）？哪些是分子晶体？

$Au(s)$　$AlF_3(s)$　$Ag(s)$　$B_2O_3(s)$　$BCl_3(s)$　$CaCl_2(s)$　$H_2O(s)$　$BN(s)$　C(石墨)　$H_2C_2O_4(s)$　$Fe(s)$　$SiC(s)$　$CuC_2O_4(s)$　$KNO_3(s)$　$Al(s)$　$Si(s)$

6. 通过下列各 AB 型二元化合物中正、负离子的半径比的计算，推断其晶体的结构类型（NH_4^+、Cd^{2+}、Tl^+ 的鲍林离子半径分别为 151pm、97pm、140pm）：

（1）NaF　KF　RbF　CsF　KCl　RbCl

（2）CsBr　CsI　RbCl　TlCl　TlBr　NH_4Cl

（3）CuBr　CdS　MnS　BN　AlAs　AlP

7. 根据离子极化理论解释下列两组化合物的溶解度大小变化：

（1）CuCl＞CuBr＞CuI　　（2）AgF＞AgCl＞AgBr＞AgI

8. 试对下列物质熔点的变化规律进行解释。

物质	NaCl	$MgCl_2$	$AlCl_3$	$SiCl_4$	PCl_3	SCl_2	Cl_2
熔点/℃	801	708	190	−70	−91	−78	−101

9. What are the crystal systems for the following materials：[1] Silicon [2] Gallium Arsenide (GaAs).

第10章

元素化学

(Chemistry of Element)

学习要求

1. 了解元素的分布及其分类。
2. 熟悉重要元素及其化合物的性质。
3. 掌握 s 区、p 区、d 区、ds 区、f 区元素性质的一般规律。
4. 了解元素化学的一些新进展。

元素化学是研究元素所组成的单质和化合物的制备、性质及其变化规律的一门学科，它是各门化学学科的基础。元素及其化合物性质研究对工农业生产及人类生活有着巨大的影响，因此，学习元素化学具有现实意义。本章仅对各区元素的性质作一概述，并对一些重要元素及其化合物作简要介绍。

10.1 元素概述

10.1.1 元素分布

迄今为止，人类已经发现的元素和人工合成的元素共 112 种，其中地球上天然存在的元素有 92 种。元素在地壳中的含量称为丰度，常用质量分数来表示。

地壳包括岩石圈、水圈、大气圈，约占地球总质量的 0.7%。地壳中含量居前十位的元素见表 10-1。

表 10-1 地壳中主要元素的质量分数

元素	O	Si	Al	Fe	Ca	Na	K	Mg	H	Ti
质量分数/%	48.6	26.3	7.73	4.75	3.45	2.74	2.47	2.00	0.76	0.42

由表 10-1 可知，这 10 种元素占了地壳总质量的 99.22%。而且轻元素含量较高，重元素含量较低。

海洋是元素资源的巨大宝库，人类一直在探索、开发海洋资源。表 10-2 列出海水中含量较大的前 17 种元素（不包括 H、O）。

表 10-2 海水中元素含量（未计水和溶解气体量）

元素	质量分数/%	元素	质量分数/%
Cl	1.8980	B	0.00046
Na	1.0561	Si	约 0.0004
Mg	0.1272	C(有机)	约 0.0003
S	0.0884	Al	约 0.00019
Ca	0.0400	F	0.00014
K	0.0380	N(硝酸盐中)	约 0.00007
Br	0.0065	N(有机物中)	约 0.00002
C(无机)	0.0028	Rb	0.00002
Sr	0.0013	Li	0.00001
		I	0.000005

除上表所列元素外，海水中尚含有微量的 U、Zn、Cu、Mn、Ag、Au、Ra 等，共约 50 余种元素。这些元素大多与其他元素结合成无机盐的形式存在于海水中。由于海水的总体积（约 $1.4\times10^9 km^3$）十分巨大，虽然某些元素的百分含量极低，但在海水中的总含量却十分惊人，如 I_2 总量达 7.0×10^{13} kg。因此，海洋是一个巨大的物资库。

大气也是元素的重要自然资源，世界上向大气索取的 O_2、N_2、稀有气体等物资，每年数以万吨计。表 10-3 列出了大气的主要成分（未计入水蒸气的量）。

表 10-3 大气的主要成分（未计入水蒸气）

气体	体积分数/%	质量分数/%	气体	体积分数/%	质量分数/%
N_2	78.09	75.51	CH_4	0.00022	0.00012
O_2	20.95	23.15	Kr	0.00011	0.00029
Ar	0.934	1.28	N_2O	0.0001	0.00015
CO_2	0.0314	0.046	H_2	0.00005	0.000003
Ne	0.00182	0.00125	Xe	0.0000087	0.000036
He	0.00052	0.000072	O_3	0.000001	0.000036

10.1.2 元素分类

根据研究目的的不同，元素的分类常见的有三种。

(1) 金属与非金属

根据元素的性质进行分类，分为金属与非金属。

在元素周期表中，以 B—Si—As—Te—At 和 Al—Ge—Sb—Po 两条对角线为界，处于对角线左下方元素的单质均为金属，包括 s 区、ds 区、d 区、f 区及部分 p 区元素；处于对角线右上方元素的单质为非金属，仅为 p 区的部分元素；处于对角线上的元素称为准金属，其性质介于金属和非金属之间，大多数的准金属可作半导体。

(2) 普通元素和稀有元素

根据元素在自然界中的分布及应用情况，可将元素分为普通元素和稀有元素。稀有元素一般指在自然界中含量少，或被人们发现的较晚，或对它们研究的较少，或提炼它们比较困难，以致在工业上应用也较晚的元素。前四周期（Li、Be、稀有气体除外），ds 区元素为普通元素，其余为稀有元素。通常稀有元素也可继续分为：轻稀有金属、高熔点稀有金属、分散稀有元素、稀有气体、稀土金属、放射性稀有元素等。

(3) 生命元素与非生命元素

根据元素的生物效应不同，又分为有生物活性的生命元素和非生命元素。

生命元素又可根据在人体中的含量及作用再进行细分，可分为人体必需元素（essential elements）（包括宏量元素和微量元素）和有毒元素（toxic elements）。

10.2 s 区 元 素

10.2.1 s区元素的通性

元素周期系中，s区元素包括ⅠA碱金属和ⅡA碱土金属，其价电子构型分别为 ns^1 和 ns^2。ⅠA族除H外，有Li、Na、K、Rb、Cs、Fr共6个元素；ⅡA族有Be、Mg、Ca、Sr、Ba、Ra共6个元素。其中Fr和Ra为放射性元素，不作介绍。表10-4列出了s区元素的一些特性常数。

表 10-4 s区元素的特性

元 素	Li	Na	K	Rb	Cs	Be	Mg	Ca	Sr	Ba
价电子层构型	$2s^1$	$3s^1$	$4s^1$	$5s^1$	$6s^1$	$2s^2$	$3s^2$	$4s^2$	$5s^2$	$6s^2$
共价半径①/Å	1.23	1.57	2.03	2.16	2.35	0.89	1.36	1.74	1.92	1.98
离子半径/Å	1.52	1.54	2.27	2.48	2.65	1.11	1.60	1.97	2.15	2.17
熔点/℃	180	97.8	73.2	39.0	28.6	1285	650	851	774	859
沸点/℃	1336	883	758	2700	670	2970	1117	1487	1366	1537
密度/$g \cdot cm^{-3}$	0.53	0.97	0.86	1.53	1.90	1.85	1.74	1.55	2.63	3.62
莫尔硬度	0.6	0.4	0.5	0.3	0.2	4	2.0	1.5	1.8	—
第一电离能/$kJ \cdot mol^{-1}$	502.3	495.9	418.9	403.0	375.7	899.5	737.8	589.8	549.5	502.9
第二电离能/$kJ \cdot mol^{-1}$	—	—	—	—	—	1757.2	1450.7	1145.4	1064.3	965.3
电负性	1.0	0.9	0.8	0.8	0.7	1.5	1.2	1.0	1.0	0.9
标准电极电势/V	−3.04	−2.70	−2.931	−2.925	−2.923	−1.85	−2.375	−2.76	−2.89	−2.90

① $1Å=10^{-10}m$。

(1) 电子构型

s区元素（除H外）的价电子构型分别为 ns^1、ns^2，在同周期中，它们具有较小的电离能、较大的原子半径，易失去外层电子，表现出金属性，其稳定氧化值为+1（ⅠA）和+2（ⅡA）。它们的化合物（除Li、Be外）均为离子型化合物。

(2) 物理性质

s区元素（除H外）的单质均为金属，具有金属光泽。它们的金属键较弱，因此，具有熔点低、硬度小、密度小等特点。另外，s区元素还具有良好的导电性能和传热性质。

(3) 化学性质

ⅠA族碱金属元素外层只有一个电子，极容易失去而达到8电子（Li为2电子）的稳定结构，化合价呈现+1价。正由于这一独特的电子结构，导致碱金属在同一周期中电离能最低，金属半径和离子半径却是最大。同一主族内，从上而下金属原子半径和离子半径依次增大，电离能和电负性依次减小。

ⅡA族碱土金属元素外层有2个电子，容易失去而达到8电子（Be为2电子）的稳定结构，常表现为+2价。碱土金属与同周期碱金属相比，由于多了一个核电荷，原子核对最外层电子的吸引力增大，金属半径较相邻碱金属小，而电离能增大。同周期自上而下，碱土金属的金属半径和离子半径依次增大，电离能和电负性依次减小。

ⅠA族和ⅡA族的特征氧化态分别为+1和+2，但还存在低氧化态，如Be^+、Ca^+、Na^+（在特定条件下）等。

10.2.2 重要元素及其化合物

(1) 金属单质

碱金属和碱土金属有很强的活泼性，都能与卤素、氧气及其他非金属发生反应，大多数能与氢气、水作用，生成的相应化合物（除了锂、铍的某些化合物外）一般是以离子键相结合。

碱金属和碱土金属（铍、镁除外）均溶于液氨，形成具有导电性的蓝色溶液，这主要是金属溶解后，形成溶剂合电子、阳离子（无色）。

$$M_1+(x+y)NH_3 \rightleftharpoons M_1(NH_3)_y^+ + e(NH_3)_x^- \text{（蓝色）}$$

$$M_2+(2x+y)NH_3 \rightleftharpoons M_2(NH_3)_y^{2+} + 2e(NH_3)_x^- \text{（蓝色）}$$

碱金属液氨溶液中溶剂合电子存在的形式，目前的理论认为是由4或6个NH_3分子聚合在一起形成一个空穴，电子处于空穴中心。蓝色溶液（稀溶液）具有顺磁性，并随着碱金属浓度的增加，顺磁性降低。蓝色是由于溶剂电子跃迁引起的；随金属溶解量增加，溶剂合电子配对作用加强，顺磁性降低。

(2) 氧化物

锂和碱土金属在空气中燃烧生成正常的氧化物（Li_2O和MO）。钠在空气中燃烧得到过氧化物。因此它的氧化物需用其他方法制备。例如，Na还原Na_2O_2、K还原KNO_3等制备相应的氧化物。

$$2Na+Na_2O_2 = 2Na_2O$$

$$2MNO_3+10M = 6M_2O+N_2\uparrow \text{ (M=K, Rb, Cs)}$$

碱土金属的氧化物也可通过其碳酸盐或硝酸盐的热分解来制备：

$$MCO_3 = MO+CO_2\uparrow$$

$$M(NO_3)_2 = MO+2NO\uparrow+3/2\ O_2\uparrow$$

除了BeO为两性以外，其他氧化物均为碱性。

(3) 过氧化物

碱金属及碱土金属（除了Be外）都能生成离子型过氧化物，但其制备方法各异。如Li_2O_2的工业制法是将$LiOH\cdot H_2O$与H_2O反应获得。Na_2O_2的工业制法是将除去CO_2的干燥空气通入熔融钠中获得。然而同样方法，却很难制纯M_2O_2（M=K，Rb，Cs），这与它们容易进一步氧化为MO_2有关，可以在较低温度下，通入氧气于这些金属的液氨溶液中来制备。

(4) 超氧化物

O_2通入Na、K、Rb、Cs的液氨溶液和K、Rb、Cs在过量O_2中燃烧均得超氧化物。

$$M+O_2 = MO_2 \text{ (M=Na, K, Rb, Cs)}$$

而$Ca(O_2)_2$、$Sr(O_2)_2$、$Ba(O_2)_2$由相应过氧化物MO_2和H_2O_2在真空中加热生成，其中$Ba(O_2)_2$最为稳定。

在应用上，碱金属超氧化物与H_2O、CO_2反应放出O_2，用作供氧剂。

(5) 氢氧化物

碱金属和碱土金属的氢氧化物都是白色固体。$Be(OH)_2$为两性氢氧化物，LiOH和

$Be(OH)_2$ 为中强碱，其余氢氧化物都是强碱。碱金属的氢氧化物都易溶于水，在空气中很容易吸潮，它们溶解于水时放出大量的热。除氢氧化锂的溶解度稍小外，其余的碱金属氢氧化物在常温下可以形成很浓的溶液。

(6) 盐

碱金属和碱土金属盐主要有卤化物、硝酸盐、硫酸盐、碳酸盐和磷酸盐等。由于碱土金属与碱金属相比，离子电荷增加、半径变小，所以其离子势（$\phi=Z/r$）增大，极化能力增强，因此与碱金属比有些差异。但总体上呈现以下特点：①基本上是离子型化合物；②阳离子基本无色，盐的颜色取决于阴离子的颜色，如 K_2CrO_4 的颜色由 CrO_4^{2-} 引起；③ⅠA 盐类易溶，ⅡA 盐类难溶，一般与大直径阴离子相配时易形成难溶的ⅡA 盐。

焰色反应：钙、锶、钡及碱金属的挥发性化合物在高温火焰中，电子容易被激发。当电子从较高的能级回到较低能级时，便分别发射一定波长的光（形成光谱线），使火焰呈现特征颜色。在分析化学上常利用特征颜色鉴定这些元素，这种方法称为焰色反应。钙呈橙红色，锶呈洋红色，钡呈黄绿色，锂呈红色，钠呈黄色，钾呈紫色，铷和铯呈紫红色。钾盐中常含有少量钠，导致在焰色中看到钠的黄色，为去除钠的干扰，一般需要用蓝色钴玻璃滤光。

10.3 p 区元素

10.3.1 p 区元素的通性

p 区元素包括ⅢA 至零族六个主族，目前共有 31 个元素。ⅢA 族元素又称为硼族元素，包括硼 B、铝 Al、镓 Ga、铟 In、铊 Tl 等元素；ⅣA 族元素又称为碳族元素，包括碳 C、硅 Si、锗 Ge、锡 Sn、铅 Pb 等元素；ⅤA 族元素又称为氮族元素，包括氮 N、磷 P、砷 As、锑 Sb、铋 Bi 等元素；ⅥA 族元素又称为氧族元素，包括氧 O、硫 S、硒 Se、碲 Te、钋 Po 等元素；ⅦA 族元素又称卤素，包括氟 F、氯 Cl、溴 Br、碘 I、砹 At 等元素；零族元素，又称为稀有气体或惰性气体，包括氖 Ne、氩 Ar、氪 Kr、氙 Xe、氡 Rn 等元素（不包括氦，氦为 s 区元素）。因此，该区元素具有十分丰富的性质。

(1) 电子构型

p 区元素价电子构型为 $ns^2np^{1\sim6}$，在同周期元素中，由于 p 轨道上电子数的不同而呈现出明显不同的性质，如 13 号元素铝是金属，而 16 号元素硫却是典型的非金属。在同一族元素中，原子半径从上到下逐渐增大，而有效核电荷只是略有增加。因此，金属性逐渐增强，非金属性逐渐减弱。

(2) 物理性质

p 区元素由于其电子构型的特殊性，因而既包含有金属固体、非金属固体，也有非金属液体及非金属气体。因此，它们的物理性质差异很大。一般地，同周期元素中，熔、沸点从左到右逐渐减小，同族元素中，熔、沸点从上到下逐渐增大。

(3) 化学性质

p 区元素的电负性较 s 区元素的大，所以，p 区元素在许多化合物中常以共价键结合。

p 区元素大多具有多种氧化值，其最高正氧化值等于其最外层电子数（即族数）。除此之外，还可显示可变氧化值，且正氧化值彼此之间的差值为 2，例如，硫原子的正氧化值分别为+2、+4、+6 等。由于 ns^2 电子的稳定性由上到下依次增大，使 p 区元素同一族中元素的低氧化值的稳定性逐渐增加，如ⅢA族中，B、Al、Ga的主要氧化值为+3，而Tl则是+1。

p区非金属元素（除稀有气体外），在单质状态以非极性共价键结合。当非金属元素的原子半径较小，成单价电子数较小时，可形成独立的少原子分子，如Cl_2、O_2、N_2等；而当非金属元素的原子半径较大，成键电子较多时，则形成多原子的巨型分子，如C、Si、B等。

p区金属元素由于其电负性相对s区元素要大，所以其金属性比碱金属和碱土金属要弱。某些元素甚至表现出两性，如Si、Al等。

10.3.2 重要元素及其化合物

（1）硼烷

硼烷类化合物是指仅由硼元素和氢元素组成的硼氢化合物。它可以用化学通式B_xH_y表示。这类化合物都是通过人工合成得到的。由于硼元素位于化学元素周期表第Ⅲ主族，具有较强的还原性（容易被氧化），因此硼烷类化合物大多遇氧气和水不稳定，需要在无水无氧条件下（惰性气体保护）保存。甲硼烷BH_3为气体，二聚体为乙硼烷B_2H_6。多聚体能形成较大分子量的硼烷，大分子量的硼烷由于空间排列不同还可能存在同分异构体。化学中最重要的硼烷是乙硼烷B_2H_6、戊硼烷B_5H_9和癸硼烷$B_{10}H_{14}$。

硼烷结构较为复杂。化学键大致有三种：①正常共价键，如B—H、B—B；②氢桥键，如B—H—B；③由两个以上的硼原子组成多中心键。

硼烷的毒性很大：吸入乙硼烷会损害肺部；吸入癸硼烷会引起心力减退；水解较慢的硼烷易积聚而使中枢神经系统中毒，并会损害肝脏和肾脏。

（2）碳的同素异形体

碳的同素异形体有三种，即石墨、金刚石和富勒烯。

① 石墨　石墨是元素碳的一种同素异形体，每个碳原子的周边连接着另外三个碳原子（排列方式呈蜂巢式的多个六边形）以共价键结合，构成共价分子，如图10-1所示。由于每个碳原子均会贡献一个电子，这些电子能够自由移动，因此石墨属于导电体。石墨是最软的一种矿物，它的用途包括制造铅笔芯和润滑剂。

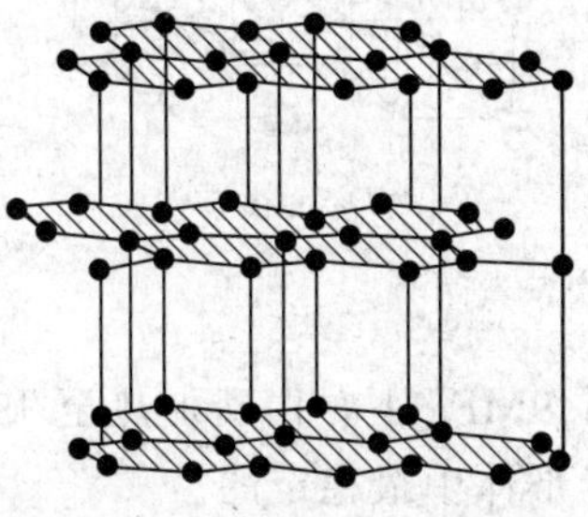

图10-1　石墨的结构

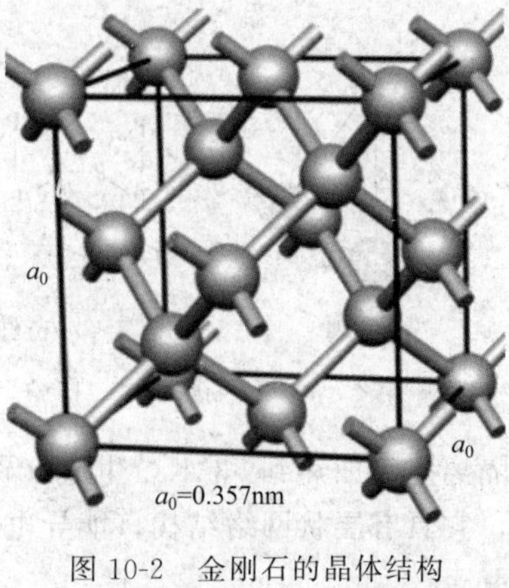

图10-2　金刚石的晶体结构

② 金刚石　金刚石是每个碳原子均以sp^3杂化轨道和相邻4个碳原子以共价键结合，形成无限的三维结构骨架，如图10-2所示。金刚石化学性质稳定，具有耐酸性和耐碱性，

高温下不与浓 HF、HCl、HNO_3 作用，只在 Na_2CO_3、$NaNO_3$、KNO_3 的熔融体中，或与 $K_2Cr_2O_7$ 和 H_2SO_4 的混合物一起煮沸时，表面会稍有氧化；在 O_2、CO、CO_2、H、Cl、H_2O、CH_4 的高温气体中腐蚀。金刚石是自然界中天然存在的最坚硬的物质。金刚石的用途非常广泛，例如：工艺品、工业中的切割工具。

③ 富勒烯　1985 年，继金刚石、石墨之后，美国 Rice 大学 Kroto、Smally、Curl 等合成了由 60 个碳原子组成的原子簇 C_{60}。C_{60}是由 60 个碳原子组成的具有美学对称性的足球状分子，分子直径为 0.71nm。在这种球面结构中，60 个碳原子采用 $sp^{2.28}$杂化方式，即介于平面三角形的 sp^2 杂化和正四面体的 sp^3 杂化之间的一种轨道杂化方式，60 个碳原子的未杂化 p 轨道则形成一个非平面的共轭离域大 π 体系，而杂化轨道中含有 10％的 s 成分。如图 10-3 所示，C_{60} 的球面是由 12 个正五边形和 20 个正六边形稠合构成的笼状 32 面体，五边形环键长约为 0.145nm，两个六边形环的键长为 0.138nm；每个五边形与 6 个六边形共边，而六边形则将 5 个五边形彼此隔开。

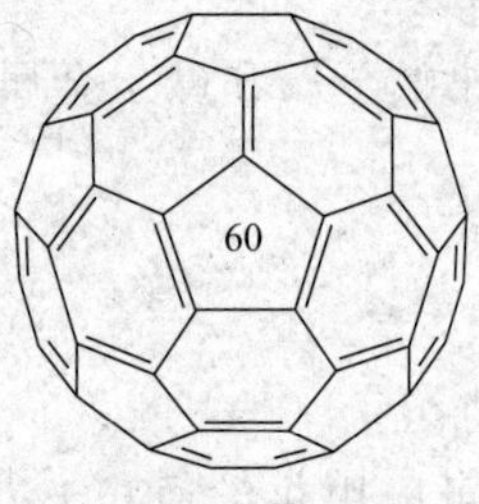

图 10-3　C_{60} 的结构示意图

C_{60}是第一个没有相邻的五边形的富勒烯，下一个是 C_{70}。在更高的富勒烯中，碳原子排布普遍满足孤立五边形规则（isolated pentagon rule，IPR）。由于相邻五边形张力很大，在自然界中是不稳定的。为了获得这种非 IPR 的富勒烯，可以用内嵌金属（如 Gd 等）和外修饰稳定化方法。如厦门大学郑兰荪院士课题组采用氯原子修饰而稳定捕获了 $C_{50}Cl_{10}$。

(3) 磷的同素异形体

磷主要有三种同素异形体：白磷、红磷和黑磷。

纯白磷是无色透明的晶体，遇光逐渐变成黄色。因此，白磷常呈现白色或浅黄色半透明性固体。白磷是由 P_4 分子组成的分子晶体。如图 10-4 所示，P_4 分子为正四面体构型，分子中 P—P 键长为 221pm，键角是 60°，这比纯 p 轨道成键时键角为 90°要小得多，导致白磷分子 P—P 张力大，容易断裂。因此，白磷常温下化学性质异常活泼，暴露空气中在暗处产生绿色磷光和白色烟雾。在湿空气中约 40℃着火，在干燥空气中则稍高。白磷能直接与卤素、硫、金属等起作用，与硝酸生成磷酸，与氢氧化钠或氢氧化钾生成磷化氢及次磷酸钠。

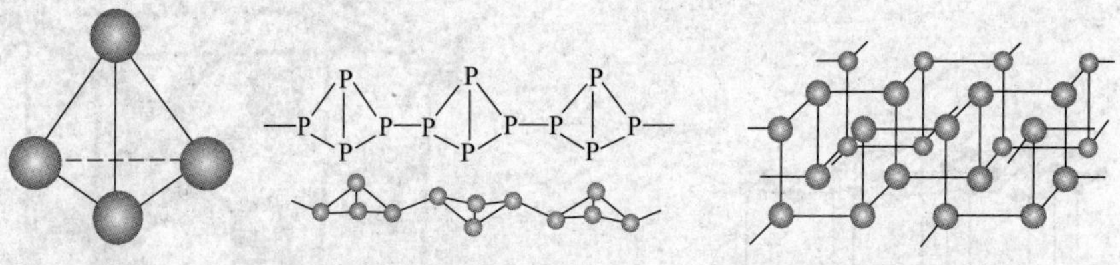

图 10-4　白磷、红磷和黑磷的结构示意图

白磷隔离空气加热到 533K，生成红磷；另外在 1215.9MPa 下，白磷加热至 497K 可转变为黑磷，它具有层状网络结构，能导电，是磷的同素异形体中最稳定的。

(4) 氨

氨是无色有强烈刺激性臭味的气体，比空气轻，沸点－33℃，熔点－77℃。氨易溶于水，常温常压下 1 体积水可溶解 700 体积氨。氨的水溶液叫氨水（$NH_3\cdot H_2O$），氨水不稳定，易分解为氨与水。氨水会部分电离，相当于弱碱：

$$NH_3 \cdot H_2O \rightleftharpoons NH_4^+ + OH^- \quad K_b = 1.8 \times 10^{-5}$$

氨的化学性质很活泼，可以与许多物质发生化学反应，其反应类型包括加合、氧化与取代三种。

加合反应：

$$NH_3 + HCl \xlongequal{} NH_4Cl$$

$$NH_3 + H_3PO_4 \xlongequal{Pt，\triangle} NH_4H_2PO_4$$

氧化反应：

$$4NH_3 + 5O_2 \xlongequal{} 4NO + 6H_2O$$

$$2NH_3 + 3Cl_2 \xlongequal{} N_2 \uparrow + 6HCl$$

取代反应：

$$2NH_3 + 2Na \xlongequal{} 2NaNH_2 + H_2$$

工业上，在高温、高压、催化剂的条件下，由 N_2 和 H_2 直接合成 NH_3：

$$N_2 + 3H_2 \rightleftharpoons 2NH_3$$

实验室中，通常采用加热 NH_4Cl 和 $Ca(OH)_2$ 的混合物的方法制取 NH_3：

$$2NH_4Cl + Ca(OH)_2 \xlongequal{\triangle} CaCl_2 + 2NH_3 \uparrow + 2H_2O$$

氨有着广泛的用途，它是氮肥工业的基础，也是制造硝酸、铵盐、纯碱等化工产品的基本原料。氨也是有机合成（如合成纤维、塑料、染料、尿素等）常用的原料，也用于医药（如安乃近、氨基比林等）的制备。液氨还是常用的制冷剂。

(5) 过氧化氢

过氧化氢 H_2O_2 俗称双氧水。纯过氧化氢是浅蓝色液体，它能与水以任意比例相混合。过氧化氢是非平面分子，分子中存在过氧键。氧原子采用 sp^3 杂化，其中一个 sp^3 轨道与氢原子的 1s 轨道重叠形成 H—O σ 键，另一个 sp^3 轨道则同第二氧原子的 sp^3 杂化轨道形成 O—O σ 键，剩下的两个 sp^3 杂化轨道容纳孤电子对。在晶体和气相中，其键长和键角有所差别，如图 10-5 所示。

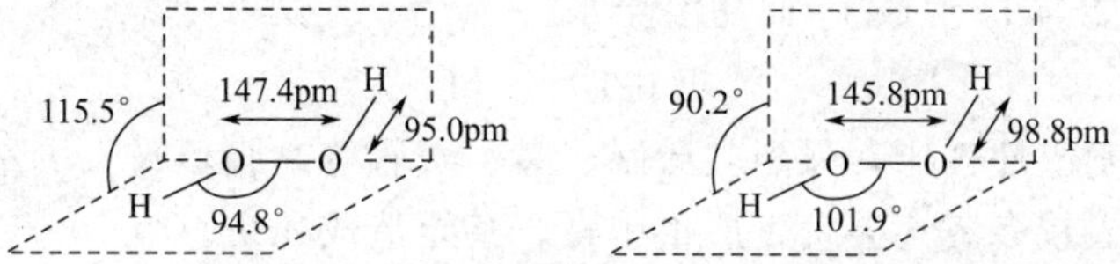

图 10-5 晶体和气相中过氧化氢的结构

过氧化氢可以与水以任何比例混溶，其水溶液俗称双氧水，在水溶液中表现为一种极弱的二元酸：

$$H_2O_2 \rightleftharpoons H^+ + HO_2^-$$

$$HO_2^- \rightleftharpoons H^+ + O_2^{2-}$$

过氧化氢的化学性质除了其弱酸性外，主要表现为氧化还原性。H_2O_2 既可作氧化剂，也可作还原剂。

$$H_2O_2 + 2I^- + 2H^+ \xlongequal{} I_2 + 2H_2O$$

$$PbS + 4H_2O_2 \xlongequal{} PbSO_4 + 4H_2O$$

$$2MnO_4^- + 5H_2O_2 + 6H^+ \xlongequal{} 2Mn^{2+} + 5O_2 \uparrow + 8H_2O$$

$$Cl_2 + H_2O_2 \xlongequal{} 2HCl + O_2 \uparrow$$

过氧化氢的分解反应也是一个氧化还原反应，而且是一个歧化反应：

$$2H_2O_2 \xlongequal{} 2H_2O + O_2$$

过氧化氢是重要的无机化工原料，也是实验室的常用试剂。由于其氧化还原产物为 O_2 或 H_2O，使用时不会引入其他杂质，所以过氧化氢是一种理想的氧化还原试剂。过氧化氢能将有色物质氧化为无色，所以可用来作漂白剂，它还具有杀菌作用，3%的溶液在医学上用作消毒剂和食品的防霉剂。90%的 H_2O_2 曾作为火箭燃料的氧化剂。

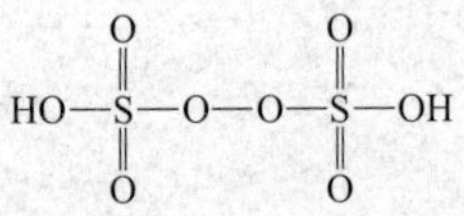

图 10-6 过二硫酸的结构

(6) 过硫酸及其盐

过硫酸可以看成过氧化氢中氢原子被—SO_3H 基团取代的产物。一个氢被取代得 HO—OSO_3H，即过一硫酸（H_2SO_5）；若两个氢都被取代，得到 HSO_3O—OSO_3H，即过二硫酸（$H_2S_2O_8$），如图 10-6 所示。

过二硫酸盐可通过电解 HSO_4^- 的方法制备。过二硫酸及其盐都是强氧化剂（含过氧键），过二硫酸不仅能使纸炭化，还能烧焦石蜡。硝酸银可做过二硫酸根氧化反应的催化剂。例如：

$$Cu+K_2S_2O_8 \xlongequal{Ag^+} CuSO_4+K_2SO_4$$

$$2Mn^{2+}+5S_2O_8^{2-}+8H_2O \xlongequal{Ag^+} 2MnO_4^-+10SO_4^{2-}+16H^+$$

(7) 卤素单质

卤素的单质都是以双原子分子存在的，以 X_2 表示，通常指 F_2、Cl_2、Br_2、I_2 这四种。

卤素单质的熔、沸点较低，按 $F_2 \rightarrow Cl_2 \rightarrow Br_2 \rightarrow I_2$ 的次序依次增高。Cl_2 易液化，常压下冷却到 35℃或加压到 6×10^5 Pa 时，变成黄绿色油状液体。I_2 在常压下加热会发生升华，常利用此性质提纯碘。

卤素在水中的溶解度不大（F_2 与 H_2O 剧烈反应除外），Cl_2、Br_2、I_2 的水溶液分别称为氯水、溴水和碘水，颜色分别为黄绿色、橙色和棕黄色。卤素单质在有机溶剂中的溶解度比在水中的溶解度要大得多。如 Br_2 可溶于乙醚、氯仿、乙醇、四氯化碳、二硫化碳等溶剂中。另外，I_2 由于能与 I^- 形成 I_3^- 而易溶于水：

$$I_2+I^- \rightleftharpoons I_3^-$$

卤素单质均有刺激性气味，强烈刺激眼、鼻、气管等黏膜，吸入少量时，会引起胸部疼痛和强烈咳嗽；吸入较多蒸气会发生严重中毒，甚至造成死亡。

卤素单质均为活泼的非金属，氧化性较强，能与金属、非金属、水和碱等发生反应，并且卤素的氧化性越强，所发生的反应就越剧烈。卤素单质化学性质的比较见表 10-5。

表 10-5 卤素单质化学性质的比较

卤素单质		F_2	Cl_2	Br_2	I_2
与 H_2 反应	反应条件及现象	低温、暗处，剧烈，爆炸	强光，爆炸	加热，缓慢	强热，缓慢，同时发生分解
	HX 的稳定性	很稳定	稳定	较不稳定	不稳定
与水反应	反应现象	剧烈，爆炸	歧化反应，较慢	歧化反应，缓慢	歧化反应，很慢
	生成物	HF 和 O_2	HCl 和 HClO(Cl_2)	HBr 和 HBrO(Br_2)	HI 和 HIO(I_2)
与金属反应		能氧化所有金属	能氧化除 Pt、Au 以外的金属	能与多数金属化合，有的需加热	可与多数金属化合，有的需加热或催化剂
X_2 的氧化性		——→逐渐减弱			
X^- 的还原性		——→逐渐增强			

卤素的用途非常广泛。F_2 大量用来制取有机氟化物，如高效灭火剂（CF_2ClBr、CBr_2F_2 等）、杀虫剂（CCl_3F）、塑料（聚四氟乙烯）等。氟碳化合物代红细胞制剂可作为血液代用品应用于临床。此外，液态 F_2 还是航天燃料的高能氧化剂。

Cl_2 是一种重要的化工原料，主要用于盐酸、农药、炸药、有机染料、有机溶剂及化学试剂的制备，用于漂白纸张、布匹等。

Br_2 是制取有机和无机化合物的工业原料，广泛用于医药、农药、感光材料、含溴染料、香料等方面。它也是制取催泪性毒气和高效低毒灭火剂的主要原料。用 Br_2 制取的二溴乙烷（$C_2H_4Br_2$）是汽油抗震剂中的添加剂。

I_2 在医药上有重要用途，如制备消毒剂（碘酒）、防腐剂（碘仿 CHI_3）、镇痛剂等。碘还用于制造偏光玻璃，在偏光显微镜、车灯、车窗上得到应用。碘化银为照相工业的感光材料，还可作人工降雨的“晶种”。当人体缺碘时，会导致甲状腺肿大、生长停滞等病症。

(8) 硫代硫酸钠

硫代硫酸钠常含结晶水，$Na_2S_2O_3 \cdot 5H_2O$ 俗名海波或大苏打。它是无色晶体，无臭，有清凉带苦的味道，易溶于水，在潮湿的空气中潮解，在干燥空气中易风化。

$Na_2S_2O_3$ 晶体热稳定性高，在中性或碱性水溶液中也很稳定，但在酸性溶液中易分解：

$$S_2O_3^{2-} + 2H^+ \xlongequal{} H_2O + S\downarrow + SO_2\uparrow$$

$Na_2S_2O_3$ 具有还原性，是中等强度的还原剂，例如：

$$Na_2S_2O_3 + 4Cl_2 + 5H_2O \xlongequal{} Na_2SO_4 + H_2SO_4 + 8HCl$$

$$2Na_2S_2O_3 + I_2 \xlongequal{} 2Na_2I + Na_2S_4O_6$$

因此，$Na_2S_2O_3$ 在纺织、造纸等工业中用作除氯剂，在分析化学中用来测定碘含量。

$Na_2S_2O_3$ 的应用非常广泛，除了上述应用外，在照相行业中作定影剂，在采矿业中用来从矿石中萃取银，在“三废”治理中用于处理含 CN^- 的废水。在医药行业中用来做重金属、砷化物、氰化物的解毒剂。另外，它还应用于制革、电镀、饮水净化等方面，也是分析化学中常用的试剂。

10.4 d区元素

10.4.1 d区元素的通性

d区元素包括ⅢB～ⅧB族所有元素，又称过渡系列元素，四、五、六周期分别称为第一、第二、第三过渡系列。

(1) 电子构型

d区元素的价电子构型一般为 $(n-1)d^{1\sim8}ns^{1\sim2}$，与其他四区元素相比，其最大特点是具有未充满的d轨道（Pd除外）。d区元素原子核外电子排布所遵循的规律：电子先填充 $(n-1)d$ 轨道，然后再填充 ns 轨道；最后填充的电子有一个或两个进入 ns 轨道，还是全部填进 $(n-1)d$ 轨道，取决于哪种电子组态最稳定。由于 $(n-1)d$ 轨道和 ns 轨道的能量相近，d电子可部分或全部参与化学反应。而其最外层只有1～2个电子，较易失去，因此，d区元素均为金属元素。

(2) 物理性质

由于d区元素中的d电子可参与成键，单质的金属键很强，其金属单质一般质地坚硬，色泽光亮，是电和热的良导体，其密度、硬度、熔点、沸点一般较高。在所有元素中，铬的硬度最大（9），钨的熔点最高（3407℃），锇的密度最大（$22.61g \cdot cm^{-3}$），铼的沸点最高（5687℃）。

(3) 化学性质

d区元素因其特殊的电子构型，从而表现出以下几方面特性。

① 可变的氧化值　由于（$n-1$)d、ns轨道能量相近，不仅ns电子可作为价电子，($n-1$)d电子也可部分或全部作为价电子，因此，该区元素常具有多种氧化值，一般从+2变到和元素所在族数相同的最高氧化值。

② 较强的配位性　由于d区元素的原子或离子具有未充满的（$n-1$)d轨道及ns、np空轨道，并且有较大的有效核电荷；同时其原子或离子的半径又较主族元素为小，因此它们不仅具有接受电子对的空轨道，同时还具有较强的吸引配位体的能力。因而它们有很强的形成配合物的倾向。例如，它们易形成氨配合物、氰基配合物、草酸基配合物等，除此之外，多数元素的中性原子能形成羰基配合物，如$Fe(CO)_5$、$Ni(CO)_4$等，这是该区元素的一大特性。

③ 离子的颜色　d区元素的许多水合离子、配离子常呈现颜色，这主要是由于电子发生d-d跃迁所致。具有d^0、d^{10}构型的离子，不可能发生d-d跃迁，因而是无色的，而具有其他d电子构型的离子一般具有一定的颜色。

10.4.2　重要元素及其化合物

(1) 二氧化钛

自然界中TiO_2有三种晶型：金红石型、锐钛矿型和板钛矿型。其中最重要的是金红石型，它属于四方晶系，如图10-7所示。氧原子呈畸变六方堆积，钛原子占据一半的八面体空隙，而氧原子周围有3个近于正三角形配位的钛原子，所以钛和氧配位数分别是6和3。

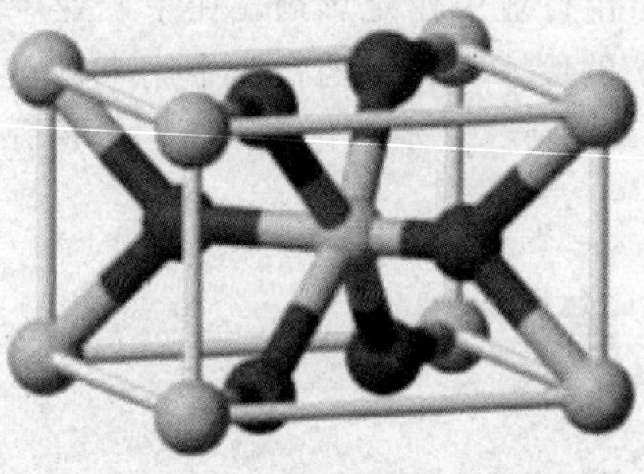

图10-7　金红石型TiO_2结构

二氧化钛的化学性质极为稳定，是一种偏酸性的两性氧化物。常温下几乎不与其他元素和化合物反应，对氧、氨、氮、硫化氢、二氧化碳、二氧化硫都不起作用，不溶于水、脂肪，也不溶于稀酸及无机酸、碱，只溶于氢氟酸。但在光作用下，二氧化钛可发生连续的氧化还原反应，具有光化学活性。这一种光化学活性，在紫外线照射下锐钛型钛白粉尤为明显，这一性质使二氧化钛既是某些无机化合物的光敏氧化催化剂，又是某些有机化合物的光敏还原催化剂。

(2) 普鲁士蓝和滕氏蓝

普鲁士蓝，又称亚铁氰化铁，化学式为$KFe[Fe(CN)_6]$。英文名称Prussian blue，是一种古老的蓝色染料，可以用来上釉和做油画染料。18世纪有一个名叫迪士巴赫的德国人，将黄色的亚铁氰化钾$K_4[Fe(CN)_6]$（又称黄血盐）放进三氯化铁的溶液中，便产生了一种颜色很鲜艳的蓝色沉淀，即为普鲁士蓝。此反应可以鉴定Fe^{3+}的存在。

$$K^+ + [Fe(CN)_6]^{4-} + Fe^{3+} \xlongequal{} KFe[Fe(CN)_6] \downarrow$$

若用Cl_2或H_2O_2氧化黄血盐溶液，得到$[Fe(CN)_6]^{3-}$溶液，可析出红色晶体$K_3[Fe(CN)_6]$，俗称赤血盐。向Fe^{2+}溶液加入$[Fe(CN)_6]^{3-}$，生成蓝色难溶性化合物$KFe[Fe(CN)_6]$，又

称滕氏蓝。这也是鉴定 Fe^{2+} 的反应。

$$K^+ + [Fe(CN)_6]^{3-} + Fe^{2+} = KFe[Fe(CN)_6] \downarrow$$

普鲁士蓝和滕氏蓝，经过结构分析是同一化合物 $KFe[Fe(CN)_6]$，具有立方结构，如图 10-8 所示。Fe^{2+} 和 Fe^{3+} 分别占角，CN 占边。其中 N 与 Fe(Ⅲ) 成键，而 C 与 Fe(Ⅱ) 成键。K^+ 位于立方体的空穴中。每隔一个小立方体中含有一个 K^+。蓝色是电子在 Fe(Ⅱ) 和 Fe(Ⅲ) 之间传递的结果。

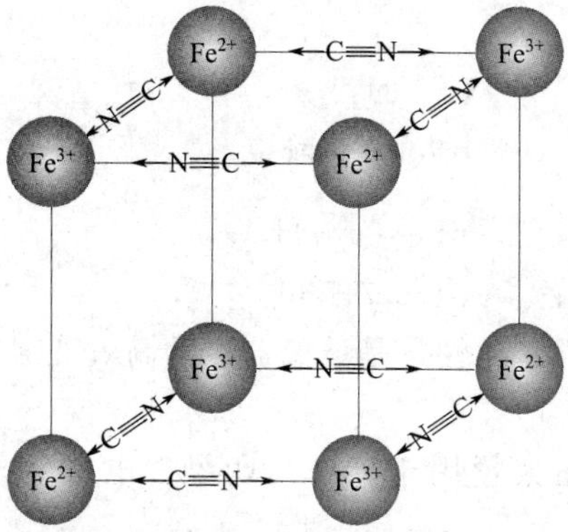

图 10-8 普鲁士蓝和滕氏蓝的结构

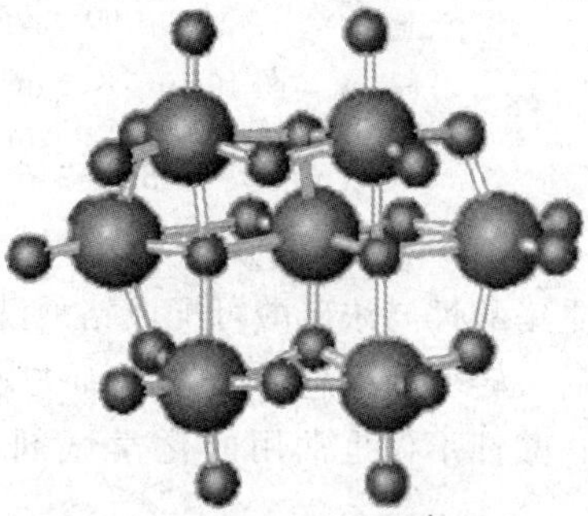

图 10-9 $Mo_7O_{14}^{6-}$ 的结构示意图

(3) 钼、钨的同多酸和杂多酸

钼、钨等元素在一定条件下可以缩水生成同多酸及杂多酸。

由两个或多个同种简单含氧酸分子缩合而成的酸称为同多酸。能够形成同多酸的元素有 V、Cr、Mo、W、Nd、Ta、U、B、Si、P 等。例如 $H_4V_2O_7$、$H_6V_{10}O_{28}$、$H_4Mo_8O_{26}$、$H_{10}Mo_{12}O_{41}$ 等。它们的生成条件和溶液的浓度、温度、酸度等因素有关，一般随着酸度的增大，缩合的程度增加。同多酸中的氢离子被金属离子取代可生成相应的同多酸盐，其中含同多酸根阴离子，由简单的含氧酸根以共角、共棱或共面的形式连接而成。$Mo_7O_{14}^{6-}$ 的结构见图 10-9。

杂多酸是由两种不同含氧酸分子缩合而成的酸。例如，$(NH_4)_2MoO_4$ 溶液用硝酸酸化后并加热至 323K 左右，加入 Na_2HPO_4 溶液，可生成 12-钼磷酸铵的黄色晶状沉淀。

$$12MoO_4^{2-} + 3NH_4^+ + HPO_4^{2-} + 23H^+ = (NH_4)_3[P(Mo_3O_{10})_4] \cdot 6H_2O \downarrow + 6H_2O$$

此反应常用来检测 MoO_4^{2-} 和 PO_4^{3-}。

杂多酸必须要有如钨、钼、钒等金属元素，即附属原子（addenda atom)，还要为含氧酸，同时需要有周期表中 p 区元素，例如硅、磷或是砷，即杂原子（hetero atom)，最后还要有酸性的氢离子。附属的金属原子和氧原子键结，成为簇合物，而杂原子也和氧原子键结。杂多酸形成的盐类称为杂多酸盐。常见的杂多酸分为 Keggin 结构 $H_nXM_{12}O_{40}$ 及 Dawson 结构 $H_nX_2M_{18}O_{62}$，如图 10-10 所示。通过控制合适的合成条件，还可以获得缺位型杂多酸。

(4) 重铬酸钾

重铬酸钾是铬的重要盐类，为橙红色晶体，俗称红钾矾。重铬酸钾不含结晶水，低温时溶解度小，易提纯，所以常用作定量分析中的基准物质。

重铬酸钾在酸性溶液中有强氧化性，能氧化 H_2S、H_2SO_3、KI、$FeSO_4$ 等许多物质，本身被还原为 Cr^{3+}，是分析化学中常用的氧化剂之一，如：

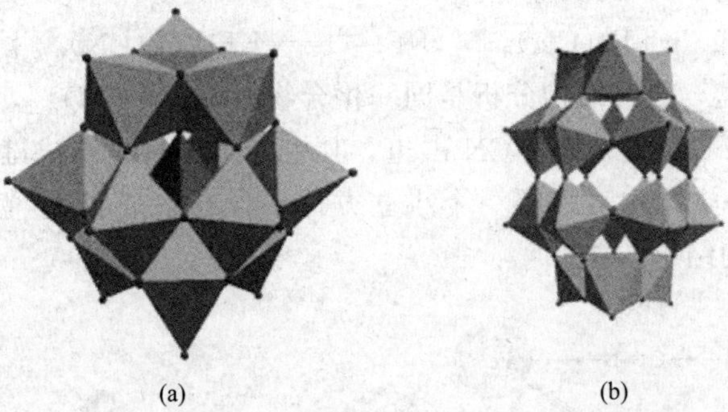

图 10-10 Keggin（a）和 Dawson（b）结构的杂多酸

$$Cr_2O_7^{2-}+6Fe^{2+}+14H^+ = 2Cr^{3+}+6Fe^{3+}+7H_2O$$

$$Cr_2O_7^{2-}+6I^-+14H^+ = 2Cr^{3+}+3I_2+7H_2O$$

用重铬酸钾与浓硫酸可配成铬酸洗液，它具有强氧化性，是玻璃器皿的高效洗涤剂，多次使用后，转变为绿色（Cr^{3+}）而失效。

重铬酸钾不仅是常用的化学试剂，在工业上还大量用于鞣革、印染、电镀和医药等方面。

(5) 高锰酸钾

高锰酸钾为紫黑色固体，易溶于水，呈现 MnO_4^- 的特征颜色即紫红色。受热或见光易分解：

$$2KMnO_4 \xlongequal{\triangle} K_2MnO_4+MnO_2+O_2\uparrow$$

因此，$KMnO_4$ 固体或配好的 $KMnO_4$ 溶液应保存在棕色瓶中，置阴凉处。

高锰酸钾具有氧化性，其氧化能力随介质的酸性减弱而减弱，其还原产物也因介质的酸碱性不同而变化，如 $KMnO_4$ 与 Na_2SO_3 的反应：

$$2MnO_4^-+5SO_3^{2-}+6H^+ = 2Mn^{2+}+5SO_4^{2-}+3H_2O \text{（酸性介质）}$$

$$2MnO_4^-+3SO_3^{2-}+H_2O = 2MnO_2\downarrow+3SO_4^{2-}+2OH^- \text{（中性介质）}$$

$$2MnO_4^-+SO_3^{2-}+2OH^- = 2MnO_4^{2-}+SO_4^{2-}+H_2O \text{（强碱性介质）}$$

高锰酸钾的氧化性广泛用于分析化学中的定量分析，如 Fe^{2+}、$C_2O_4^{2-}$、H_2O_2、SO_3^{2-} 等：

$$MnO_4^-+8H^++5Fe^{2+} = Mn^{2+}+5Fe^{3+}+4H_2O$$

$$2MnO_4^-+6H^++5H_2O_2 = 2Mn^{2+}+5O_2+8H_2O$$

高锰酸钾在化学工业中用于生产维生素 C、糖精等，在轻化工中用作纤维、油脂的漂白和脱色，医疗上用作杀菌消毒剂和防腐剂。在日常生活中可用于饮食用具、器皿、蔬菜、水果等的消毒。

(6) 氯化钴

氯化钴常含结晶水，最常见的 Co(Ⅱ) 盐是 $CoCl_2\cdot 6H_2O$。干燥的 $CoCl_2$ 具有较强的吸水性，吸水量达饱和时即为粉红色的 $CoCl_2\cdot 6H_2O$。而其一旦受热，又会失去结晶水变为蓝色的 $CoCl_2$。

$$\underset{\text{粉红色}}{CoCl_2\cdot 6H_2O} \xrightleftharpoons{52.3^\circ C} \underset{\text{紫色}}{CoCl_2\cdot 2H_2O} \xrightleftharpoons{90^\circ C} \underset{\text{蓝紫色}}{CoCl_2\cdot H_2O} \xrightleftharpoons{120^\circ C} \underset{\text{蓝色}}{CoCl_2}$$

因此，利用这一性质将 $CoCl_2$ 与硅胶制成变色硅胶，常用作实验室中的干燥剂。

10.5 ds 区元素

10.5.1 ds 区元素的通性

ds 区元素包括ⅠB、ⅡB 两族元素，主要指铜族（Cu、Ag、Au）和锌族（Zn、Cd、Hg）六种元素，该区元素处于 d 区和 p 区之间，其性质有独特之处。

(1) 电子构型

ds 区元素的价电子构型为 $(n-1)d^{10}ns^{1\sim2}$，其最外层电子构型与 s 区相同，但是它们的次外层电子数却不同。s 区元素只有最外层是价电子，原子半径较大；而 ds 区元素的最外层 s 电子和次外层部分的 d 电子都是价电子，np、nd 有空的价电子轨道，原子半径较小。

(2) 物理性质

ds 区元素都具有特征的颜色，铜呈紫色，银呈白色，金呈黄色，锌呈微蓝色，镉和汞呈白色。

由于 $(n-1)$d 轨道是全充满的稳定状态，不参与成键，单质内金属键比较弱，因此，与 d 区元素比较，ds 区元素有相对较低的熔、沸点。这种性质锌族尤为突出，汞（Hg）是常温下唯一的液态金属，气态汞是单原子分子。

另外，ds 区元素大多具有高的延展性、导热性和导电性。金是所有金属中延展性最好的，如 1g 金既能拉成长 3km 的丝，也能压成 1.0×10^{-4} mm 厚的金箔；而银在所有金属中具有最好的导电性（铜次之）、导热性和最低的接触电阻。

(3) 化学性质

铜族元素的原子半径小，ns^1 电子的活泼性远小于碱金属的 ns^1 电子，因此具有极大的稳定性，且单质的稳定性以 Cu、Ag、Au 的顺序增大。铜族元素具有多种氧化值，即它们失去 ns 电子后，还能继续失去 $(n-1)$d 电子，如 Cu^{2+}、Au^{3+} 等。

铜在干燥的空气中很稳定，有 CO_2 及潮湿的空气时，则在表面生成绿色碱式碳酸铜（俗称“铜绿”）；高温时，铜能与氧、硫、卤素直接化合。铜不溶于非氧化性稀酸，但能与 HNO_3 及热的浓 H_2SO_4 作用。

银在空气中稳定，但银与含硫化氢的空气接触时，表面因生成一层 Ag_2S 而发暗，这是银币和银首饰变暗的原因。

金是铜族元素中最稳定的，在常温下它几乎不与任何其他物质反应，只有强氧化性的“王水”才能溶解它。因此，金是最好的金属货币。

锌族元素的性质既不同于铜族元素，又不同于碱土金属。

锌族元素的氧化值一般为+2，只有汞有+1 氧化值的化合物，但以双聚离子 Hg_2^{2+} 形式存在，如 Hg_2Cl_2。锌族元素的化学活泼性比碱土金属要低得多，以 Zn、Cd、Hg 的顺序依次降低。

锌与铝相似，具有两性，既可溶于酸，也可溶于碱中。在潮湿的空气中，锌表面易生成一层致密的碱式碳酸锌而起保护作用。锌还可与氧、硫、卤素等在加热时直接化合。

汞俗称水银，常温下很稳定，加热至 300℃时才能与氧作用，生成红色的 HgO。汞与硫在常温下混合研磨可生成无毒的 HgS。汞还可与卤素在加热时直接化合生成卤化汞。汞不溶于盐酸或稀硫酸，但能溶于热的浓硫酸和硝酸中。汞还能溶解多种金属，如金、银、锡、钠、钾等形成汞的合金，叫汞齐，如钠汞齐、锡汞齐等。

必须指出，无论是铜族元素还是锌族元素，它们都能与卤素离子、氰根等形成稳定程度不同的配离子，其配位数通常是 4 或 2。

10.5.2 重要化合物

(1) 硫酸铜

硫酸铜 $CuSO_4 \cdot 5H_2O$ 俗名胆矾，是蓝色斜方晶体，其水溶液也呈蓝色，故也有蓝矾之称。

$CuSO_4 \cdot 5H_2O$ 可逐步失水，在 250℃时可失水变为无水硫酸铜。无水硫酸铜为白色粉末，不溶于乙醇和乙醚，其吸水性很强，吸水后即显出蓝色。可以利用这一性质来检验乙醚、乙醇等有机溶剂中的微量水分，并可作干燥剂使用。

$CuSO_4$ 的水溶液由于水解而呈酸性。为防止水解，配制铜盐溶液时，常加入少量相应的酸：

$$2CuSO_4 + H_2O \rightleftharpoons [Cu_2(OH)SO_4]^+ + HSO_4^-$$

硫酸铜通常是用热的浓硫酸溶解金属铜而制得：

$$Cu + 2H_2SO_4(\text{浓}) \xlongequal{\triangle} CuSO_4 + SO_2\uparrow + 2H_2O$$

硫酸铜是制备其他铜化合物的重要原料，在电镀、电池、印染、染色、木材保存、颜料、杀虫剂等工业中都大量使用硫酸铜。在农业上将硫酸铜与石灰乳混合制得波尔多液，可用于防治或消灭植物的多种病虫害，加入贮水池中可以防止藻类生长。

(2) 硝酸银

硝酸银是最重要的可溶性银盐，其晶体的熔点为 208℃，在 440℃时分解。若受日光照射或有微量有机物存在时，也逐渐分解，因此，硝酸银晶体或溶液都应装在棕色玻璃瓶内。

$$2AgNO_3 \xlongequal{\text{光照}} 2Ag + 2NO_2\uparrow + O_2\uparrow$$

固体硝酸银或其溶液都是氧化剂，即使在室温条件下，许多有机物都能将它还原成黑色的银粉。例如硝酸银遇到蛋白质即生成黑色的蛋白银，所以皮肤或布与它接触后都会变黑。

在硝酸银的氨溶液中，加入有机还原剂如醛类、糖类或某些酸类，可以把银缓慢地还原出来生成银镜。这个反应常用来检验某些有机物，也用于制镜工业。

硝酸银的制法通常是：将银溶于硝酸，然后蒸发、结晶，即可得到无色的斜方晶体硝酸银。

$$Ag + 2HNO_3(\text{浓}) = AgNO_3 + NO_2\uparrow + H_2O$$

$$3Ag + 4HNO_3 = 3AgNO_3 + NO\uparrow + 2H_2O$$

硝酸银对有机物有破坏作用，在医药上常用10%的 $AgNO_3$ 作为消毒剂或腐蚀剂。大量的硝酸银用于制造照相底片上的卤化银。此外，硝酸银也是一种重要的分析试剂。

(3) 氯化金

三氯化金是一种褐红色的晶体，金与氯气在 473K 下反应可得 $AuCl_3$。$AuCl_3$ 无论在气态或固态，都是以二聚体 Au_2Cl_6 的形式存在，对每一个 Au 基本上是平面正方形结构。

∠ClAuCl 分别为 90°和 86°，Cl—Au 键键长分别为 234pm 和 224pm，如图 10-11 所示。

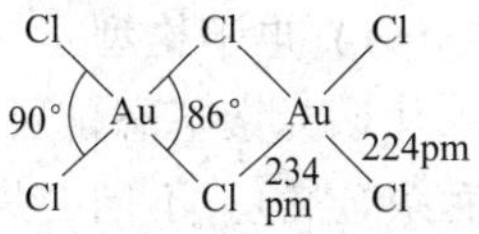

图 10-11 Au_2Cl_6 的结构示意图

$AuCl_3$ 在加热到 523K 时开始分解为 AuCl 和 Cl_2，在 538K 时开始升华但不熔化，说明其共价键显著。

$$AuCl_3 = AuCl + Cl_2\uparrow$$

将 $AuCl_3$ 溶于盐酸中，生成配阴离子 $[AuCl_4]^-$。氯金酸铯 $CsAuCl_4$ 的溶解度很小，可用它来鉴定金元素。

Au^+ 在水溶液中易歧化为 Au^{3+} 和 Au。

$$3Au^+ = 2Au + Au^{3+}$$

因而 Au^+ 在水溶液不能存在。只有当 Au^+ 形成配合物如 $[Au(CN)_2]^-$ 才能在水溶液中稳定存在。

(4) 氯化汞和氯化亚汞

氯化汞为针状晶体，可溶于水，有剧毒。氯化汞为共价型分子，熔融时不导电，它的熔点很低（549K），易升华，故俗称升汞。

$HgCl_2$ 在水中稍有水解，在氨水中氨解生成白色的氨基氯化汞沉淀。

在酸性溶液中，$HgCl_2$ 是个较强的氧化剂，例如可以被还原剂 $SnCl_2$ 还原成氯化亚汞的白色沉淀或单质汞：

$$2HgCl_2 + SnCl_2(\text{适量}) = Hg_2Cl_2\downarrow + SnCl_4$$

$$Hg_2Cl_2 + SnCl_2(\text{过量}) = 2Hg\downarrow + SnCl_4$$

因此，此反应也常用来检验 Hg^+ 或 Sn^{2+}。

$HgCl_2$ 的 1∶1000 稀溶液常用于手术刀剪的消毒。$HgCl_2$ 也是生产聚氯乙烯中常用的催化剂。

高温下汞和氯气直接反应，或用 HgO 溶于盐酸，都可制得 $HgCl_2$。通常也可利用其升华特性而通过 $HgSO_4$ 和 NaCl 的混合物加热制备。

氯化亚汞是不溶于水的白色固体，无毒，因味略甜，俗称甘汞，医药上用作轻泻剂、利尿剂；化学上常用作甘汞电极。

Hg_2Cl_2 加热或见光易分解，需贮存在棕色瓶中。

$$Hg_2Cl_2 \xlongequal{\text{光照}} HgCl_2 + Hg$$

10.6 f 区元素

10.6.1 f 区元素的通性

f 区元素包含镧系和锕系元素。镧系元素（常用 Ln 表示）是元素周期表中第 57 号元素镧到 71 号元素镥 15 种元素的统称。锕系元素（常用 An 表示）是周期系ⅢB 族中原子序数为 89～103 的 15 种化学元素的统称。钪、钇和镧系元素同属于ⅢB 族成员，化学性质极其相似，人们称这 17 种元素为稀土元素（用 RE 表示）。稀土元素分为两组：轻稀土组（铈组），包括镧、铈、镨、钕、钷、钐、铕；重稀土组（钇组），包括钆、铽、镝、钬、铒、铥、镱、镥。稀土元素被人们称为新材料的“宝库”，在航空航天等领域具有广泛的应用。

(1) 电子构型

f 区元素基态价层电子构型，一般通式为 $4f^{0\sim14}5d^{0\sim1}6s^2$（镧系金属）和 $5f^{0\sim14}6d^{0\sim1}7s^2$（锕系金属）。不同的是 5f 和 6d 的能量相近，而 4f 和 5d 的能量相差较大，对于锕系中前一半元素，5f→6d 跃迁所需能量比镧系 4f→5d 跃迁所需能量要少。所以锕系元素中前面元素具有保持 d 电子的强烈倾向，而后一半锕系元素与镧系元素类似。

(2) 物理性质

镧系元素离子大多数有颜色，如果阴离子为无色，在结晶盐和水溶液中都保持 Ln^{3+} 的特征颜色。离子的颜色通常与未成对电子数有关，可看作是单电子数相同，或者说当三价离子具有 f^n 和 f^{14-n} 电子构型时，它们的颜色是相同或相近的。4f 亚层未充满的镧系元素离子，其颜色主要是由 4f 亚层中的电子跃迁所引起的，即 f-f 跃迁所引起的。除 La^{3+} 和 Lu^{3+} 的 4f 亚层为全空或全满外，其余＋3 价镧系元素离子的 4f 电子可以在 7 个 4f 轨道之间任意排布，从而产生多种多样的电子能级，不但比主族元素的电子能级多，而且比 d 区过渡元素的电子能级也多，因此，＋3 价镧系元素离子可以吸收从紫外、可见到红外区的各种波长的电子辐射。具有 f^0、f^{14} 结构的 La^{3+} 和 Lu^{3+} 在 200～1000nm 区域内无吸收，故无色；具有 f^7、f^1、f^6、f^8 的离子，其吸收峰全部或大部分在紫外区，致使无色或略带粉色；具有 f^{13} 的离子，其吸收峰在红外，因此无色；剩下的 Ln^{3+} 在可见光区有明显的吸收，导致有色。

锕系离子跟镧系离子类似，除了少数几种离子无色外，其余离子都是显色的。其不同氧化态离子所具有的颜色与 f 电子有关。

(3) 化学性质

镧系元素中，原子核每增加一个质子，相应的一个电子进入 4f 层，而 4f 电子对核的屏蔽不如内层电子，因而随着原子序数增加，有效核电荷增加，核对最外层电子的吸引增强，使原子半径、离子半径逐渐缩小。这种镧系元素的原子半径和离子半径随着原子序数而减小的现象称为镧系收缩。镧系收缩引起的结果：①将使 Y^{3+}(88pm) 落在 Er^{3+}(88pm) 附近，处于 Ho 和 Er 之间，其化学性质与镧系元素非常相似，在矿物中共生，分离困难，故在稀土元素分离中将其归于重稀土一组。Y 的原子半径使其进入稀土元素。Sc^{3+} 半径接近 Lu^{3+}，常与 Y^{3+} 共生，Sc 也成为稀土元素。②使得第二过渡系与第三过渡系原子半径相近、性质相似，尤其是 Zr 与 Hf、Nb 与 Ta、Mo 与 W。③镧系元素的离子半径递减，从而导致镧系元素的性质随原子序数的增大而有规律地递变。

锕系元素也发现有离子半径收缩的现象，即随着原子序数的增大，离子半径反而减小。锕系元素中，填充最初几个 5f 电子时，离子半径收缩比较明显，后来趋于平缓，使得这些元素的离子半径十分接近。因此锕系元素在化学性质上的差别随着原子序数增大而逐渐变小，以致逐个地分离锕系元素（尤其是重锕系元素）越来越困难。

10.6.2 重要化合物

(1) 二氧化铈

CeO_2 是铈的氧化物，有强氧化性，为白色或黄白色固体，难溶于水，熔点 2400℃，沸点 3500℃。

CeO_2 可由三价铈的草酸盐、碳酸盐、硝酸盐、氢氧化物或氧化物在空气中或在水溶液中用次氯酸盐氧化得到。如利用三氧化二铈氧化而制得：

$$2Ce_2O_3 + O_2 \longrightarrow 4CeO_2$$

CeO_2 主要化学性质有氧化还原性和水解性。酸性溶液中，Ce(Ⅳ) 有相当强的氧化能力。相反，在弱酸性或碱性溶液中，Ce(Ⅲ) 却易被氧化为 Ce(Ⅳ)。

二氧化铈高温下和一氧化碳发生氧化还原反应：

$$4CeO_2 + 2CO = 2Ce_2O_3 + 2CO_2\uparrow$$

(2) 六氟化铀

铀的氟化物很多，有 UF_3、UF_4、UF_5、UF_6，其中 UF_6 最重要。UF_6 可以从下列反应中制取。

$$UO_3 + 3SF_4 = UF_6 + 3SOF_2$$

UF_6 是无色晶体，熔点 337K，在 295K 时的蒸气压为 15.3kPa，在干燥空气中稳定，但遇到水蒸气即水解。

$$UF_6 + 2H_2O = UO_2F_2 + 4HF$$

六氟化铀是具有挥发性的铀化合物，利用 $^{238}UF_6$ 和 $^{235}UF_6$ 蒸汽扩散速度的差别，可以分离 U-235 和 U-238，达到富集核燃料 U-235 的目的。

习　题

1. H_2O_2 既可作氧化剂又可作还原剂，试举例写出有关的化学方程式。

2. 写出下列反应的离子方程式。

(1) 锌与氢氧化钠的反应；

(2) 铜与稀硝酸的反应；

(3) 高锰酸钾在酸性溶液中与亚硫酸钠的反应；

(4) 氢氧化钠加入氯水中。

3. 解释下列现象，写出有关化学方程式。

(1) 配制 $SnCl_2$ 溶液时，常加入盐酸溶液；

(2) 由 $ZnCl_2 \cdot H_2O$ 制备无水 $ZnCl_2$ 时，通常不用直接加热法制备；

(3) 银器在含 H_2S 空气中变黑；

(4) 铜器在潮湿的空气中会生成“铜绿”；

(5) 浓 NaOH 瓶口，常有白色固体生成；

(6) 碘难溶于水，却易溶于 KI 溶液中。

4. 氨催化氧化生成一氧化氮是生产硝酸的关键步骤：

$$4NH_3(g) + 5O_2(g) \xlongequal{催化剂} 4NO(g) + 6H_2O(g)$$

(1) 根据有关热力学数据，证明该反应常温下可自发进行。

(2) 生产上一般选择反应温度为 800℃左右，为什么？

5. 试分别比较碱金属元素与铜族元素、碱土金属元素与锌族元素之间的异同点。

6. 某 H_2O_2 溶液 20.00mL 酸化后与足量的 $0.5mol \cdot L^{-1}$ KI 溶液反应，用 $0.5000mol \cdot L^{-1}$ 的 $Na_2S_2O_3$ 溶液滴定生成的 I_2，用去 $Na_2S_2O_3$ 溶液 40.00mL。求 H_2O_2 溶液的浓度。

7. 浓 H_2SO_4、NaOH(s)、无水 $CaCl_2$、P_2O_5 都是常用的干燥剂，若要干燥 NH_3，应选用上述哪种干燥剂？为什么？

8. 卤素单质的氧化性有何递变规律？与原子结构有什么关系？

9. 完成下列各题：

（1）如何鉴别纯碱、烧碱和小苏打？

（2）有四种白色粉末，分别是 $CaCO_3$、$Ca(OH)_2$、$CaCl_2$ 和 $CaSO_4$，试用化学方法鉴别。

（3）如何鉴别稀的 Br_2 水和 I_2 水（均为橙黄色）。

（4）如何鉴别三种白色固体 NaCl、NaBr、NaI?

10. 请列出同多酸和杂多酸的异同点。

11. 试比较碳的三种同素异形体结构及化学性质的差异性。

12. 从结构角度上，讨论红磷、白磷和黑磷的物理及化学性质差异性的原因。

13. 讨论普鲁士蓝和滕氏蓝的合成方法及结构的异同点。

14. 什么是镧系收缩？其所造成的影响有哪些？

附 录

附录Ⅰ 法定计量单位

1. 国际单位制基本单位

量的名称	单位名称	单位符号
长度	米	m
质量	千克	kg
时间	秒	s
电流	安培	A
热力学温度	开尔文	K
物质的量	摩[尔]	mol
光强度	坎德拉	cd

2. 国际单位制导出单位（部分）

量 的 名 称	单位名称	单位符号
面积	平方米	m^2
体积	立方米	m^3
压力	帕斯卡	Pa
能、功、热量	焦耳	J
电量、电 荷	库仑	C
电势、电压、电动势	伏特	V
摄氏温度	摄氏度	℃

3. 国际单位制词冠（部分）

倍 数	中文符号	国际符号	分 数	中文符号	国际符号
10^1	十	da	10^{-1}	分	d
10^2	百	h	10^{-2}	厘	c
10^3	千	k	10^{-3}	毫	m
10^6	兆	M	10^{-6}	微	μ
10^9	吉	G	10^{-9}	纳	n
10^{12}	太	T	10^{-12}	皮	p

4. 我国选定的非国际单位制单位（部分）

量的名称	单位名称	单位符号
时间	分	min
	[小]时	h
	天(日)	d
体积	升	L(l)
	毫升	mL(ml)
能	电子伏特	eV
质量	吨	t

附录Ⅱ 基本物理常数和本书使用的一些常用量的符号与名称

1. 基本物理常数

物理量	数 值	单 位
R=摩尔气体常数	8.3143(12)	$J \cdot mol^{-1} \cdot K^{-1}$
N_A=阿伏加德罗常数	$6.02252(28)\times10^{23}$	mol^{-1}
c=光在真空中的速度	$2.997925(3)\times10^{8}$	$m \cdot s^{-1}$
h=普朗克常数	$6.6256(5)\times10^{-34}$	$J \cdot s$
e=元电荷	$1.60210(7)\times10^{-19}$	C或$J \cdot V^{-1}$
F=法拉第常数=N_Ae	96487.0(16)	$C \cdot mol^{-1}$或$J \cdot V^{-1} \cdot mol^{-1}$
$T=t+T_0$=热力学温度	$T_0=273.15$	K

2. 一些常用物理量的符号与名称

符号	名称	符号	名称	符号	名称
a	活度	N_A	阿伏加德罗常数	E_a	活化能
A_i	电子亲和能	p	压力	E	能量、误差、电极电势
c	物质的量浓度	Q	热量、电量、反应商	α	副反应系数、极化率
d_i	偏差	r	粒子半径	β	累积平衡常数
D_i	键解离能	s	标准偏差	γ	活度系数
G	吉布斯函数	S	熵、溶解度	Δ	分裂能
H	焓	T	热力学温度、滴定度	θ	键角
I	离子强度、电离能	U	热力学能、晶格能	μ	真值、键矩、磁矩、偶极矩
k	速率常数	V	体积	ρ	密度
K	平衡常数	w	质量分数	ξ	反应进度
m	质量	W	功	σ	屏蔽常数
M	摩尔质量	x_B	摩尔分数、电负性	ε	电动势
n	物质的量	$Y_{l,m}$	原子轨道的角度分布	ψ	波函数、原于(分子)轨道

附录Ⅲ　一些常见单质、离子及化合物的热力学函数

(298.15K，100kPa)

化学式	状　态	$\Delta_f H_m^\ominus$ /kJ·mol^{-1}	$\Delta_f G_m^\ominus$ /kJ·mol^{-1}	$S_B^\ominus$ /J·mol^{-1}·K^{-1}
Ag	cr	0	0	42.5
Ag^+	ao	105.579	77.107	72.68
AgBr	cr	−100.37	−96.90	107.1
AgCl	cr	−127.068	−109.789	96.2
$AgCl_2^-$	ao	−245.2	−215.4	231.4
Ag_2CrO_4	cr	−731.74	−641.76	217.6
AgI	cr	−61.84	−66.19	115.5
AgI_2^-	ao	—	−87.0	—
$AgNO_3$	cr	−124.39	−33.41	140.92
Ag_2O	cr	−31.05	−11.20	121.3
Ag_3PO_4	cr	—	−879.0	—
Ag_2S	cr(α-斜方)	−32.59	−40.69	144.01
Al	cr	0	0	28.33
Al^{3+}	ao	−531.	−485.0	−231.7
$AlCl_3$	cr	−704.2	−628.8	110.67
AlO_2^-	ao	−930.9	−830.9	−36.8
Al_2O_3	cr(刚玉)	−1675.7	−1582.3	50.92
$Al(OH)_4^-$	ao[AlO_2^-(ao)+$2H_2O$(l)]	−1502.5	−1305.3	102.9
$Al_2(SO_4)_3$	cr	−3440.84	−3099.94	239.3
As	cr(灰)	0	0	35.1
AsH_3	g	66.44	68.93	222.78
As_4O_6	cr	−1313.94	−1152.43	214.2
As_2S_3	cr	−169.0	−168.6	163.6
B	cr	0	0	5.86
BCl_3	g	−403.76	−388.72	290.10
BF_3	g	−1137.00	−1120.33	254.12
B_2H_6	g	35.6	86.7	232.11
B_2O_3	cr	−1272.77	−1193.65	53.97
$B(OH)_4^-$	ao	−1344.03	−1153.17	102.5
Ba	cr	0	0	62.8
Ba^{2+}	ao	−537.64	−560.77	9.6
$BaCl_2$	cr	−858.6	−810.4	123.68
BaO	cr	−553.5	−525.1	70.42
BaS	cr	−460.	−456.	78.2
$BaSO_4$	cr	−1473.2	−1362.2	132.2
Be	cr	0	0	9.50
Be^{2+}	ao	−382.8	−379.73	−129.7

续表

化学式	状态	$\Delta_f H_m^{\ominus}$ /kJ·mol^{-1}	$\Delta_f G_m^{\ominus}$ /kJ·mol^{-1}	$S_B^{\ominus}$ /J·mol^{-1}·K^{-1}
$BeCl_2$	cr(α)	−490.4	−445.6	82.68
BeO	cr	−609.6	−580.3	14.14
$Be(OH)_2$	cr(α)	−902.5	−815.0	51.9
Bi^{3+}	ao	—	82.8	—
$BiCl_3$	cr	−379.1	−315.0	117.0
BiOCl	cr	−366.9	−322.1	120.5
Bi_2S_3	cr	−143.1	−140.6	200.4
Br^-	ao	−121.55	−103.96	82.4
Br_2	l	0	0	152.231
Br_2	ao	−2.59	3.93	130.5
Br_2	g	30.907	3.110	245.436
C	cr(石墨)	0	0	5.740
C	cr(金刚石)	1.895	2.900	2.377
CH_4	g	−74.81	−50.72	186.264
CH_3OH	l	−238.66	−166.27	126.8
C_2H_2	g	226.73	209.20	200.94
CH_3COO^-	ao	−486.01	−369.31	86.6
CH_3COOH	l	−484.5	−389.9	124.3
CH_3COOH	ao	−485.76	−396.46	178.7
$CHCl_3$	l	−134.47	−73.66	201.7
CCl_4	l	−135.44	−65.21	216.40
C_2H_5OH	l	−277.69	−174.78	160.78
C_2H_5OH	ao	288.3	−181.64	148.5
CN^-	ao	150.6	172.4	94.1
CO	g	−110.525	−137.168	197.674
CO_2	g	−393.509	−394.359	213.74
CO_2	ao	−413.80	−385.98	117.6
$C_2O_4^{2-}$	ao	−825.1	−673.9	45.6
CS_2	l	89.70	65.27	151.34
Ca	cr	0	0	41.42
Ca^{2+}	ao	−542.83	−553.58	−53.1
$CaCl_2$	cr	−795.8	−748.1	104.6
$CaCO_3$	cr(方解石)	−1206.92	−1128.79	92.9
CaH_2	cr	−186.2	−147.2	42.0
CaF_2	cr	−1219.6	−1167.3	68.87
CaO	cr	−635.09	−604.03	39.75
$Ca(OH)_2$	cr	−986.09	−898.49	83.39
CaS	cr	−482.4	−477.4	56.5
$CaSO_4$	cr(α)	−1425.24	−1313.42	108.4
Cd	cr	0	0	51.76
Cd^{2+}	ao	−75.9	−77.612	−73.2
$Cd(OH)_2$	cr	−560.7	−473.6	96

续表

化学式	状　态	$\Delta_f H_m^\ominus$ /kJ·mol^{-1}	$\Delta_f G_m^\ominus$ /kJ·mol^{-1}	$S_B^\ominus$ /J·mol^{-1}·K^{-1}
CdS	cr	−161.9	−156.5	64.9
Cl^-	ao	−167.159	−131.228	56.5
Cl_2	g	0	0	223.066
Cl_2	ao	−23.4	6.94	121.0
ClO^-	ao	−107.1	−36.8	42.
ClO_3^-	ao	−103.97	−7.95	162.3
ClO_4^-	ao	−129.33	−8.52	182.0
Co	cr(六方)	0	0	30.04
Co^{2+}	ao	−58.2	−54.4	−113.0
Co^{3+}	ao	92.0	134.0	−305.0
$CoCl_2$	cr	−312.5	−269.8	109.16
$[Co(NH_3)_4]^{2+}$	ao	—	−189.3	—
$[Co(NH_3)_6]^{3+}$	ao	−584.9	−157.0	146
$Co(OH)_2$	cr(蓝)	—	−450.6	—
$Co(OH)_2$	cr(桃红)	−539.7	−454.3	79.0
Cr	cr	0	0	23.77
$CrCl_3$	cr	−556.5	−486.1	123.0
CrO_4^{2-}	ao	−881.15	−727.75	50.21
Cr_2O_3	cr	−1139.7	−1058.1	81.2
$Cr_2O_7^{2-}$	ao	−1490.3	−1301.1	261.9
Cs	cr	0	0	85.23
Cs^+	ao	−258.28	−292.02	133.05
CsCl	cr	−443.04	−414.53	101.17
CsF	cr	−553.5	−525.5	92.80
Cu	cr	0	0	33.150
Cu^+	ao	71.67	49.98	40.6
Cu^{2+}	ao	64.77	65.49	−99.6
CuBr	cr	−104.6	−100.8	96.11
CuCl	cr	−137.2	−119.86	86.2
$CuCl_2^-$	ao	—	−240.1	—
CuI	cr	−67.8	−69.5	96.7
$[Cu(NH_3)_4]^{3+}$	ao	−348.5	−111.07	273.6
CuO	cr	−157.3	−129.7	42.63
Cu_2O	cr	−168.6	−146.0	93.14
CuS	cr	−53.1	−53.6	66.5
$CuSO_4$	cr	−771.36	−661.8	109
F^-	ao	−332.63	−278.79	−13.8
F_2	g	0	0	202.78
Fe	cr	0	0	27.28
Fe^{2+}	ao	−89.1	−78.9	−137.7
Fe^{3+}	ao	−48.5	−4.7	−315.9
$FeCl_2$	cr	−341.79	−302.30	117.95

续表

化学式	状 态	$\Delta_f H_m^\ominus$ /kJ·mol⁻¹	$\Delta_f G_m^\ominus$ /kJ·mol⁻¹	$S_B^\ominus$ /J·mol⁻¹·K⁻¹
$FeCl_3$	cr	−399.49	−334.00	142.3
Fe_2O_3	cr(赤铁矿)	−824.2	−742.2	87.4
Fe_3O_4	cr(磁铁矿)	−1118.4	−1015.4	146.4
$Fe(OH)_2$	cr(沉淀)	−569.0	−486.5	88.
$Fe(OH)_3$	cr(沉淀)	−823.0	−696.5	106.7
$[Fe(OH)_4]^{2-}$	ao	—	−769.7	—
FeS_2	cr(黄铁矿)	−178.2	−166.9	52.93
$FeSO_4 \cdot 7H_2O$	cr	−3014.57	−2509.87	409.2
H^+	ao	0	0	0
H_2	g	0	0	130.684
H_3AsO_3	ao	−742.2	−639.80	195.0
H_3AsO_4	ao	−902.5	−766.0	184
$H[BF_4]$	ao	−1574.9	−1486.9	180.
H_3BO_3	cr	−1094.33	−968.92	88.83
H_3BO_3	ao	−1072.32	−968.75	162.3
HBr	g	−36.40	−53.45	198.695
HCl	g	−92.307	−95.299	186.908
HClO	g	−78.7	−66.1	236.67
HClO	ao	−120.9	−79.9	142
HCN	ao	107.1	119.7	124.7
H_2CO_3	ao[CO_2(ao)+H_2O(l)]	−699.65	−623.08	187.4
$HC_2O_4^-$	ao	−818.4	−698.34	149.4
HF	ao	−320.08	−296.82	88.7
HF	g	−271.1	−273.2	173.779
HI	g	26.48	1.70	206.549
HIO_3	ao	−211.3	−132.6	166.9
HNO_2	ao	−119.2	−50.6	135.6
HNO_3	l	−174.10	−80.71	155.6
H_3PO_4	cr	−1279.0	−1119.1	110.50
HS^-	ao	−17.06	12.08	62.8
H_2S	g	−20.63	−33.56	205.79
H_2S	ao	−39.7	−27.83	121
HSCN	ao	—	97.56	—
HSO_4^-	ao	−887.34	−755.91	131.8
H_2SO_3	ao	−608.81	−537.81	232.2
H_2SO_4	l	−831.989	−609.003	156.904
H_2SiO_3	ao	−1182.8	−1079.4	109.
H_4SiO_4	ao[H_2SiO_3(ao)+H_2O(l)]	−1468.6	−1316.6	180.
H_2O	g	−241.818	−228.575	188.825
H_2O	l	−285.830	−237.129	69.91
H_2O_2	l	−187.78	−120.35	109.6
H_2O_2	g	−136.31	−105.57	232.7

化学式	状　态	$\Delta_f H_m^{\ominus}$ /kJ·mol^{-1}	$\Delta_f G_m^{\ominus}$ /kJ·mol^{-1}	$S_B^{\ominus}$ /J·mol^{-1}·K^{-1}
H_2O_2	ao	−191.17	−134.03	143.9
Hg	l	0	0	76.02
Hg	g	61.317	31.820	174.96
Hg^{2+}	ao	171.1	164.40	−32.2
Hg_2^{2+}	ao	172.4	153.52	84.5
$HgCl_2$	ao	−216.3	−173.2	155
$[HgCl_4]^{2+}$	ao	−554.0	−446.8	293.
Hg_2Cl_2	cr	−265.22	−210.745	192.5
HgI_2	cr(红色)	−105.4	−101.7	180
$[HgI_4]^{2-}$	ao	−235.6	−211.7	360.0
HgO	cr(红色)	−90.83	−58.539	70.29
HgS	cr(红色)	−58.2	−50.6	82.4
HgS	cr(黑色)	−53.6	−47.7	88.3
I^-	ao	−55.19	−51.57	111.3
I_2	cr	0	0	116.135
I_2	g	62.438	19.327	260.69
I_2	ao	22.6	16.40	137.2
I_3^-	ao	−51.5	−51.4	239.3
IO_3^-	ao	−221.3	−128.0	118.4
K	cr	0	0	64.18
K^+	ao	−252.38	−283.27	102.5
KBr	cr	−393.798	−380.66	95.90
KCl	cr	−436.747	−409.14	82.59
$KClO_3$	cr	−397.73	−296.25	143.1
$KClO_4$	cr	−432.75	−303.09	151.0
KCN	cr	−113.0	−101.86	128.49
K_2CO_3	cr	−1151.02	−1063.5	155.52
K_2CrO_4	cr	−1403.7	−1295.7	200.12
$K_2Cr_2O_7$	cr	−2061.5	−1881.8	291.2
KF	cr	−567.27	−537.75	66.57
$K_3[Fe(CN)_6]$	cr	−249.8	−129.6	426.06
$K_4[Fe(CN)_6]$	cr	−594.1	−450.3	418.8
KHF_2	cr(α)	−927.68	−859.68	104.27
KI	cr	−327.900	−324.892	106.32
KIO_3	cr	−501.37	−418.35	151.46
$KMnO_4$	cr	−837.2	−737.6	171.71
KNO_2	cr(正交)	−369.82	−306.55	152.09
KNO_3	cr	−494.63	−394.86	133.05
KO_2	cr	−284.93	−239.4	116.7
K_2O_2	cr	−494.1	−425.1	102.1
KOH	cr	−424.764	−379.08	78.9
KSCN	cr	−200.16	−178.31	124.26

续表

化学式	状　态	$\Delta_f H_m^{\ominus}$ /kJ·mol^{-1}	$\Delta_f G_m^{\ominus}$ /kJ·mol^{-1}	$S_B^{\ominus}$ /J·mol^{-1}·K^{-1}
K_2SO_4	cr	−1437.79	−1321.37	175.56
Li	cr	0	0	29.12
Li^+	ao	−278.49	−293.31	13.4
Li_2CO_3	cr	−1215.9	−1132.06	90.37
LiF	cr	−615.97	−587.71	35.65
LiH	cr	−90.54	−68.05	20.008
Li_2O	cr	−597.94	−561.18	37.57
LiOH	cr	−484.93	−438.95	42.80
Li_2SO_4	cr	−1436.49	−1321.70	115.1
Mg	cr	0	0	32.68
Mg^{2+}	ao	−466.85	−454.8	−138.1
$MgCl_2$	cr	−641.32	−591.79	89.62
$MgCO_3$	cr(菱镁矿)	−1095.8	−1012.1	65.7
$MgSO_4$	cr	−1284.9	−1170.6	91.6
MgO	cr(方镁石)	−606.70	−569.43	26.94
$Mg(OH)_2$	cr	−924.54	−833.51	63.18
Mn	cr(α)	0	0	32.01
Mn^{2+}	ao	−220.75	−228.1	−73.6
$MnCl_2$	cr	−481.29	−440.59	118.24
MnO_2	cr	−520.03	−466.14	53.05
MnO_4^-	ao	−541.4	−447.2	191.2
MnO_4^{2-}	ao	−653.0	−500.7	59.0
MnS	cr(绿色)	−214.2	−218.4	78.2
$MnSO_4$	cr	−1065.25	−957.36	112.1
N_2	g	0	0	191.61
NH_3	g	−46.11	−16.45	192.45
NH_3	ao	−80.29	−26.50	111.3
NH_4^+	ao	−132.51	−79.31	113.4
N_2H_4	l	50.63	149.34	121.21
N_2H_4	g	95.40	159.35	238.47
N_2H_4	ao	34.31	128.1	138.0
NH_4Cl	cr	−314.43	−202.87	94.6
NH_4HCO_3	cr	−849.4	−665.9	120.9
$(NH_4)_2CO_3$	cr	−333.51	−197.33	104.60
NH_4NO_3	cr	−365.56	−183.87	151.08
$(NH_4)_2SO_4$	cr	−1180.5	−901.67	220.1
NO	g	90.25	86.55	210.761
NO_2	g	33.18	51.31	240.06
NO_2^-	ao	−104.6	−32.0	123.0
NO_3^-	ao	−205.0	−108.74	146.4
N_2O_4	l	−19.50	97.54	209.2
N_2O_4	g	9.16	97.89	304.29

续表

化学式	状 态	$\Delta_f H_m^\ominus$ /kJ·mol^{-1}	$\Delta_f G_m^\ominus$ /kJ·mol^{-1}	$S_B^\ominus$ /J·mol^{-1}·K^{-1}
N_2O_5	cr	−43.1	113.9	178.2
N_2O_5	g	11.3	115.1	355.7
NOCl	g	51.71	66.08	261.69
Na	cr	0	0	51.21
Na^+	ao	−240.12	−261.905	59.0
NaAc	cr	−708.81	−607.18	123.0
$Na_2B_4O_7$	cr	−3291.1	−3096.0	189.54
$Na_2B_4O_7 \cdot 10H_2O$	cr	−6288.6	−5516.0	586.0
NaBr	cr	−361.062	−348.983	86.82
NaCl	cr	−411.153	−384.138	72.13
Na_2CO_3	cr	−1130.68	−1044.44	134.98
$NaHCO_3$	cr	−950.81	−851.0	101.7
NaF	cr	−573.647	−543.494	51.46
NaH	cr	−56.275	−33.46	40.016
NaI	cr	−287.78	−286.06	98.53
$NaNO_2$	cr	−358.65	−284.55	103.8
$NaNO_3$	cr	−467.85	−367.00	116.52
Na_2O	cr	−414.22	−375.46	75.06
Na_2O_2	cr	−510.87	−447.7	95.0
NaO_2	cr	−260.2	−218.4	115.9
NaOH	cr	−425.609	−379.494	64.455
Na_3PO_4	cr	−1917.4	−1788.80	173.80
NaH_2PO_4	cr	−1536.8	−1386.1	127.49
Na_2HPO_4	cr	−1478.1	−1608.2	150.50
Na_2S	cr	−364.8	−349.8	83.7
Na_2SO_3	cr	−1100.8	−1012.5	145.94
Na_2SO_4	cr(斜方晶体)	−1387.08	−1270.16	149.58
Na_2SiF_6	cr	−2909.6	−2754.2	207.1
Ni	cr	0	0	29.87
Ni^{2+}	ao	−54.0	−45.6	−128.9
$NiCl_2$	cr	−305.332	−259.032	97.65
NiO	cr	−239.7	−211.7	37.99
$Ni(OH)_2$	cr	−529.7	−447.2	88
$NiSO_4$	cr	−872.91	−759.7	92
$NiSO_4$	ao	−949.3	−803.3	−18.0
NiS	cr	−82.0	−79.5	52.97
O_2	g	0	0	205.138
O_3	g	142.7	163.2	238.9
O_3	ao	125.9	174.6	146.0
OF_2	g	24.7	41.9	247.43
OH^-	ao	−229.994	−157.244	−10.75
P	白磷	0	0	41.09

续表

化学式	状 态	$\Delta_f H_m^{\ominus}$ /kJ·mol^{-1}	$\Delta_f G_m^{\ominus}$ /kJ·mol^{-1}	$S_B^{\ominus}$ /J·mol^{-1}·K^{-1}
P	红磷(三斜)	−17.6	−121.1	22.80
PH_3	g	5.4	13.4	210.23
PO_4^{3-}	ao	−1277.4	−1018.7	−222
P_4O_{10}	cr	−2984.0	−2697.7	228.86
Pb	cr	0	0	64.81
Pb^{2+}	ao	−1.7	−24.43	10.5
$PbCl_2$	cr	−359.41	−314.10	136.0
$PbCl_3^-$	ao	—	−426.3	—
$PbCO_3$	cr	−699.1	−625.5	131.0
PbI_2	cr	−175.48	−173.64	174.85
PbI_4^{2-}	ao	—	−254.8	—
PbO_2	cr	−277.4	−217.33	68.6
$Pb(OH)_3^-$	ao	—	−575.6	—
PbS	cr	−100.4	−98.7	91.2
$PbSO_4$	cr	−919.94	−813.14	148.57
S	cr(正交)	0	0	31.80
S^{2-}	ao	33.1	85.8	−14.6
SO_2	g	−296.830	−300.194	248.22
SO_2	ao	−322.980	−300.676	161.9
SO_3	g	−395.72	−371.06	256.76
SO_3^{2-}	ao	−635.5	−4 86.5	−29
SO_4^{2-}	ao	−909.27	−744.53	20.1
$S_2O_3^{2-}$	ao	−648.5	−522.5	67.0
$S_4O_6^{2-}$	ao	−1224.2	−1040.4	257.3
$SbCl_3$	cr	−382.11	−323.67	184.1
Sb_2S_3	cr(黑)	174.9	−173.6	182.0
SCN^-	ao	76.44	92.71	144.3
Si	cr	0	0	18.83
SiC	cr(β-立方)	−65.3	−62.8	16.61
$SiCl_4$	l	−680.7	−619.84	239.7
$SiCl_4$	g	−657.01	−616.98	330.73
SiF_4	g	−1614.9	−1572.65	282.49
SiF_6^{2-}	ao	−2389.1	−2199.4	122.2
SiO_2	α-石英	−910.49	−856.64	41.84
Sn	cr(白色)	0	0	51.55
Sn	cr(灰色)	−2.09	0.13	44.14
Sn^{2+}	ao	−8.8	−27.2	−17
$Sn(OH)_2$	cr	−561.1	−491.6	155.0
$SnCl_2$	ao	−329.7	−299.5	172
$SnCl_4$	l	−511.3	−440.1	258.6
SnS	cr	−100.0	−98.3	77.0
Sr	cr(α)	0	0	52.3

续表

化学式	状 态	$\Delta_f H_m^\ominus$ /kJ·mol⁻¹	$\Delta_f G_m^\ominus$ /kJ·mol⁻¹	$S_B^\ominus$ /J·mol⁻¹·K⁻¹
Sr^{2+}	ao	−545.80	−559.48	−32.6
$SrCl_2$	cr(α)	−828.9	−781.1	114.85
$SrCO_3$	cr(菱锶矿)	−1220.1	−1140.1	97.1
SrO	cr	−592.0	−561.9	54.5
$SrSO_4$	cr	−1453.1	−1340.9	117.0
Ti	cr	0	0	30.63
$TiCl_3$	cr	−720.9	−653.5	139.7
$TiCl_4$	l	−804.2	−737.2	252.34
TiO_2	cr(锐钛矿)	−939.7	−884.5	49.92
TiO_2	cr(金红石)	−944.7	−889.5	50.33
Zn	cr	0	0	41.63
Zn^{2+}	ao	−153.89	−147.06	−112.1
$ZnCl_2$	cr	−415.05	−396.398	111.46
$Zn(OH)_2$	cr(β)	−641.91	−553.52	81.2
$Zn(OH)_4^{2-}$	ao	—	−858.52	—
ZnS	闪锌矿	−205.98	−201.29	57.7
$ZnSO_4$	cr	−982.8	−871.5	110.5

注：1. 表中 cr 为结晶固体；l 为液体；g 为气体；ao 为水溶液，非电离物质，标准状态，$b=1mol\cdot kg^{-1}$或不考虑进一步解离时的离子。

2. 数据摘自《NBS 化学热力学性质表》［美国］国家标准局．刘天河．赵梦月译．中国标准出版社，1998。

附录Ⅳ 一些弱电解质在水中的解离常数（25℃）

物质	化学式	级数	$pK_i^{\ominus}$	物质	化学式	级数	$pK_i^{\ominus}$
铝酸	H_3AlO_3	1	11.2	硝酸	HNO_3		−1.34
亚砷酸	$HAsO_2$ 或 $As(OH)_4$	1	9.22	过氧化氢	H_2O_2		11.65
砷酸	H_3AsO_4	1	2.20	次磷酸	H_3PO_2		11
		2	6.98	亚磷酸	H_3PO_3	1	1.30
		3	11.50			2	6.6
硼酸	H_3BO_3	1	9.24	磷酸	H_3PO_4	1	2.12
		2	12.74			2	7.20
		3	13.80			3	12.36
氢溴酸	HBr		−9	氢硫酸	H_2S	1	6.97
次溴酸	HBrO		8.62			2	12.90
碳酸	CO_2+H_2O	1	6.38	亚硫酸	SO_2+H_2O	1	1.90
		2	10.25			2	7.20
盐酸	HCl		−6.1	硫酸	H_2SO_4	1	−3
次氯酸	HClO		7.50			2	1.92
亚氯酸	$HClO_2$		1.96	硫代硫酸	$H_2S_2O_3$	1	0.60
氯酸	$HClO_3$		−2.7			2	1.4～1.7
高氯酸	$HClO_4$		−7.3	硅酸	H_2SiO_3	1	9.77
氢氰酸	HCN		9.21			2	11.80
氰酸	HOCN		3.46	甲酸	HCOOH		3.75
硫代氰酸	HSCN		0.85	醋酸	$CH_3COOH(HAc)$		4.76
铬酸	H_2CrO_4	1	−0.98	草酸	$H_2C_2O_4$	1	1.27
		2	6.50			2	4.27
氢氟酸	HF		3.18	氨水	$NH_3\cdot H_2O$		4.76
氢碘酸	HI		−9.5	乙二胺	$H_2NCH_2CH_2NH_2$	1	4.07
次碘酸	HIO		10.64			2	7.15
碘酸	HIO_3		0.77	EDTA	H_6Y^{2+}	1	0.9
仲高碘酸	H_5IO_6	1	1.55		H_5Y^+	2	1.6
		2	8.27		H_4Y	3	2.0
高锰酸	$HMnO_4$		−2.25		H_3Y^-	4	2.67
铵离子	NH_4^+	1	9.24		H_2Y^{2-}	5	6.16
亚硝酸	HNO_2		3.29		HY^{3-}	6	10.26

注：附录 Ⅳ～Ⅶ 数据主要源于“CRC Handbook of Chemistry and Physics 74th”。

附录Ⅴ　标准电极电势（298.15K）

1. 酸性介质（按 $E_A^\ominus$ 代数值由小到大排列）

电　极　反　应	$E_A^\ominus$/V	电　极　反　应	$E_A^\ominus$/V
$Li^+ + e^- \rightleftharpoons Li$	−3.045	$Cr^{3+} + 3e^- \rightleftharpoons Cr$	−0.744
$K^+ + e^- \rightleftharpoons K$	−2.925	TiO_2(金红石)$+4H^+ + e^- \rightleftharpoons Ti^{3+} + 2H_2O$	−0.666
$Rb^+ + e^- \rightleftharpoons Rb$	−2.925	$TlBr + e^- \rightleftharpoons Tl + Br^-$	−0.658
$Cs^+ + e^- \rightleftharpoons Cs$	−2.923	$TlCl + e^- \rightleftharpoons Tl + Cl^-$	−0.557
$Ra^{2+} + 2e^- \rightleftharpoons Ra$	−2.916	$Sb + 3H^+ + 3e^- \rightleftharpoons SbH_3$	−0.510
$Ba^{2+} + 2e^- \rightleftharpoons Ba$	−2.906	$H_3PO_3 + 3H^+ + 3e^- \rightleftharpoons P$(白)$+ 3H_2O$	−0.502
$Sr^{2+} + 2e^- \rightleftharpoons Sr$	−2.888	TiO_2(金红石)$+4H^+ + 2e^- \rightleftharpoons Ti^{2+} + 2H_2O$	−0.502
$Ca^{2+} + 2e^- \rightleftharpoons Ca$	−2.866	$2CO_2 + 2H^+ + 2e^- \rightleftharpoons H_2C_2O_4$	−0.49
$Na^+ + e^- \rightleftharpoons Na$	−2.714	$SiO_3^{2-} + 6H^+ + 4e^- \rightleftharpoons Si + 3H_2O$	−0.455
$La^{3+} + 3e^- \rightleftharpoons La$	−2.522	$H_3PO_3 + 3H^+ + 3e^- \rightleftharpoons P$(红)$+ 3H_2O$	−0.454
$Ce^{3+} + 3e^- \rightleftharpoons Ce$	−2.483	$Fe^{2+} + 2e^- \rightleftharpoons Fe$	−0.440
$Y^{3+} + 3e^- \rightleftharpoons Y$	−2.372	$Cr^{3+} + e^- \rightleftharpoons Cr^{2+}$	−0.408
$Mg^{2+} + 2e^- \rightleftharpoons Mg$	−2.363	$Cd^{2+} + 2e^- \rightleftharpoons Cd$	−0.403
$H_2 + 2e^- \rightleftharpoons 2H^-$	−2.25	$Ti^{3+} + e^- \rightleftharpoons Ti^{2+}$	−0.368
$Sc^{3+} + 3e^- \rightleftharpoons Sc$	−2.077	$PbSO_4 + 2e^- \rightleftharpoons Pb + SO_4^{2-}$	−0.359
$Be^{2+} + 2e^- \rightleftharpoons Be$	−1.847	$Tl^+ + e^- \rightleftharpoons Tl$	−0.336
$Ti^{2+} + 2e^- \rightleftharpoons Ti$	−1.628	$PbBr_2 + 2e^- \rightleftharpoons Pb + 2Br^-$	−0.284
$Al^{3+} + 3e^- \rightleftharpoons Al$	−1.622	$Co^{2+} + 2e^- \rightleftharpoons Co$	−0.277
$Ti^{3+} + 3e^- \rightleftharpoons Ti$	−1.21	$H_3PO_4 + 2H^+ + 2e^- \rightleftharpoons H_3PO_3 + H_2O$	−0.276
$V^{2+} + 2e^- \rightleftharpoons V$	−1.186	$PbCl_2 + 2e^- \rightleftharpoons Pb + 2Cl^-$	−0.268
$Mn^{2+} + 2e^- \rightleftharpoons Mn$	−1.180	$V^{3+} + e^- \rightleftharpoons V^{2+}$	−0.256
$Cr^{2+} + 2e^- \rightleftharpoons Cr$	−0.913	$Ni^{2+} + 2e^- \rightleftharpoons Ni$	−0.250
$BeO_2^{2-} + 4H^+ + 2e^- \rightleftharpoons Be + 2H_2O$	−0.909	$VO_2^+ + 4H^+ + 5e^- \rightleftharpoons V + 2H_2O$	−0.25
$H_3BO_3 + 3H^+ + 3e^- \rightleftharpoons B + 3H_2O$	−0.870	$CO_2 + 2H^+ + 2e^- \rightleftharpoons HCOOH$	−0.199
$SiO_2 + 4H^+ + 4e^- \rightleftharpoons Si + 2H_2O$	−0.857	$CuI + e^- \rightleftharpoons Cu + I^-$	−0.185
$H_2SiO_3 + 4H^+ + 4e^- \rightleftharpoons Si + 3H_2O$	−0.84	$AgI + e^- \rightleftharpoons Ag + I^-$	−0.152
$V^{3+} + 3e^- \rightleftharpoons V$	−0.835	$Sn^{2+} + 2e^- \rightleftharpoons Sn$	−0.136
$SnO_2 + 4H^+ + 2e^- \rightleftharpoons Sn^{2+} + 2H_2O$	−0.77	$Pb^{2+} + 2e^- \rightleftharpoons Pb$	−0.126
$Zn^{2+} + 2e^- \rightleftharpoons Zn$	−0.763	$CO_2 + 2H^+ + 2e^- \rightleftharpoons CO + H_2O$	−0.12
$TlI + e^- \rightleftharpoons Tl + I^-$	−0.752	P(红)$+ 3H^+ + 3e^- \rightleftharpoons PH_3$(气)	−0.111
$SnO_2 + 2H^+ + 2e^- \rightleftharpoons SnO + H_2O$	−0.108	$N_2 + 8H^+ + 6e^- \rightleftharpoons 2NH_4^+$	0.26
$SnO + 2H^+ + 2e^- \rightleftharpoons Sn + H_2O$	−0.104	$Hg_2Cl_2 + 2e^- \rightleftharpoons 2Hg + 2Cl^-$	0.268
$S + H^+ + 2e^- \rightleftharpoons HS^-$	−0.065	甘汞电极(1mol·L^{-1} KCl)	0.280
$Fe_2O_3(\alpha) + 6H^+ + 6e^- \rightleftharpoons 2Fe + 3H_2O$	−0.051	$2SO_4^{2-} + 10H^+ + 8e^- \rightleftharpoons S_2O_3^{2-} + 5H_2O$	0.29
$VO^{2+} + e^- \rightleftharpoons VO^+$	−0.044	$Re^{3+} + 3e^- \rightleftharpoons Re$	0.300
$Ti^{4+} + e^- \rightleftharpoons Ti^{3+}$	−0.04	$Cu^{2+} + 2e^- \rightleftharpoons Cu$	0.337

续表

电 极 反 应	$E_A^{\ominus}/V$	电 极 反 应	$E_A^{\ominus}/V$
$[HgI_4]^{2-}+2e^- \rightleftharpoons Hg+4I^-$	−0.038	$AgIO_3+e^- \rightleftharpoons Ag+IO_3^-$	0.354
$CuI_2^-+e^- \rightleftharpoons Cu+2I^-$	0.0	$SO_4^{2-}+8H^++6e^- \rightleftharpoons S+4H_2O$	0.357
$HSO_3^-+5H^++4e^- \rightleftharpoons S+3H_2O$	0.0	$VO^{2+}+2H^++e^- \rightleftharpoons V^{3+}+H_2O$	0.359
$2H^++2e^- \rightleftharpoons H_2$	0.000	$VO_2^++4H^++3e^- \rightleftharpoons V^{2+}+2H_2O$	0.360
$Sn^{4+}+4e^- \rightleftharpoons Sn$	0.009	$SbO_3^-+2H^++2e^- \rightleftharpoons SbO_2^-+H_2O$	0.363
$CuBr+e^- \rightleftharpoons Cu+Br^-$	0.033	$Bi_2O_3+6H^++6e^- \rightleftharpoons 2Bi+3H_2O$	0.371
P(白)$+3H^++3e^- \rightleftharpoons PH_3$(气)	0.0637	$SnO_3^{2-}+3H^++2e^- \rightleftharpoons HSnO_2^-+H_2O$	0.374
$AgBr+e^- \rightleftharpoons Ag+Br^-$	0.071	$[HgCl_4]^{2-}+2e^- \rightleftharpoons Hg+4Cl^-$	0.38
$Si+4H^++4e^- \rightleftharpoons SiH_4$	0.102	$[PtI_6]^{2-}+2e^- \rightleftharpoons [PtI_4]^{2-}+2I^-$	0.393
$NiO+2H^++2e^- \rightleftharpoons Ni+H_2O$	0.110	$2H_2SO_3+2H^++4e^- \rightleftharpoons S_2O_3^{2-}+3H_2O$	0.400
$CuCl+e^- \rightleftharpoons Cu+Cl^-$	0.137	$Co^{3+}+3e^- \rightleftharpoons Co$	0.4
$S+2H^++2e^- \rightleftharpoons H_2S$(水)	0.142	$As_2O_5+10H^++10e^- \rightleftharpoons 2As+5H_2O$	0.429
$SO_4^{2-}+8H^++8e^- \rightleftharpoons S^{2-}+4H_2O$	0.149	$H_2SO_3+4H^++4e^- \rightleftharpoons S+3H_2O$	0.450
$Sb_2O_3+6H^++6e^- \rightleftharpoons 2Sb+3H_2O$	0.150	$Ru^{2+}+2e^- \rightleftharpoons Ru$	0.45
$Sn^{4+}+2e^- \rightleftharpoons Sn^{2+}$	0.151	$S_2O_3^{2-}+6H^++4e^- \rightleftharpoons 2S+3H_2O$	0.465
$Cu^{2+}+e^- \rightleftharpoons Cu^+$	0.153	$CO+6H^++6e^- \rightleftharpoons CH_4+H_2O$	0.497
$BiOCl+2H^++3e^- \rightleftharpoons Bi+Cl^-+H_2O$	0.160	$4H_2SO_3+4H^++6e^- \rightleftharpoons S_4O_6^{2-}+6H_2O$	0.51
$SO_4^{2-}+4H^++2e^- \rightleftharpoons H_2SO_3+H_2O$	0.172	$Cu^++e^- \rightleftharpoons Cu$	0.521
$Bi^{3+}+3e^- \rightleftharpoons Bi$	0.2	I_2(结晶)$+2e^- \rightleftharpoons 2I^-$	0.536
$2Cu^{2+}+H_2O+2e^- \rightleftharpoons Cu_2O+2H^+$	0.203	$I_3^-+2e^- \rightleftharpoons 3I^-$	0.536
$SbO^++2H^++3e^- \rightleftharpoons Sb+H_2O$	0.204	$Cu^{2+}+Cl^-+e^- \rightleftharpoons CuCl$	0.538
$AgCl+e^- \rightleftharpoons Ag+Cl^-$	0.222	$AgBrO_3+e^- \rightleftharpoons Ag+BrO_3^-$	0.546
$[HgBr_4]^{2-}+2e^- \rightleftharpoons Hg+4Br^-$	0.223	$H_3AsO_4+2H^++2e^- \rightleftharpoons HAsO_2+2H_2O$	0.56
$CO_3^{2-}+3H^++2e^- \rightleftharpoons HCOO^-+H_2O$	0.227	$CuO+2H^++2e^- \rightleftharpoons Cu+H_2O$	0.570
$SO_3^{2-}+6H^++6e^- \rightleftharpoons S^{2-}+3H_2O$	0.231	$[PtBr_4]^{2-}+2e^- \rightleftharpoons Pt+4Br^-$	0.58
$As_2O_3+6H^++6e^- \rightleftharpoons 2As+3H_2O$	0.234	$Sb_2O_5+6H^++4e^- \rightleftharpoons 2SbO^++3H_2O$	0.581
$Sb^{3+}+3e^- \rightleftharpoons Sb$	0.24	$[PdCl_4]^{2-}+2e^- \rightleftharpoons Pd+4Cl^-$	0.591
饱和甘汞电极(饱和 KCl 溶液)	0.2412	$[PdBr_4]^{2-}+2e^- \rightleftharpoons Pd+4Br^-$	0.60
$PbO+2H^++2e^- \rightleftharpoons Pb+H_2O$	0.248	$2HgCl_2+2e^- \rightleftharpoons Hg_2Cl_2+2Cl^-$	0.63
$Cu^{2+}+Br^-+e^- \rightleftharpoons CuBr$	0.640	$AuCl_4^-+3e^- \rightleftharpoons Au+4Cl^-$	1.00
$Ag_2SO_4+2e^- \rightleftharpoons 2Ag+SO_4^{2-}$	0.654	$HNO_2+H^++e^- \rightleftharpoons NO+H_2O$	1.00
$PbO_2+4H^++4e^- \rightleftharpoons Pb+2H_2O$	0.666	$NO_2+2H^++2e^- \rightleftharpoons NO+H_2O$	1.03
$VO_2^++4H^++2e^- \rightleftharpoons V^{3+}+2H_2O$	0.668	$VO_4^{2-}+6H^++2e^- \rightleftharpoons VO^{2+}+3H_2O$	1.031
$[PtCl_6]^{2-}+2e^- \rightleftharpoons [PtCl_4]^{2-}+2Cl^-$	0.68	$N_2O_4+4H^++4e^- \rightleftharpoons 2NO+2H_2O$	1.035
$O_2+2H^++2e^- \rightleftharpoons H_2O_2$	0.682	$N_2O_4+2H^++2e^- \rightleftharpoons 2HNO_2$	1.065
$2SO_3^{2-}+6H^++4e^- \rightleftharpoons S_2O_3^{2-}+3H_2O$	0.705	Br_2(液)$+2e^- \rightleftharpoons 2Br^-$	1.065
$Tl^{3+}+3e^- \rightleftharpoons Tl$	0.71	$NO_2+H^++e^- \rightleftharpoons HNO_2$	1.07
$SbO_2^++2H^++2e^- \rightleftharpoons SbO^++H_2O$	0.720	$IO_3^-+6H^++6e^- \rightleftharpoons I^-+3H_2O$	1.085
$SbO_3^-+4H^++2e^- \rightleftharpoons SbO^++2H_2O$	0.720	Br_2(水)$+2e^- \rightleftharpoons 2Br^-$	1.087
$[PtCl_4]^{2-}+2e^- \rightleftharpoons Pt+4Cl^-$	0.73	$HVO_3+3H^++e^- \rightleftharpoons VO^{2+}+2H_2O$	1.1
$Fe^{3+}+e^- \rightleftharpoons Fe^{2+}$	0.771	$2NO_3^-+10H^++8e^- \rightleftharpoons N_2O+5H_2O$	1.116
$Hg_2^{2+}+2e^- \rightleftharpoons 2Hg$	0.788	$AuCl_2^-+e^- \rightleftharpoons Au+2Cl^-$	1.15
$Ag^++e^- \rightleftharpoons Ag$	0.799	$AuCl+e^- \rightleftharpoons Au+Cl^-$	1.17

续表

电极反应	$E_A^\ominus/V$	电极反应	$E_A^\ominus/V$
$NO_3^- + 2H^+ + e^- \rightleftharpoons NO_2 + H_2O$	0.80	$ClO_4^- + 2H^+ + 2e^- \rightleftharpoons ClO_3^- + H_2O$	1.19
$Rh^{3+} + 3e^- \rightleftharpoons Rh$	0.80	$2IO_3^- + 12H^+ + 10e^- \rightleftharpoons I_2 + 6H_2O$	1.195
$AuBr_4^- + 2e^- \rightleftharpoons AuBr_2^- + 2Br^-$	0.82	$[RhCl_6]^{2-} + e^- \rightleftharpoons [RhCl_6]^{3-}$	1.2
$Hg^{2+} + 2e^- \rightleftharpoons Hg$	0.854	$ClO_3^- + 3H^+ + 2e^- \rightleftharpoons HClO_2 + H_2O$	1.21
$Cu^{2+} + I^- + e^- \rightleftharpoons CuI$	0.86	$O_2 + 4H^+ + 4e^- \rightleftharpoons 2H_2O$	1.229
$HNO_2 + 7H^+ + 6e^- \rightleftharpoons NH_4^+ + 2H_2O$	0.864	$MnO_2 + 4H^+ + 2e^- \rightleftharpoons Mn^{2+} + 2H_2O$	1.23
$NO_3^- + 10H^+ + 8e^- \rightleftharpoons NH_4^+ + 3H_2O$	0.864	$2NO_3^- + 12H^+ + 10e^- \rightleftharpoons N_2 + 6H_2O$	1.24
$AuBr_4^- + 3e^- \rightleftharpoons Au + 4Br^-$	0.87	$Tl^{3+} + 2e^- \rightleftharpoons Tl^+$	1.25
$2Hg^{2+} + 2e^- \rightleftharpoons Hg_2^{2+}$	0.920	$VO_4^{3-} + 6H^+ + 2e^- \rightleftharpoons VO^+ + 3H_2O$	1.256
$AuCl_4^- + 2e^- \rightleftharpoons AuCl_2^- + 2Cl^-$	0.926	$2HNO_2 + 4H^+ + 4e^- \rightleftharpoons N_2O + 3H_2O$	1.29
$NO_3^- + 3H^+ + 2e^- \rightleftharpoons HNO_2 + H_2O$	0.934	$Cr_2O_7^{2-} + 14H^+ + 6e^- \rightleftharpoons 2Cr^{3+} + 7H_2O$	1.33
$AuBr_2^- + e^- \rightleftharpoons Au + 2Br^-$	0.956	$HBrO + H^+ + 2e^- \rightleftharpoons Br^- + H_2O$	1.33
$V_2O_5 + 6H^+ + 2e^- \rightleftharpoons 2VO^{2+} + 3H_2O$	0.958	$ClO_4^- + 8H^+ + 7e^- \rightleftharpoons 1/2Cl_2 + 4H_2O$	1.34
$NO_3^- + 4H^+ + 3e^- \rightleftharpoons NO + 2H_2O$	0.96	$2NO_2 + 8H^+ + 8e^- \rightleftharpoons N_2 + 4H_2O$	1.35
$Pb_3O_4 + 2H^+ + 2e^- \rightleftharpoons 3PbO + H_2O$	0.972	Cl_2(气)$ + 2e^- \rightleftharpoons 2Cl^-$	1.358
$2MnO_2 + 2H^+ + 2e^- \rightleftharpoons Mn_2O_3 + H_2O$	0.98	$ClO_4^- + 8H^+ + 8e^- \rightleftharpoons Cl^- + 4H_2O$	1.38
$Pd^{2+} + 2e^- \rightleftharpoons Pd$	0.987	$Au^{3+} + 2e^- \rightleftharpoons Au^+$	1.40
$HIO + H^+ + 2e^- \rightleftharpoons I^- + H_2O$	0.99	$IO_4^- + 8H^+ + 8e^- \rightleftharpoons I^- + 4H_2O$	1.4
$VO_2^+ + 2H^+ + e^- \rightleftharpoons VO^{2+} + H_2O$	0.999	$2HNO_2 + 6H^+ + 6e^- \rightleftharpoons N_2 + 4H_2O$	1.44
$BrO_3^- + 6H^+ + 6e^- \rightleftharpoons Br^- + 3H_2O$	1.44	$2NO + 4H^+ + 4e^- \rightleftharpoons N_2 + 2H_2O$	1.68
$BrO_3^- + 5H^+ + 4e^- \rightleftharpoons HBrO + 2H_2O$	1.45	$PbO_2 + SO_4^{2-} + 4H^+ + 2e^- \rightleftharpoons PbSO_4 + 2H_2O$	1.682
$ClO_3^- + 6H^+ + 6e^- \rightleftharpoons Cl^- + 3H_2O$	1.45	$Pb^{4+} + 2e^- \rightleftharpoons Pb^{2+}$	1.69
$2HIO + 2H^+ + 2e^- \rightleftharpoons I_2 + 2H_2O$	1.45	$Au^+ + e^- \rightleftharpoons Au$	1.691
$PbO_2 + 4H^+ + 2e^- \rightleftharpoons Pb^{2+} + 2H_2O$	1.455	$MnO_4^- + 4H^+ + 3e^- \rightleftharpoons MnO_2 + 2H_2O$	1.692
$ClO_3^- + 6H^+ + 5e^- \rightleftharpoons 1/2Cl_2 + 3H_2O$	1.47	$BrO_4^- + 2H^+ + 2e^- \rightleftharpoons BrO_3^- + H_2O$	1.763
$HClO + H^+ + 2e^- \rightleftharpoons Cl^- + H_2O$	1.494	$N_2O + 2H^+ + 2e^- \rightleftharpoons N_2 + H_2O$	1.77
$Au^{3+} + 3e^- \rightleftharpoons Au$	1.498	$H_2O_2 + 2H^+ + 2e^- \rightleftharpoons 2H_2O$	1.776
$Mn^{3+} + e^- \rightleftharpoons Mn^{2+}$	1.51	$NaBiO_3 + 4H^+ + 2e^- \rightleftharpoons BiO^+ + Na^+ + 2H_2O$	>1.8
$MnO_4^- + 8H^+ + 5e^- \rightleftharpoons Mn^{2+} + 4H_2O$	1.51	$Co^{3+} + e^- \rightleftharpoons Co^{2+}$	1.808
$O_3 + 6H^+ + 6e^- \rightleftharpoons 3H_2O$	1.511	$Ag^{2+} + e^- \rightleftharpoons Ag^+$	1.98
$BrO_3^- + 6H^+ + 5e^- \rightleftharpoons 1/2Br_2 + 3H_2O$	1.52	$S_2O_8^{2-} + 2e^- \rightleftharpoons 2SO_4^{2-}$	2.01
$2NO + 2H^+ + 2e^- \rightleftharpoons N_2O + H_2O$	1.59	$O_3 + 2H^+ + 2e^- \rightleftharpoons O_2 + H_2O$	2.07
$HClO + H^+ + e^- \rightleftharpoons 1/2Cl_2 + H_2O$	1.63	$S_2O_8^{2-} + 2H^+ + 2e^- \rightleftharpoons 2HSO_4^-$	2.123
$IO_4^- + 2H^+ + 2e^- \rightleftharpoons IO_3^- + H_2O$	1.653	$MnO_4^{2-} + 4H^+ + 2e^- \rightleftharpoons MnO_2 + 2H_2O$	2.257
$NiO_2 + 4H^+ + 2e^- \rightleftharpoons Ni^{2+} + 2H_2O$	1.678	$F_2 + 2H^+ + 2e^- \rightleftharpoons 2HF$	3.035

2. 碱性介质（按 $E_B^\ominus$ 由小到大排列）

电极反应	$E_B^\ominus/V$	电极反应	$E_B^\ominus/V$
$Al(OH)_3 + 3e^- \rightleftharpoons Al + 3OH^-$	−2.30	$SO_4^{2-} + H_2O + 2e^- \rightleftharpoons SO_3^{2-} + 2OH^-$	−0.93
$SiO_3^{2-} + 3H_2O + 4e^- \rightleftharpoons Si + 6OH^-$	−1.697	$PbS + 2e^- \rightleftharpoons Pb + S^{2-}$	−0.93
$Mn(OH)_2 + 2e^- \rightleftharpoons Mn + 2OH^-$	−1.55	$HSnO_2^- + H_2O + 2e^- \rightleftharpoons Sn + 3OH^-$	−0.909
$[Fe(CN)_6]^{4-} + 2e^- \rightleftharpoons Fe + 6CN^-$	−1.5	$CoS(\alpha) + 2e^- \rightleftharpoons Co + S^{2-}$	−0.90

续表

电极反应	$E_B^{\ominus}$/V	电极反应	$E_B^{\ominus}$/V
$Cr(OH)_2+2e^- \rightleftharpoons Cr+2OH^-$	−1.41	$Fe(OH)_2+2e^- \rightleftharpoons Fe+2OH^-$	−0.877
$ZnS+2e^- \rightleftharpoons Zn+S^{2-}$	−1.405	$SnS+2e^- \rightleftharpoons Sn+S^{2-}$	−0.87
$Cr(OH)_3+3e^- \rightleftharpoons Cr+3OH^-$	−1.34	$NiS(\alpha)+2e^- \rightleftharpoons Ni+S^{2-}$	−0.83
$[Zn(CN)_4]^{2-}+2e^- \rightleftharpoons Zn+4CN^-$	−1.26	$[Co(CN)_6]^{3-}+e^- \rightleftharpoons [Co(CN)_6]^{4-}$	−0.83
$Zn(OH)_2+2e^- \rightleftharpoons Zn+2OH^-$	−1.245	$2H_2O+2e^- \rightleftharpoons H_2+2OH^-$	−0.828
$ZnO_2^{2-}+2H_2O+2e^- \rightleftharpoons Zn+4OH^-$	−1.216	$CuS+2e^- \rightleftharpoons Cu+S^{2-}$	−0.76
$N_2+4H_2O+4e^- \rightleftharpoons N_2H_4+4OH^-$	−1.15	$Ni(OH)_2+2e^- \rightleftharpoons Ni+2OH^-$	−0.72
$NiS(\gamma)+2e^- \rightleftharpoons Ni+S^{2-}$	−1.04	HgS(黑)$+2e^- \rightleftharpoons Hg+S^{2-}$	−0.69
$[Zn(NH_3)_4]^{2+}+2e^- \rightleftharpoons Zn+4NH_3$	−1.04	$SbO_2^-+2H_2O+3e^- \rightleftharpoons Sb+4OH^-$	−0.675
$FeS+2e^- \rightleftharpoons Fe+S^{2-}$	−0.95	$AsO_4^{3-}+2H_2O+2e^- \rightleftharpoons AsO_2^-+4OH^-$	−0.67
$Ag_2S+e^- \rightleftharpoons 2Ag+S^{2-}$	−0.66	$Co(OH)_3+e^- \rightleftharpoons Co(OH)_2+OH^-$	0.17
$SO_3^{2-}+3H_2O+4e^- \rightleftharpoons S+6OH^-$	0.66	$2IO_3^-+6H_2O+10e^- \rightleftharpoons I_2+12OH^-$	0.21
$Au(CN)_2^-+e^- \rightleftharpoons Au+2CN^-$	−0.611	$PbO_2+H_2O+2e^- \rightleftharpoons PbO+2OH^-$	0.247
$PbO+H_2O+2e^- \rightleftharpoons Pb+2OH^-$	−0.58	$IO_3^-+3H_2O+6e^- \rightleftharpoons I^-+6OH^-$	0.26
$2SO_3^{2-}+3H_2O+4e^- \rightleftharpoons S_2O_3^{2-}+6OH^-$	−0.571	$MnO_4^-+4H_2O+5e^- \rightleftharpoons Mn(OH)_2+6OH^-$	0.34
$PbCO_3+2e^- \rightleftharpoons Pb+CO_3^{2-}$	−0.509	$[Fe(CN)_6]^{3-}+e^- \rightleftharpoons [Fe(CN)_6]^{4-}$	0.356
$[Ni(NH_3)_6]^{2+}+2e^- \rightleftharpoons Ni+6NH_3$	−0.49	$[Ag(NH_3)_2]^++e^- \rightleftharpoons Ag+2NH_3$	0.373
$NiO_2+2H_2O+2e^- \rightleftharpoons Ni(OH)_2+2OH^-$	−0.490	$O_2+2H_2O+4e^- \rightleftharpoons 4OH^-$	0.401
$S+2e^- \rightleftharpoons S^{2-}$	−0.48	$2BrO^-+2H_2O+2e^- \rightleftharpoons Br_2+4OH^-$	0.45
$2S+2e^- \rightleftharpoons S_2^{2-}$	−0.476	$Ag_2CrO_4+2e^- \rightleftharpoons 2Ag+CrO_4^{2-}$	0.464
$[Cu(CN)_2]^-+e^- \rightleftharpoons Cu+2CN^-$	−0.429	$IO^-+H_2O+2e^- \rightleftharpoons I^-+2OH^-$	0.485
$Cu_2O+H_2O+2e^- \rightleftharpoons 2Cu+2OH^-$	−0.358	$ClO^-+H_2O+e^- \rightleftharpoons 1/2Cl_2+2OH^-$	0.49
$Ag(CN)_2^-+e^- \rightleftharpoons Ag+2CN^-$	−0.31	$BrO_3^-+2H_2O+4e^- \rightleftharpoons BrO^-+4OH^-$	0.54
$Cu(OH)_2+2e^- \rightleftharpoons Cu+2OH^-$	−0.224	$MnO_4^-+e^- \rightleftharpoons MnO_4^{2-}$	0.558
$NO_3^-+2H_2O+3e^- \rightleftharpoons NO+4OH^-$	−0.14	$ClO_4^-+4H_2O+8e^- \rightleftharpoons Cl^-+8OH^-$	0.56
$CrO_4^{2-}+4H_2O+3e^- \rightleftharpoons Cr(OH)_3+5OH^-$	−0.13	$MnO_4^{2-}+2H_2O+2e^- \rightleftharpoons MnO_2+4OH^-$	0.603
$[Cu(NH_3)_2]^++e^- \rightleftharpoons Cu+2NH_3$	−0.12	$BrO_3^-+3H_2O+6e^- \rightleftharpoons Br^-+6OH^-$	0.61
$[Cu(NH_3)_4]^{2+}+2e^- \rightleftharpoons Cu+4NH_3$	−0.05	$ClO_3^-+3H_2O+6e^- \rightleftharpoons Cl^-+6OH^-$	0.63
$MnO_2+2H_2O+2e^- \rightleftharpoons Mn(OH)_2+2OH^-$	−0.05	$FeO_4^{2-}+4H_2O+3e^- \rightleftharpoons Fe(OH)_3+5OH^-$	0.72
$[Cu(NH_3)_4]^{2+}+e^- \rightleftharpoons [Cu(NH_3)_2]^++2NH_3$	−0.01	$BrO^-+H_2O+2e^- \rightleftharpoons Br^-+2OH^-$	0.761
$NO_3^-+H_2O+2e^- \rightleftharpoons NO_2^-+2OH^-$	0.01	$ClO^-+H_2O+2e^- \rightleftharpoons Cl^-+2OH^-$	0.89
$Ag(S_2O_3)_2^{3-}+e^- \rightleftharpoons Ag+2S_2O_3^{2-}$	0.017	$Cu^{2+}+2CN^-+e^- \rightleftharpoons [Cu(CN)_2]^-$	1.12
$S_4O_6^{2-}+2e^- \rightleftharpoons 2S_2O_3^{2-}$	0.08	$MnO_4^-+2H_2O+3e^- \rightleftharpoons MnO_2+4OH^-$	1.23
$[Co(NH_3)_6]^{3+}+e^- \rightleftharpoons [Co(NH_3)_6]^{2+}$	0.108	$O_3+H_2O+2e^- \rightleftharpoons O_2+2OH^-$	1.24
$Mn(OH)_3+e^- \rightleftharpoons Mn(OH)_2+OH^-$	0.15	$F_2+2e^- \rightleftharpoons 2F^-$	2.866

附录Ⅵ　溶度积常数（18～25℃）

物　质	溶度积常数 $K_{sp}^{\ominus}$	$pK_{sp}^{\ominus}$	物　质	溶度积常数 $K_{sp}^{\ominus}$	$pK_{sp}^{\ominus}$
AgBr	5.0×10^{-13}	12.30	BiOBr	3.0×10^{-7}	6.52
$AgBrO_3$	5.3×10^{-5}	4.28	BiOCl	1.8×10^{-31}	30.75
AgCN	1.2×10^{-16}	15.92	$BiO(NO_2)$	4.9×10^{-7}	6.31
Ag_2CO_3	8.1×10^{-12}	11.09	$BiO(NO_3)$	2.8×10^{-3}	2.55
$Ag_2C_2O_4$	3.4×10^{-11}	10.46	BiOOH	4×10^{-10}	9.4
AgCl	1.8×10^{-10}	9.75	$BiPO_4$	1.3×10^{-23}	22.89
Ag_2CrO_4	1.1×10^{-12}	11.95	Bi_2S_3	1×10^{-97}	97
$Ag_2Cr_2O_7$	2.0×10^{-7}	6.70	$CaCO_3$	2.8×10^{-9}	8.54
AgI	8.3×10^{-17}	16.08	$CaC_2O_4\cdot H_2O$	4×10^{-9}	8.4
$AgIO_3$	3.0×10^{-8}	7.52	$CaCrO_4$	7.1×10^{-4}	3.15
$AgNO_2$	6.0×10^{-4}	3.22	CaF_2	2.7×10^{-11}	10.57
AgOH	2.0×10^{-8}	7.71	$CaHPO_4$	1×10^{-7}	7.0
Ag_3PO_4	1.4×10^{-16}	15.84	$Ca(OH)_2$	5.5×10^{-6}	5.26
Ag_2S	6.3×10^{-50}	49.2	$Ca_3(PO_4)$	2.0×10^{-29}	28.70
AgSCN	1.0×10^{-12}	12.00	$CaSO_3$	6.8×10^{-8}	7.17
Ag_2SO_3	1.5×10^{-14}	13.82	$CaSO_4$	9.1×10^{-6}	5.04
Ag_2SO_4	1.4×10^{-5}	4.84	$Ca[SiF_6]$	8.1×10^{-4}	3.09
$Al(OH)_3$(无定形)	1.3×10^{-33}	32.9	$CaSiO_3$	2.5×10^{-8}	7.60
$AlPO_4$	6.3×10^{-19}	18.24	$CdCO_3$	5.2×10^{-12}	11.28
Al_2S_3	2×10^{-7}	6.7	$CdC_2O_4\cdot 3H_2O$	9.1×10^{-8}	7.04
AuCl	2.0×10^{-13}	12.7	$Cd_3(PO_4)_2$	2.5×10^{-33}	32.6
AuI	1.6×10^{-23}	22.8	CdS	8.0×10^{-27}	26.1
$AuCl_3$	3.2×10^{-25}	24.5	CeF_3	8×10^{-16}	15.1
AuI_3	1×10^{-46}	46	CeO_2	8×10^{-37}	36.1
$Au(OH)_3$	5.5×10^{-46}	45.26	$Ce(OH)_3$	1.6×10^{-20}	19.8
$BaCO_3$	5.1×10^{-9}	8.29	$CePO_4$	1×10^{-23}	23
BaC_2O_4	1.6×10^{-7}	6.79	Ce_2S_3	6.0×10^{-11}	10.22
BaC_2O_4	2.3×10^{-8}	7.64	$CoCO_3$	1.4×10^{-13}	12.84
$BaCrO_4$	1.2×10^{-10}	9.93	$CoHPO_4$	2×10^{-7}	6.7
BaF_2	1.0×10^{-6}	5.98	$Co(OH)_2$(新制备)	1.6×10^{-15}	14.8
$BaHPO_4$	3.2×10^{-7}	6.5	$Co(OH)_3$	1.6×10^{-44}	43.8
$Ba(NO_3)_2$	4.5×10^{-3}	2.35	$Co_3(PO_4)_2$	2×10^{-35}	34.7
$Ba(OH)_2$	5×10^{-3}	2.3	α-CoS	4.0×10^{-21}	20.4
$Ba_3(PO_4)_2$	3.4×10^{-23}	22.47	β-CoS	2.0×10^{-25}	24.7
$BaSO_3$	8×10^{-7}	6.1	$Cr(OH)_2$	2×10^{-16}	15.7
$BaSO_4$	1.1×10^{-10}	9.96	CrF_3	6.6×10^{-11}	10.18
BaS_2O_3	1.6×10^{-5}	4.79	$Cr(OH)_3$	6.3×10^{-31}	30.2
$BeCO_3\cdot 4H_2O$	1×10^{-3}	3	CuBr	5.3×10^{-9}	8.28
$Be(OH)_2$(无定形)	1.6×10^{-22}	21.8	CuCl	1.2×10^{-6}	5.92
BiI_3	8.1×10^{-19}	18.09	CuCN	3.2×10^{-20}	19.49
$Bi(OH)_3$	4×10^{-30}	30.4	CuI	1.1×10^{-12}	11.96

续表

物　质	溶度积常数 $K_{sp}^{\ominus}$	$pK_{sp}^{\ominus}$	物　质	溶度积常数 $K_{sp}^{\ominus}$	$pK_{sp}^{\ominus}$
$CuOH$	1×10^{-14}	14.0	Na_3AlF_6	4.0×10^{-10}	9.39
Cu_2S	2.5×10^{-48}	47.6	$NiCO_3$	6.6×10^{-9}	8.18
$CuSCN$	4.8×10^{-15}	14.32	NiC_2O_4	4×10^{-10}	9.4
$CuCO_3$	1.4×10^{-10}	9.86	$Ni(OH)_2$(新制备)	2.0×10^{-15}	14.7
CuC_2O_4	2.3×10^{-8}	7.64	α-NiS	3.2×10^{-19}	18.5
$CuCrO_4$	3.6×10^{-6}	5.44	β-NiS	1.0×10^{-24}	24.0
$Cu_2[Fe(CN)_6]$	1.3×10^{-16}	15.89	γ-NiS	2.0×10^{-26}	25.7
$Cu(IO_3)_2$	7.4×10^{-8}	7.13	$PbAc_2$	1.8×10^{-3}	2.75
$Cu(OH)_2$	2.2×10^{-20}	19.66	$PbBr_2$	4.0×10^{-5}	4.41
$Cu_3(PO_4)_2$	1.3×10^{-37}	36.9	$PbCO_3$	7.4×10^{-14}	13.13
CuS	6.3×10^{-36}	35.2	PbC_2O_4	4.8×10^{-10}	9.32
$FeCO_3$	3.2×10^{-11}	10.50	$PbCl_2$	1.6×10^{-5}	4.79
$Fe(OH)_2$	8.0×10^{-16}	15.1	$PbCrO_4$	2.8×10^{-13}	12.55
FeS	6.3×10^{-18}	17.2	PbF_2	2.7×10^{-8}	7.57
$Fe(OH)_3$	4×10^{-38}	37.4	PbI_2	7.1×10^{-9}	8.15
$FePO_4$	1.3×10^{-22}	21.89	$Pb(IO_3)_2$	3.2×10^{-13}	12.49
Hg_2Br_2	5.6×10^{-23}	22.24	$Pb(OH)_2$	1.2×10^{-15}	14.93
$Hg_2(CN)_2$	5×10^{-40}	39.3	$Pb(OH)Br$	2.0×10^{-15}	14.70
Hg_2CO_3	8.9×10^{-17}	16.05	$Pb(OH)Cl$	2×10^{-14}	13.7
$Hg_2C_2O_4$	2.0×10^{-13}	12.7	$Pb_3(PO_4)_2$	8.0×10^{-43}	42.10
Hg_2Cl_2	1.3×10^{-18}	17.88	PbS	1.3×10^{-28}	27.9
Hg_2I_2	4.5×10^{-29}	28.35	$Pb(SCN)_2$	2.0×10^{-5}	4.70
$Hg_2(OH)_2$	2.0×10^{-24}	23.7	$PbSO_4$	1.6×10^{-8}	7.79
Hg_2S	1.0×10^{-47}	47.0	PbS_2O_3	4.0×10^{-7}	6.40
$Hg_2(SCN)_2$	2.0×10^{-20}	19.7	$Pb(OH)_4$	3.2×10^{-66}	65.5
Hg_2SO_3	1.0×10^{-27}	27.0	$Pd(OH)_2$	1.0×10^{-31}	31.0
Hg_2SO_4	7.4×10^{-7}	6.13	$Sc(OH)_3$	8.0×10^{-31}	30.1
$Hg(OH)_2$	3.0×10^{-26}	25.52	$Sn(OH)_2$	1.4×10^{-28}	27.85
HgS(红色)	4×10^{-53}	52.4	SnS	1.0×10^{-25}	25.0
HgS(黑色)	1.6×10^{-52}	51.8	$Sn(OH)_4$	1×10^{-56}	56
$K_2[PtCl_6]$	1.1×10^{-5}	4.96	CuI	1.1×10^{-12}	11.96
K_2SiF_6	8.7×10^{-7}	6.06	$SrCO_3$	1.1×10^{-10}	9.96
Li_2CO_3	2.5×10^{-2}	1.60	$SrC_2O_4\cdot H_2O$	1.6×10^{-7}	6.80
LiF	3.8×10^{-3}	2.42	$SrCrO_4$	2.2×10^{-5}	4.65
Li_3PO_4	3.2×10^{-9}	8.5	SrF_2	2.5×10^{-9}	8.61
$MgCO_3$	3.5×10^{-8}	7.46	$SrSO_3$	4×10^{-8}	7.4
MgF_2	6.5×10^{-9}	8.19	$SrSO_4$	3.2×10^{-7}	6.49
$Mg(OH)_2$	1.8×10^{-11}	10.74	$Ti(OH)_3$	1×10^{-40}	40
$MgSO_3$	3.2×10^{-3}	2.5	$ZnCO_3$	1.4×10^{-11}	10.84
$MnCO_3$	1.8×10^{-11}	10.74	ZnC_2O_4	2.7×10^{-8}	7.56
$Mn(OH)_2$	1.9×10^{-13}	12.72	$Zn(OH)_2$	1.2×10^{-17}	16.92
MnS(无定形)	2.5×10^{-10}	9.6	α-ZnS	1.6×10^{-24}	23.8
MnS(晶状)	2.5×10^{-13}	12.6	β-ZnS	2.5×10^{-22}	21.6

附录Ⅶ　一些配位化合物的稳定常数与金属离子的羟合效应系数（$\lg\alpha_{M(OH)}$）

1. 一些配位化合物的稳定常数

项目	$\lg\beta_1$	$\lg\beta_2$	$\lg\beta_3$	$\lg\beta_4$	$\lg\beta_5$	$\lg\beta_6$
1. F^-						
Al(Ⅲ)	6.10	11.15	15.00	17.75	19.37	19.84
Be(Ⅱ)	5.1	8.8	12.6			
Fe(Ⅲ)	5.28	9.30	12.06			
Th(Ⅲ)	7.65	13.46	17.97			
Ti(Ⅳ)	5.4	9.8	13.7	18.0		
Zr(Ⅳ)	8.80	16.12	21.94			
2. Cl^-						
Ag(Ⅰ)	3.04	5.04		5.30		
Au(Ⅲ)		9.8				
Bi(Ⅲ)	2.44	4.7	5.0	5.6		
Cd(Ⅱ)	1.95	2.50	2.60	2.80		
Cu(Ⅰ)		5.5	5.7			
Fe(Ⅲ)	1.48	2.13	1.99	0.01		
Hg(Ⅱ)	6.74	13.22	14.07	15.07		
Pb(Ⅱ)	1.62	2.44	1.70	1.60		
Pt(Ⅱ)		11.5	14.5	16.0		
Sb(Ⅲ)	2.26	3.49	4.18	4.72		
Sn(Ⅱ)	1.51	2.24	2.03	1.48		
Zn(Ⅱ)	0.43	0.61	0.53	0.20		
3. Br^-						
Ag(Ⅰ)	4.38	7.33	8.00	8.73		
Au(Ⅰ)		12.46				
Cd(Ⅱ)	1.75	2.34	3.32	3.70		
Cu(Ⅰ)		5.89				
Cu(Ⅱ)	0.30					
Hg(Ⅱ)	9.05	17.32	19.74	21.00		
Pb(Ⅱ)	1.2	1.9		1.1		
Pd(Ⅱ)				13.1		
Pt(Ⅱ)				20.5		
4. I^-						
Ag(Ⅰ)	6.58	11.74	13.68			
Cd(Ⅱ)	2.10	3.43	4.49	5.41		
Cu(Ⅰ)		8.85				
Hg(Ⅱ)	12.87	23.82	27.60	29.83		
Pb(Ⅱ)	2.00	3.15	3.92	4.47		

续表

项目	$\lg\beta_1$	$\lg\beta_2$	$\lg\beta_3$	$\lg\beta_4$	$\lg\beta_5$	$\lg\beta_6$
5. CN^-						
Ag(Ⅰ)		21.1	21.7	20.6		
Au(Ⅰ)		38.3				
Cd(Ⅱ)	5.48	10.60	15.23	18.78		
Cu(Ⅰ)		24.0	28.59	30.30		
Fe(Ⅱ)						35
Fe(Ⅲ)						42
Hg(Ⅱ)					41.4	
Ni(Ⅱ)					31.3	
Zn(Ⅱ)					16.7	
6. NH_3						
Ag(Ⅰ)	3.24	7.05				
Cd(Ⅱ)	2.65	4.75	6.19	7.12	6.80	5.14
Co(Ⅱ)	2.11	3.74	4.79	5.55	5.73	5.11
Co(Ⅲ)	6.7	14.0	20.1	25.7	30.8	35.2
Cu(Ⅰ)	5.93	10.86				
Cu(Ⅱ)	4.31	7.98	11.02	13.32	12.86	
Fe(Ⅱ)	1.4	2.2				
Hg(Ⅱ)	8.8	17.5	18.5	19.28		
Ni(Ⅱ)	2.80	5.04	6.77	7.96	8.71	7.74
Pt(Ⅱ)						35.3
Zn(Ⅱ)	2.37	4.81	7.31	9.46		
7. OH^-						
Ag(Ⅰ)	3.96					
Al(Ⅲ)	9.27			33.03		
Be(Ⅱ)	9.7	14.0	15.2			
Bi	12.7	15.8		35.2		
Cd	4.17	8.33	9.02	8.62		
Cr(Ⅲ)	10.1	17.8		29.9		
Cu(Ⅱ)	7.0	13.68	17.00	18.5		
Fe(Ⅱ)	5.56	9.77	9.67	8.58		
Fe(Ⅲ)	11.87	21.17	29.67			
Ni(Ⅱ)	4.97	8.55	11.33			
Pb(Ⅱ)	7.82	10.85	14.58		61.0	
Sb(Ⅲ)		24.3	36.7	38.3		
Tl(Ⅲ)	12.86	25.37				
Zn(Ⅱ)	4.40	11.30	14.14	17.60		
8. $P_2O_7^{4-}$						
Ca(Ⅱ)	4.6					
Cd(Ⅱ)	5.6					
Cu(Ⅱ)	6.7	9.0				
Ni(Ⅱ)	5.8	7.4				
Pb(Ⅱ)		5.3				

项目	$\lg\beta_1$	$\lg\beta_2$	$\lg\beta_3$	$\lg\beta_4$	$\lg\beta_5$	$\lg\beta_6$
9. SCN^-						
Ag(Ⅰ)		7.57	9.08	10.08		
Au(Ⅰ)		23		42		
Cd(Ⅱ)	1.39	1.98	2.58	3.6		
Co(Ⅱ)	−0.04	−0.70	0	3.00		
Cr(Ⅲ)	1.87	2.98				
Cu(Ⅰ)	12.11	5.18				
Fe(Ⅲ)	2.95	3.36				
Hg(Ⅱ)		17.47		21.23		
Ni(Ⅱ)	1.18	1.64	1.81			
Zn(Ⅱ)	1.62					
10. $S_2O_3^{2-}$						
Ag(Ⅰ)	8.82	13.46				
Cd(Ⅱ)	3.92	6.44				
Cu(Ⅰ)	10.27	12.22	13.84			
Hg(Ⅱ)		29.44	31.90	33.24		
Pb(Ⅱ)		5.13	6.35			
11. 草酸 $H_2C_2O_4$						
Al(Ⅲ)	7.26	13.0	16.3			
Fe(Ⅱ)	2.9	4.52	5.22			
Fe(Ⅲ)	9.4	16.2	20.2			
Mn(Ⅱ)	3.97	5.80				
Ni(Ⅱ)	5.3	7.64	8.5			
Zn(Ⅱ)	4.89	7.60	8.15			
12. 乙酸 CH_3COOH						
Ag(Ⅰ)	0.73	0.64				
Pb(Ⅱ)	2.52	4.0	6.4	8.5		
13. 乙二胺 en						
Ag(Ⅰ)	4.70	7.70				
Cd(Ⅱ)	5.47	10.09	12.09			
Co(Ⅱ)	5.91	10.64	13.94			
Co(Ⅲ)	18.7	34.9	48.69			
Cr(Ⅱ)	5.15	9.19				
Cu(Ⅰ)		10.8				
Cu(Ⅱ)	10.67	20.00	21.0			
Fe(Ⅱ)	4.34	7.65	9.70			
Hg(Ⅱ)	14.3	23.3				
Mn(Ⅱ)	2.73	4.79	5.67			
Ni(Ⅱ)	7.52	13.84	18.33			
Zn(Ⅱ)	5.77	10.83	14.11			

2. 一些金属离子的羟合效应系数（$\lg\alpha_{M(OH)}$）

金属离子	离子强度	pH 值													
		1	2	3	4	5	6	7	8	9	10	11	12	13	14
Al^{3+}	2					0.4	1.3	5.3	9.3	13.3	17.3	21.3	25.3	29.3	33.3
Bi^{3+}	3	0.1	0.5	1.4	2.4	3.4	4.4	5.4							
Ca^{2+}	0.1													0.3	1.0
Cd^{2+}	3									0.1	0.5	2.0	4.5	2.1	12.0
Co^{2+}	0.1								0.1	0.4	1.1	2.2	4.2	7.2	10.2
Cu^{2+}	0.1								0.2	0.8	1.7	2.7	3.7	4.7	5.7
Fe^{2+}	1									0.1	0.6	1.5	2.5	3.5	4.5
Fe^{3+}	3			0.4	1.8	3.7	5.7	7.7	9.7	11.7	13.7	15.7	17.7	19.7	21.7
Hg^{2+}	0.1			0.5	1.9	3.9	5.9	7.9	9.9	11.9	13.9	15.9	17.9	19.9	21.9
La^{3+}	3										0.3	1.0	1.9	2.9	3.9
Mg^{2+}	0.1											0.1	0.5	1.3	2.3
Mn^{2+}	0.1										0.1	0.5	1.4	2.4	3.4
Ni^{2+}	0.1									0.1	0.7	1.6			
Pb^{2+}	0.1							0.1	0.5	1.4	2.7	4.7	7.4	10.4	13.4
Th^{4+}	1				0.2	0.8	1.7	2.7	3.7	4.7	5.7	6.7	7.7	8.7	9.7
Zn^{2+}	0.1									0.2	2.4	5.4	8.5	11.8	15.5

3. 金属-EDTA 配位化合物的条件稳定常数

当金属离子（M）和 EDTA（Y）由于副反应的影响而得到的稳定常数称条件稳定常数 $K_{M'Y'}$，或称表观稳定常数。如果忽略酸式或碱式配位化合物的影响，它与稳定常数的关系为：

$$\lg K_{M'Y'}=\lg K_{MY}-\lg\alpha_M-\lg\alpha_Y$$

本表列出的是在不同 pH 值时 M-EDTA 配位化合物的条件稳定常数。除 Fe(Ⅲ)、Hg(Ⅱ) 和 Al 的 EDTA 配位化合物的条件稳定常数考虑了碱式或酸式配位化合物的影响外，其余的则只考虑酸效应和羟基配位效应。

金属离子	各 pH 值时的 $\lg K_{M'Y'}$														
	0	1	2	3	4	5	6	7	8	9	10	11	12	13	14
Ag					0.7	1.7	2.8	3.9	5.0	5.9	6.8	7.1	6.8	5.0	2.2
Al			3.0	5.4	7.5	9.6	10.4	8.5	6.6	4.5	2.4				
Ba						1.3	3.0	4.4	5.5	6.4	7.3	7.7	7.8	7.7	7.3
Bi	1.4	5.3	8.6	10.6	11.8	12.8	13.6	14.0	14.1	14.0	13.9	13.3	12.4	11.4	10.4
Ca					2.2	4.1	5.9	7.3	8.4	9.3	10.2	10.6	10.7	10.4	9.7
Cd		1.0	3.8	6.0	7.9	9.9	11.7	13.1	14.2	15.0	15.5	14.4	12.0	8.4	4.5
Co		1.0	3.7	5.9	7.8	9.7	11.5	12.9	13.9	14.5	14.7	14.0	12.1		
Cu		3.4	6.1	8.3	10.2	12.2	14.0	15.4	16.3	16.6	16.6	16.1	15.7	15.6	15.6
Fe(Ⅱ)			1.5	3.7	5.7	7.7	9.5	10.9	12.0	12.8	13.2	12.7	11.8	10.8	9.8

续表

金属离子	各 pH 值时的 $\lg K_{M'Y'}$														
	0	1	2	3	4	5	6	7	8	9	10	11	12	13	14
Fe(Ⅲ)	5.1	8.2	11.5	13.9	14.7	14.8	14.6	14.1	13.7	13.6	14.0	14.3	14.4	14.4	14.4
Hg(Ⅱ)	3.5	6.5	9.2	11.1	11.3	11.3	11.1	10.5	9.6	8.8	8.4	7.7	6.8	5.8	4.8
La			1.7	4.6	6.8	8.8	10.6	12.0	13.1	14.0	14.6	14.3	13.5	12.5	11.5
Mg						2.1	3.9	5.3	6.4	7.3	8.2	8.5	8.2	7.4	
Mn			1.4	3.6	5.5	7.4	9.2	10.6	11.7	12.6	13.4	13.4	12.6	11.6	10.6
Ni		3.4	6.1	8.2	10.1	12.0	13.8	15.2	16.3	17.1	17.4	16.9			
Pb		2.4	5.2	7.4	9.4	11.4	13.2	14.5	15.2	15.2	14.8	13.0	10.6	7.6	4.6
Sr						2.0	3.8	5.2	6.3	7.2	8.1	8.5	8.6	8.5	8.0
Zn		1.1	3.8	6.0	7.9	9.9	11.7	13.1	14.2	14.9	13.6	11.0	8.0	4.7	1.0

参 考 文 献

[1] 华彤文，杨骏英，陈景祖，刘淑珍．普通化学原理．第2版．北京：北京大学出版社，1993.

[2] 傅献彩主编．大学化学（上、下）．北京：高等教育出版社，1999.

[3] 倪哲明，陈爱民主编．无机及分析化学．北京：化学工业出版社，2009.

[4] 严宣申，王长福编著．普通无机化学．第2版．北京：北京大学出版社，1999.

[5] 史启祯主编．无机及分析化学．第2版．北京：高等教育出版社，2005.

[6] 天津大学主编．无机化学．第3版．北京：高等教育出版社，2002.

[7] 南京大学《无机及分析化学》编写组．无机及分析化学．第4版．北京：高等教育出版社，2006.

[8] 浙江大学主编．无机及分析化学．第4版．北京：高等教育出版社，2003.

[9] 大连理工大学无机化学教研室编．无机化学．第4版．北京：高等教育出版社，2001.

[10] 倪静安，商少明，翟滨主编．无机及分析化学．北京：高等教育出版社，2006.

[11] 天津大学杨宏孝主编．无机化学简明教程．北京：高等教育出版社，2010.

[12] 董元彦主编．无机及分析化学．北京：科学出版社，2001.

[13] 刘幸平，吴巧凤主编．无机化学．北京：人民卫生出版社，2012.

[14] 武汉大学，吉林大学等主编．无机化学．第3版．北京：高等教育出版社，1994.

[15] 张祖德编著．无机化学（修订版）．合肥：中国科学技术大学出版社，2010.

[16] 刘新锦，朱亚先，高飞编著．无机元素化学．第2版．北京：科学出版社，2010.

[17] 王恩波，李阳光，鹿颖，王新龙编著．多酸化学概论．长春：东北师范大学出版社，2009.

[18] David E. Goldberg Schaum's 题解精萃（化学）．北京：高等教育出版社，2000.

[19] Shriver D F，Atkins P W，Langford C H. Inorganic Chemistry. 3nd ed. Oxford：Oxford University Press，1999.

[20] Housecroft C E，Sharpe A G. Inorganic Chemistry. London：Pearson Education Limited，2001.

[21] Petrucci R H，Harwood W S. General Chemistry. 7th ed. Prentice-Hall，Inc.，1997.

元素周期表

IUPAC 2013

- 氧化态(单质的氧化态为0，未列入；常见的为红色)：+2 +3 +4 +5 +6
- 95 —— 原子序数
- Am —— 元素符号(红色的为放射性元素)
- 镅▲ —— 元素名称(注▲的为人造元素)
- $5f^7 7s^2$ —— 价层电子构型
- 243.06138(2)✦ —— 以 $^{12}C=12$ 为基准的原子量(注✦的是半衰期最长同位素的原子量)

s区元素 | p区元素 | d区元素 | ds区元素 | f区元素 | 稀有气体

周期＼族	1 ⅠA	2 ⅡA	3 ⅢB	4 ⅣB	5 ⅤB	6 ⅥB	7 ⅦB	8 ⅧB(Ⅷ)	9 ⅧB(Ⅷ)	10 ⅧB(Ⅷ)	11 ⅠB	12 ⅡB	13 ⅢA	14 ⅣA	15 ⅤA	16 ⅥA	17 ⅦA	18 ⅧA(0)	电子层
1	−1 +1 1 H 氢 $1s^1$ 1.008																	2 He 氦 $1s^2$ 4.002602(2)	K
2	+1 3 Li 锂 $2s^1$ 6.94	+2 4 Be 铍 $2s^2$ 9.0121831(5)											+3 5 B 硼 $2s^2 2p^1$ 10.81	−4 +2 +4 6 C 碳 $2s^2 2p^2$ 12.011	−3 −2 −1 +1 +2 +3 +4 +5 7 N 氮 $2s^2 2p^3$ 14.007	−2 −1 8 O 氧 $2s^2 2p^4$ 15.999	−1 9 F 氟 $2s^2 2p^5$ 18.998403163(6)	10 Ne 氖 $2s^2 2p^6$ 20.1797(6)	L K
3	−1 +1 11 Na 钠 $3s^1$ 22.98976928(2)	+2 12 Mg 镁 $3s^2$ 24.305											+3 13 Al 铝 $3s^2 3p^1$ 26.9815385(7)	−4 +2 +4 14 Si 硅 $3s^2 3p^2$ 28.085	−3 −2 +1 +3 +5 15 P 磷 $3s^2 3p^3$ 30.973761998(5)	−2 +2 +4 +6 16 S 硫 $3s^2 3p^4$ 32.06	−1 +1 +3 +5 +7 17 Cl 氯 $3s^2 3p^5$ 35.45	18 Ar 氩 $3s^2 3p^6$ 39.948(1)	M L K
4	−1 +1 19 K 钾 $4s^1$ 39.0983(1)	+2 20 Ca 钙 $4s^2$ 40.078(4)	+3 21 Sc 钪 $3d^1 4s^2$ 44.955908(5)	−1 0 +2 +3 +4 22 Ti 钛 $3d^2 4s^2$ 47.867(1)	0 ±1 +2 +3 +4 +5 23 V 钒 $3d^3 4s^2$ 50.9415(1)	−3 0 ±1 ±2 +3 +4 +5 +6 24 Cr 铬 $3d^5 4s^1$ 51.9961(6)	−2 0 ±1 +2 ±3 +4 +5 +6 +7 25 Mn 锰 $3d^5 4s^2$ 54.938044(3)	−2 0 ±1 +2 +3 +4 +5 +6 26 Fe 铁 $3d^6 4s^2$ 55.845(2)	0 ±1 +2 +3 +4 +5 27 Co 钴 $3d^7 4s^2$ 58.933194(4)	0 ±1 +2 +3 +4 28 Ni 镍 $3d^8 4s^2$ 58.6934(4)	+1 +2 +3 +4 29 Cu 铜 $3d^{10} 4s^1$ 63.546(3)	+1 +2 30 Zn 锌 $3d^{10} 4s^2$ 65.38(2)	+1 +3 31 Ga 镓 $4s^2 4p^1$ 69.723(1)	+2 +4 32 Ge 锗 $4s^2 4p^2$ 72.630(8)	−3 +3 +5 33 As 砷 $4s^2 4p^3$ 74.921595(6)	−2 +2 +4 +6 34 Se 硒 $4s^2 4p^4$ 78.971(8)	−1 +1 +3 +5 +7 35 Br 溴 $4s^2 4p^5$ 79.904	+2 +4 36 Kr 氪 $4s^2 4p^6$ 83.798(2)	N M L K
5	−1 +1 37 Rb 铷 $5s^1$ 85.4678(3)	+2 38 Sr 锶 $5s^2$ 87.62(1)	+3 39 Y 钇 $4d^1 5s^2$ 88.90584(2)	+1 +2 +3 +4 40 Zr 锆 $4d^2 5s^2$ 91.224(2)	0 ±1 +2 +3 +4 +5 41 Nb 铌 $4d^4 5s^1$ 92.90637(2)	0 ±1 ±2 +3 +4 +5 +6 42 Mo 钼 $4d^5 5s^1$ 95.95(1)	0 ±1 +2 +3 +4 +5 +6 +7 43 Tc 锝▲ $4d^5 5s^2$ 97.90721(3)✦	0 +1 ±2 +3 +4 +5 +6 +7 +8 44 Ru 钌 $4d^7 5s^1$ 101.07(2)	0 ±1 +2 +3 +4 +5 +6 45 Rh 铑 $4d^8 5s^1$ 102.90550(2)	0 +1 +2 +3 +4 46 Pd 钯 $4d^{10}$ 106.42(1)	+1 +2 +3 47 Ag 银 $4d^{10} 5s^1$ 107.8682(2)	+1 +2 48 Cd 镉 $4d^{10} 5s^2$ 112.414(4)	+1 +3 49 In 铟 $5s^2 5p^1$ 114.818(1)	+2 +4 50 Sn 锡 $5s^2 5p^2$ 118.710(7)	−3 +3 +5 51 Sb 锑 $5s^2 5p^3$ 121.760(1)	−2 +2 +4 +6 52 Te 碲 $5s^2 5p^4$ 127.60(3)	−1 +1 +3 +5 +7 53 I 碘 $5s^2 5p^5$ 126.90447(3)	+2 +4 +6 +8 54 Xe 氙 $5s^2 5p^6$ 131.293(6)	O N M L K
6	−1 +1 55 Cs 铯 $6s^1$ 132.90545196(6)	+2 56 Ba 钡 $6s^2$ 137.327(7)	57~71 La~Lu 镧系	+1 +2 +3 +4 72 Hf 铪 $5d^2 6s^2$ 178.49(2)	0 ±1 +2 +3 +4 +5 73 Ta 钽 $5d^3 6s^2$ 180.94788(2)	0 ±1 ±2 +3 +4 +5 +6 74 W 钨 $5d^4 6s^2$ 183.84(1)	0 ±1 +2 +3 +4 +5 +6 +7 75 Re 铼 $5d^5 6s^2$ 186.207(1)	0 +1 +2 +3 +4 +5 +6 +7 +8 76 Os 锇 $5d^6 6s^2$ 190.23(3)	0 ±1 +2 +3 +4 +5 +6 77 Ir 铱 $5d^7 6s^2$ 192.217(3)	0 +2 +3 +4 +5 +6 78 Pt 铂 $5d^9 6s^1$ 195.084(9)	+1 +2 +3 +5 79 Au 金 $5d^{10} 6s^1$ 196.966569(5)	+1 +2 +3 80 Hg 汞 $5d^{10} 6s^2$ 200.592(3)	+1 +3 81 Tl 铊 $6s^2 6p^1$ 204.38	+2 +4 82 Pb 铅 $6s^2 6p^2$ 207.2(1)	−3 +3 +5 83 Bi 铋 $6s^2 6p^3$ 208.98040(1)	−2 +2 +3 +4 +6 84 Po 钋 $6s^2 6p^4$ 208.98243(2)✦	±1 +5 +7 85 At 砹 $6s^2 6p^5$ 209.98715(5)✦	+2 86 Rn 氡 $6s^2 6p^6$ 222.01758(2)✦	P O N M L K
7	+1 87 Fr 钫▲ $7s^1$ 223.01974(2)✦	+2 88 Ra 镭 $7s^2$ 226.02541(2)✦	89~103 Ac~Lr 锕系	104 Rf 𬬻▲ $6d^2 7s^2$ 267.122(4)✦	105 Db 𬭊▲ $6d^3 7s^2$ 270.131(4)✦	106 Sg 𬭳▲ $6d^4 7s^2$ 269.129(3)✦	107 Bh 𬭛▲ $6d^5 7s^2$ 270.133(2)✦	108 Hs 𬭶▲ $6d^6 7s^2$ 270.134(2)✦	109 Mt 鿏▲ $6d^7 7s^2$ 278.156(5)✦	110 Ds 𫟼▲ 281.165(4)✦	111 Rg 𬬭▲ 281.166(6)✦	112 Cn 鎶▲ 285.177(4)✦	113 Nh 鉨▲ 286.182(5)✦	114 Fl 𫓧▲ 289.190(4)✦	115 Mc 镆▲ 289.194(6)✦	116 Lv 𫟷▲ 293.204(4)✦	117 Ts 石田▲ 293.208(6)✦	118 Og 气奥▲ 294.214(5)✦	Q P O N M L K

★ 镧系	+3 57 La★ 镧 $5d^1 6s^2$ 138.90547(7)	+2 +3 +4 58 Ce 铈 $4f^1 5d^1 6s^2$ 140.116(1)	+3 +4 59 Pr 镨 $4f^3 6s^2$ 140.90766(2)	+2 +3 +4 60 Nd 钕 $4f^4 6s^2$ 144.242(3)	+3 61 Pm 钷▲ $4f^5 6s^2$ 144.91276(2)✦	+2 +3 62 Sm 钐 $4f^6 6s^2$ 150.36(2)	+2 +3 63 Eu 铕 $4f^7 6s^2$ 151.964(1)	+3 64 Gd 钆 $4f^7 5d^1 6s^2$ 157.25(3)	+3 +4 65 Tb 铽 $4f^9 6s^2$ 158.92535(2)	+3 +4 66 Dy 镝 $4f^{10} 6s^2$ 162.500(1)	+3 67 Ho 钬 $4f^{11} 6s^2$ 164.93033(2)	+3 68 Er 铒 $4f^{12} 6s^2$ 167.259(3)	+2 +3 69 Tm 铥 $4f^{13} 6s^2$ 168.93422(2)	+2 +3 70 Yb 镱 $4f^{14} 6s^2$ 173.045(10)	+3 71 Lu 镥 $4f^{14} 5d^1 6s^2$ 174.9668(1)
★ 锕系	+3 89 Ac★ 锕 $6d^1 7s^2$ 227.02775(2)✦	+3 +4 90 Th 钍 $6d^2 7s^2$ 232.0377(4)	+3 +4 +5 91 Pa 镤 $5f^2 6d^1 7s^2$ 231.03588(2)	+2 +3 +4 +5 +6 92 U 铀 $5f^3 6d^1 7s^2$ 238.02891(3)	+3 +4 +5 +6 +7 93 Np 镎 $5f^4 6d^1 7s^2$ 237.04817(2)✦	+3 +4 +5 +6 +7 94 Pu 钚 $5f^6 7s^2$ 244.06421(4)✦	+2 +3 +4 +5 +6 95 Am 镅▲ $5f^7 7s^2$ 243.06138(2)✦	+3 +4 96 Cm 锔▲ $5f^7 6d^1 7s^2$ 247.07035(3)✦	+3 +4 97 Bk 锫▲ $5f^9 7s^2$ 247.07031(4)✦	+2 +3 +4 98 Cf 锎▲ $5f^{10} 7s^2$ 251.07959(3)✦	+2 +3 99 Es 锿▲ $5f^{11} 7s^2$ 252.0830(3)✦	+2 +3 100 Fm 镄▲ $5f^{12} 7s^2$ 257.09511(5)✦	+2 +3 101 Md 钔▲ $5f^{13} 7s^2$ 258.09843(3)✦	+2 +3 102 No 锘▲ $5f^{14} 7s^2$ 259.1010(7)✦	+3 103 Lr 铹▲ $5f^{14} 6d^1 7s^2$ 262.110(2)✦